Santiago
Ramón y Cajal
Cien años después

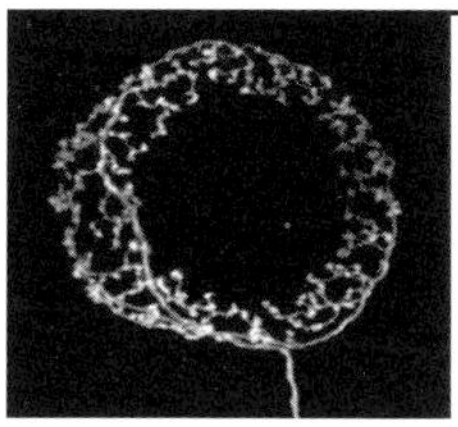

Antoni Gamundí
Alberto Ferrús

Santiago Ramón y Cajal

Cien años después

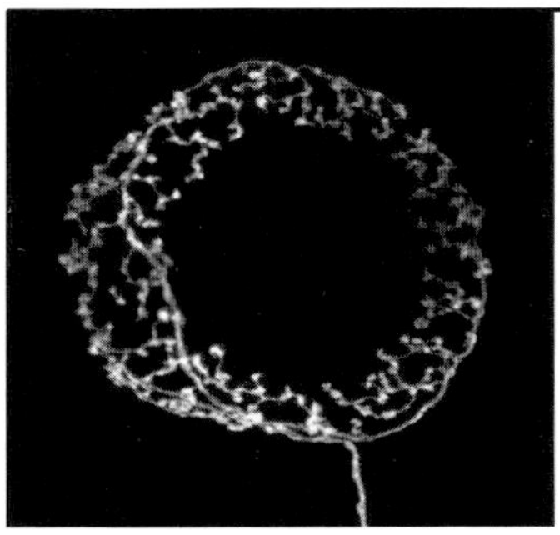

Universitat de les Illes Balears

EDICIONES PIRÁMIDE

Diseño de cubierta: Servei de Publicacions de la Universitat de les Illes Balears

Realización de cubierta: Ediciones Pirámide

Imagen de cubierta: Neurona tipo R4 en el complejo central del cerebro de *Drosophila*.
Original del doctor Ángel Acebes. Instituto Cajal

Juan Ignacio Luca de Tena, 15. 28027 Madrid
Teléfono: 91 393 89 89
www.edicionespiramide.es
ISBN-10: 84-368-2077-0
ISBN-13: 978-84-368-2077-5

Servei de Publicacions i Intercanvi Científic
Carretera de Valldemossa, km. 7,5. 07122 Palma (Illes Balears)
Teléfono: 971 17 24 99
www.uib.es
ISBN-10: 84-7632-952-0
ISBN-13: 978-84-7632-952-8
Depósito legal: M. 45.291-2006
Impreso en Lavel, S. A.
Polígono Industrial Los Llanos. Gran Canaria, 12
Humanes de Madrid (Madrid)
Printed in Spain

COORDINACIÓN

ALBERTO FERRÚS GAMERO
Instituto de Neurobiología Ramón y Cajal
Consejo Superior de Investigaciones Científicas
Madrid

ANTONI GAMUNDÍ GAMUNDÍ
Área de Fisiología
Universitat de les Illes Balears
Palma de Mallorca

CONTRIBUCIÓN

JOSÉ MANUEL ALONSO LÓPEZ
Department of Biological Sciences
State University of New York
Nueva York

J. JAVIER CAMPOS BUENO
Departamento de Psicología Básica I
Universidad Complutense de Madrid
Madrid

JUAN A. DE CARLOS SEGOVIA
Instituto de Neurobiología Ramón y Cajal
Consejo Superior de Investigaciones Científicas
Madrid

JOSÉ MARÍA DELGADO GARCÍA
División de Neurociencias
Universidad Pablo de Olavide
Sevilla

MERCÈ DURFORT COLL
Departamento de Biología Celular
Universitat de Barcelona
Barcelona

JAVIER DEFELIPE OROQUIETA
Instituto de Neurobiología Ramón y Cajal
Consejo Superior de Investigaciones Científicas
Madrid

Alberto Ferrús Gamero
Instituto de Neurobiología Ramón y Cajal
Consejo Superior de Investigaciones Científicas
Madrid

Catalina M.ª Fiol Llabrés
Conselleria d'Educació i Cultura
Govern de les Illes Balears
Palma de Mallorca

Antoni Gamundí Gamundí
Área de Fisiología
Universitat de les Illes Balears
Palma de Mallorca

Virgili Ibarz Serrats
Departamento de Psicología
Universitat Ramon Llull
Barcelona

María Ángeles Langa Langa
Instituto de Neurobiología Ramón y Cajal
Consejo Superior de Investigaciones Científicas
Madrid

Carlos López García
Departamento de Parasitología y Biología Celular
Universitat de València
València

Laura López-Mascaraque
Instituto de Neurobiología Ramón y Cajal
Consejo Superior de Investigaciones Científicas
Madrid

M.ª Cristina Nicolau Llobera
Área de Fisiología
Universitat de les Illes Balears
Palma de Mallorca

Rubén V. Rial Planas
Área de Fisiología
Universitat de les Illes Balears
Palma de Mallorca

Francisco J. Rubia Vila
Instituto de Investigación Pluridisciplinar
Universidad Complutense de Madrid
Madrid

Juan Vicente Sánchez Andrés
Departamento de Fisiología
Universidad de La Laguna
Tenerife

Gabriel Timoner Sampol
Conselleria d'Educació i Cultura
Govern de les Illes Balears
Palma de Mallorca

ÍNDICE

PRÓLOGO

Cien años de historia en trabajos científicos sólo pueden conducir a dos escenarios: el archivo de lo que fue importante en su día, pero que hoy ha quedado obsoleto, o la necesaria relectura de textos, que siguen siendo vivos y estimulantes. El propio avance de la ciencia hace que el primer caso sea el más frecuente. En contadas ocasiones, sin embargo, se dan excepciones en las que el autor y su obra alcanzan la categoría de genio indiscutido y de fuente de inspiración. Santiago Ramón y Cajal, y su visión de la neurobiología, son acreedores de esta excepción, por veredicto unánime de la comunidad científica mundial. Como españoles, nos sentimos justamente orgullosos de que así sea pero, al mismo tiempo, pesa sobre nosotros la responsabilidad del cultivo y de la fructificación de su semilla.

En el prólogo de un libro que analiza la perspectiva de un científico y de su obra, tras cien años de avatares históricos, particularmente turbulentos en España, parece oportuno poner por escrito unas reflexiones, surgidas al hilo de la celebración del centenario: la enseñanza más importante que hemos aprendido del caso de Cajal es la absoluta necesidad del trabajo riguroso, constante y creativo, lejos de la superficialidad, del acomodo a la opinión en boga, o la presión de lo efímero, que sólo persigue la fama inmediata. Circunstancias, todas ellas, banales y fugaces, pero también letales para quienes aspiran a dejar una herencia de progreso. La sociedad en la que vivió Cajal, particularmente el mundo académico, no era muy diferente de la actual, y son muchas las frases de sus escritos que parecen reflejar situaciones de hoy. Conviene recordar que nada garantiza el progreso, incluso en materia de ciencia y de conocimiento. El retroceso es posible y, desgraciadamente, frecuente. Conscientes de esas posibilidades negativas, debemos mirar al futuro con serenidad y con determinación, para que los deseos se hagan realidad.

En este momento histórico que nos ha tocado en suerte, se intenta transformar y renovar la estructura del sistema nacional de investigación, dotándolo de mayores recursos. En este proceso, resultan muy útiles las enseñanzas de compatriotas insignes, como Cajal, que nos han insistido en que la ciencia es una tarea de hondo contenido social, que se debe financiar por y para bencficio de todos. Gracias, en parte, a sus reflexiones, hoy creemos que esta tarea dignifica tanto a quienes la ejercen como a quienes la apoyan.

El juicio sobre estas políticas de hoy será escrito por los autores del libro sobre el segundo centenario del Premio Nobel a Cajal. Aun fijándolo a un plazo muy largo, nadie debe dudar de que ese libro se escribirá. Sería un indicador de éxito que hubiera entonces más nombres que celebrar.

Carlos Martínez Alonso
Presidente CSIC

PRÓLOGO

Quienes trabajamos en el Instituto Cajal del Consejo Superior de Investigaciones Científicas (CSIC) sentimos un orgullo especial por haber tenido como fundador y primer director a una figura de la talla de Santiago Ramón y Cajal. Al finalizar una estancia larga de trabajo, aquí es costumbre entregar una pequeña escultura como recuerdo de su paso por el centro. Se trata de una neurona que sostiene una lupa[1]. Trata de simbolizar a una célula que se estudia a sí misma. Eso es exactamente lo que los neurocientíficos hacen. Una tarea que tiene el noble empeño de proyectar luz sobre el reto más difícil que existe: conocernos a nosotros mismos. Cajal fue plenamente consciente del alcance de su trabajo y sus insondables consecuencias. Mirar la obra de un científico con la perspectiva de cien años suele producir un cierto sentimiento de condescendencia sobre la ingenuidad de los planteamientos pioneros o, como mucho, asombro por la heroicidad al enfrentarse a un problema con herramientas tan toscas si las comparamos con las tecnologías de hoy. Pero Cajal no responde a ese estereotipo. Hoy, como hace cien años, el caso es singular. Las observaciones efectuadas en su día eran de una ca-

[1] La idea y el diseño de esta estatuilla fueron producto de un estudiante del Instituto mientras realizaba sus trabajos de tesis doctoral hacia 1995, Antonio Prado Moreno, quien nunca quiso recibir recompensa alguna por su aportación. Sirvan estas líneas al menos como modesto recordatorio y agradecimiento.

lidad difícilmente mejorable y fueron obtenidas con tecnologías que, en lo sustancial, no han avanzado mucho. Entonces, si los datos eran excelentes y la óptica ya había alcanzado su límite, ¿dónde está la diferencia entre Cajal y sus colegas? Obviamente, en la interpretación. Una interpretación, eso sí, basada en un trabajo exhaustivo y meticuloso. En lugar de analizar la estructura del sistema nervioso adulto, él estudió todas las fases del desarrollo; en lugar de paralizarse ante la complejidad del cerebro humano, él incluyó prácticamente cualquier especie animal a su alcance; en fin, en lugar de aplicar obedientemente una sola fórmula técnica, él estudió los fundamentos químicos de la *reazione nera de Golgi* y desarrolló modificaciones esenciales. Hasta aquí el perfil de un profesional sistemático, trabajador incansable y con algún rasgo de creatividad. Todo eso, sin embargo, no habría sido suficiente para tener hoy este libro en las manos. Ese algo más necesario es la profundidad de análisis en las interpretaciones. Aun contando los errores, que los tuvo, la inmensa mayoría de sus afirmaciones siguen siendo plenamente correctas hoy. ¿Cómo es posible deducir propiedades funcionales a partir de un material muerto? ¿Cómo es posible describir el dinamismo intermitente de un cono de crecimiento al que Cajal nunca vio moverse? En los diferentes capítulos de este libro se ofrecen las visiones que científicos de hoy han desarrollado sobre aspectos concretos de la obra de Cajal. La conclusión es unánime: Cajal poseía la marca que diferencia a un buen profesional de un genio. Como demostración de estas valoraciones, este libro incluye además un valioso trabajo bibliográfico que pone de manifiesto la ingente literatura existente sobre Cajal. Muy especialmente, los datos que se aportan aquí demuestran la actualidad de un trabajo realizado hace cien años de la mejor forma posible, tabulando las citas bibliográficas que recibe en la literatura científica moderna. Por último, conviene anotar una reflexión sobre la figura de Cajal como persona y ciudadano. Ciertamente nunca gustó de homenajes y boatos, pero tuvo un empeño especial en ofrecer sus opiniones y consejos para que redundasen en el bien común. Este libro no pretende sumar una hagiografía más a las ya existentes. Con demasiada frecuencia en la historia de la ciencia en España se han utilizado estos fuegos fatuos como telón que ocultase las deficiencias más flagrantes en el apoyo a la investigación y socialmente dañinas con una educación que hacía mirar al cielo antes que a la tierra. Se trata, por el contrario, de aprovechar el centenario de su Premio Nobel en Fisiología y Medicina de 1906 para recordar la inmensa deuda que la sociedad española tiene con su mejor sabio. Una deuda que Cajal nunca desearía cobrar sino en la forma de estimulación y cultivo de las generaciones que le siguieron. Generaciones y talentos que, en sus palabras: «... aún se pierden como ríos en la mar».

José Borrell y Alberto Ferrús
Directores del Instituto Cajal

1. LA INTELIGENCIA EN LA OBRA DE RAMÓN Y CAJAL

VIRGILI IBARZ
Departamento de Psicología
Universitat Ramon Llull
Barcelona

Introducción

Cajal siente un gran interés por la psicología y, especialmente, por el problema de la inteligencia. Plantea una psicología con constantes referencias a la ciencia, y las dudas que expone siguen siendo problemas no resueltos de la psicología actual. Lo original del pensamiento psicológico cajaliano es que, con metodología y lenguaje científicos, se acerca a una realidad que está naciendo como ciencia, que es la psicología. Queremos averiguar cuáles son las concepciones cajalianas sobre la inteligencia.

Es evidente que no todas las personas son iguales desde el punto de vista de su capacidad intelectual. Durante mucho tiempo se ha discutido, y se sigue discutiendo, si esas diferencias son innatas o se adquieren a lo largo de la vida del individuo. En este momento se acepta que cada persona es una síntesis única en la que intervienen factores internos y externos. Para expresar la capacidad intelectual de un individuo usamos las palabras «inteligencia» y «coeficiente intelectual». Sin embargo, estas palabras son de uso reciente en nuestra literatura, ya que antiguamente se usaba la palabra «ingenio». Por ingenio se entendía la capacidad del hombre para discurrir o inventar con facilidad. La psicología diferencial, desde el punto de vista de la originalidad, distingue tres grados: ingenio, talento y genio. El talento representa el equilibrio, el genio se considera la máxima creación y el ingenio es la vivacidad espontánea de la persona en cualquier modalidad.

Movidos por el interés por dilucidar las concepciones cajalianas sobre el ingenio, el talento y el genio, y ante la ausencia de estudios dedicados a este aspecto, nos planteamos el seguimiento de la metodología más eficaz para sistematizar un pensamiento tan disperso como el que nos ocupa. Una vez consultadas las fuentes primarias y secundarias, esbozamos un plan de trabajo para demostrar la evolución de las concepciones cajalianas. Tras una labor previa de selección y ordenación de todo el material consultado, siguiendo un orden cronológico y temático, el subsiguiente proceso de reflexión y análisis crítico del pensamiento cajaliano sobre la inteligencia nos llevó a la necesidad de contrastarlo con las corrientes de pensamiento y el contexto histórico de su época. Finalmente, hemos distribuido este capítulo en seis apartados, siguiendo el orden cronológico y temático de la fase de ordenación previa.

Los primeros conceptos sobre la inteligencia

Los primeros conceptos cajalianos referidos a la inteligencia son publicados en 1892. Cajal dio unas conferencias en la Academia de Ciencias Médicas de Cataluña, en marzo de 1892. Algunos de sus alumnos recogieron las explicaciones y copiaron los dibujos, que publicaron en la *Revista de Ciencias Médicas de Barcelona*, con la revisión del propio Cajal, y con el título: *Nuevo concepto de la histología de los centros nerviosos.*

Esta publicación nos permite conocer cuáles eran las hipótesis psicológicas de Cajal en esta época. Observamos que, en la primera conclusión, nos pone de manifiesto los límites del conocimiento: «La morfología exterior de las células psíquicas, o su modo de relación entre sí, no pueden explicarnos, en el estado actual de la ciencia, la suprema dignidad de las funciones cerebrales» (*Nuevo concepto de la histología de los centros nerviosos,* Ramón y Cajal, 1892a). Hemos de señalar que Cajal llama células psíquicas a las células piramidales. En este momento histórico todavía no se usaba la palabra «neurona».

Cajal considera que la morfología de estas células representa una modificación poco notable del tipo común, y las células nerviosas, cualquiera que sea su categoría funcional, están construidas con el mismo modelo. Si todas las células nerviosas poseen las mismas expansiones protoplasmáticas y el mismo modo de relacionarse y transmitir corrientes, resulta difícil explicar cómo se produce el pensamiento. Cajal buscará esta explicación en la calidad de los mecanismos interiores: «La ciencia, pues, para no desalentarse en esta perpetua y tenacísima lucha en pro de la explicación mecánica del pensamiento, debe imaginar que ese algo que separa la célula cerebral de la medular y gangliónica, no es la forma exterior, sino el contenido estructural y químico» (*Id.*, RAMÓN Y CAJAL, 1892a). Precisa que los fenómenos que se realizan en el interior de la célula nerviosa no son iguales que los de los corpúsculos nerviosos de categoría inferior.

Para Cajal, el cerebro no contiene un centro receptor de todas las fibras sensitivas, sensoriales y motrices, sino que toda la corteza puede considerarse una serie de centros. Concibe el cerebro como una reunión de regiones que realizan toda clase de asociaciones mentales, y piensa que estas zonas especiales de la corteza no poseen una textura específica que explique su función. En la tercera conclusión dice: «Con algunas restricciones puede afirmarse que las funciones psíquicas están ligadas en la serie animal a la presencia de las células piramidales» (*Id.*, RAMÓN Y CAJAL, 1892a).

Cajal ha comprobado que las células piramidales poseen caracteres específicos y que en los peces, donde la vesícula cerebral anterior no posee células piramidales, no existen manifestaciones intelectuales propiamente dichas. Conforme se asciende en la escala animal, las células nerviosas se engrandecen y complican, por lo que se puede atribuir a esta complicación su progresiva actividad intelectual.

El interés de Ramón y Cajal por la inteligencia

En las deducciones cajalianas, las expansiones de las células nerviosas influyen en la inteligencia animal: «Puede, pues, estimarse como verosímil que la célula psíquica desempeña más amplia y útilmente su actividad cuanto mayor número de expansiones protoplasmáticas, somáticas y colaterales ofrece, y cuanto más copiosas, largas y ramificadas son las colaterales emergentes de su cilindroeje» (*Id.*, RAMÓN Y CAJAL, 1892a). El grado de evolución de la célula nerviosa en algunos casos está en relación con su tamaño, pero con frecuencia es independiente. En general, el tamaño de la célula nerviosa parece estar en relación con la dimensión del animal. La gallina y el lagarto tienen células piramidales más grandes, respectivamente, que el gorrión y la lagartija, pero no más diferenciadas y, por tanto, incapaces de desarrollar una actividad intelectual superior.

Podemos observar el interés que tiene para Cajal el problema de la inteligencia. Hasta el año 1898 no investigará en la corteza cerebral de fetos y niños. En este momento lo está haciendo en toda clase de animales, comprobando el número, tamaño y disposición de lo que él llama células psíquicas, antes de formular, por primera vez, su hipótesis de la inteligencia.

En nuestra opinión, la última conclusión es la que mejor ilustra el pensamiento psicofisiológico cajaliano. Nos dice que la relación existente entre la dignidad funcional de las células y su juego de colaterales quizá pudiera explicarnos dos hechos dificilísimos de interpretar en la hipótesis, generalmente aceptada, de que la inteligencia guarda relación con el número de células cerebrales. «Estos hechos son: el notable acrecentamiento intelectual que se observa en los hombres consagrados a un ejercicio mental profundo y continuado; y la coexistencia de un talento notable y aun del verdadero genio con cerebros de tamaño medio o inferiores a la dimensión o peso normales» (*Id.*, RAMÓN Y CAJAL, 1892a).

En el primer caso, es decir, en el de los hombres consagrados a un ejercicio mental profundo, Cajal piensa que la gimnasia mental no puede producir células nuevas, pero podría forzar el desarrollo de las expansiones protoplasmáticas y colaterales nerviosas, con lo que se establecerían nuevas relaciones intercorticales. Para el segundo caso, la coexistencia de un talento notable con cerebros de tamaño medio o inferiores a la dimensión normal, dice que podemos suponer que ciertos cerebros, por herencia de adaptaciones anteriores, o por otras causas, como compensación de un menor número de células dan un mayor desarrollo de colaterales.

Podemos observar que las dos explicaciones se basan en la función atribuida a las células y sus prolongaciones. Sin embargo, Cajal constató la dificultad de comprensión de los procesos físico-químicos. Al hacer estas hipótesis sobre el papel desempeñado por las células y sus prolongaciones, piensa que, a pesar de no conocerse la naturaleza de la actividad mental, el camino que debe seguir no puede ser otro que el de las expansiones celulares, nerviosas y protoplasmáticas. Como no puede establecer ninguna hipótesis del mecanismo íntimo del pensamiento, nos perfila sus cualidades: «Si entender es, como dice Bain, percibir semejanzas o diferencias entre nuestras ideas, la riqueza y amplitud del juicio serán tanto más grandes cuanto mayor número de adquisiciones o imágenes le sirvan de materia, y cuanto más extenso sea el sistema de relaciones que entre ellas consienta establecer el substractum celular del cerebro» (*Id.*, RAMÓN Y CAJAL, 1892a).

Aquí apreciamos el planteamiento asociacionista de Cajal. Bain, junto a Brown y James, marcaban la pauta en el asociacionismo inglés, introducido en Alemania a mediados del siglo XIX por Wundt y Helmholtz. En la biblioteca del Instituto Cajal se conserva el libro de Bain: *Les sens et l'intelligence* (1874). En los márgenes del libro aparecen notas manuscritas del propio Cajal en las que manifiesta su posición asociacionista. Creemos que la influencia del asociacionismo le llega a Cajal a través de los autores alemanes.

Hemos visto que Cajal hace depender el entendimiento humano de dos factores: la memoria, facultad que siempre considerará muy importante, y la inteligencia, que depende del número de conexiones entre las células nerviosas. Este concepto de la inteligencia se mantendrá constante en su obra. Comprobaremos su interés por determinar las condiciones psicofisiológicas del ingenio, el talento y el genio y la diferencia entre la inteligencia animal y la humana, que no resolverá hasta unos años después.

Los artículos del *Nuevo concepto de la histología de los centros nerviosos* tuvieron un gran éxito y, ya en 1893, fueron traducidos al alemán por el doctor H. Held, ayudante del profesor His. La edición francesa fue traducida por Azoulay, con un prólogo del profesor Duval. En menos de tres meses se agotaron dos ediciones, lo que motivó la decisión de Cajal de escribir un gran tratado sobre la textura nerviosa de los vertebrados.

Bases fisiológicas del aprendizaje y la inteligencia

En abril de 1892, Cajal se traslada a Madrid, después de haber ganado las oposiciones a la cátedra de Histología de la Facultad de Medicina. Cajal llega a Madrid con cuarenta años, y con una gran madurez en sus ideas. Posee una insaciable sed de saber que le hizo retornar a su vida de estudiante: asiste a clase mezclado con los estudiantes, toma apuntes, lee libros y descansa de sus propias investigaciones. De esta forma aprende literatura, historia, filosofía, etc.

Cuando Cajal llega a Madrid, está formado científicamente, pero su cultura humanística no estaba desarrollada. Por los *Recuerdos* (1923) sabemos que asiste a tertulias como antes en Valencia y Barcelona, donde, según nos dice, aprende muchas cosas. Se exponen y discuten las doctrinas de filósofos antiguos y modernos, desde Platón y Epicuro hasta Schopenhauer y Spencer; se venera el evolucionismo de Darwin y Haeckel. Esta gran influencia cultural le hizo, con los años, ser menos apasionado, y matizar su devoción por el materialismo irreductible con que llegó a Madrid. Creemos que esta agilidad mental le ayudará a analizar la inteligencia.

En este contexto proseguirá la investigación de Cajal. Durante el año 1892, realizó exploraciones sobre la estructura de la retina en los peces y las aves; la organización del asta de Ammon, corteza occipital del cerebro, y la disposición del gran simpático. Para nuestro trabajo es importante una comunicación sobre la retina de los peces, que se publicó con el título *La retina de los teleósteos y algunas observaciones sobre los vertebrados inferiores* (1892b). Posteriormente, también en 1892, se publicó en *La Cellule*. La traducción alemana apareció en 1894. Lo que nos interesa de esta publicación es la hipótesis encaminada a explicar el establecimiento de conexiones interneuronales específicas, que explicarían la formación de la inteligencia. Ésta es la hipótesis quimiotáctica o neurotrópica.

Hipótesis quimiotáctica

La hipótesis quimiotáctica nos explica el asociacionismo interneuronal, un mecanismo de fisiología cerebral que, para Cajal, será la base de su concepción de la perfectibilidad permanente del cerebro humano. También fundamentará las bases fisiológicas del aprendizaje. Cajal expone la hipótesis quimiotáctica en una de sus obras fundamentales, *Manual de Histología normal y técnica micrográfica:* «Formulada por nosotros en 1892, como aplicación a la neurogenia de la doctrina general quimiotrópica reinante a la sazón en bacteriología y fisiología citológica, esta hipótesis, sin esclarecer totalmente el arduo problema, explica mejor que las otras el fenómeno de crecimiento de los axones en determinadas direcciones, así como el establecimiento específico de conexiones intercelulares. En nuestro sentir, todas las células que durante la evolución embrionaria se ponen en contacto con ramificaciones nerviosas, elaboran durante su estado primitivo ciertas materias reclamos de carácter específico, que, derramándose en los intersticios celulares del mesodermo, impresionarían el cono de crecimiento; éste, al modo de los leucocitos excitados por las sustancias microbianas, pondríanse en camino creciendo hacia la fuente quimiotáctica y englobando o rodeando al fin el corpúsculo secretor» (*Manual de Histología normal y técnica micrográfica*, Ramón y Cajal 1921).

Cajal considera que, admitida la diversidad de materias reclamos o quimiotácticas positivas, se aclara no sólo el automatismo de la asociación interneuronal y entre neuronas y elementos extranerviosos (por ejemplo, con las fibras musculares), sino el hecho sorprendente de que estas alianzas dinámicas se establecen sin errores. El crecimiento de los axones y el establecimiento de conexiones interneuronales estarían determinados por la liberación de materias quimiotácticas. Cajal piensa que en las conexiones interneuronales se hallan las bases fisiológicas del aprendizaje y la inteligencia. Expone que las materias quimiotácticas se elaboran fundamentalmente durante los primeros años de la vida, aunque esta capacidad puede mantenerse. Formula una sugerente hipótesis: «En fin, en el adulto, aunque menguada, no habría desaparecido enteramente esta propiedad de crecimiento de los axones y de liberación de materias quimiotácticas, explicándose fácilmente la aparición de los talentos profesionales (destreza del pianista, del orador, del escritor, etc.), por la creación de nuevas vías de asociación intercelular o por el robustecimiento de las preexistentes» (*Id.*, RAMÓN Y CAJAL, 1921).

Fundamentos histológicos y fisiológicos de la educación

Para Cajal, la educación, orgánicamente considerada, sería la producción (por crecimiento de axones y mayor extensión y ajuste de las articulaciones nerviosas entre centros cerebrales o entre centros medulares, los músculos y la piel) de anchos y trillados caminos por donde los impulsos nerviosos se propagan sin esfuerzo y se convierten progresivamente en más automáticos. Podemos observar la influencia del naturalismo y el mecanicismo en estas bases de la inteligencia y el aprendizaje. Si la educación, para Cajal, es la producción de anchos y trillados caminos por donde circulan los impulsos nerviosos, podemos comprender que su concepto del maestro ideal sea el del educador que favorezca la formación de estos caminos. También podemos deducir el gran valor que dará a la voluntad: si en las personas adultas no ha desaparecido la capacidad de liberación de materias quimiotácticas, todos podemos, a cualquier edad, perfeccionarnos y mejorar en unas actividades determinadas.

Sin embargo, cuando Cajal elabora la hipótesis quimiotáctica, en 1892, no tiene las pruebas objetivas de su validez. Los científicos europeos acogen bien la hipótesis, pero hasta 1905 no se producen las primeras comprobaciones experimentales. En 1910 puede presentar los datos que corroboran la hipótesis quimiotáctica. Entre los trabajos más importantes tenemos los concernientes a la degeneración y regeneración de las neuronas y los axones de los ganglios, cerebelo, cerebro y médula espinal, que dan los primeros datos objetivos de confirmación.

Cajal dio mucha importancia a esta teoría. La prueba la tenemos en que un resumen de la teoría quimiotáctica, con exposición de todos los argumentos en que se apoya, se publicó con motivo del *Primer Congreso de la Asociación Española para el Progreso de las Ciencias* (1908). Nos parece significativo este hecho, ya que este congreso se celebró durante la conmemoración del centenario de la guerra de la Independencia, y cuando todavía perduraba en la memoria colectiva la pérdida de Cuba y Filipinas.

El Congreso se celebró del 22 al 29 de octubre de 1908. La Sesión Inaugural del Congreso se realizó el 22 de octubre en la sala de fiestas del Círculo Mercantil de Zaragoza. En el Discurso Inaugural de Ciencias Naturales, Cajal presentó el resumen y las conclusiones de la teoría quimiotáctica. El evolucionismo tiene una gran influencia en estas conclusiones. Cajal expone su concepción de que el sistema nervioso de los mamíferos, la obra más perfecta de la creación, no es una excepción en el gran proceso de perpetuación de la vida. Por lo tanto, también durante el proceso ontogénico de la neurona hay lucha por la vida y prevalecimiento del más apto. Debido a esta lucha por la vida, se crearán las variaciones iniciales, provechosas o desfavorables para nuestra vida mental. Y precisa: «En suma: el modelamiento definitivo del sistema nervioso, lejos de constituir una obra perfecta, expresión constante e inalterable de un plan preconcebido, es efecto variable de multitud de condiciones físico-químicas capaces de alterar y de modificar, por tanto, el resultado final» (*Asociación Española para el Progreso de las Ciencias. Primer Congreso*, RAMÓN Y CAJAL 1908).

Cajal termina sus reflexiones sobre la teoría quimiotáctica exponiendo que nuestra inteligencia está regulada por la herencia y la adaptación. Y dice: «Mas a la herencia y a la adaptación, principales causas modeladoras de nuestro cerebro, es menester añadir también los azares y variaciones accidentales de la evolución ontogenética. Hay seres que, por una feliz conjunción de circunstancias, pudieron salvar durante la ontogénesis casi todo el caudal de neuronas ancestrales y de las vías heredadas; otros, en cambio, menos afortunados, perdieron durante la lucha neurogénica buena parte de sus neuronas o sufrieron el contratiempo de que algunas de ellas llegaran tarde a su destino, trazando revueltas inútiles, o también de que, errando la ruta, establecieran asociaciones interneuronales caprichosas e incongruentes, gérmenes quizá, en la época adulta, de anomalías de la memoria y de la sensibilidad, de aberraciones y flaquezas de la voluntad y del juicio» (*Id.*, RAMÓN Y CAJAL, 1908).

Cajal piensa que todos heredamos un cierto caudal de neuronas y un modo particular de asociación de éstas. Pero matiza que todos podemos perfeccionar, por el trabajo, el estudio y la reflexión, la organización de la máquina nerviosa heredada. Podemos observar la gran importancia de la voluntad para modificar nuestra inteligencia. Creemos que el interés de Cajal en resaltar la importancia de la voluntad es debido a la precaria situación intelectual de nuestro país. Cajal piensa que España carece de científicos porque no existen españoles con la suficiente fuerza de voluntad para enfrentarse a los obstáculos que dificultan la investigación.

En la Sesión de Clausura del Congreso, Cajal expone que España debe aspirar a convertirse en un país industrial. De una industria que se basa en la ciencia, es decir, en un conjunto siempre renovado de descubrimientos de la mecánica, la química, la física y la biología. El amor a la ciencia constituye en todos los países civilizados una forma, acaso la más pura, del amor a la patria. Para Cajal, España fue grande en otros tiempos por el caballeresco espíritu de aventuras y descubrimientos geográficos. Pero ya no quedan Américas por descubrir. Sin embargo, pide que no desfallezcamos porque otras Américas más grandes, ricas y prestigiosas nos esperan. Perdidas nuestras colonias, el único camino que le queda a España es el de la ciencia pura y la ciencia aplicada. Y para conseguirlo se necesitan hombres inteligentes y con una gran fuerza de voluntad. Todos podemos ser «Colones» de esta nueva España con tal de que tengamos una voluntad robusta.

Explicación del talento y del genio

En 1894 Cajal recibe el reconocimiento a su labor de la comunidad científica británica. A principios de año fue invitado a pronunciar la *Croonian Lecture* por la Royal Society de Londres. En la *Croonian Lecture*, Cajal resumió sus ideas en francés, con el título: *La fine structure des centres nerveaux* (1894a). Fue nombrado doctor Honoris Causa por la Universidad de Cambridge.

Creemos que Cajal se decide a formular hipótesis psicológicas gracias al reconocimiento internacional a su investigación. A partir de este reconocimiento es cuando empieza a elaborar trabajos de tipo teórico que nos permitirán conocer su pensamiento psicológico. El trabajo publicado en 1894 lleva por título: *Consideraciones generales sobre la morfología de la célula nerviosa*, que envió al Congreso Internacional de Medicina celebrado en Roma durante ese año. Se conserva un extracto de la conferencia publicado en *La Veterinaria Española*.

Es un trabajo poco citado, a pesar de ser un texto básico para comprender la evolución del pensamiento cajaliano. Antes de analizar las conclusiones, debemos tener en cuenta los datos morfológicos que expone, que están deducidos de la ley biogenética fundamental. Hace una exposición de los tres principios en que se basa: en el primero, nos dice que la morfología de la célula nerviosa es independiente de su volumen, carácter fisiológico, de la dirección y situación de los vasos y, con ciertas restricciones, de la configuración exterior de los órganos nerviosos.

En el segundo, expone que las expansiones protoplasmáticas se ponen en contacto con las fibrillas nerviosas terminales, y este dato permite deducir que la morfología de las células nerviosas se subordina en gran parte al número y situación de las fibras nerviosas, con las cuales deben mantener relaciones de contigüidad. En el tercero, aclara su concepto de que, en la escala animal, la célula nerviosa representa una serie de términos evolutivos correspondientes a las fases que el neuroblasto de His recorre en la ontogenia de los mamíferos. Aquí, como en otros tejidos orgánicos, la ontogenia resulta un resumen, con algunas variantes, de la filogenia.

A continuación, explica las fases evolutivas ontogénicas con la gradación filogénica a que corresponden. Primera fase. Neuroblasto de His: es una célula piriforme, de superficie lisa, provista de una sola expansión, el cilindroeje, que se termina dentro o fuera de los centros nerviosos a favor de la arborización libre más o menos extensa. Está representada en los ganglios de los invertebrados. Segunda fase: el neuroblasto se modifica exhibiendo dos especies de expansiones, el cilindroeje y algunos apéndices protoplasmáticos, generalmente brotados de la porción inicial. Constituye la morfología permanente de muchos corpúsculos medulares y encefálicos de los peces y batracios. Tercera fase: del lado interno del neuroblasto, así como de sus paredes laterales, brotan nuevas expansiones protoplasmáticas que se ramifican repetidamente. La célula nerviosa adquiere forma estrellada o piramidal. A este tipo morfológico, que representa la última etapa del neuroblasto, corresponde la mayor parte de los elementos nerviosos del encéfalo y la médula de las aves y mamíferos.

Una vez expuestas las bases y las fases de la ontogenia, podemos entender las consecuencias que se derivan para el hombre y los animales. Para Cajal, no todos los elementos nerviosos de los mamíferos han recorrido las diversas fases de esta evolución. Al lado de células que han llegado al término de la diferenciación morfológica, hay otras que corresponden a estados ontogénicos más atrasados. Los vertebrados superiores poseen elementos nerviosos refractarios a todo progreso morfológico. Estas células pertenecen a los aparatos sensitivos y sensoriales.

Teniendo en cuenta las diferentes clases de células nerviosas, Cajal hace una consideración de gran importancia para su concepto de progreso en la escala animal. Expone que las modificaciones que los órganos sensitivos y sensoriales experimentan en la escala de los vertebrados se refieren sólo al aumento en el número o al cambio de posición de los corpúsculos nerviosos. El grado de diferenciación morfológica e intraprotoplasmática de los vertebrados permanece invariable desde el pez hasta el hombre.

En cambio, el cerebro anterior es el órgano que parece haber ido más lejos en el camino de la diferenciación morfológica. Conforme se asciende en la escala de los vertebrados, la célula piramidal de la corteza es más abundante, se ordena en capas más numerosas y acrecienta progresivamente el número y longitud de sus expansiones protoplasmáticas y colaterales nerviosas.

Basándose en las disposiciones estructurales de las células nerviosas, distingue dos sistemas nerviosos: el sensorial y sensitivo (ganglios periféricos), que ha terminado su desarrollo por diferenciación, creciendo sólo por extensión; y otro sistema nervioso, el encefálico, que continúa creciendo en la serie animal, tanto por extensión o multiplicación de células como por diferenciación morfológica de éstas.

En nuestra opinión, el concepto de progreso psicológico, que veremos más adelante, se basa en esta idea de progreso celular. Cajal piensa que una célula mejora su diferenciación morfológica cuando de su cuerpo o de su tallo protoplasmático nacen nuevas prolongaciones que, por su posición y dirección, permiten una conexión con un grupo mayor de elementos.

Cajal ha comprobado que las células piramidales del cerebro de los batracios carecen de apéndices basales o descendentes, exhibiendo exclusivamente un penacho protoplasmático dirigido a la periferia. En los reptiles las expansiones basales se inician creándose simultáneamente un tallo radial. Y, finalmente, en los mamíferos, los apéndices basales y somáticos laterales alcanzan la plenitud de su desenvolvimiento. También ha observado una parecida gradación, aunque menos acusada, en las células mitrales del bulbo olfatorio. En los peces, estos corpúsculos no poseen más expansiones que las destinadas a entrar en relación con las fibras olfatorias, mientras que en los mamíferos, además de estas últimas, aparecen otras acabadas en plena sustancia gris, sin conexión con los glomérulos.

Estas investigaciones le permiten hacer unas deducciones que precisan su concepción de la inteligencia animal: la diferenciación del cilindroeje es más acentuada cuanto más alto en la escala animal se halla el vertebrado que se investiga. En los peces, batracios y reptiles hay células en que cuesta distinguir las expansiones protoplasmáticas de la prolongación nerviosa.

El número, extensión y ramificaciones secundarias de los cilindroejes de las células piramidales del cerebro crecen a medida que se asciende desde los batracios hasta los mamíferos. El tamaño de las células nerviosas no guarda relación ni con la longitud del cilindroeje, ni con la extensión del ramaje protoplasmático, ni con la naturaleza del acto fisiológico. Parece más probable que el volumen del cuerpo celular se subordine al diámetro del cilindroeje y, especialmente, al número y robustez de las ramificaciones colaterales y terminales.

En suma, el tamaño de la célula nerviosa es probablemente proporcional al número de corpúsculos con los que la arborización nerviosa terminal y colateral se relaciona. La riqueza y longitud de las expansiones protoplasmáticas parecen depender del número de fibrillas nerviosas terminales con las que cada célula mantiene relaciones de contacto.

El alargamiento radial de las células cerebrales y la diferenciación de las expansiones protoplasmáticas en basales, somáticas laterales, colaterales de tallo y penacho terminal parecen tener como fin la conexión con fibrillas nerviosas de origen diverso. La comunicación entre expansiones protoplasmáticas o cuerpo celular de una parte y las ramillas nerviosas terminales de otra tiene lugar por contacto o contigüidad, nunca por continuidad.

El tamaño de las células nerviosas disminuye conforme se desciende en la serie de los vertebrados. Esta disminución no es exactamente proporcional a la talla del animal, ni marcha simultánea y constantemente con el grado de simplicidad de la arborización protoplasmática; pero es suficiente para compensar en ciertos límites, a favor de la disminución correlativa de células y fibras, la reducción del eje cerebroespinal.

Para Cajal, gracias a esta compensación relativa, el cerebro de los vertebrados inferiores no es tan sencillo y esquemático como parece por su pequeñez. Esto explica por qué, siendo los cerebros del conejo, conejillo de Indias y ratón de tamaños tan distintos, la diferencia intelectual entre estos animales es casi nula.

El número de células ganglionares del encéfalo y médula guarda relación con la cantidad de elementos musculares y simpáticos que deben influir, así como con la cantidad de las superficies epiteliales, de las que por medio de los nervios sensitivos y sensoriales reciben corrientes.

Cajal piensa que, por esta relación, en los animales de inteligencia semejante, pero de volumen diferente, el más grande, es decir, el que posea mayor número de corpúsculos musculares y epiteliales, alcanzará una cantidad mayor de células nerviosas, con lo que aumentarán el peso y el volumen de la sustancia gris.

Considera que este resultado se concibe bien si pensamos que, a mayor superficie cutánea, olfativa o retiniana, corresponde un mayor número de células sensitivas y sensoriales, así como un contingente mayor de corpúsculos centrales destinados a recibir y almacenar las excitaciones centrípetas. Esta misma riqueza de células sensitivas y sensoriales exige correlativamente una vía piramidal muy robusta y un número proporcionado de células motrices.

Expone que la correlación entre el número de células sensitivas y sensoriales y el de las células receptoras de la sustancia gris explica un hecho singular y conocido: dentro de una misma especie de animales, los de gran estatura y, por tanto, de voluminoso cerebro no son siempre los más inteligentes, pues una gran parte de la sustancia gris debe estar ocupada, en los animales de gran tamaño, por las células psicomotrices y por las receptoras de corrientes sensitivas y sensoriales, quedando una porción relativamente limitada de la sustancia cortical para albergar los corpúsculos de asociación que representan el sustrato anatómico de las actividades más elevadas del cerebro.

Interpretación psicológica de la morfología celular

Después de exponer sus investigaciones, Cajal hace una interpretación psicológica de los rasgos de la morfología celular. En sus conclusiones nos encontramos, en primer lugar, con la preocupación de Cajal por la inteligencia humana. En sus hipótesis interpreta los datos observados en el laboratorio: «Cabe también imaginar, como hipótesis sumamente probable, que en dos cerebros humanos sensiblemente iguales, la riqueza de las colaterales nerviosas y expansiones protoplasmáticas de los elementos de asociación experimente modificaciones importantes; por donde vendría a esclarecerse el hecho bien conocido de la desigual actividad intelectual en cerebros de peso y volumen idénticos, y hasta la notable potencia mental de encéfalos de tamaño mediano o inferior al promedio normal» (*Consideraciones generales sobre la morfología de la célula nerviosa*, Ramón y Cajal 1894b).

Podemos observar que se basa en la histogenia que nos muestra que, durante la época embrionaria y en los primeros años de la vida extrauterina, las expansiones protoplasmáticas y colaterales nerviosas se ramifican, extienden y complican. Considera muy verosímil que el trabajo mental continuado en un orden de estudios impulse el crecimiento de las expansiones protoplasmáticas y colaterales nerviosas, ampliando el sistema de asociaciones entre las células de una región cerebral determinada.

Cajal hace constar la importancia que tiene la atención para la inteligencia: «Bajo la influencia de la atención profunda y continuada sobre un orden de ideas y percepciones, el territorio encefálico correspondiente sería asiento de una hiperemia fisiológica, y el protoplasma nervioso acrecentaría su masa en virtud de una asimilación más activa» (*Id.*, RAMÓN Y CAJAL, 1894b). Piensa que como las células han perdido el poder de multiplicarse, la hipertrofia se traduciría exclusivamente por el estiramiento de los apéndices celulares o acaso por el brote de otros nuevos.

Un camino para las expansiones podría ser el sentido en que la asociación celular, por ser más imperfecta, es objeto de las reiteradas solicitaciones de la voluntad. Considera demostrado el hecho de que la atención sostenida, en un orden de observaciones, suscita percepciones cada vez más luminosas. Sin embargo, posteriormente, Cajal consideró inadmisible la participación de la neuroglía en los actos mentales de la atención y la asociación de ideas. Precisa que para admitirlo sería necesario que las células nerviosas de la glía recibieran terminaciones nerviosas, que no habían sido observadas por nadie.

Para hacer la deducción final se basa en las observaciones sobre la fina estructura de la sustancia gris. Expone que puede aceptarse que el trabajo mental se subordina de manera principal a las siguientes condiciones anatómicas: 1.ª, al número de células nerviosas de la corteza; 2.ª, al desarrollo variable de las expansiones protoplasmáticas colaterales y terminales, así como al de las ramitas colaterales y terminales de los cilindroejes; 3.ª, a las proposiciones relativas de los corpúsculos de asociación enfrente de los sensitivos y sensoriales centrales y psicomotrices; 4.ª, a la manera como está repartida la medulización en las fibras nerviosas, ya que a más capa de mielina se produce un mejor aislamiento de las corrientes; 5.ª, a la abundancia relativa del cemento intersticial, que probablemente tiene por misión impedir la difusión del movimiento nervioso; 6.ª, a la cantidad variable de células neuróglicas, cuyo oficio parece ser separar las fibras nerviosas para evitar contactos y filtraciones de corrientes; 7.ª, al estado del retículo o trama intracelular; 8.ª, y finalmente, a la existencia de perturbaciones o modificaciones más o menos duraderas en la composición química de las células y del cemento intersticial.

En los *Recuerdos* (1923), Cajal nos dice que encuentra válidas las deducciones psicológicas de 1894, a pesar de ignorarse aspectos de fisiología cerebral descubiertos posteriormente. Observamos que precisa su concepción del genio y del talento: «La excelencia intelectual, y sus más nobles expresiones, el genio y el talento, no dependen de la talla o del caudal de las neuronas cerebrales, sino de la copiosidad de los apéndices de conexión o, en otros términos, de la complejidad de las vías de asociación a cortas y a largas distancias» (*Recuerdos de mi vida. Segunda parte: Historia de mi labor científica*, RAMÓN Y CAJAL 1923).

De la observación de la morfología celular deducirá el concepto de perfeccionamiento. El perfeccionamiento de las vías nerviosas nos da la explicación del mecanismo de adaptación y de la destreza funcional, es decir, del perfeccionamiento producido por el ejercicio (educación física, hablar, escribir, tocar el piano, esgrima, equitación, etc.), que se produce por el robustecimiento de las vías nerviosas excitadas por el paso de la onda. Cajal también destaca «la creación de nuevos apéndices celulares (crecimiento de nuevas dendritas y alargamiento y ramificación de colaterales nerviosas no congénitas) susceptibles de mejorar el ajuste y la extensión de los contactos, y de organizar relaciones absolutamente nuevas entre neuronas primitivamente inconexas» (*Id.*, RAMÓN Y CAJAL, 1923).

Creemos que son importantes estos textos para la historia de la psicología. Se ponía de manifiesto, por primera vez, que la capacidad intelectual no depende del número y de las dimensiones de las neuronas, sino de la riqueza de sus terminaciones y de la complejidad de las áreas de asociación, hecho establecido, hoy en día, como principio fundamental en la psicología. Estos conceptos son constantes en la obra cajaliana.

La otra deducción fundamental de que la adaptación, la destreza y el perfeccionamiento de cualquier habilidad dependen de un robustecimiento progresivo de las vías nerviosas que intervienen en el acto, o del nacimiento de nuevos apéndices celulares, susceptibles de establecer nuevas relaciones entre neuronas inconexas, fue comprobada más tarde por el reflejo condicionado.

En nuestra opinión, donde mejor se refleja el pensamiento psicológico cajaliano es en las reflexiones finales, cuando dice: «De la combinación en grados diversos de estas y otras condiciones, no conocidas actualmente, depende verosímilmente la fisonomía moral e intelectual de cada hombre o de cada animal» (*Consideraciones generales sobre la morfología de la célula ner-*

viosa, Ramón y Cajal, 1894b). Cajal piensa que la disminución, supresión, exageración o perversión de cada una o varias de las condiciones investigadas pueden ocasionar las perturbaciones morales, emocionales e intelectuales que estudian los criminólogos, psicólogos y médicos. Aquí podemos apreciar los primeros conceptos de lo que Cajal llamará, posteriormente, histología psíquica de la personalidad.

No podemos olvidar que, para Cajal, la inteligencia necesita la ayuda de la voluntad. Expone las bases necesarias para una psicología fisiológica de la inteligencia y la voluntad: «Sólo cuando la técnica histológica consienta, por la perfección y sensibilidad de sus métodos, esclarecer en cada caso particular las lesiones celulares que condicionan la perturbación dinámica cerebral, entrarán las patologías mental y moral en una vía seriamente científica. Sólo entonces hallarán el criminalista y el patólogo recursos con que evitar o paliar los extravíos de la razón y las aberraciones de la voluntad» (*Id.*, Ramón y Cajal, 1894b).

Sabemos que, en este momento, la confianza de Cajal en la ciencia es ilimitada, y, en sus interrogantes, podemos apreciar su esperanza en resolver estos problemas. No obstante, más adelante manifestará serias dudas en poder resolver los enigmas mentales: «¿Quién sabe si la ciencia del porvenir no reducirá la locura a la atrofia de colaterales nerviosas y de expansiones protoplasmáticas en ciertos territorios cerebrales? ¿No podría ocurrir que andando el tiempo vinieran a referirse las perturbaciones congénitas de la inteligencia, hasta la misma imbecilidad, a la suspensión del crecimiento de las expansiones celulares, o, en otros términos, al mantenimiento del estado fetal de las células de asociación?» (*Id.*, Ramón y Cajal, 1894b).

Papel de la neuroglía

A uno de los elementos de histología cerebral investigados por Cajal, la neuroglía, la hace intervenir en sus hipótesis psicológicas para explicar la actividad mental del genio. Expone que la simple alteración del reparto de la neuroglía, cuyas fibras podrían interponerse en parajes donde se establecen contactos entre expansiones protoplasmáticas y nerviosas, podría explicar desórdenes de la memoria y de la asociación. Y precisa: «Y convirtiendo nuestra atención a la esfera de lo normal, ¿no podría ocurrir que el genio, la más alta expresión de la actividad mental, tuviese por condición anatómica una corteza cerebral, cuyas células hubiesen alcanzado un superior desenvolvimiento de toda suerte de colaterales, haciendo posible asociaciones de ideas irrealizables en la generalidad de los hombres?» (*Id.* Ramón y Cajal 1984b). Más adelante analizaremos la actividad mental del genio.

Cajal concluye este trabajo recordando un hecho y haciendo una exhortación. Recuerda que, desde el punto de vista de diferenciación morfológica y estructural, existen dos sistemas nerviosos, el sensitivo sensorial, incapaz de progreso, y el cerebral, susceptible de mejora, ya que sólo la corteza cerebral ha conservado su capacidad de crecimiento. Para Cajal, hay que aprovechar esta fuerza de diferenciación interna para acomodarse a las crecientes y cada día más complicadas necesidades de la lucha por la vida. Por tanto, el deber de la sociedad, en función educativa, es acortar el tiempo que en su camino hacia la perfección recorren las células cerebrales, fijando las causas de esta trascendental evolución y evitando sus aberraciones y desvíos.

Cajal se pregunta: «¿Se paralizará algún día la impulsión evolutiva de la célula psíquica como se paralizó la de otras partes nerviosas y la de todos los elementos epiteliales y mesodérmicos?» (*Id.*, RAMÓN Y CAJAL, 1894b). Podemos observar, en este fragmento final del trabajo, el afán de Cajal por indagar las leyes de la evolución del sistema nervioso. Le interesa determinar, en lo posible, qué centros han conservado su plasticidad y pueden adaptarse a las variadas condiciones del cosmos y cuáles son los centros, propiamente animales, que se han anquilosado y, rebeldes a toda acomodación, han cancelado casi definitivamente su historia. Hemos visto que Cajal considera que la psicología pedagógica debe adaptarse a estas condiciones estructurales para facilitar el perfeccionamiento humano. La aplicación de las leyes de la Naturaleza a la psicología pedagógica, como veremos, es un concepto que se repite en el pensamiento cajaliano.

Teoría del crecimiento perfeccionador de las conexiones interneuronales

En la explicación del talento y del genio, como hemos visto, Cajal interpreta psicológicamente la fisiología del sistema nervioso. Posteriormente estudiará experimentalmente las propiedades de las neuronas. Manifiesta su interés por la psicología humana: «Sentía yo entonces vivísima curiosidad —algo novelesca— por la enigmática organización del órgano del alma. "Reina el hombre —me decía— sobre la Naturaleza por la excelencia arquitectónica de su cerebro"» (*Recuerdos de mi vida. Segunda parte: Historia de mi labor científica*, RAMÓN Y CAJAL 1923). Cuando ya ha comprobado la dificultad del análisis de la corteza cerebral de los pequeños mamíferos, se prepara para la investigación del encéfalo humano.

La hipótesis que orienta las investigaciones de Cajal es su convicción de la superioridad humana. En este momento histórico de la investigación, generalmente se aceptaba que entre el cerebro de los mamíferos (gato, perro, mono, etc.) y el del hombre existían solamente diferencias de grado y, por tanto, la superioridad del encéfalo humano consistiría exclusivamente en el mayor número de células piramidales y fibras asociativas. Sin embargo, para Cajal, el lenguaje articulado, la capacidad de abstracción y la aptitud para formar conceptos parecen indicar, incluso admitiendo coincidencias fundamentales con la estructura de los mamíferos, la existencia de resortes originales que justificarían la nobleza del *homo sapiens*.

Durante 1899 y 1900, Cajal se dedicó a investigar las características anatómicas, es decir, las neuronas estrictamente humanas que serían el fundamento de nuestra superioridad zoológica. A pesar de los prejuicios morales y sociales de la época, pudo realizar la investigación. La Ley del Registro Civil entonces vigente impedía que el cadáver estuviese a disposición del anatomista antes de transcurridas las veinticuatro horas del fallecimiento, cuando las neuronas habían sufrido ya graves alteraciones. No obstante, en la Inclusa y en la Casa de Maternidad dispuso de cientos de fetos y de niños de diversas edades, que disecaba dos o tres horas después de la muerte y que estudiaba con los métodos de Ehrlich y Golgi.

El cerebro humano empezaba a mostrar algunos de sus secretos. Cajal descubrió varios tipos nuevos de neuronas de axón corto, característicos del cerebro humano: «En todo caso, mis investigaciones demostraron que la excelencia funcional del encéfalo humano está íntimamente ligada a la prodigiosa abundancia e inusitado lujo de formas de las llamadas neuronas de axón corto» (*Id.*, RAMÓN Y CAJAL, 1923). Su principal objetivo consistió en desentrañar la estructura de los centros perceptivos o sensoriales, sentando las bases de las localizaciones cerebrales.

En 1897 Cajal inició la publicación de la *Textura del sistema nervioso del hombre y de los vertebrados*. El proyecto de redactar esta obra fue consecuencia de la extraordinaria acogida que tuvieron las ediciones castellana, francesa y alemana de su síntesis de 1892, *Nuevo concepto de la histología de los centros nerviosos*. Concibió el proyecto de escribir un tratado en que se estudiara sistemáticamente la textura del sistema nervioso de todos los vertebrados y que diera cuenta de la totalidad de su obra científica. La *Textura del sistema nervioso* fue publicada en Madrid, entre 1897 y 1904, por la Imprenta de Nicolás Moya y considerada «mi obra magna», según su autor. Cinco años después comenzó a publicarse en París la traducción francesa, con el título: *Histologie du système nerveux de l'homme et des vertébrés.*

El capítulo XLVIII de la mencionada obra central cajaliana se titula: *Consideraciones anatomofisiológicas sobre el cerebro. Teorías anatómicas del cerebro.* Cajal, antes de formular su teoría, nos indica el valor que da a la psicología: «Allí donde los hechos anatomofisiológicos exactos no han faltado, hemos recurrido, para llenar algunos vacíos, a las enseñanzas de la psicología; pues como nota acertadamente Vogt, hoy por hoy, son más conocidos los fenómenos de la conciencia que la arquitectónica cerebral, y más eficazmente puede ayudar la ciencia del alma a la del cerebro que la del cerebro a la del alma» (*Textura del sistema nervioso del hombre y de los vertebrados,* RAMÓN Y CAJAL, 1904a).

Cajal piensa que, en el estado actual de la ciencia, no es posible formular una teoría definitiva del plan arquitectónico y dinámico del cerebro. Nos indica que se pueden aprovechar los materiales positivos, aunque incompletos, para forjar una síntesis provisional. Precisa que las síntesis varían con el incesante descubrimiento de hechos que no pudieron preverse; y que la suya sería muy afortunada si, al ser contrastada con las futuras adquisiciones, lograra salvar algunos principios. La teoría cajaliana comprende las siguientes proposiciones: 1.ª, la categoría como mínimo triple de los centros cerebrales; 2.ª, existencia en todos ellos de fibras de proyección centrífuga; 3.ª, bilateralidad de los focos de percepción y monolateralidad de los centros conmemorativos primarios y secundarios; 4.ª, mantenimiento de la proyección de los focos sensoriales en los conmemorativos visuales y táctiles, y 5.ª, postulados fisiológicos y teleológicos.

Cajal expone que los centros conmemorativos son probablemente de dos categorías: focos primarios, en los que se depositan los residuos de la percepción de los objetos y en los que tiene lugar el reconocimiento de las nuevas imágenes y verosímilmente también las operaciones intelectuales y volitivas más sencillas (identificación, diferenciación, deseo, etc.); y los focos secundarios, en los que se depositan los residuos de residuos, es decir, las imágenes combinadas, que ya no son una copia simplificada del mundo exterior, sino síntesis de elementos pertenecientes a diversas imágenes conmemorativas primarias. Y precisa: «Estas nuevas representaciones, correspondientes a las ideas de los filósofos, han perdido casi enteramente su carácter proyectivo y espacial, presentándosenos, por esto mismo, como desasidas de la realidad exterior y como si fueran el producto puro de la actividad del yo» (*Id.,* RAMÓN Y CAJAL, 1904a).

Supone que dentro de los focos secundarios, o acaso en otros de carácter más elevado, se depositaría también el fruto de la imaginación constructiva científica y las creaciones de la fantasía literaria, es decir, las formaciones ideales y complejas construidas por medio de la reflexión, del estudio y la experiencia. Creemos que el proceso de abstracción de las ideas a partir de la percepción, descrito en la psicología clásica, recibe una explicación psicofisiológica.

Para Cajal, las leyes de la asociación psicológica nos obligan a admitir la existencia de fibras de unión entre los diversos centros conmemorativos. Estas fibras deben de ser de dos categorías: conductores conmemorativos secundarios, destinados a la asociación de ideas o representaciones combinadas; y conductores intermnemónicos primariosecundarios, que sirven para enlazar las esferas conmemorativas primarias con las ideales o secundarias. Considera que esta hipótesis sugiere esta importante cuestión: «Además de dichas esferas, ¿no poseería también el cerebro humano centros intelectuales, esferas superiores donde se reflejaría la conciencia del yo y donde residirían la suprema facultad crítica y la actividad de la atención y asociación?» (*Id.*, RAMÓN Y CAJAL, 1904a).

Cajal piensa que es difícil contestar a esta pregunta y más difícil todavía no caer en conjeturas arriesgadas, condenadas indefectiblemente a la rectificación y abandono: «Y, sin embargo, al meditar sobre tan profundo arcano, no somos dueños de reprimir este pensamiento. En nuestro sentir, pretender localizar la conciencia del yo, así como la actividad intelectual, la volición, etc., en órganos especiales, es perseguir una quimera» (*Id.*, RAMÓN Y CAJAL, 1904a).

No obstante, observamos que es el ideal que persigue Cajal, que le motiva a no cejar en su investigación, a través del conocimiento del cerebro. La localización de los centros intelectuales debe intentarse, ya que describe el sustrato orgánico de las operaciones del intelecto: «La operación intelectual no es el fruto de la actividad de un centro privilegiado, sino el resultado de la acción combinada de un gran número de esferas conmemorativas primarias y secundarias. Estimada en su faz puramente orgánica, la reacción intelectiva consiste en la creación de una conexión dinámica entre dos imágenes poco o nada relacionadas; mientras que mirada por su faz subjetiva, se traduce por la creencia (formulada o no por símbolos del lenguaje), de que el nexo dinámico establecido en el cerebro, corresponde positivamente a una relación de sucesión, de coexistencia o de inherencia entre dos o más fenómenos del mundo exterior» (*Id.*, RAMÓN Y CAJAL, 1904a).

Cajal piensa que la atención, el sentimiento y la conciencia representan procesos dinámicos colaterales y, en cierto modo, accesorios de la citada relación, ya que tanto en los animales como en el hombre se dan numerosas reacciones reflejas, perfectamente congruentes y dirigidas a un fin. Cajal hace una psicología positiva, pero no de un positivismo acrítico, que lo coloque, como a otros investigadores, en posiciones inamovibles: «Con lo cual no pretendemos identificar el acto reflejo ni el instinto con el proceso intelectual. Aquéllos representan reacciones constantes, generalmente inmediatas, cuyo cumplimiento no exige esfuerzos volitivos de acomodación; en tanto que los procesos intelectuales representan reacciones mediatas, casi específicas para cada persona, y acompañadas de la conciencia de un esfuerzo, de algo así como la sensación de una actividad motriz destinada a anudar y seriar cadenas de neuronas débilmente asociadas» (*Id.,* RAMÓN Y CAJAL, 1904a).

Cajal precisa que el carácter consciente o inconsciente de la actividad cerebral quizás dependa del mayor o menor consumo de fuerza que requiere la circulación de la onda nerviosa a través de series neuronales, según las vías sean anchas o trilladas, o imperfectas o poco cursadas. Aunque ve lejano el momento de la localización de los actos mentales, dada su prudencia y su conocimiento del momento histórico de la ciencia, la modernidad de Cajal se muestra en su poder predictor: «Dejamos consignado ya que una doctrina topofisiológica del cerebro, por excelente que sea, si es susceptible de allegar datos importantes para el diagnóstico y tratamiento de las enfermedades nerviosas, nos deja en la obscuridad más completa respecto del conocimiento íntimo de los actos mentales» (*Id.,* RAMÓN Y CAJAL, 1904a).

Cajal piensa que la determinación de la serie de procesos moleculares, que se desarrollan en las neuronas durante la actividad intelectual, exige un conocimiento de los focos y vías cerebrales, así como ideas precisas sobre esos cambios de conexión o conmutaciones extremadamente complejas que deben preceder a cada variación dinámica, asociativa, emocional y motriz. No obtendremos la explicación mecánica de las operaciones mentales si no averiguamos cuál es la naturaleza de la onda nerviosa, las transformaciones energéticas sobrevenidas durante su génesis y propagación y las transformaciones producidas en los fenómenos concomitantes de la percepción y de la idea: la emoción, la conciencia y la volición.

Cajal hace una previsión del desarrollo posterior de la neurología. Es la explicación contemporánea de las transmisiones electroquímicas en las sinapsis, como el nivel siguiente de profundización en el cerebro, y, por tanto, en la mente humana. Pero mientras no se alcance ese nivel de análisis en la ciencia, Cajal piensa que es necesario hacer conjeturas para la comprensión de algunos fenómenos psíquicos y fisiológicos.

En las conjeturas sobre la memoria, adaptación funcional y compensación, analiza las hipótesis de Tanzi y Lugaro. El trabajo de Tanzi es sobre la hipertrofia por ejercicio de las vías nerviosas y su título es *I fatti e le induzioni nell'odierna istologia del sistema nervoso*, publicado en 1893. Según Tanzi, una corriente nerviosa que pasa más frecuentemente a través de una articulación neuronal provocará hipernutrición de las vías sobreexcitadas, y, a la manera de lo ocurrido en los músculos, sobrevendrá una hipertrofia que se traducirá en un aumento de la longitud de las ramificaciones neuronales y, por tanto, en una disminución de la distancia que separa las superficies de contacto. Estos espacios representan las resistencias que la corriente debe superar, por lo que resulta que la conductibilidad del sistema nervioso estará en razón inversa de los intervalos interneuronales. El ejercicio, que tiende a disminuir estos espacios, debe aumentar la capacidad funcional de las neuronas.

A juicio de Cajal, la hipótesis de Tanzi no se apoya en ningún factor hipotético, sino en la realidad de las conexiones interneuronales. Tiene la ventaja de hacernos ver cómo los actos habituales, a base de repetirse, se hacen fáciles y automáticos, y cómo lo que llamamos movimiento consciente y voluntario, en contraposición al acto reflejo, podría depender, en su aspecto físico-químico, de un estado de resistencia al paso de las ondas nerviosas.

La hipótesis de Lugaro es la localización del doble proceso intelectivo y emotivo, publicado en 1899, con el título *I recenti progresi dell'Anatomia del sistema nervoso in rapporto alla Psicologia et alla Pschiatria*. Para Lugaro, existe una dualidad inseparable intelectiva y afectiva en toda operación psíquica. Cree que la elaboración del fenómeno del conocimiento tiene lugar entre las neuronas, es decir, en las articulaciones de las terminaciones de las fibras nerviosas aferentes con el cuerpo y dendritas de las células piramidales. Los estados afectivos tendrían lugar en el interior mismo de las neuronas. En esta hipótesis, el proceso intelectivo se relaciona con las conexiones interneuronales. Estas conexiones se habrían establecido desde la época embrionaria por el mecanismo quimiotáctico. La transmisión de la onda de una neurona a otra se debería a fenómenos químicos. El estado consciente estaría ligado a los cambios químicos suscitados en las neuronas por las terminaciones nerviosas.

Cajal considera que faltan razones para apoyar o refutar esta ingeniosa conjetura de Lugaro, que representa, en ausencia de datos fisiológicos objetivos, una mera posibilidad. Y precisa: «Notemos, empero, que el tono emotivo que acompaña nuestras percepciones e ideas podría estar ligado también a la actividad de otros factores constitutivos de la sustancia gris (células de axón corto, células y vías de proyección, etc.)» (*Id.*, RAMÓN Y CAJAL, 1904a).

Cajal piensa que la hipótesis de Tanzi explica la facilidad e inconsciencia de ciertos actos mentales, pero no explica las aptitudes sobresalientes creadas por el ejercicio, que no consisten simplemente en hacer fácil lo difícil, sino en realizar lo imposible. Creemos que la teoría cajaliana del crecimiento perfeccionador de las conexiones interneuronales es su teoría psicopedagógica. La gimnasia mental, que promueve la ramificación y el crecimiento axónico y dendrítico, es la gran arma de la voluntad humana. Observamos de nuevo la importancia de la voluntad: «Nadie ignora que la obra de un pianista, de un orador, de un pensador, etc., resulta absolutamente inabordable para el hombre ineducado, cuya adaptación al nuevo trabajo (caso de que concurran en el sujeto circunstancias orgánicas favorables) es obra de muchos años de gimnasia mental y muscular» (*Id.*, RAMÓN Y CAJAL, 1904a).

Según Cajal, para comprender este importante fenómeno es necesario admitir, además del refuerzo de las vías orgánicas preestablecidas, el establecimiento de otras nuevas, mediante la ramificación y crecimiento progresivo de las ramificaciones dendríticas y nerviosas terminales. La inteligencia adquirida (dejando al margen la capacidad cerebral, cuantía de neuronas y otras condiciones que deben influir) tendría por principal condición la presencia de centros conmemorativos primarios y secundarios provistos de enlaces múltiples y complicados entre órdenes o pléyades neuronales poco o nada relacionados en cerebros incultos.

Cajal piensa que, gracias a esta superior asociación, una excitación sensorial ligera, la contemplación de una idea, un estímulo, que provoca en un cerebro ineducado asociaciones vulgares e ilógicas, suscitaría en las cabezas fuertemente cultivadas e impresionables combinaciones ideales inesperadas que transmiten esquemática, pero fielmente, relaciones positivas de la realidad exterior, que se condensan y expresan en fórmulas generales y fecundas. Podemos observar cómo Cajal explica el proceso creador, científico, artístico e ideológico. De ahí su confianza en el ser humano, sea cual sea su origen. Fiel a sus propios orígenes populares, confía en las posibilidades fundamentales de la educación.

Para Cajal, la memoria lógica tiene una gran importancia para el desarrollo de la inteligencia: «La citada hipótesis explicaría también la memoria lógica, es decir, ese encadenamiento y subordinación ordenada de las adquisiciones, que no se logra sino tras largo esfuerzo de atención y reflexión, y mediante una nueva organización de los centros conmemorativos; así como la creación de sistemas arquitectónicos de ideas o construcciones lógicas complicadas (sistemas o credos filosóficos, religiosos y políticos)» (*Id.*, RAMÓN Y CAJAL, 1904a).

Cajal termina el capítulo dedicado a las *Teorías anatómicas del cerebro* con una interpretación sobre la suspensión de la actividad neuronal. Considera que si la admisión de que la capacidad de crecimiento y asociación de las neuronas nos explica la capacidad de adaptación y la aptitud para variar nuestro sistema de ideas, es evidente que la suspensión de esta actividad en el anciano o en el anquilosado (por ausencia de cultura mental u otros motivos) podría explicar en cierto modo la fijeza de las convicciones y la inadaptabilidad al medio moral. Y precisa: «Y cuando, en virtud de causas más o menos patológicas, se produzca la flojedad articular, quiero decir la atrofia y encogimiento de las expansiones y la disgregación parcial de los sistemas conmemorativos, el resultado será la amnesia, la pobreza de la asociación, la inercia mental, y (extremándose la perturbación) hasta la imbecilidad y la locura» (*Id.*, RAMÓN Y CAJAL, 1904a).

Piensa que podría añadirse que si en el loco, el amnésico y el anciano son más persistentes los recuerdos antiguos que los modernos, es debido a que las vías de asociación primitivamente creadas alcanzaron gran robustez, ya que se formaron durante la época en que la plasticidad neuronal logró el máximo de energía. Sin embargo, nos indica que no pretende excluir, para la explicación de los fenómenos adaptativos y regresivos, otros factores cuya significación es indeterminable.

Teoría sobre la inteligencia y la mediocridad

Tomás Maestre, profesor de la Universidad de Granada, publica *Introducción al estudio de la psicología positiva* en 1904. El libro está prologado por Cajal. Su pensamiento psicológico se expresa con más libertad en estos escritos que en su obra histológica. En este prólogo elabora una teoría sobre las condiciones anatómicas de la inteligencia y la mediocridad. Se basa en el *Examen de ingenios* de Huarte de San Juan. Cajal, desde la hipótesis fundamentada en el *Examen de ingenios*, quiere probar la correspondencia entre la arquitectura cerebral y los resultados de la observación: «Frases hay de nuestros filósofos del siglo de oro que constituyen fórmulas anatomofisiológicas precisas, no corregidas ni mejoradas por la ciencia moderna» (Prólogo a *Introducción al estudio de la psicología positiva*, Ramón y Cajal, 1904b).

Para Cajal, cuando Huarte declara que si el hombre tiene bien organizado el cerebro obra bien y con mucha prudencia, y si el cerebro está mal organizado se equivoca y hace muchos disparates, formula un principio en perfecta armonía con los resultados de la fisiología y la psicología. Precisa que podrían añadirse, a la doctrina del *Examen de ingenios* sobre las condiciones somáticas de la inteligencia y la mediocridad, algunos datos nuevos, como el mayor o menor desarrollo de las esferas asociativas con relación a las perceptivas, la capacidad del encéfalo, etc. Pero la verdad esencial, la condición anatómica de una mentalidad superior, se debe, como sostenía Huarte, a una excelente organización del sustrato del espíritu.

Sustrato histológico del espíritu

Cajal piensa que el sustrato del espíritu, traducido en términos de la ciencia moderna, sería la abundancia de las fibras de asociación, de conexión variada, y la riqueza de neuronas dotadas de gran caudal de colaterales dendríticas y nerviosas. Podemos observar una correspondencia entre interior y exterior, entre introspección y extrospección de la psicología filosófica, y los resultados histológicos y fisiológicos de la neurología, o psicología positiva.

Cajal, teniendo en cuenta lo que dice Huarte, quiere precisar la teoría de la inteligencia y la mediocridad, según el resultado de sus investigaciones de los últimos años: «En nuestro sentir, y supuestas las condiciones adecuadas de madurez y de cultura, un cerebro será excelente y obrará rectamente cuando las vías de asociación más robustas y directas unan precisamente aquellas esferas conmemorativas primarias y secundarias cuyas imágenes correspondan a fenómenos solidarios del mundo exterior, es decir, a datos objetivos ligados entre sí por relaciones constantes de causalidad física de coexistencia, concomitancia e inherencia» (*Id.*, Ramón y Cajal, 1904b).

Y al contrario, considera imperfecto el cerebro cuyas esferas asociativas o conmemorativas posean neuronas incorrectas o mal asociadas, donde cada región cortical sea algo así como una zona autónoma cuyas imágenes, difíciles de evocar por las corrientes brotadas de otras zonas, se presten poco a la elaboración de nociones complejas y síntesis ideales. En los cerebros imperfectos, a consecuencia de la mala organización de los caminos cerebrales, no sólo se hará con retraso el tránsito de una a otra representación, sino que, debido al carácter ilógico de las asociaciones anatómicas establecidas, la realidad exterior no será reflejada con fidelidad, dándose como relaciones positivas del mundo objetivo los resultados dinámicos y meramente personales de la extraña relación creada entre grupos heterodinámicos de neuronas conmemorativas.

Creemos que lo más importante, desde el punto de vista práctico, es que la aplicación de estas inducciones se muestra eficaz, porque responde a un paralelismo real: la objetividad mental tiene como condición el paralelismo con la objetividad del mundo físico-natural.

Cajal insiste en que la asociación interneuronal, no obstante su carácter hereditario, es susceptible de ser influida durante la edad juvenil por la educación y el hábito. Sin embargo, con frecuencia, un cerebro capaz de alcanzar una exquisita organización se transforma en un órgano mediocre debido a que la citada influencia, por compensación del desarrollo forzado de ciertas vías, suspende o modera el crecimiento de los conductores destinados a las asociaciones lógicas.

Podemos apreciar la influencia del mecanicismo en las conjeturas cajalianas. Se pregunta cuántos errores religiosos, científicos y filosóficos se deben a una educación sugestiva y memorística, de conexiones cerebrales antinaturales, y cuántas verdades que nos parecen incomprensibles se deben a que el razonamiento en que se basan no tiene en el cerebro un cauce preformado. Cajal piensa que los sutiles enlaces de las fibras nerviosas son más eficaces que las cadenas de los presos, porque no se sienten. Creemos deliberar y escoger lo más conveniente, cuando en realidad lo que hacemos es seguir el sentido de la menor resistencia, cursando rutinariamente las anchas vías nerviosas trazadas en nuestra infancia por la labor tenazmente deformadora y convergente de padres, amigos y maestros.

Para Cajal, en el cerebro superior, además de la riqueza y excelencia de las asociaciones, existe un factor dinámico muy importante, cuya energía y modo de actuar varían según los sujetos. Y precisa: «Ese algo ignoto parece ser independiente de las vías de conducción, y tiene por misión estimular y sostener la combustión en el horno del pensamiento para la forja de relaciones causales nuevas, de conceptos superiores, de síntesis luminosas, de excelsas creaciones de la razón científica o de la fantasía poética; ciertamente, también arde a ratos en el hogar cerebral del mediocre o del perezoso, pero arde precariamente, con llamaradas débiles e intermitentes, apagándose por falta de carbón o de oxígeno antes de que, rutilante y echando chispas, surja el hierro forjado de ideas» (*Id.*, RAMÓN Y CAJAL, 1904b).

Observamos que aparece una vez más la voluntad, específicamente humana, que fundamenta la libertad. Para Cajal, ese principio misterioso, llámese alma, voluntad o actividad, que esculpe nuevas vías y rompe las mal establecidas, debe radicar en un sustrato material, subordinándose a la actividad de alguna categoría especial de células nerviosas. Y se pregunta: «Pero, ¿cuáles son estas células privilegiadas?» (*Id.*, RAMÓN Y CAJAL, 1904b).

Piensa que ante este gran enigma no queda más remedio que hacer una conjetura. Expone que la corteza cerebral contiene dos órdenes de elementos nerviosos: las pirámides, o células de axón largo, y los corpúsculos de axón corto. Las pirámides cerebrales o elementos del cilindroeje engendran, gracias a sus prolongaciones nerviosas, los sistemas o caminos por donde se propaga la onda sensitiva y motriz (vías aferentes y motrices) y se desliza también el tren del pensamiento (vías de asociación intercortical). Las células de axón corto aparecen diseminadas por toda la corteza. Estos corpúsculos, escasos y de morfología sencilla en los mamíferos, aparecen en un gran caudal en el cerebro humano, donde adoptan variedad de formas y tamaños. Por sus dendritas y soma reciben corrientes de las vías de asociación y sensoriales, y mediante sus axones las llevan a los corpúsculos de axón largo.

Sin embargo, para Cajal, no puede decirse que representan anillos que se intercalan en la cadena neuronal principal, sino más bien vías accesorias, es decir, como las vías muertas en las estaciones con relación al camino principal o directo. Podemos observar que Cajal busca la base material del pensamiento, y por eso no duda en publicar sus hipótesis, basadas en sus investigaciones histológicas. Y dice: «Ahora bien: ¿no podrían representar estas células de axón corto, tan características del cerebro humano, el substratum material del mencionado factor dinámico? ¿Sería harto aventurado atribuirles el papel de condensadores de energía (energía que cedería en determinadas condiciones a las vías principales), al par que los conmutadores de la corriente interconmemorativa? Ese misterioso guardafrenos que modifica incesantemente los empalmes de los delicados rieles de la idea, que ceden o quitan tensión a la locomotora, ¿no sería quizás alguna de las numerosas variedades de células de axón corto (las bipenachadas, por ejemplo) residentes en las zonas de la corteza o asociación?» (*Id.*, Ramón y Cajal, 1904b).

Cajal piensa que el precario estado de los conocimientos fisiológicos impide ir más allá en el desentrañamiento de las acciones nerviosas de las células de axón corto. También impide aclarar más el problema del talento y del ingenio, de la imbecilidad y la locura. Precisa que sería inútil escudriñar las neuronas, si no conocemos la naturaleza de la onda nerviosa, así como las transformaciones que sufre para generar los fenómenos de la memoria, de la volición y de la conciencia, sin que sepamos cómo cada sensación, cada idea, cada volición, aparte de su contenido representativo, impregnan al yo de un efluvio sentimental específico.

Cajal quiere desentrañar el mecanismo íntimo de la inteligencia y la voluntad. Pero es consciente de las dificultades: «Hoy por hoy, fuerza es confesar que la psicología objetiva o histología psíquica, esa ciencia naciente cuyo fin es subordinar la serie de los actos psíquicos reflejados en la conciencia a una serie de fenómenos físico-psíquicos obrados por las células, se halla reducida en gran parte al método, tan primitivo como aventurado, de la interpretación fisiológica del hecho anatómico. Sí; a despecho de los inmensos progresos acumulados en el pasado siglo, la fisiología cerebral del entendimiento y la voluntad continúa siendo el enigma de los enigmas» (*Id.*, Ramón y Cajal, 1904b).

Cajal piensa que la actitud del científico ante las innumerables células y fibras, ante la selva neuronal donde tantos investigadores se han extraviado, no es mucho más airosa que la del rústico de buen sentido que, ignorando física, contemplara por primera vez la red telefónica de una ciudad. El ignorante, llevado de su curiosidad, descubriría un sistema de hilos que enlazan fábricas con casas de comercio y deduciría que, mediante algo que corre por los hilos, los comerciantes piden al fabricante nuevos productos; descubriría también que otros conductores telefónicos, nacidos en miles de viviendas, terminan en una estación central, y a fuerza de pensar llegaría a entrever que la oficina central representa un gran sistema de comunicaciones, algo así como un cerebro de cobre, gracias al cual un corto número de personas (o neuronas) bastan para hacer que cada abonado se comunique con todos los demás.

Pero si alguien preguntara qué especie de energía se propaga por los hilos y cómo la corriente silenciosa e invisible se transforma, llegada a las estaciones, en una cosa tan diversa y sorprendente como la voz articulada, el rústico observador se vería obligado a lamentar su ignorancia o aventurar alguna conjetura temeraria.

Cajal dice: «Tal es aún, por desgracia, la posición intelectual de la ciencia contemporánea en presencia del gran arcano cerebral. Conoce y puntualiza miles de estaciones y vías principales y secundarias, centros de conmutación y órganos periféricos en donde la energía brota o se consume (sentidos o músculos), pero es incapaz de decirnos cómo un movimiento vibratorio de la materia se convierte en un hecho de conciencia y quiénes son y dónde habitan esas misteriosas telefonistas cuyas aladas y sutiles manos hacen variar, de tan caprichoso modo, el giro del pensamiento y los impulsos de la voluntad» (*Id.,* RAMÓN Y CAJAL, 1904b).

Podemos apreciar, como en *Los primeros conceptos sobre la inteligencia*, el deseo cajaliano de desentrañar la esencia del pensamiento y la voluntad. Cajal piensa que no han faltado esfuerzos en la fecunda vía de la psicología objetiva. Pero muchas tentativas de explicación mecánica del pensamiento no pasan de ser esfuerzos generosos de adivinación psicológica, hipótesis atrevidas, sin sólido apoyo en la experimentación fisiopatológica. Nos indica que, aunque las teorías mecánicas de los actos mentales fueran justificables, no conviene exagerar su alcance para la resolución del problema. Con ellas se nos da solamente el conocimiento de resortes muy secundarios. Y matiza: «Los procesos más importantes, a saber, la memoria, la asociación, la conciencia, las operaciones lógicas, la imaginación, la totalidad sentimental; todo, en fin, lo más íntimo y trascendental de la vida psicológica, permanecería en la sombra» (*Id.,* RAMÓN Y CAJAL, 1904b).

Cajal nos aconseja que no dejemos que gane el desaliento. Larga es la tarea, pero es más larga la humanidad. Debemos confiar en los recursos de ese admirable cerebro humano que pugna por conocerse. Podemos apreciar la confianza positivista en la ciencia, a pesar de los grandes misterios: «Cierto que por mucho que se descubra no se llegará a contemplar objetivamente el pensamiento, ni se averiguará por qué un movimiento molecular, en lo objetivo, resulta una percepción en lo subjetivo; pero se determinarán todas las condiciones químico-biológicas de los hechos mentales, y esto bastará a la fisiología. Podrá modificar y prever. ¿Qué ciencia ha logrado más?» (*Id.,* RAMÓN Y CAJAL, 1904b).

En definitiva, la psicología positiva tiene como última misión el conocimiento de los procesos mentales, para preverlos y modificarlos. Creemos que fundamentalmente tendría una finalidad educativa y pedagógica.

Cajal considera que cuando se conozcan minuciosamente las condiciones físico-químicas de la memoria, del sentimiento, del raciocinio; cuando sean analizados y determinados los resortes ocultos que favorecen o entorpecen las expansiones neuronales; cuando se conozca la bioquímica de la herencia, de la adaptación y del ejercicio, es decir, «cuando el futuro ingeniero neuronal (que así se llamará quizá dentro de algunos miles de años) deduzca del examen de un discurso, de un cuadro o de una invención industrial o científica las células que entraron en vibración, el camino recorrido por la asociación mental, las coordinaciones motrices y hasta el número y cualidad de las percepciones arribadas a la conciencia del autor, y que formaron la materia prima de la creación artística o científica [...] entonces el encéfalo, en vez de ser un veleidoso globo cernido entre brumas y juguete de una meteorología ignorada, se convertirá impertérrito en su destino, insensible a las embestidas del viento y a las amenazas del rayo» (*Id.*, RAMÓN Y CAJAL, 1904b).

Cajal cree que entonces el hombre será verdaderamente el rey de la creación, porque habrá alcanzado el triunfo más glorioso y trascendental de la vida: la conquista de su propio cerebro.

Siguiendo la obra de Cajal, vemos que vuelve a ocuparse de la inteligencia en 1922, en una obra literaria, *Charlas de café*, en el capítulo «Sobre el genio, talento y la necedad». En este libro expresa su pensamiento por medio de aforismos: «Infinitas son las definiciones del talento y del genio formuladas por los psicólogos; pero casi todas giran, a mi entender, en torno a estas dos: "El talento es la facilidad, y el genio, la novedad". No afirmaré con Max Nordau que el genio constituye especie humana nueva, pero sí que posee parcial o totalmente un encéfalo más fino y sutilmente organizado, es decir, dotado de vías de asociación más complejas y copiosas que las del tipo humano corriente. En cuanto al talento, dispondría de un cerebro tipo, sin nuevos cauces de asociación, pero amplios, ponderados y completos. Algo semejante, aunque en forma menos objetiva, afirmó el genio W. James al decir: "Es la capacidad de la asociación por semejanza desarrollada en grado extremo"» (*Charlas de café*, RAMÓN Y CAJAL, 1922).

Podemos comprobar que las concepciones cajalianas sobre la inteligencia son las mismas en 1922 que en 1894, año en que empieza a desarrollar sus primeras hipótesis sobre el talento. En otro aforismo nos dice: «Propendemos a considerar el talento y el genio como variedades humanas perfectamente deslindadas, olvidando la existencia de fases intermedias. Entre la mentalidad común y el entendimiento prócer figura el "despejo o listeza"; de igual modo, entre el talento y el genio se intercala (aunque no siempre) el ingenio» (*Id.*, RAMÓN Y CAJAL, 1922). Considera que si la psicología de las medianías y de los pobres de espíritu hubiera interesado tanto a los investigadores como la psicología de la genialidad literaria o científica, se habría descubierto también una gama rica de matices entre el prudente adocenamiento y la idiotez radical.

Para Cajal, el talento suele ser una regular aptitud de tipo rotatorio, mientras que el genio representa una gran capacidad especializada. Los genios musicales o pictóricos aprenderán física o matemáticas, pero no harán ningún descubrimiento en esas materias. Un matemático insigne escribirá, si se lo propone, versos estimables, pero serán versos calculados, más que inspirados. Sin embargo, Cajal precisa que no pretende negar los genios universales como Aristóteles, Galileo, Leonardo da Vinci y Goethe.

La acción de la voluntad

El 5 de diciembre de 1897 Cajal fue elegido miembro de la Real Academia de Ciencias Exactas, Físicas y Naturales. Una vez elegido, tenía que pronunciar su discurso de ingreso. Para la ocasión, que tuvo efecto en 1897, preparó su conocido discurso con el título: *Fundamentos racionales y condiciones técnicas para la investigación biológica,* concibiéndolo como una serie de reglas y consejos destinados a despertar en la juventud española el interés por la investigación científica.

El discurso despertó un gran interés. Lo que motivó que el doctor Enrique Lluría lo reeditara por su cuenta, y que se publicara en 1899, con el título de *Reglas y consejos de la investigación biológica*, con algunos cambios del texto original. El discurso fue repartido de forma gratuita a los universitarios españoles y ha continuado reimprimiéndose en castellano hasta la actualidad, con el título: *Los tónicos de la voluntad*, y con el subtítulo de *Reglas y consejos sobre investigación científica.* Deberemos tener en cuenta que los consejos van destinados a los jóvenes que quieran dedicarse a investigar en ciencias experimentales.

Creemos que la justificación de esta obra estaría en la importancia de la voluntad. Algunos lectores del manuscrito del discurso advirtieron a Cajal de que daba demasiada importancia a la voluntad y poca a las aptitudes excepcionales de los grandes investigadores. Cajal dice que los más ilustres científicos pertenecen a la aristocracia del espíritu, y han sido capacidades mentales muy elevadas. «Pero después de hacer esta concesión que es de pura justicia, sigo creyendo que a todo hombre de regular entendimiento y ansioso de nombradía, le queda mucho campo donde ejercitar su actividad y de tener la fortuna que, a semejanza de la lotería, no sonríe siempre a los ricos, sino que se complace, de vez en cuando, en alegrar el hogar de los humildes, además, que todo hombre puede ser, si se lo propone, escultor de su propio cerebro, y que aun en el peor dotado es susceptible, al modo de las tierras pobres, pero bien cultivadas y abonadas, de rendir copiosa mies» (*Reglas y consejos sobre la investigación biológica. Los tónicos de la voluntad*, RAMÓN Y CAJAL, 1897).

Cajal dedica un apartado de su discurso a la «Pretendida cortedad de luces». Expone que algunos jóvenes alegan falta de capacidad para la ciencia; dicen que sienten atracción por los trabajos científicos, pero que no sirven para descubrir nada. Para Cajal, hay jóvenes refractarios a la labor experimental, como los incapaces de atención prolongada y exentos de curiosidad por las obras de la Naturaleza. Pero piensa que muchos jóvenes toman por incapacidad la mera lentitud del concebir y del aprender y, a veces, la propia pereza o la falta de alguna cualidad de orden secundario, como la paciencia, la minuciosidad, la constancia, atributos que se adquieren pronto con el hábito del trabajo.

Para que los jóvenes puedan comprobar sus aptitudes para el trabajo de laboratorio, propone dos métodos: 1°. Empleo de un método analítico difícil hasta que, a base de paciencia y trabajo, se obtengan los resultados mencionados por los autores. 2°. Estudio de un tema científico en el que existan opiniones contradictorias. Después de algunos meses de trabajo, deberán conseguir adivinar algunas de las conquistas más recientes. Para Cajal, incluso los medianamente dotados intelectualmente podrán trabajar en temas científicos, si tienen fe en la educación y se dedican a estudiar un tema limitado.

En nuestra opinión, los consejos que mejor nos muestran la importancia de la voluntad son los que Cajal dedica a los escépticos en los «milagros de la voluntad»: «Como han afirmado muchos pensadores y pedagogos, el descubrimiento no es fruto de ningún talento originariamente especial, sino del sentido común mejorado y robustecido por la educación técnica y por el hábito de meditar sobre los problemas científicos» (*Id.*, RAMÓN Y CAJAL, 1897).

El cerebro juvenil posee plasticidad exquisita

Cajal piensa que quien tenga un criterio para guiarse en la vida podrá seguir el camino de la investigación científica: «El cerebro juvenil posee plasticidad exquisita, en cuya virtud puede, a impulsos de un enérgico querer, mejorar extraordinariamente su organización creando asociaciones interideales nuevas, depurando y afinando el juicio» (*Id.*, RAMÓN Y CAJAL, 1897). Podemos observar que las bases psicofisiológicas establecidas por Cajal, que hemos visto en *Bases fisiológicas del aprendizaje y la inteligencia* y en la *Explicación del talento y del genio*, las aplica para mejorar la capacidad intelectual de los jóvenes que comienzan a investigar: «Las deficiencias de la aptitud nativa son compensables mediante un exceso de trabajo y de atención. Cabría afirmar que el trabajo sustituye al talento, o mejor dicho, crea talento» (*Id.*, RAMÓN Y CAJAL, 1897).

Los jóvenes que deseen con firmeza mejorar su capacidad acabarán por lograrlo, si su educación no comienza demasiado tarde, cuando la plasticidad neuronal está casi suspendida. Por la lectura y meditación de las grandes obras todos podemos asimilar una gran parte del ingenio que las creó: «En la mayor parte de los casos, eso que llamamos talento genial y especial, no implica superioridad cualitativa, sino expeditiva, consistiendo solamente en hacer deprisa y con brillante éxito lo que las inteligencias regulares elaboran lentamente, pero bien. En vez de distinguir los entendimientos en grandes y pequeños, fuera preferible y más exacto (al menos en muchos casos) clasificarlos en lentos y rápidos» (*Id.*, RAMÓN Y CAJAL, 1897).

Cajal piensa que los entendimientos rápidos son los más brillantes y sugestivos. Son insustituibles en la oratoria, en el periodismo y en toda obra en que el tiempo sea un factor decisivo. Sin embargo, en los trabajos científicos los lentos son tan útiles como los rápidos. Indica que esta clasificación coincidiría con la de «clásicos y románticos» (talentos de reacciones lentas y talentos de reacciones rápidas) que dio Ostwald en *Los grandes hombres*.

La excelencia intelectual no depende siempre de un ingenio superior, sino de un entendimiento y memoria normales, pero bien aprovechados. Por compensación, los que poseen poca retentiva de palabras y de frases suelen tener buena memoria de ideas y de series de razonamiento. Ya hemos visto que Cajal tiene un concepto muy elevado de la memoria, pero considera que con poca capacidad de memorización es posible dedicarse a la investigación científica. En los *Recuerdos* aparecen frecuentes alusiones a esta facultad: «No he de negar yo ciertamente, que la agilidad de la palabra y la retentiva tenaz y pronta asócianse, a menudo, y presagian entendimientos privilegiados; es más, estimo que no hay talento superior que no nutra sus raíces en el terreno de la excelente memoria; pero, conforme acredita la experiencia, es también frecuente hallar un tanto divorciados entendimiento y retentiva; circunstancia que no escapó a nuestro Huarte, el cual en su *Examen de ingenios*, hace notar ya que los jóvenes dotados de gran capacidad mnemónica y que aprenden fácilmente los idiomas, suelen gozar de mediano intelecto para las ciencias y la filosofía» (*Recuerdos de mi vida. Primera parte: Mi infancia y juventud*, RAMÓN Y CAJAL, 1923).

Los jóvenes que quieran investigar deben dedicar al tema que están estudiando todas las facultades que posean: «Desechemos las ocupaciones innecesarias, y esas ideas parásitas tocantes a las menudencias de la vida y fijemos tan sólo en la mente, a favor de la atención ahincada y persistente, los datos relativos al problema que nos ocupa» (*Reglas y consejos sobre la investigación biológica. Los tónicos de la voluntad*, RAMÓN Y CAJAL, 1897). Durante la investigación deben ignorar todo lo demás: la política, la literatura, la música, etc. Los libros inútiles, perturbadores de la atención, ocupan tanto lugar en nuestro cerebro como en la biblioteca y dificultan la adaptación mental al tema estudiado: «Aun el talento mediano llegará a ilustrarse con trabajos estimables en varias ciencias, con tal de abandonar la pretensión de abarcarlas todas de una vez; concentrará, pues, sucesivamente, es decir, por épocas, su atención en cada tema y debilitará o borrará sus adquisiciones anteriores en otros dominios. Lo que equivale a declarar que el cerebro es adaptable a la ciencia total en el tiempo, pero no en el espacio» (*Id.*, RAMÓN Y CAJAL, 1897).

Para Cajal, los investigadores dotados de una gran capacidad intelectual proceden de este modo. Cuando un científico nos asombra con publicaciones sobre disciplinas muy diversas, debemos reparar en que cada materia corresponde a una época. Los conocimientos anteriores no han desaparecido, pero se habrán simplificado. Así podrá quedar libre en la pizarra cerebral un gran espacio para el registro de nuevas imágenes.

En nuestra opinión, la importancia de la educación para inculcar buenos hábitos es un punto de vista utilitario, coincidente con el de William James. Aunque la edición original de *The principles of Psychology* es de 1890, entre los libros conservados de la biblioteca personal de Cajal se encuentra los *Principios de Psicología*, publicado en 1909. Este libro es posterior a la publicación del discurso de Cajal, aunque no sabemos si había leído con anterioridad a W. James.

Conclusión

Naturalismo, mecanicismo y evolucionismo

Hemos visto que la actitud positiva del naturalismo, el mecanicismo y el evolucionismo son los fundamentos de la concepción cajaliana sobre la inteligencia. El positivismo es el método de trabajo que utiliza. Los aspectos esenciales de la concepción de la inteligencia se basan en las leyes que rigen la morfología y conexión de las células nerviosas de la sustancia gris. El idealismo y el romanticismo matizan estas concepciones. Cajal da una gran importancia a la voluntad, que es una idea romántica, para la formación de la inteligencia. También hemos podido apreciar la importancia del planteamiento asociacionista de Cajal: del asociacionismo interneuronal y del asociacionismo psicológico.

Podemos concluir que las principales deducciones psicológicas basadas en la observación del sistema nervioso son:

La concepción del cerebro como una reunión de regiones que realizan toda clase de asociaciones mentales. La textura de la corteza cerebral no explica estas funciones.

Las expansiones de las células piramidales influyen en la inteligencia animal. El ejercicio mental puede producir expansiones protoplasmáticas y colaterales nerviosas. La inteligencia depende del número de conexiones nerviosas. El entendimiento humano se basa en la memoria y la inteligencia.

La educación consiste en la formación de vías amplias por donde los impulsos nerviosos se propagan sin esfuerzo y se transforman progresivamente en más automáticos. La educación debe adaptarse a las condiciones estructurales del sistema nervioso para facilitar el perfeccionamiento humano.

El trabajo mental continuado favorece el crecimiento de las expansiones nerviosas, lo cual hace aumentar el número de las asociaciones mentales. La atención continuada favorece la claridad de las percepciones e ideas. El hábito se forma por el progresivo perfeccionamiento de las vías nerviosas y por la creación y ramificación de nuevos apéndices celulares. La excelencia intelectual depende de la complejidad de las vías de asociación.

La operación intelectual es el resultado de la acción combinada de un gran número de esferas conmemorativas primarias y secundarias.

La condición anatómica de una mentalidad superior se debe, como ya sostenía Huarte de San Juan, a una excelente organización del sustrato del espíritu. Este sustrato se compone de fibras de asociación y de neuronas dotadas de colaterales dendríticas y nerviosas.

Un cerebro pensará y obrará bien cuando las vías de asociación más robustas y directas unan las esferas conmemorativas primarias y secundarias. Un cerebro será imperfecto si las esferas asociativas y conmemorativas poseen neuronas incorrectas o mal asociadas.

En el cerebro humano existe un factor dinámico muy importante cuya energía y modo de acción varían según los sujetos. Este factor dinámico lo produce la voluntad. La voluntad, la educación y el hábito pueden mejorar las asociaciones interneuronales.

La teoría cajaliana del crecimiento perfeccionador de nuestro cerebro es su teoría psicopedagógica. La voluntad humana hace posible la gimnasia mental que facilita la ramificación y crecimiento axónico y dendrítico. Esta teoría nos permite entender cómo aprendemos a ejecutar determinados actos con más facilidad gracias a la práctica. Las neuronas que participan en el trabajo o estudio no aumentan en número, pero las conexiones entre ellas se perfeccionan con el uso. Las vías de interconexión se hacen más potentes y las neuronas pueden adquirir nuevas ramificaciones gracias a las cuales resultan posibles relaciones nuevas con otras células.

Los jóvenes que lo deseen fervientemente pueden mejorar su cerebro creando asociaciones nuevas. El descubrimiento científico es debido al sentido común mejorado por la educación y el hábito. El éxito representa el premio de la atención profunda y el trabajo perseverante. La voluntad produce la atención prolongada y la polarización cerebral. El cerebro, gracias a su plasticidad, evoluciona anatómica y dinámicamente, adaptándose al tema de estudio. Todos podemos ser escultores de nuestro propio cerebro.

Bibliografía

BAIN, A. (1874): *Les sens et l'intelligence*. Librairie G. Baillière, París.

JAMES, W. (1909): *Principios de Psicología*. Editorial Jorro, Madrid.

RAMÓN Y CAJAL, S. (1892a): Nuevo concepto de la histología de los centros nerviosos. *Revista de Ciencias Médicas de Barcelona*, 18: 1-68.

RAMÓN Y CAJAL, S. (1892b): La retina de los teleósteos y algunas observaciones sobre los vertebrados inferiores. *Anales de la Sociedad Española de Historia Natural*, 21: 281-305.

RAMÓN Y CAJAL, S. (1894a): La fine structure des centres nerveaux. The Croonian Lecture. *Proceedings of the Royal Society of London*, 55: 444-468.

RAMÓN Y CAJAL, S. (1894b): Consideraciones generales sobre la morfología de la célula nerviosa. *La Veterinaria Española*, 38: 257-260, 273-275 y 289-291.

RAMÓN Y CAJAL, S. (1897): *Reglas y consejos sobre la investigación biológica. Los tónicos de la voluntad*. Imprenta de L. Aguado, Madrid.

RAMÓN Y CAJAL, S. (1904a): *Textura del sistema nervioso del hombre y de los vertebrados*. Imprenta de Nicolás Moya, Madrid.

RAMÓN Y CAJAL, S. (1904b): Prólogo a *Introducción al estudio de la Psicología positiva* de Tomás Maestre. Editorial Bailly-Baillière, Madrid.
RAMÓN Y CAJAL, S. (1908): *Asociación Española para el Progreso de las Ciencias. Primer Congreso*. Imprenta de Eduardo Arias, Madrid.
RAMÓN Y CAJAL, S. (1921): *Manual de Histología normal y técnica micrográfica*. Imprenta de Nicolás Moya, Madrid.
RAMÓN Y CAJAL, S. (1922): *Charlas de café. Pensamientos, anécdotas y confidencias*. Imprenta Juan Pueyo, Madrid.
RAMÓN Y CAJAL, S. (1923): *Recuerdos de mi vida. Primera parte: Mi infancia y juventud. Segunda parte: Historia de mi labor científica*. Imprenta Juan Pueyo, Madrid.

2. CAJAL Y LA CONSCIENCIA: NOTAS DESDE LA FRONTERA

FRANCISCO J. RUBIA
Instituto de Investigación Pluridisciplinar
Universidad Complutense de Madrid
Madrid

Se ha dicho que el tema de la consciencia será el tema del siglo XXI en Neurociencias, por lo que difícilmente se podría decir algo definitivo a comienzos del siglo XX, que es cuando Cajal publica su magna obra. Ya supone un gran paso haber conseguido hoy que las neurociencias, superando a duras penas un dualismo cartesiano que ha durado siglos, se ocupen con métodos científico-naturales de un asunto hasta ahora vedado por considerarlo una facultad anímica o mental, inaccesible al estudio científico por el carácter inmaterial de esa alma o mente, opinión que aún es compartida por algunos autores. No obstante, cierto es que la *Textura*, con el detallado análisis histológico de la corteza cerebral y otras estructuras del sistema nervioso, será uno de los pilares sobre los que se asienten los estudios neurocientíficos de las bases biológicas de la consciencia. A fin de cuentas, existe un amplio consenso en afirmar que la obra de Ramón y Cajal representa la base celular de la neurociencia moderna.

Introducción

Parece algo pretencioso escribir sobre este tema, ya que Santiago Ramón y Cajal apenas lo menciona en sus escritos. Pero, por otro lado, fue el título de una conferencia internacional celebrada en Zaragoza a finales del año 1999 con motivo del centenario de la publicación de la *Textura del Sistema Nervioso del hombre y de los vertebrados*. Bien es cierto que en la mayoría de los casos este simposio internacional sirvió para que diversos investigadores presentaran los resultados de sus trabajos relacionados con la consciencia, pero pocos hicieron alusión a este tema, lo que, por lo antes dicho, resulta comprensible.

Hoy en día es difícil imaginarse la importancia que en su momento tuvieron la teoría de la neurona y la teoría de la polarización dinámica, que mostraron no sólo que Cajal era un excelente morfólogo sino que también estuvo siempre preocupado por lo que hoy llamaríamos el procesamiento de la información, o sea, la función de las estructuras que descubría. Todo esto serviría a Charles Sherrington para incorporar estos conocimientos en su obra *La acción integradora del sistema nervioso*. La especificidad de las conexiones nerviosas y su plasticidad serán otros dos conceptos clave que perdurarán en el tiempo y que representan asimismo conocimientos en los que se basan las modernas neurociencias.

Ideas sobre la consciencia

Estoy convencido de que, aun sin decirlo *expresis verbis*, Cajal pensaba que la consciencia era fruto de la actividad de la corteza cerebral. Hoy diríamos que como fenómeno emergente. Así interpreto el pasaje siguiente: «Apréciame improbable, y hasta un poco atentatoria a la dignidad humana, la opinión generalmente aceptada por entonces de que entre el cerebro de los mamíferos (gato, perro, mono, etc.), y el del hombre medien solamente diferencias cuantitativas.

»En tal supuesto, la excelencia del encéfalo humano consistiría exclusivamente en el mayor número de pirámides y en la superior copiosidad de fibras asociativas. Pero el lenguaje articulado, la capacidad de abstracción, la aptitud para forjar conceptos y, en fin, el arte de inventar instrumentos ingeniosos, especie de prolongación de la mano y de los aparatos sensoriales, ¿no parecen anunciar, aun admitiendo coincidencias fundamentales de estructura con los animales, la existencia de resortes originales, de algo, en fin, cualitativamente nuevo y justificado de la nobleza psicológica del *homo sapiens*?».

En este pasaje, Cajal afirma que no ha encontrado más que diferencias cuantitativas entre el hombre y los demás mamíferos por lo que respecta al número de neuronas corticales y sus conexiones. Constatación esta importante, que hace difícil entender el cerebro humano como algo completamente distinto del de los animales que nos han precedido en la evolución. Pero este pasaje, en mi opinión, también implica que esa diferencia cuantitativa ha dado lugar, según Cajal, a propiedades nuevas que explican la psicología del ser humano. Estamos, pues, ante un tipo de «emergentismo», tan moderno como lo son la mayoría de los neurocientíficos que hoy así piensan. En ningún lugar se puede encontrar una cita de Cajal que aluda a la existencia de una entidad inmaterial que interaccione con el cerebro, tal y como proponen los dualistas.

El estudio de la consciencia como una ciencia implica necesariamente la renuncia a cualquier tipo de dualismo que niegue que esa facultad humana, y probablemente de los animales más próximos al hombre, sea otra cosa que el producto de la actividad cerebral. Sin embargo, este hecho no ha impedido que muchos autores estudien el sistema nervioso sin dejar de pensar que las facultades mentales provenían de una mente o alma de naturaleza inmaterial. Quizá el caso más evidente haya sido el del más joven y conocido discípulo de Charles Sherrington, John Eccles, que hizo considerables esfuerzos en una tarea en la que todo dualista ha fracasado hasta ahora; me refiero al intento de explicar cómo un ente de naturaleza inmaterial, y por tanto desprovisto de energía, puede tener una influencia sobre algo tan material como el cerebro, lo que violaría las leyes de la termodinámica.

Pero el dualismo es duro de pelar. Al fin y al cabo, es mi convicción que todos pensamos de forma dualista cuando utilizamos la facultad lógico-analítica de nuestro cerebro. De ahí que algunos, al considerar imposible mantener el dualismo metafísico de un Descartes, hayan propuesto otra forma de dualismo que podríamos llamar «dualismo de atributo», que considera la consciencia una especie de atributo especial no-físico que emerge de la materia a partir de un cierto nivel de complejidad, como es el caso de Roger Sperry y también el de Benjamin Libet. A los que piensan que la consciencia no es otra cosa que un estado o función del cerebro se les ha apostrofado «reduccionistas», como es el caso de Francis Crick y de Daniel Dennett.

En busca de una definición

A todo esto no hemos definido aún la consciencia, y esto tiene un significado especial. Existen innumerables definiciones de este término, según la opinión de quien define, pero podemos quedarnos con una sencilla, a saber: el conocimiento que el ser humano tiene de sí mismo y de su entorno. Es mi convicción que tanto la consciencia como otras facultades mentales que el hombre posee Cajal entendía que todas tenían como sede las neuronas de la corteza cerebral, esas «células de forma delicada y elegantes, las misteriosas mariposas del alma, cuyo batir de alas ¡quién sabe si esclarecerá algún día el secreto de la vida mental!».

Hoy diríamos que lo que Cajal estaba buscando eran los correlatos neurales de la consciencia, es decir, aquellas estructuras que cuando se activan producen consciencia y que no están activas cuando la persona es inconsciente, una vía recientemente emprendida que promete llegar a un mejor conocimiento de ese «emergentismo» al que antes aludíamos. Esta búsqueda de esos correlatos ya empieza a dar frutos, aunque no se tenga aún certeza de cuáles son las estructuras que permiten la consciencia. Se han postulado varios fenómenos y estructuras en el sistema nervioso central, como la oscilación de 40 Hz en la corteza cerebral, los núcleos intralaminares del tálamo, los bucles reentrantes en el sistema tálamo-cortical, las asambleas neuronales unidas por los receptores NMDA, algunos niveles neuroquímicos de activación, ciertas neuronas en la corteza temporal inferior, las neuronas en la corteza extraestriada que proyectan a las áreas prefrontales, etc.

En busca de un sustrato

Christof Koch diferencia muy bien entre los factores actividadores y las condiciones tónicas necesarias para que tenga lugar la consciencia. Es evidente que un flujo sanguíneo apropiado es necesario para que el cerebro funcione normalmente, pero sería absurdo sostener que ese flujo es el que produce la consciencia. O que el corazón, fuente de todo flujo sanguíneo, es el motor de la consciencia, lo que nos retrotraería al menos hasta Aristóteles. También es necesaria la actividad normal de la formación reticular para la existencia de un nivel de vigilia apropiado, pero no creo que sea una causa suficiente. Por supuesto que su lesión produce coma en humanos y en otros animales. Lo mismo podría decirse de los núcleos que contienen neurotransmisores y que se encuentran en bulbo, protuberancia y mesencéfalo, como son los que contienen noradrenalina, acetilcolina, serotonina, dopamina e histamina. Aquí, sin embargo, ya vemos que se le puede imputar al estado consciente un cierto nivel químico de alguna de estas sustancias en el cerebro. De todos los neurotransmisores, quizá la acetilcolina es la que esté más cerca de ser responsable de producir consciencia. Las neuronas colinérgicas que se encuentran en el prosencéfalo basal proyectan al tálamo, el hipocampo, la amígdala y la corteza cerebral. Pero, sobre todo, porque los mecanismos colinérgicos fluctúan con el ciclo vigilia-sueño, de forma que una fuerte actividad de esas neuronas se correlaciona muy bien con la vigilia y el sueño REM, y la baja actividad lo hace con el sueño de ondas lentas.

Otros serios candidatos a ser los correlatos neurales de la consciencia son los núcleos inespecíficos del tálamo, llamados así porque no transmiten ninguna modalidad sensorial y proyectan a las capas superficiales de la corteza, siendo asimismo la diana de proyecciones colinérgicas. También aquí, al formar parte del sistema activador ascendente, como la formación reticular, su lesión produce coma en humanos.

Antonio Damasio es de la opinión de que la consciencia responsable del sentido de que somos propietarios de nuestro propio cuerpo y observadores del cerebro necesita de información precisamente de este mismo cuerpo, así como de las informaciones propioceptiva, visceral, etc., que están informando constantemente de la situación en la que se encuentra el organismo. De la misma manera, el sentido del yo necesita la presencia de emociones. Todos los neurocientíficos están de acuerdo en que la corteza cerebral es fundamental para la consciencia. Ahora bien, no toda actividad cortical tiene que estar acompañada de consciencia. Los estudios de Milner y Goodale indican que en el sistema visual, en el que existen dos vías, una ventral, la vía del «qué», y la vía dorsal, la vía del «dónde», sólo la ventral, dedicada a la identificación de los objetos observados, es consciente; la vía dorsal, que se encarga de la respuesta motora, no lo es. Las áreas donde se sospecha tiene lugar la consciencia son áreas asociativas, es decir, que ese fenómeno no acompaña la actividad de las áreas sensoriales primarias.

La ilusión de la libertad

Una de las facultades que acompañan a la consciencia es el llamado libre albedrío, algo que hoy día está en tela de juicio, precisamente por experimentos realizados por Benjamin Libet, que quería justo demostrar lo contrario, es decir, su existencia. Estos experimentos indican que es muy posible que nuestra voluntad libre sea una ilusión más a las que el cerebro ya nos tiene acostumbrados. Pues bien, Cajal llega a dudar también de su existencia en la siguiente frase de sus *Charlas de café*: «Sucede con el amor de la mujer como con el libre albedrío. Ambos parecen absolutamente espontáneos y obedecen, sin embargo, en la mayoría de los casos, a motivos casi irresistibles».

Su escepticismo respecto a las facultades mentales del hombre encuentra en la siguiente cita un claro exponente: «¿Qué sería el hombre descrito por el mono? Probablemente un caso deplorable de degeneración, caracterizada por las manías contagiosas de hablar, de pensar y de creer». Y respecto al orgullo antropocéntrico, el diálogo delicioso entre la tenia y el hombre nos revela el pensamiento de Cajal al respecto. En él, el hombre se muestra orgulloso de ser el objeto predilecto de la creación y el centro de todo lo que existe. Pero la tenia le responde que ella es el centro de su centro, que se alimenta de él y que manda en sus entrañas. Mientras el hombre trabaja y se afana por su sustento, la tenia se nutre del hombre sin el menor esfuerzo. Cuando el hombre le reprocha que la tenia carece de razón y de alma inmortal, ésta responde que sus células nerviosas son iguales a las del hombre, preguntando irónicamente que cuántas son necesarias para poseer alma y racionalidad. Es otra manifestación de que Cajal pensaba que las facultades anímicas o mentales eran el fruto de la actividad del sistema nervioso.

En los humanos, la consciencia tiene diversos niveles, desde la atención más concentrada hasta el coma profundo, desde un estado de alerta hasta la autorreflexión. Se dice que la forma más común de consciencia es el estado de estar despierto, o sea, la vigilia, en la que siempre somos conscientes de algo, sea de nuestro entorno o de nuestro interior, en forma de estímulos internos, emociones o pensamientos. Un grado superior a la vigilia es la atención; otro tipo de consciencia es la del propio cuerpo y de la propia identidad, o sea, del propio yo. También existe una consciencia de lo que ocurrió en el pasado y de lo que sucede a nuestro alrededor. Se ha definido, asimismo, una consciencia del control voluntario de los movimientos y acciones, y también una consciencia de la autorreflexión, de ser el dueño de nuestros pensamientos.

Esta enumeración tiene el propósito de indicar que se ha llegado a esta distinción gracias a que puede ocurrir, por lesiones cerebrales, tumores u otras enfermedades, que se pierda alguna de estas consciencias manteniendo intactas las demás. Por ejemplo, puede acontecer, y acontece, que haya pacientes cuya percepción, consciencia, inteligencia, etc., sean normales, pero que nieguen que su cuerpo les pertenezca, o que no saben quiénes son o dónde se encuentran. Esto suele ocurrir cuando se producen lesiones que afectan a alguna región de la corteza asociativa, lo que Cajal denominaba «esferas asociativas», y que, como dice en la *Textura*: «representan el substractum de las actividades psíquicas más elevadas (movimiento voluntario, memoria, inteligencia, sentido estético y moral, etc.)». Nada más actual.

Un viaje al interior

En los últimos años se ha mostrado lo que ya se barruntaba en el siglo XIX, a saber, que la corteza prefrontal podría ser la sede de la conducta moral, de los aspectos sociales y emocionales de la conducta, de la evaluación de los riesgos y del control emocional de la conducta. Su lesión produce, efectivamente, una pérdida del «yo» y de las conductas morales. Así pues, Cajal ya sabía que aparte de los centros perceptivos existen en la corteza cerebral los que llamaba «centros conmemorativos», cuya lesión «no producían ni ceguera ni sorderas mentales, sino debilidad de la memoria y paralización de la función de reconocimiento de objetos». Las circunvoluciones inmediatas a los centros primarios de la visión y audición, cuando se lesionaban, no producían más que «perturbación de la memoria y de la facultad de reconocimiento». Estos «centros conmemorativos» son, según Cajal, de dos tipos: los primarios, «donde se depositan los residuos de la percepción de los objetos y donde tiene lugar el reconocimiento de las nuevas imágenes, y verosímilmente también las operaciones intelectuales y volitivas más sencillas (identificación, diferenciación, deseo, etc.); y focos secundarios, donde se depositan los residuos de los residuos, o sea las imágenes combinadas, que ya no son copia meramente simplificada de un objeto exterior, sino síntesis de elementos pertenecientes a diversas imágenes conmemorativas primarias. Estas nuevas representaciones, correspondientes a las ideas de los filósofos, han perdido casi enteramente su carácter proyectivo y espacial, presentándosenos, por esto mismo, como desasidas de la realidad exterior y como si fueran el producto puro de la actividad del yo». Con esta larga cita estamos mostrando una anticipación de lo que hoy se llamaría el mundo de representaciones internas con las que el cerebro trabaja independientemente del entorno. La última frase se acerca casi a lo que hoy es parte de la corriente de opinión sobre el trabajo del cerebro denominada «constructivismo».

También se anticipa Cajal a lo que se ha llamado posteriormente lateralización de funciones cerebrales, afirmando que mientras que los centros perceptivos son simétricos y bilaterales, los conmemorativos primarios y secundarios son monolaterales. Esta lateralización aporta, según Cajal, «dos ventajas económicas: aumento de la capacidad cerebral, toda vez que cada hemisferio conserva recuerdos diferentes; y reunión en territorios próximos de un lado de aquellas adquisiciones de orden sensorial diferente (visuales, acústicas, táctiles, etc.), que, por referirse a un mismo objeto exterior, deben ser asociados continuamente en la palabra y el pensamiento, y exigen, por consecuencia, vías de enlace breves y vigorosas». Toda una interpretación de la posible razón por la que en la evolución se han lateralizado las funciones cerebrales, que podría figurar hoy entre las muchas explicaciones que a este fenómeno modernamente se han dado.

En resumen, podemos decir que, a pesar de los escasos conocimientos que entonces se tenían de la función de las estructuras nerviosas, el morfólogo Cajal, siempre preocupado por la función de los tejidos que estudiaba y mostraba, en sus consideraciones sobre las funciones superiores del cerebro se anticipó a su tiempo, como suelen hacer aquellas mentes lúcidas que unen a su clarividencia un tesón y un esfuerzo continuado en su trabajo.

3. UN DÍA EN EL ARCO DE SANTA MARÍA

J. JAVIER CAMPOS
Departamento de Psicología Básica I
Universidad Complutense de Madrid
Madrid

Allá por el año 1887 Santiago Ramón y Cajal se encuentra en Madrid. Hace cuatro años que es catedrático en Valencia y en la capital de España se celebran unas oposiciones a cátedras de las que es miembro juzgador. Viene decidido a aprovechar la estancia para informarse de las novedades científicas. En el Instituto de Biología de la calle de la Gorguera, que han puesto en marcha Federico Rubio con Luis Simarro y otros jóvenes investigadores, tiene la fortuna de encontrarse con el neurólogo valenciano Luis Simarro, que acaba de volver de una larga estancia en París. Ambos se habían conocido dos lustros atrás, cuando Cajal cursaba su doctorado en Madrid. Ya en aquel entonces apreciaban ambos la medicina de laboratorio del maestro Aureliano Maestre de San Juan y no compartían las críticas comunes vertidas por otros profesores para los que hablar de *anatomía microscópica* era tanto como hacerlo sobre la *anatomía celestial*. Entonces Simarro, que era director del manicomio de Leganés y docente en la Institución Libre de Enseñanza, estaba a punto de trasladarse a París para ampliar sus conocimientos de histología patológica. Simarro, antes de partir a Francia, imbuido del pensamiento evolucionista, ya utilizaba impregnaciones argénticas para estudiar las fibras de neuroglía en invertebrados. Pensaba enviarle estos datos a Cajal, para que los incluyera en una revisión que estaba realizando el aragonés, quien tras concluir su tesis había vuelto sus ojos hacia el tejido nervioso (SIMARRO, 1879).

Ha pasado una década desde aquellos tiempos casi estudiantiles. En este reencuentro madrileño de 1887 Simarro informa a Cajal de que Camillo Golgi, el sabio de Pavía, ha descubierto una técnica que permite observar selectivamente coloreadas de negro, de entre toda la maraña existente, sólo algunas células nerviosas. Este método permite ver incluso sus más finas ramúsculas, que aparecen destacadas sobre el fondo amarillo transparente que forman los elementos que no se han teñido (fig. 3.1). Además Simarro ya ha realizado preparaciones con dicho método que son plenamente concluyentes (ALBARRACÍN, 1978). Surge en Cajal en ese momento un especial interés por visitar el laboratorio privado de Luis Simarro. Allí, en la entonces llamada calle del Arco de Santa María, y hoy Augusto Figueroa, Simarro «paciente y esmeradamente [ensayaba] cuantas novedades técnicas aparecían en el extranjero». Luis Simarro, con su generosidad habitual, le elogia las ventajas del método de Golgi. Es conocido el entusiasmo que en Cajal suscita el descubrimiento: «Fue precisamente en casa del doctor Simarro, situada en la calle del Arco de Santa María 41, donde por primera vez tuve ocasión de admirar excelentes preparaciones del método Weigert-Pal, y singularmente, [...] aquellos cortes famosos del cerebro, impregnados mediante el proceder argéntico del sabio de Pavía» (RAMÓN Y CAJAL, 1923, p. 190).

«Ha bastado el azar de un minuto para que la escuela histológica española se ponga en marcha y para que [...] las circunstancias hayan permitido a Luis Simarro ser el posibilitador de la empresa.» Este fortuito encuentro con Simarro supone un golpe de fortuna para el estudio del tejido nervioso (ALBARRACÍN, 1987, pp. 104-108). Ya fuera fortuito o buscado, lo cierto es que transformará radicalmente el método de trabajo de Cajal.

Más de un siglo después de que se dieran a conocer sus principales trabajos, Cajal continúa siendo todavía uno de los autores clásicos más citados (TIMONER y GAMUNDÍ, 2002). La ingente obra científica de Cajal, la importancia de sus descubrimientos y la admiración que provoca su figura, inseparable en muchos casos de otros muchos personajes que le acompañaron en la titánica tarea de conocer la estructura y función de las células del cerebro, le convierten en fértil campo de estudio. Ésta es la razón por la cual muchos de los datos presentados aquí ya son sobradamente conocidos en la abundante bibliografía cajaliana (*v. gr.* LÓPEZ PIÑERO y otros, 2000). Por ello, si algún mérito tienen estas líneas, no será otro que el de traer de nuevo a un primer plano algunos aspectos que fueron difuminados tras el polvo de la historia, pero que siguen siendo de interés para los nuevos investigadores. En particular cabe preguntarse aquí acerca de la amistad entre Cajal y Simarro. Abundan los comentarios sobre cómo fue en realidad la relación entre ambos. ¿Se tienen datos sobre cómo pudo influir Simarro en la obra de Cajal? ¿Cómo valoraba Cajal el trabajo de su amigo? ¿Cómo fue de casual aquel primer encuentro con la técnica de Golgi? ¿Fue la única vez que el trato con Simarro permitió a Cajal orientarse en su trabajo?

Tiene interés responder a estas cuestiones porque bastó un afortunado encuentro con Simarro en su modesto laboratorio biológico del Arco de Santa María para que el trabajo lúcido, tenaz y extenuante de Cajal le catapultase desde el modesto laboratorio del Arco de Santa María hasta el gran salón de la Real Academia de Música de Estocolmo. En poco más de tres lustros, con Cajal, la ciencia española de la Restauración fue capaz de elevarse al cenit del reconocimiento mundial.

Dos histólogos estudiando la mente

Cajal y Simarro, como acertadamente ha señalado ALBARRACÍN (1987, p. 107), son dos vidas que convergen. Santiago Ramón y Cajal había realizado primitivas y precarias investigaciones de clínica psicológica en Valencia. Buscaba en la estructura del sistema nervioso un «cauce para la desvelación de los problemas de la mente». Para ello Cajal había creado en Valencia un comité de investigaciones psicológicas interesado por «la investigación de la esencia y el pensamiento humano» (ALBARRACÍN, 1987, p. 102). Cuando Cajal se ocupa de estudiar los mecanismos y la eficacia de los tratamientos clínicos de carácter mental, la vida psicológica no se consideraba un conjunto coherente de procesos organizados, sino que estaba caracterizada como una estructura bipolar. En uno de los extremos se encontraría la acción normal del sujeto, y en el extremo opuesto la patológica. Las investigaciones realizadas por Charcot, Bernheim y otros sobre la «psicología mórbida» le permitieron entender muchos de los milagros narrados por Mesmer y sus seguidores (RAMÓN Y CAJAL, 1923, p. 192). Cajal pretende estudiar las manifestaciones humanas que parecen milagrosas, pero que más bien deberían calificarse como sorprendentes, y para ello crea un pequeño centro de investigación y tratamiento. Pronto la barahúnda que se organiza con el ir y venir de neurasténicos, maniacos, histéricos o espiritistas y la divulgación de los supuestos milagros que allí aconte-

Cajal, en Valencia, interesado por la psicología, experimenta con la hipnosis

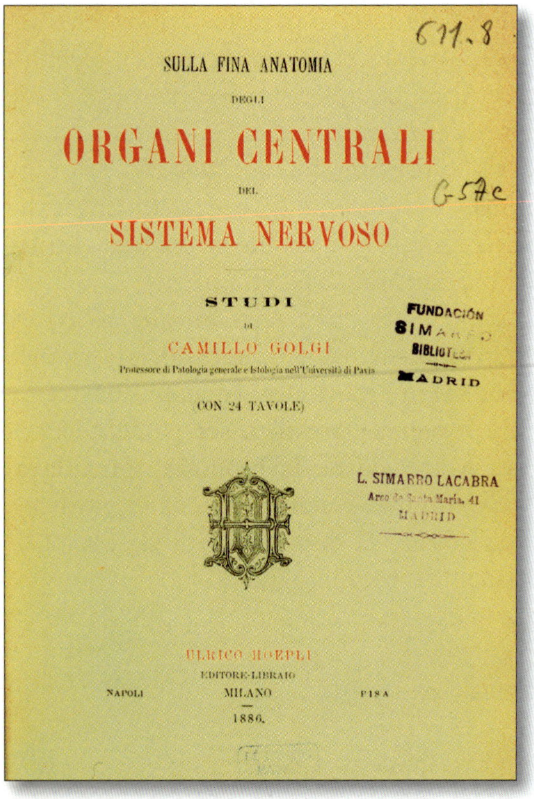
SULLA FINA ANATOMIA

DEGLI

ORGANI CENTRALI

DEL

SISTEMA NERVOSO

STUDI

DI

CAMILLO GOLGI

Professore di Patologia generale e Istologia nell'Università di Pavia

(CON 24 TAVOLE)

ULRICO HOEPLI

EDITORE-LIBRAIO

NAPOLI MILANO PISA

1886.

Figura 3.1. En el Laboratorio que Luis Simarro instaló en su casa del Arco de Santa María 41, Cajal, junto con la contemplación al microscopio de las preparaciones de Golgi y de Weigert-Pal, pudo tener en sus manos el recién aparecido libro de Golgi (UCM. Legado Fundación Simarro).

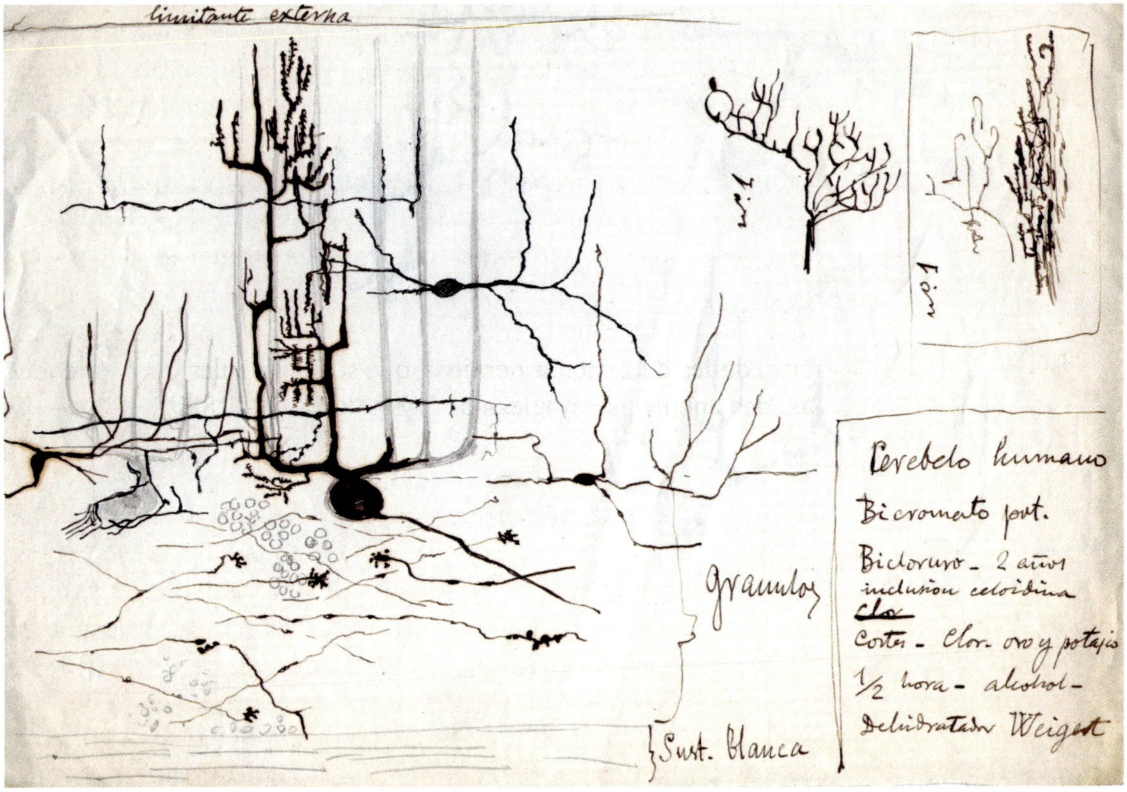

cen le reportan notable fama. Al lugar acuden «enjambres de desequilibrados y hasta locos de atar», y Cajal decide poner fin a aquellos experimentos, que llevaba a cabo sin afán crematístico pero que bien podían haberle reportado pingües beneficios. La hipnosis fue uno de los fenómenos con los que Cajal experimentó con éxito, logrando «la transformación radical del estado emocional de los enfermos, la restauración del apetito en histeroepilépticas inapetentes y emaciadísimas, la cesación brusca de ataques de histerismo con pérdida del conocimiento, el olvido radical de acontecimientos dolorosos y atormentadores y la abolición completa de los dolores del parto en mujeres normales» (ALBARRACÍN, p. 102). Su mujer se prestó a ser paciente para evaluar los beneficios de la técnica de la hipnosis aplicada al parto. Lo que observó le permitió concluir que el hipnotismo puede ser de provecho atenuando el dolor como acontece en el sueño clorofórmico (RAMÓN Y CAJAL, 1889).

En el otro lado se encuentra Luis Simarro. Para el neuropsicólogo valenciano estudiar la estructura del sistema nervioso es sólo el medio que le permite buscar y dar una explicación clínica a los fenómenos psíquicos y a los trastornos neurológicos. Simarro tiene un notable conocimiento neurológico basado en el estudio de la anatomía mediante técnicas histológicas, pero no se considera histólogo. Así se lo confiesa a Cajal en la conocida carta que le envía a propósito de las oposiciones a la cátedra de Maestre de San Juan que ha quedado vacante. La neurohistología es para Simarro sólo la herramienta fundamental para llevar a cabo estudios neurológicos con mentalidad anatomoclínica y le permite investigar las funciones estructurales, cuestionándose la relación entre forma y función en todo el sistema nervioso (ALBARRACÍN, 1987, p. 107). Fruto de estos conocimientos es la publicación de un par de trabajos sobre anatomía, fisiología y enfermedades del sistema nervioso que son esenciales para entender las ideas neuropsicológicas de SIMARRO (1898, 1899).

Amigos y complementarios

Cajal y Simarro, nacidos con sólo un año de diferencia, coinciden en el Madrid de 1878. Cajal había regresado de Cuba ya licenciado tras un breve período de ejercicio como médico militar. Las aspiraciones de Cajal al profesorado, más que espontáneas, fueron sugeridas por su padre y le obligan a realizar el doctorado. Simarro, sin poder contar con los consejos familia-

Figura 3.2. Retrato de un jovencísimo Luis Simarro sacado de la orla de doctorado.

res, ya es director del manicomio de Leganés y está bien introducido en los círculos académicos (fig. 3.2). Sabemos que durante esos cinco años que transcurren entre el doctorado en 1875 y su marcha a París, Simarro ejerce como profesor en el Museo Antropológico y en la Institución Libre de Enseñanza dando clases de Higiene Pública y Privada, de Física, de Anatomía, de Histología y Fisiología. La histología que conoce Simarro la está aprendiendo con Aureliano Maestre, y pronto la ampliará en París con el gran Ranvier. Louis Antoine Ranvier ha desarrollado una nueva histología en la que coinciden la tradición anatómica francesa con los trabajos de la fisiología alemana, y con él se formará Simarro.

Por su parte, Cajal necesita aprobar para su doctorado, entre otras asignaturas, la Histología. Según nos refiere CORTEZO (1922, p. 58): «la aprobó [...] *a fuerza de codos*, es decir, sin saber efectuar el más sencillo análisis microscópico, y antes de que hubiera visto en realidad una sola célula. Era catedrático de esta asignatura el doctor Maestre de San Juan; y en su laboratorio contempló Cajal por primera vez la imagen sugestiva con que el microscopio revela la estructura admirable de los tejidos; realidad que no puede ser sospechada por los profanos y que siempre resulta superior a cuantas se imaginen los que, no siendo profanos, no han podido, sin embargo, comparar las creaciones de su imaginación, con las impresiones reales que nos suministran los sentidos». Tanto Cajal como Simarro, durante este período inicial de formación, todavía no han desarrollado un interés primordial por los trabajos micrográficos ni por el estudio del tejido nervioso, aunque Simarro, ocupado de las enfermedades mentales, les presta mayor atención. En los años siguientes Cajal continuará la carrera académica y obtendrá la cátedra de Valencia. Mientras tanto Simarro se está formando en París con Charcot en Anatomía Patológica, con Magnan en Psiquiatría y con Ranvier en Histología (fig. 3.3).

Vuelve de París en el verano 1885 formado como un buen histólogo. Coincide su regreso con la declaración de una epidemia de cólera en España. Koch acaba de descubrir el bacilo coma, o vírgula, al que se atribuye el ser agente productor del cólera. Fue en ese momento cuando Simarro se apasionó por los trabajos micrográficos. Dejemos que sea Cortezo quien nos lo cuente con sus propias palabras en esta larga cita: «[con la autorización de] Olavide, pilotados por Antonio Mendoza y aprovechando los elementos del laboratorio del viejo Hospital de San Juan de Dios, convinimos en reunirnos y realizar trabajos comprobatorios y experimentales, Luis Simarro, Leopoldo López García, Alejandro San Martín, Carlos de Vicente [...] dos o tres meses duraron nuestros trabajos, simultáneos con las preocupaciones de la creciente epidemia, con las discusiones en las sociedades sabias del método preservativo de Ferrán [...] Encerrados permanecíamos en el laboratorio a lo menos tres o cuatro horas cada día, alternando con las imprescindibles atenciones que la clientela nos imponía. Por nuestras manos pasaba desde la preparación del más sencillo caldo y de la placa de gelatina más elemental de cultivo, hasta la siembra, el aislamiento de las colonias y los experimentos más o menos ingeniosos conducentes a aclarar dudas acerca de los vehículos de transmisión, resistencia del microbio, etc.

»De esto surgió la idea, iniciada por Simarro y San Martín, de establecer el modesto Instituto de la calle de la Gorguera, por no ser ya conveniente ni delicada nuestra permanencia en San Juan de Dios. Allí nos trasladamos nuestros microscopios e ins-

Figura 3.3. Tratado de Histología de Louis Antoine Ranvier, uno de los numerosos libros que Simarro tenía en su biblioteca. Simarro poseyó una de las bibliotecas privadas más importantes de España y leía de continuo. Sus fondos actualmente se encuentran depositados en las Bibliotecas Histórica y de Psicología de la UCM (UCM. Legado Fundación Simarro).

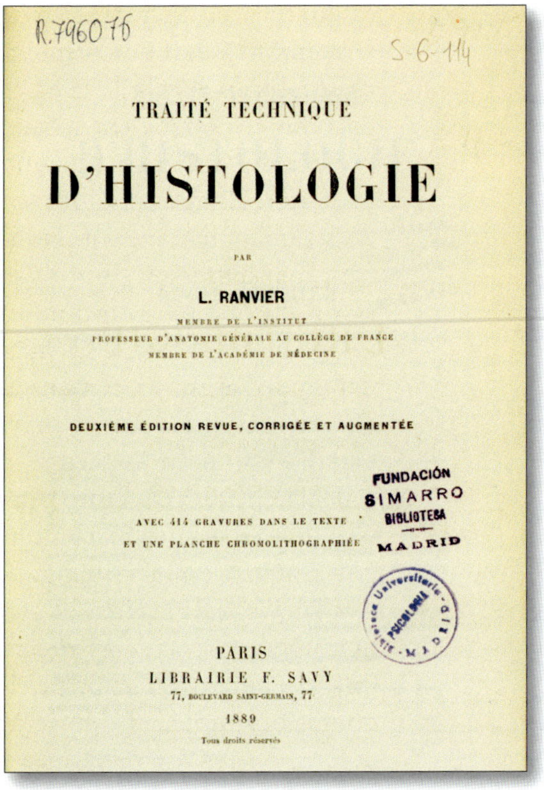
TRAITÉ TECHNIQUE

D'HISTOLOGIE

PAR

L. RANVIER

MEMBRE DE L'INSTITUT
PROFESSEUR D'ANATOMIE GÉNÉRALE AU COLLÈGE DE FRANCE
MEMBRE DE L'ACADÉMIE DE MÉDECINE

DEUXIÈME ÉDITION REVUE, CORRIGÉE ET AUGMENTÉE

AVEC 414 GRAVURES DANS LE TEXTE
ET UNE PLANCHE CHROMOLITHOGRAPHIÉE

PARIS
LIBRAIRIE F. SAVY
77, BOULEVARD SAINT-GERMAIN, 77
1889
Tous droits réservés

trumental, y allí desarrolló Simarro principalmente sus aptitudes de hombre de laboratorio y de investigador perseverante, que continuó luego cultivando con especial aplicación a los estudios de la Histología patológica del sistema nervioso, que más relación tenían con la especialidad que él ejercía [...] En poquísimas personas [...] he visto coincidir un ansia ininterrumpida por leer, saber y aprender, como la que en Simarro dominaba; quizás haya sido el español de su tiempo que más y más variadas cosas haya escudriñado, investigado y aprendido. Para él lo mismo constituía asunto de estudio el descubrimiento, génesis y evoluciones de un microbio infectivo, que un acontecimiento histórico confusamente criticado por escritores y eruditos.

»Su biblioteca era copiosísima [...] durante la vida de Simarro, ninguna cuenta de particular madrileño era comparable con la que expresaba el importe de los libros por él adquiridos de Ciencia, Literatura, Filosofía, Sociología, y aun amena ficción; y todo lo criticaba y comentaba, porque su vida entera estaba consagrada a este trabajo seguido y perseverante de *endofagia,* de preparación laboriosa para no sé qué producción, cuyo secreto se ha llevado a la tumba, por no creerse nunca preparado para escribir sobre nada» (CORTEZO, 1922, pp. 73-75).

Y todavía continúa diciendo: «Dada esta afición a la adquisición de las obras más recientes, su dominio de los idiomas extranjeros, su meticulosa atención a las preparaciones de Histología de los centros nerviosos y su paciente laboriosidad, a nadie puede extrañar lo que Cajal refiere acerca de haberle dado a él a conocer los métodos de coloración de Golgi y de haberle mostrado preparaciones muy estimables de la médula del mono. [...] es una demostración más de la conveniencia de las relaciones de cultura entre los hombres inteligentes y probos que desinteresadamente se dedican a un mismo género de estudios», aunque luego no perseveró en el método (CORTEZO, 1922, p. 75).

Aportaciones de Simarro a la obra de Cajal

La pasión histológica de Ramón y Cajal se vio favorecida por la influencia de Maestre de San Juan y Simarro

¿Quiénes fueron los maestros de Cajal? ¿Cómo le marcaron el rumbo de la investigación histológica? Para LÓPEZ PIÑERO (1999) la respuesta no ofrece dudas. Uno es indiscutiblemente Aureliano Maestre de San Juan, en cuyo laboratorio vio Cajal por vez primera *algunas bellas preparaciones micrográficas*. Tras ello, al volver a Zaragoza, resolvió invertir todos sus ahorros en la creación de un pequeño laboratorio micrográfico (RAMÓN Y CAJAL, 1923, p. 155). Fue precisamente *el buenísimo de don Aureliano*, padre de la Histología en España, quien apadrinó a Cajal en 1877 durante la defensa de su tesis doctoral sobre la patogenia de la inflamación (RAMÓN Y CAJAL, 1923, p. 245, nota). Por esas fechas, como muestra el *Tratado de Anatomía General* de Maestre, sólo se tenía una vaga idea sobre la estructura anatómica de las células nerviosas. Al no existir métodos adecuados para ver las neuronas al microscopio, únicamente podía adivinarse el cuerpo neuronal y una pequeña porción de sus prolongaciones proximales. Era, por tanto, imposible apreciar las neuronas y examinar sus posibles conexiones. Sólo podía establecerse que existían células nerviosas entreveradas por fibras cuyo origen era un misterio (DEFELIPE, 2002).

El otro maestro sería Luis Simarro, condiscípulo de Cajal y director del manicomio de Leganés desde algunos meses después de que Cajal defendiese su tesis. Simarro es un apasionado por la medicina de laboratorio, con la que tratar de entender la enfermedad mental. Por ello, cabe pensar que debió de interesarse pronto por la realización de necropsias. Aunque no se han encontrado protocolos necrópticos, sin duda trataría de poner en práctica las técnicas anatomopatológicas en las que se estaba formando con Aureliano Maestre. MORO y VILLASANTE (2001) nos cuentan las trabas a dichos trabajos, según recoge la Real Orden de la Dirección emitida el 13 de noviembre de 1878: «Ha llegado a mí la noticia de que V. procede a hacer autopsias de los dementes que fallecen en este establecimiento. Aunque estoy persuadido de que V. lo hace con un *laudable deseo de estudio experimental* —la cursiva mía— no hay derecho para practicar esta operación de los infelices alienados, sin previa autorización, cuando el caso lo requiera, ni es conveniente practicarla donde no hay local oportunamente preparado independientemente de las demás oficinas del establecimiento [...] [por ello] [...] prevengo a V. que suspenda el hacerlas y si en algún caso excepcional lo creyese V. conveniente, lo ponga previamente en conocimiento de esta dirección, proponiendo los medios adecuados para realizarlos».

Tuvo Simarro que ensayar técnicas que le permitieran escudriñar mejor la arquitectura nerviosa, y trataría de afianzar su estudio partiendo del conocimiento más sencillo y seguro que ofrecían las tinciones de la neuroglía de los invertebrados. El 29 de abril de 1879 Simarro le escribe una carta a Cajal, que ya está preparando sus dos primeras publicaciones. La primera publicación será la de su tesis. En la segunda, Cajal presentará sus observaciones microscópicas sobre las terminaciones nerviosas en los músculos estriados de la rana. En su tesis había estudiado la patogenia de la inflamación en el mesenterio, la córnea y el cartílago. Tras ello, abandona estos asuntos y su interés se desplaza hacia la observación del sistema nervioso. Sus primeras pruebas de coloración de tejidos nerviosos las realizará utilizando nitrato de plata amoniacal. Esta técnica le permite describir cuatro variedades de arborización nerviosa terminal. En el contexto de estos nuevos estudios emprendidos por Cajal se sitúa la carta que le envía su amigo Simarro (1879). En ella se disculpa por no haber podido terminar el trabajo sobre la lombriz de tierra para que Cajal lo incluya en una revisión que está escribiendo. El valenciano tiene ya hecha la lámina principal, y como ha terminado las clases del Ateneo, podrá disponer de tiempo para ocuparse del asunto. Simarro ha descubierto ya que «las fibras de la lombriz son en verdad tubos que contienen una sustancia granulosa central y también una fibra espiral —y adjunta aquí Simarro un dibujo con sus observaciones—. Las impregnaciones argénticas de Retzius son (sin duda en algunos casos) de neuroglía». Dos décadas más tarde Ramón y Cajal (1898) le hablará a Retzius de estos trabajos realizados otra vez por Simarro probando ahora nuevas técnicas para estudiar las fibras del axón. Simarro concluye su carta agradeciéndole el préstamo de los dos tomos de Retzius, que ahora le devuelve (debe de referirse a los recién aparecidos *Studien in der Anatomie des Nervensystems und des Bindegewebes*). Tras este primer encuentro los caminos de ambos se separan temporalmente hasta que se produce el reencuentro en el laboratorio que Simarro tiene en su casa. Sea o no considerado Simarro como maestro de Cajal, lo cierto que es que conoce bien los problemas que plantea el estudio del sistema nervioso y también inventa algunas técnicas para abordarlos. Estas ideas las compartirá generosamente con Cajal hasta en cuatro ocasiones. Luego, el aragonés, con paciente tenacidad, las transformará para convertirlas en herramientas clave para su obra.

Reencuentro decisivo en 1887

En 1887, Simarro le muestra a Cajal el método ideado por Weigert, que el aragonés debe de conocer ya, pues está decididamente interesado por el estudio del sistema nervioso. Esta técnica, que permite teñir de hematoxilina la mielina, ha sido muy recientemente modificada por Pal y la observa por primera vez en el microscopio de Simarro. Aquí Cajal pudo observar también la particularidad descubierta por Simarro, y nunca publicada, de los apelotonamientos espiroideos del axón (Ramón y Cajal, 1899-1904, t. 1, p. 294). Pero lo que resultará decisivo para Cajal es la contemplación de preparaciones teñidas con el método de Golgi. Constatará al instante que el método de Golgi resulta notable por la maravillosa potencia reveladora de la reacción cromoargéntica para observar las neuronas (Ramón y Cajal, 1923, p. 190).

A partir de ese momento Cajal decidió «emplear a gran escala el método de Golgi y estudiarlo con toda la paciencia de que [era] capaz. Innumerables probaturas [...] [hechas en] muchos centros nerviosos y especies animales, [le] convencieron de que el nuevo recurso analítico tenía ante sí brillante porvenir». Es preciso recordar también aquí que, sin embargo las «veleidades de la impregnación cromoargéntica» desanimaron a muchos autores. «A ello se debió sin duda —nos sigue diciendo Cajal— que Simarro, introductor en España de los métodos y descubrimientos de Golgi, abandonara desalentado sus ensayos» (Ramón y Cajal, 1923, p. 191 y nota). Por el contrario, Cajal convirtió el método de la *reazione nera* en su principal herramienta de investigador. Fruto de esta perseverancia fue la modificación del método de Golgi mediante «el proceder de la doble impregnación». Para ello, tras extraer las preparaciones histológicas de la solución de nitrato de plata, las sometía a un baño de bicromato y a una nueva tinción argéntica. Esta modificación le permitía obtener tinciones muchos más constantes y claras incluso en tejidos de gran complejidad como la retina (López Piñero, 1985, p. 120).

Muy poco después de aquel decisivo encuentro, Ramón y Cajal (1890) le envió uno de aquellos trabajos pioneros con cariñosa dedicatoria autógrafa a su «querido amigo Luis Simarro en prueba de amistad y consideración». Cajal reconoce en dicho trabajo que, ante la dificultad de estudiar el origen y la terminación de las fibras nerviosas olfatorias, «nos dimos a ensayar reiteradamente el método de Golgi, con la esperanza de impregnar las fibras olfatorias y revelar las particularidades de su curso y terminación». Durante tres lustros el laboratorio de Cajal se consagró al estudio histológico del bulbo olfatorio y la retina, la médula espinal, el cerebelo, el tronco del encéfalo y el cerebro. Durante esos primeros años se persuade de que las neuronas son las unidades anatómicas, fisiológicas, genéticas y metabólicas del sistema nervioso, estableciendo con sus trabajos lo que van a ser los fundamentos de la doctrina neuronal (DeFelipe, 1999). Cajal, al igual que Simarro, estaba convencido de que el mejor conocimiento de la estructura y la fisiología del sistema nervioso contribuiría al esclarecimiento de «fenómenos tan admirables como la sensación, el pensamiento y la voluntad». La maravillosa arquitectura cerebral, sin duda, «constituye la causa primordial de la actividad mental superior de los animales» y de la consciencia (Ramón y Cajal, 1899-1904, t. 1, pp. 1 y 7). Por esta razón, Ramón y Cajal (1895a) se aventuró a conjeturar sobre el mecanismo anatómico de la ideación, la asociación y la atención.

Cajal y Simarro estaban convencidos de que el conocimiento del sistema nervioso esclarecería el estudio de la sensación, el pensamiento y la voluntad

La estructura del protoplasma nervioso

A pocos años del final del siglo xix se produce una segunda contribución de Simarro que atrae prontamente la atención de Cajal. El valenciano, buen conocedor de los problemas que son de actualidad en el estudio del tejido nervioso, ha ideado una nueva forma de abordar el análisis del protoplasma nervioso. Justo cuando Cajal está acuciado por la necesidad de conocer la estructura interna de la célula nerviosa. Para resolver el problema es indispensable una nueva técnica. Y la va a encontrar volviendo la vista a los trabajos de Simarro (López Piñero, 1999). En 1890 un doctorando de Simarro, José Perales y García, ha leído su tesis; en ella ha estudiado los husos cromáticos (Campos, 2004). En el trabajo se ha utilizado el procedimiento de coloración del doctor Simarro, que es una modificación del azul de metileno. La técnica ha permitido describir una nueva fase de la estructura de las células nerviosas. PERALES (1890) nos dice «La primera observación sobre este punto es debida a mi maestro doctor D. Luis Simarro Lacabra. Los resultados prueban suficientemente que los

Figura 3.4. La tesis de Julio Perales García, dirigida por Simarro, en la que se utilizó la técnica modificada de Simarro de azul de metileno. a) Portada de la tesis. b) Dibujos de las preparaciones observadas al microscopio. Texto original: *Fig. 1.ª Célula disociada por el carbonato de litina y coloreada con nigrosina (a. cilindroeje); Fig. 2.ª Célula id. Id. (a. cilindroeje que presenta dos espiras); Fig. 4.ª Fibra intrarradicular disociada por el carbonato de litina, coloreada por la nigrosina (a. estrangulación de Ranvier); Fig. 5.ª Fibra id. Id. (a. espiras de la fibra, b. cubierta de mielina); Fig. 6.ª Fibra disociada y coloreada por el mismo sistema que los anteriores (a. granulaciones); Fig. 7.ª Fibra intrarradicular (a. estrangulación de Ranvier, b. cubierta de mielina hinchada por el líquido disociador)* (UCM. Biblioteca de Medicina).

cuerpos fusiformes son una estructura característica de las células nerviosas y que la extracción descrita por Max Schulthe representa o una *imperfecta coloración* de los mismos cuerpos fusiformes o bien los *efectos de su alteración cadavérica*». Los husos de estas preparaciones en fresco —dice Perales— rodean el núcleo sin tocarlo. Esta estructura fusiforme es característica de las células nerviosas de casi todos los vertebrados del cuerpo fusiforme. Además la tesis describe cómo «las fibras intra-radiculares presentan estrangulaciones de Ranvier, fenómeno no descrito hasta entonces por los histólogos, pues todos, siguiendo a Ranvier, suponían que dichas estrangulaciones eran propias de las fibras periféricas. Las espirales que el cilindro-eje presenta se notan también en estas fibras en las que se observa mucho mejor [...] [cómo estas espiras no son patológicas sino] [...] completamente normales» (PERALES, 1890, pp. 47-48). Pocos años después, Cajal se dedicará a comprobar los descubrimientos obtenidos con el método de Golgi mediante la «bellísima técnica de Erlich al azul de metileno, para poder responder a escépticos y críticos, recelosos de que las imágenes de la reacción negra pudieran ser artefactos de la impregnación argéntica» (CASTRO, 1934).

Cajal señala entonces que, con diversos métodos de tinción, se ha demostrado independientemente por Simarro y por Schaffer que el protoplasma carece de acúmulos cromáticos en el arranque del cilindroeje (RAMÓN Y CAJAL, 1899-1904, t. 1, pp. 119 y 121). En otra publicación, en nota a pie de página, Cajal enfatiza la importancia de estas investigaciones del español y nos dice: «En este trabajo, totalmente desconocido a los sabios, se consigna con toda claridad el hecho, generalmente atribuido a Schaffer, de que los husos cromáticos faltan por completo en el arranque y trayecto del cilindroeje, hallándose constantemente en el cuerpo celular y porción inicial de las prolongaciones protoplasmáticas. Estas investigaciones son tanto más interesantes, cuanto que han sido hechas en estado fresco a favor de un modo especial de aplicación del azul de metileno (disociación de las células vivas en portaobjeto, inhibición por azul de metileno, aplastamiento del preparado con el cubreobjetos, fijado del color bajo la influencia de la temperatura, decoloración en alcohol y montaje en bálsamo), método que, dicho sea de paso, excluye la idea de que los husos cromáticos se deban a la acción coagulante del alcohol o bicloruro de mercurio» (RAMÓN Y CAJAL, 1896, p. 18). La técnica del azul de metileno permite evidenciar la estructura del protoplasma, y, combinadas estas observaciones con el método de Golgi, le llevan a Cajal a suponer que «las expansiones dendríticas finas están erizadas de espinas y sólo se conexionan con simples fibrillas terminales (relación por contacto crucial)» (p. 46). Mediante esta técnica comprueba muchas de las observaciones que ya había podido realizar antes. Más importante aún es que le permite descubrir la prolongación funcional en las células horizontales (células de Cajal) de la capa molecular del cerebro (CASTRO, 1934).

El estudio de las fibras del axón

A finales de siglo Simarro continuaba estudiando la estructura interna de la célula nerviosa y probando nuevos procedimientos. Ya se ha visto aquí, por una carta que Simarro (1879) había dirigido a Cajal años antes, el interés del valenciano por estudiar la estructura de las fibras intraprotoplasmáticas en la lombriz de tierra. Dos décadas después de aquella carta, en 1898, a través de Cajal sabemos que Simarro sigue estudiando las fibras del axón en este gusano. Para ello está utilizando la técnica del ácido ósmico y ácido pirogálico. Simarro no llegó a publicar este trabajo relativo a la estructura interna de la célula nerviosa de este invertebrado, como ocurría con los resultados de la mayoría de sus trabajos, que sólo eran divulgados entre sus discípulos y colegas. Así, atisbando el interés que tenían, le envió los resultados a Cajal suponiendo, acertadamente, que sabría apreciarlos. Pronto dará Cajal noticia del descubrimiento de Simarro en una carta a Gustaf Retzius: «La fibra espiral del axón hace más de un año que pude observarla ya en preparaciones de la lombriz de tierra ejecutadas por mi amigo el doctor Simarro, con ayuda de un método especial (coloración por el ácido ósmico y el ácido pirogálico)». Sin embargo, Cajal no está del todo satisfecho en lo que se refiere a estas preparaciones, ya que a su juicio todavía no muestran de forma convincente las fibras intraprotoplasmáticas (RAMÓN Y CAJAL, 1898) pero Simarro, una vez más, volverá a sugerirle la solución al problema.

El ataque a la teoría reticular en el Congreso de Madrid

Con el cambio del siglo se produce la última enseñanza práctica de Simarro a Cajal. El hecho es relevante porque va a permitir a Cajal disponer de un método eficaz para estudiar la fisiología de la neurona. Varios métodos inventados entonces por Apáthy, Bethe,

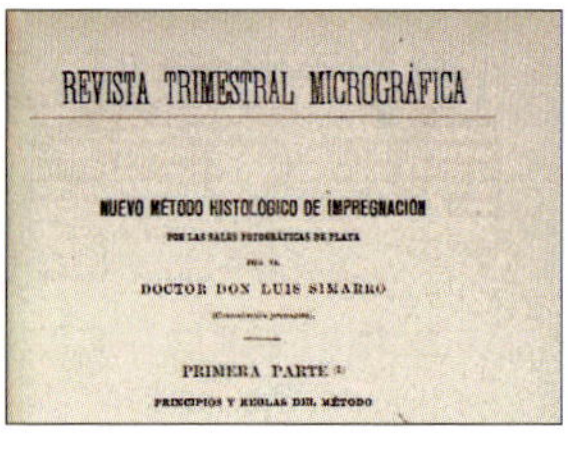
REVISTA TRIMESTRAL MICROGRÁFICA

NUEVO MÉTODO HISTOLÓGICO DE IMPREGNACIÓN

POR LAS SALES FOTOGRÁFICAS DE PLATA

DOCTOR DON LUIS SIMARRO

PRIMERA PARTE

PRINCIPIOS Y REGLAS DEL MÉTODO

Figura 3.5. El método histológico de Simarro de impregnación por sales fotográficas de plata apareció en 1900 en la *Revista Trimestral Micrográfica* editada por Ramón y Cajal (UCM. Biblioteca de Medicina).

Simarro y Donnaggio permitieron revelar la estructura interna de la célula nerviosa, que mostraba un aspecto fibrilar. Resurgen con fuerza viejas controversias sobre si las fibrillas del protoplasma eran o no unidades independientes. ¿Representaban unidades elementales de la estructura del tejido nervioso? ¿Tenían íntegramente la propiedad de conducir el impulso nervioso? Tales eran las cuestiones que había que dilucidar (CASTRO, 1934).

En 1900 Simarro publica en la *Revista Trimestral Micrográfica* lo que pueden ser considerados sus únicos trabajos aparecidos en una revista propiamente científica de carácter internacional. Cajal le ha abierto la tribuna de su revista para que dé a conocer su nuevo método histológico de impregnación por las sales fotográficas de nitrato de plata que permite estudiar las neurofibrillas de un modo mucho más satisfactorio. La importancia de la técnica residía en que se conseguía con ella impregnar las neurofibrillas, permitiendo así investigar su disposición en el interior de las células nerviosas y sus prolongaciones, mientras que el método de Golgi solamente ofrecía imágenes del perfil de las mismas. Pronto la teoría de la neurona va a ser defendida públicamente en un gran congreso internacional con argumentos que permiten albergar pocas esperanzas a Cajal a las teorías reticularistas y que abren el camino decisivo que llevará a la obtención del Premio Nobel.

El Congreso de Medicina de Madrid de 1903 reunió a cerca de 7.000 científicos de todo el mundo. Allí ocurrieron dos hechos notables, a pesar de la que la revista *Science* (1903) afirma que «no parece que se haya presentado ningún descubrimiento de los que marcan una época, pese a las expectativas que se habían generado». En el mismo lugar, durante el mes de abril y con pocas horas de diferencia, se dieron a conocer al gran público dos descubrimientos que marcarían todo un siglo en el estudio del cerebro y de la conducta. Hubo dos grandes aportaciones presentadas en el congreso que consiguieron definitivamente reconocimiento internacional. Ambos trabajos tenían en común el considerar al organismo como un todo y, por ello, los dos habían desarrollado métodos de estudio en vivo que eliminaban las restricciones impuestas por la anatomía y fisiología clásicas. Nos referimos a los trabajos de Ivan Petrovich Pavlov y de Santiago Ramón y Cajal. Pavlov, estudiando los reflejos como unidades conductuales básicas, presentó su teoría de los reflejos condicionados (metafóricamente llamados «psíquicos»). Por la teoría desarrollada a partir de sus trabajos experimentales sobre los reflejos obtuvo el Premio Nobel al siguiente año. Cajal, estudiando la célula nerviosa (metafóricamente denominada «célula psíquica»)

En el Congreso Internacional de Medicina de 1903, Cajal, con la contribución de Simarro, defendió vehementemente la teoría neuronal

como unidad básica o «cantón fisiológicamente autónomo», presentó su teoría neuronal, obteniendo también el Premio Nobel tres años más tarde (CAMPOS, 2003).

Cajal participó en el Congreso con una polémica comunicación acerca de la estructura y las conexiones de las células nerviosas oponiéndose a las aventuradas teorías reticularistas. En la discusión que siguió, Luis Simarro participó activamente presentando sus datos y observaciones sobre la teoría neuronal amparadas en la nueva técnica, ideada por él mismo, que permitía la tinción de la red neurofibrilar empleando sales de plata. Este método permitía mostrar la estructura del protoplasma de la neurona desvelando que las neurofibrillas de su interior no formarían parte de una red interneuronal continua.

En sus *Consideraciones críticas sobre la teoría de A. Bethe acerca de la estructura y conexiones de la célula nerviosa,* Cajal critica de forma brillante el reticularismo. Revisa una larga lista de trabajos haciendo abundantes referencias a los resultados de Simarro. Tras la intervención de Cajal, será Simarro el que defenderá sus propios trabajos en una larga y decidida intervención que quedó recogida en las actas. Antes, los congresistas habían podido contemplar al microscopio, en el Laboratorio de Investigaciones Biológicas de Cajal, las excelentes y concluyentes preparaciones de Simarro (RAMÓN Y CAJAL, 1923, p. 329).

Hay un hecho claro que justifica plenamente la participación de Simarro en este congreso: su método de impregnación argéntica. Este método nuevo ideado por Simarro —que más tarde modificó Cajal— es completamente diferente y muy superior al de Bethe, ya que permite el estudio de la célula in vivo, formando parte de un todo activo e individualizado. La falta de pruebas de la función motriz de las neurofibrillas se evidencia aún más con esta técnica, que, usando sales de plata, permite una tinción más fiable de las neurofibrillas. RAMÓN Y CAJAL (1904) remarca bien que la coloración se realiza en vida del animal y antes de que sea sacrificado. Por ello al procedimiento de Simarro no se le puede «objetar la naturaleza artificial [post-mortem] de los hilos revelados». Plantea siete clases de argumentos para llegar a desarrollar tres conclusiones: 1.ª) No hay pruebas para aceptar la naturaleza conductriz exclusiva de las neurofibrillas. 2.ª) La red pericelular y del retículo difuso de la sustancia gris no es de naturaleza nerviosa. 3.ª) El método de Bethe no es adecuado para el estudio de las relaciones interneuronales.

El examen de las diferentes preparaciones histológicas —incluidas especialmente las de Bethe— ha persuadido a Cajal de «la *solidez a toda prueba de la doctrina de las neuronas*, la cual, como dice Lenhosseék, no es una teoría sino la *expresión sintética de hechos de observación terminantes y clarísimos*» (el énfasis mío) (RAMÓN Y CAJAL, 1904, p. 80). Cajal, aportando abundantes pruebas, defiende con vehemencia la teoría neuronal, a la vez que ataca duramente al «panreticularismo [...] [que] [...] viene a reemplazar a la *luminosa doctrina de las neuronas y de las conexiones por contacto* [y pretende esterilizar] treinta años de observaciones precisas». Cajal concluye su intervención con decisión y brillantez: «A la puerta de esta novísima y audaz histología [reticularista], debiera escribirse el lema del infierno del Dante: *Lasciate ogni speranza*» (p. 85). Utilizando el azul de metileno para estudiar la redes de Golgi —sigue diciendo Cajal—, es fácil persuadirse «de la independencia absoluta de las redes de Golgi [...] Debemos declarar, además, que hemos estudiado atentamente las redes colorables por el método de Meyer (análogo

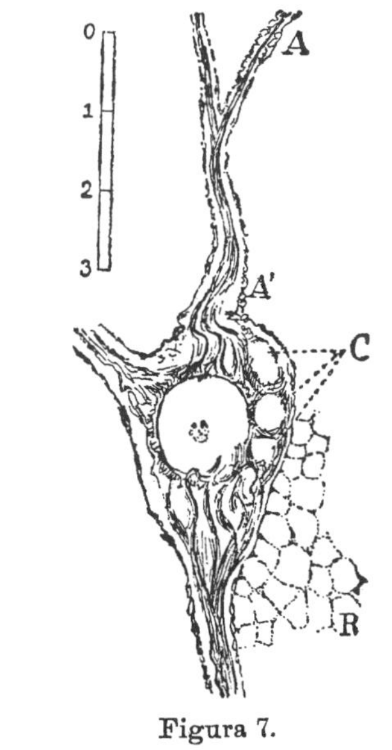

Figura 7.

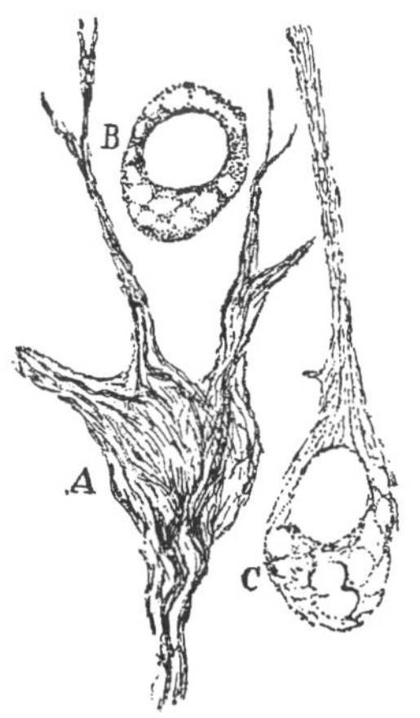

Figura 8.

Fig. 7.—*Célula del cuerno anterior de la médula de un conejo yodurado en vivo.*—La preparación fué debilitada y luego dorada; dibujada del mismo modo que la fig. 6).—En A se ve de frente el mosaico superficial, en A' de perfil; en C se muestran los vacuolos del protoplasma correspondientes á los husos cromáticos; R, retículo de la neuroglia esponjosa. En las tres prolongaciones protoplasmáticas se muestran los haces flexuosos de fibrillas finas, que parecen nacer de la masa de protoplasma que rodea al núcleo.

Fig. 8.—A, la misma célula de la fig. 7, enfocada más superficialmente para mostrar que los haces flexuosos de fibrillas protoplasmáticas pasan sobre el núcleo y de una prolongación á otra. B y C representan dos células de la misma serie de cortes, que fueron debilitadas con exceso: en ellas, los haces de fibras se decoloraron y sólo quedó un precipitado granuloso indicando la dirección de dichos haces de fibras y contorno de los vacuolos.

Figura 3.6. En el XIV Congreso Internacional de Medicina celebrado en Madrid en 1903, Luis Simarro apoyó la doctrina de la neurona de Ramón y Cajal con los resultados obtenidos mediante sus preparaciones histológicas realizadas con su método de las sales fotográficas de plata. Simarro ya estaba ensayando mejorar la técnica, probando reforzar el precipitado argéntico con cloruro de oro. La ponencia de Ramón y Cajal (1904) con la intervención de Simarro apareció publicada en las Actas del Congreso (Universidad de Zaragoza, Dpto. de Ciencias de la Documentación e Historia de la Ciencia).

en el fondo a nuestro procedimiento del azul de metileno...), y jamás hemos logrado vislumbrar la entrada en el retículo de una arborización nerviosa» (p. 88).

A continuación Simarro realizó una extensa exposición apoyando las tesis de la teoría neuronal defendida por Cajal con abundantes datos propios obtenidos mediante su nueva técnica de tinción de nitrato de plata. «En las muchas células examinadas no ha encontrado diferencia alguna entre el protoplasma de las prolongaciones celulares y el del cilindro-eje, pues éste aparece también como un grupo de haces de fibrillas protoplasmáticas que nada distingue en su aspecto» (p. 104). Tiene interés comprobar que Simarro, el primer autor que logró teñir las neurofibrillas con nitrato de plata, refleja algunos de los problemas de la técnica, por lo que ensaya reforzar el precipitado argéntico con cloruro de oro. Finalmente, Ramón y Cajal, durante un viaje en tren por Italia, idearía la solución a estos problemas simplificando el método de Simarro (RAMÓN Y CAJAL, 1923, p. 333).

Un Premio Nobel dividido

En 1906 Santiago Ramón y Cajal obtuvo el reconocimiento de la Academia sueca abriéndose definitivamente una fructífera vía para estudiar el cerebro y los procesos mentales sobre unas bases que han guiado la investigación de la psicología y la neurociencia durante el siglo XX. Cajal nos confiesa en sus memorias que recibió el premio «con más miedo que alegría». Y no es extraño, ya que, entre otras cuestiones que podían preocuparle, la concesión del premio resultó disputada. La candidatura del «sabio de Pavía» Camillo Golgi para el Premio Nobel de Fisiología o Medicina había sido ya propuesta en su primera edición en 1901. En esa edición el premio lo obtuvo finalmente Emil Adolf von Behring de la Universidad de Marburg. En esas fechas Cajal acababa de obtener en el XIII Congreso Internacional de Medicina de París el prestigioso premio Ciudad de Moscú. El certamen otorgaba reconocimiento de la actividad científica a España, un país en el extremo de Europa y alejado tradicionalmente del núcleo duro de la investigación científica. Además Madrid sería la sede del siguiente Congreso. Durante todo este tiempo continuó Cajal con su fecundo trabajo, aumentando los datos que apoyaban su teoría neuronal.

Cinco ediciones del premio han bastado para que Cajal aparezca en la quinta como un serio competidor de Golgi en sus aspiraciones al Premio Nobel. El resultado es conocido, y en la sexta edición, en 1906, por primera vez, el Premio Nobel de Medicina se otorga compartido entre Golgi, aspirante en todas las ediciones, y Cajal. La novedad es relativa, ya que en ediciones anteriores se habían compartido el de la Paz y los de Física y Literatura (por ejemplo entre Becquerel y los esposos Curie, o entre Mistral y un influyente Echegaray).

¿Cómo vivió Cajal su viaje a los países hiperbóreos? En sus memorias Cajal nos describe estos aspectos con detalle (Ramón y Cajal, 1923, pp. 355-362). Asistió a magníficas fiestas oficiales y disfrutó con sus gentes cultísimas y hospitalarias y con otras finezas que le amenizaron la estancia. Tiene interés saber la impresión que causó Cajal a sus anfitriones. La hija de Karl Mörner nos describe una de las recepciones de las que habla Cajal. Los laureados eran invitados dos días después de la ceremonia a una cena de gala con sesenta comensales en casa del conde de Mörner, presidente del Instituto Carolino en las primeras ediciones. Su hija Stina, descrita por Cajal como «de espléndida belleza escandinava», rememoró cómo fueron aquellos años y cuál fue la impresión causada por Cajal. «Los extranjeros fueron muy emocionantes —dice Stina—. Recuerdo especialmente dos años después del de Pavlov, al italiano Golgi y al español Ramón y Cajal, que compartían el premio de ese año. Papá dio un discurso en honor de los galardonados. Golgi contestó en armonioso francés. Entonces Cajal se levantó, pequeño e indigente, dubitativo. Dijo que en su hotel, la camarera había tenido que ayudarle a dejar su traje de etiqueta con un aspecto utilizable. Balbució unas pocas palabras en francés, se interrumpió de pronto, entonces extendió sus brazos y dio su discurso en un español tan radiante y cautivador que, sin entender sus palabras, nos quedamos maravillados y conmovidos. ¡Y entonces surgió una gran ovación! (Mörner-Paasche, c. 1990).

¿Más miedo que alegría?

Ya que «la fortuna excesiva tiene la nefasta virtud de cambiar los sentimientos de los hombres», Cajal andaba preocupado por cómo tomarían sus contradictores extranjeros los dones de su buena estrella. Como él mismo dice, sus recelos estaban justificados, y Golgi, en su lección, se dedicó a defender su «estrafalaria lucubración» más propia de cuando los datos de la conexión interneuronal no habían sido descritos. El sabio de Pavía «hizo gala de una altivez y egolatría tan inmoderadas, que produjeron deplorable efecto en la concurrencia». Ni por asomo aludió a los numerosísimos trabajos aparecidos en los tres últimos lustros. Nadie había «añadido nada interesante a sus trabajos de antaño», por tanto nada tenía que rectificar, constata Cajal con consternación y estupor, sentimientos compartidos por otros neurólogos e histólogos presentes en el acto.

Gunnar Grant ha estudiado la decisión de conceder el premio compartido. La concesión fue muy debatida porque Golgi había contado con apoyos sólidos desde la primera edición, entre ellos el de Emil Holmgren, catedrático de Histología del Instituto Carolino. Sin embargo, en 1906 el informe de Holmgren concluía: «Si ponemos en un lado los logros de Golgi y en el otro los de Cajal, en su investigación del sistema nervioso, uno, en justicia, no puede eludir la conclusión final de que Cajal es muy superior a Golgi». Holmgren había cambiado la opinión de los años precedentes debido a los importantes y valiosos descubrimientos realizados por Cajal y por la correcta interpretación de sus hallazgos, confirmada por otros. Entre las contribuciones recientes que le habían movido a cambiar sus preferencias se cuenta el método de impregnación de las neurofibrillas que permite una mejor comprensión de lo que acontece en el interior del axón, unido esto a sus estudios sobre la regeneración de los nervios periféricos y sobre los conos de crecimiento. Enfrente están los hallazgos de Golgi, que han resultado ser falsos, nos dice Holmgren. El más importante de ellos, la teoría reticular, ha sido puesta fuera de juego por la doctrina neuronal, que es cada vez más aceptada por los neurocientíficos. Tampoco se sostiene el punto de vista de que las dendritas son elementos nutritivos de las neuronas y que no están implicadas en la conducción del impulso nervioso.

Por su parte, Gustav Retzius, voluntariamente retirado del comité por discrepancias en la concesión de una cátedra, tenía formada una opinión semejante antes de que Cajal llegara a Estocolmo: «Pienso que él [Cajal] merecía recibir un Premio Nobel *completo* y *no compartido*, y por ello, cuando fui preguntado sobre ello por el Comité del Nobel formado por catedráticos del Instituto Carolino, expresé esta opinión mía *decididamente*» (énfasis en el original) (GRANT, 1999). La decisión mayoritaria del Comité fue conceder el Premio Nobel compartido, y sólo dos miembros expresaron su opinión en contra. Aunque no constan sus nombres, es muy probable que uno de ellos fuera Holmgrem. El otro debió de ser, partiendo de los datos aportados por Grant, Theodor Ziehen, cuyo *Compendio de Psicología Fisiológica* fue

Al recibir el Premio Nobel, Cajal reconoce la contribución de Simarro en su obra

traducido en 1910 por Rodríguez Lafora siendo a partir de entonces uno de los manuales utilizados por Simarro en sus clases.

El discurso que Cajal pronuncia ante la Academia sueca al recibir el Premio Nobel es coherente con los argumentos que reflejan los informes que le laurearon. Cajal presenta los hallazgos sobre lo que acontece en el interior del axón, comprensión que ha sido posible gracias al método de impregnación de las neurofibrillas de SIMARRO (1900). Por ello, no resulta extraño que en el discurso hable también, entre otros, de los descubrimientos de Simarro aquí comentados. Cajal comienza exponiendo los tres postulados fisiológicos en los que se asienta su doctrina neuronal: 1) Existe un complicado sistema de ramificaciones pericelulares para amplificar los contactos y transmitir la corriente nerviosa de un elemento a otro mediante inducción a distancia. 2) El cuerpo celular, las dendritas y el cilindroeje son mecanismos de conducción. 3) El impulso nervioso se propaga desde el axón o el cuerpo celular hacia las dendritas, formulado por Cajal como «polarización dinámica de las neuronas» (NOBELSTIFTELSEN, 1967, p. 221). Aquí, el postulado que nos interesa es el segundo de ellos, en el que plantea la importante tesis de que el cuerpo celular, las dendritas y el cilindroeje son mecanismos de conducción. En este punto, junto a los decisivos trabajos que lo demuestran, cita los de Bette y Donnaggio, unidos por Cajal a los suyos propios y a los de su colega Simarro. ¿Acaso hay forma mejor de reconocer la excelente valía científica de Simarro que dar a conocer sus trabajos ante la Academia sueca, que es, sin duda, el mejor marco académico posible? ¿Cabe mayor honestidad que la de Cajal utilizando criterios científicos en sus citas y obviando cualquier diferencia pasada con su viejo amigo?

Sabios y famosos

A partir de la obtención del premio Ciudad de Moscú en 1900, Cajal se mostraba no sólo como una figura muy popular, sino también con fama de gran sabio internacional, en plena crisis de identidad nacional y de autoestima por la pérdida colonial sufrida por España. Hay ejemplos acerca de su fama bien elocuentes. En 1903 dio su conferencia programada dentro de las actividades del Congreso Internacional de Medicina sobre la estructura del tálamo óptico. Las crónicas periodísticas de la época recogen que el anfiteatro de San Carlos estaba a rebosar y que la exposición era continuamente interrumpida por aplausos y gritos dando vivas a

Cajal, convertido ya en gloria nacional. Pronto vendrá una época de gloria en vida en la que se sucederán las muestras de reconocimiento, noticias en la prensa, descubrimiento de placas en calles, esculturas y nombramientos diversos. Debido a su fama, Cajal recibe todo tipo de cartas, y contesta a muchas de ellas, ya se trate de un consejo médico o incluso una solicitud de recomendación. Como los homenajes con calles dedicadas eran numerosos, Cajal elaboró un modelo de carta para responder a las peticiones que le llegaban (ALBARRACÍN, 1978, p. 226). Ediciones conmemorativas de sellos y la producción de múltiples objetos con su imagen nos muestran la popularidad que Cajal alcanzó en vida y que todavía justificadamente mantiene (BERBEL, GONZÁLEZ-TORGA y GONZÁLEZ, 2005). ¿Dónde está el origen de esta popularidad? Puede afirmarse que Cajal pronto se da cuenta de los beneficios e inconvenientes que tiene ser popular para el desarrollo de su carrera. Entonces es cuando decide explotarlo de modo inteligente, manteniendo una amplia presencia de su trabajo a través de la prensa, libros y revistas. Muy pronto supo Cajal qué resortes debían tocarse en la sociedad para facilitar su labor investigadora. Procurarse los medios materiales para su trabajo y difundirlo entre los sabios contemporáneos eran dos exigencias básicas. Cajal financia sus trabajos, edita sus revistas, realiza sus dibujos y litografías, cuyas técnicas él mismo mejora. Se da cuenta pronto de que con eso no basta. Todo ese esfuerzo es inútil si no se comparte con los sabios europeos; por eso a Cajal le «acometió la comezón de exportarlo al mercado extranjero. Sólo luchando con los fuertes se llega a ser fuerte [...] aproveché la primera ocasión que se me presentó de colaborar en revistas alemanas [ofrecida por] M. W. Krause, mi introductor en el mundo sabio [...] Había leído algún trabajillo mío, andaba no muy sobrado de original y solicitó benévolamente mi concurso, ofreciéndome costear todas las cromolitografías necesarias y regalarme una tirada de 50 ejemplares. Encantado con la invitación, me apresuré a satisfacer sus deseos, enviándole [...] dos monografías redactadas en un francés mediocre e ilustradas con profusión de dibujos» (RAMÓN Y CAJAL, 1923, p. 186). Afronta, pues, Cajal la aventura de publicar en el extranjero y vence las dificultades del idioma con la mejor arma de que dispone: su capacidad de plasmar en excelentes dibujos las geniales intuiciones de lo que observa al microscopio. Como dice Cajal a propósito de sus conferencias en Estocolmo: «conforme a mi costumbre, y a fin de hacerme entender hasta de los profanos, hice uso de gran número de cuadros policromados de grandes dimensiones» (RAMÓN Y CAJAL, p. 359). Y de paso da rienda suelta a su vocación artística siempre presente en su obra. El éxito le anima a participar en los congresos de anatomistas, en los que es sabido cómo conquista a Kolliker, y pasa inmediatamente a formar parte de los histólogos europeos. Pronto es conocido internacionalmente en Alemania, Francia, Suecia, Bélgica, Italia. En el momento de la oposición por la cátedra de Madrid, ha publicado una decena larga de trabajos en francés y alemán, incluyendo ya una primera respuesta a Golgi. Poco después aparecerán otros traducidos al francés por Azoulay y las traducciones al alemán realizadas por Bressler. Cajal refiere con satisfacción este hecho, que se produce como consecuencia de la publicación de las conferencias que dio en Barcelona sobre el «nuevo concepto de la histología de los centros nerviosos» (RAMÓN Y CAJAL, 1892). «Ignoro —nos dice— cómo se enteraron en el extranjero de dichas conferencias; ello fue que en poco tiempo vieron la luz traducciones o extensas relaciones en varios idiomas» (RAMÓN Y CAJAL, 1923, p. 244). El gran His se encargó de la versión tudesca realizada por su ayudante Held, y la versión de Azoulay fue prologada por Duval, e «hizo furor: en menos de tres meses se agotaron dos copiosas ediciones». Por ello, en el mundo anglosajón Cajal a finales del siglo XIX no era un desconocido (RAMÓN Y CAJAL, 1895b, 1896). El trabajo de Azoulay, publicado en *L'Année psychologique*, sobre la histología y funcionamiento del sistema nervioso central, «las teorías y sus mecanismos, recientemente propuestos por Rückardt, Lepine, Duval y Cajal», es reseñado brevemente en inglés por DELABARRE (1896). La aparición de su *Revista Trimestral Micrográfica* es reseñada por *Science* en su número del 11 de septiembre de 1896. En una comunicación anual de la American Physiological Society de 1895, Huber presenta estudios propios utilizando «el método de doble impregnación de Golgi-Cajal» (LEE, 1896). Con la incorporación de disciplinas como la psicología al dominio de las ciencias, Cattell nos dice sobre los estudios de psicología fisiológica: «la fisiología hoy es importante para la psicología como también ocurre con el trabajo histológico del español Ramón y Cajal» (MCKEEN CATTELL, 1898). También aparecen reseñados en inglés sus estudios sobre el nervio olfatorio (LOCY, 1899) o sobre la fibra nerviosa vista como parte esencial de la célula y formando la unidad nerviosa estructural llamada neurona por Waldeyer (TURNER, 1900). En la revista *Science* se hacen varias referencias a la conferencia sobre la corteza sensorial humana, que Cajal dio como invitado en la Universidad de Clark, en un viaje que coincide con el desastre del 98. El trabajo fue posteriormente publicado en inglés (RAMÓN Y

Cajal y Simarro fueron, además de sabios, personajes muy populares, pero sólo Cajal difundió sus trabajos en el extranjero

Cajal, 1899). Tras ganar el premio Ciudad de Moscú, obtiene un importante apoyo económico en España del que se hace eco el número de *Science* del 23 de noviembre de 1900: «Ramón y Cajal, el eminente histólogo, ha obtenido una pensión del Gobierno Español y financiación adicional para ampliar y mantener su laboratorio» (p. 813). No son por tanto infrecuentes las referencias a Cajal en las revistas internacionales relacionadas con sus trabajos o sus logros académicos.

Como Cajal no practica la clínica, completa su economía con los libros. No se vale sólo del libro de texto, ya que encontrará un filón productivo hablando de su vida. Con cincuenta años se anima a publicar ya sus primeros recuerdos. Cuentos, discursos, memorias, ensayos literarios, pensamientos y libros fotográficos compartirán estanterías con su obra científica y sus manuales, aumentando su merecida fama, consolidada con premios y distinciones.

Simarro fue también un sabio popular y un defensor del pueblo, reconocido en la academia y por sus gentes. Con madera de santo y de sabio, vivió para el bien y para la verdad, nos dice Augusto Barcia (1921). Aspiró a una visión integral de la vida y el mundo y, «desdeñoso de la gloria, de la supervivencia de su nombre, no quiso enfrentarse con el esfuerzo de ordenar y expresar por escrito el tesoro de su consciencia» (Araquistaín, 1921). Como Cajal, fue un maestro infatigable, del que

Figura 3.7. Ramón y Cajal alcanzó en vida popularidad y fama de sabio perdurable que traspasó nuestras fronteras. La iconografía de Cajal es muy abundante, y una muestra de ello la tenemos no sólo en los formatos académicos (bustos, medallas, etcétera), sino también en objetos de culto más populares como las tiradas de sellos aparecidas en distintas épocas y países o las reproducciones fotográficas en soportes variados. a) Fotolitografía realizada por Guevara (Granada) de un negativo de Padró tomado de un autorretrato de Cajal a los sesenta años en soporte de azulejo (13 x 18 cm), obsequio de los Laboratorios Ceregumil, en el año 1935. b) Sello español impreso tras la muerte de Cajal en 1934. c) Sello español de 1952 conmemorativo del centenario de su nacimiento. d) y f) Sellos sueco y español, en huecograbado, edición conjunta con la Real Casa de la Moneda y Timbre de 20 de marzo de 2003 con Ramón y Cajal y Severo Ochoa (grabador: Czeslaw Slania). e) Sello sueco de 1966, conmemorativo del sesenta aniversario de los premios Nobel de 1906: de Fisiología con Cajal en primer plano, seguido de Golgi, y de Química al fondo con Moissan (grabador: Arne Wallhorn) (colección particular).

Rodríguez Lafora (1921) dijo a su muerte: «Los discípulos que le admirábamos hemos perdido un consejero bondadoso y un mentor insuperables, y siempre exuberante de sugestiones sobre líneas de investigación y sobre libros dignos de consultarse. España ha perdido uno de sus cerebros más poderosos, por la calidad y extensión de sus conocimientos y por la universalidad de sus ideas. Simarro poseía una de esas raras inteligencias que a la vez de ser profunda era brillante en sus medios de expresión». Murió Simarro y quiso prolongar su obra a través de la Fundación que generosamente instituyó. Pese a la cuantiosa dotación económica, la Fundación Simarro apenas consiguió dar continuidad a los estudios de psicología experimental. Al menos nos queda su legado, excelente complemento del de Cajal. También Cajal, como antes lo había hecho Simarro, dispuso en su testamento el destino de su laboratorio, biblioteca y otras pertenencias. ¿Se han gestionado bien estos dos legados? Desaparecidos los protagonistas, «es responsabilidad de los herederos,

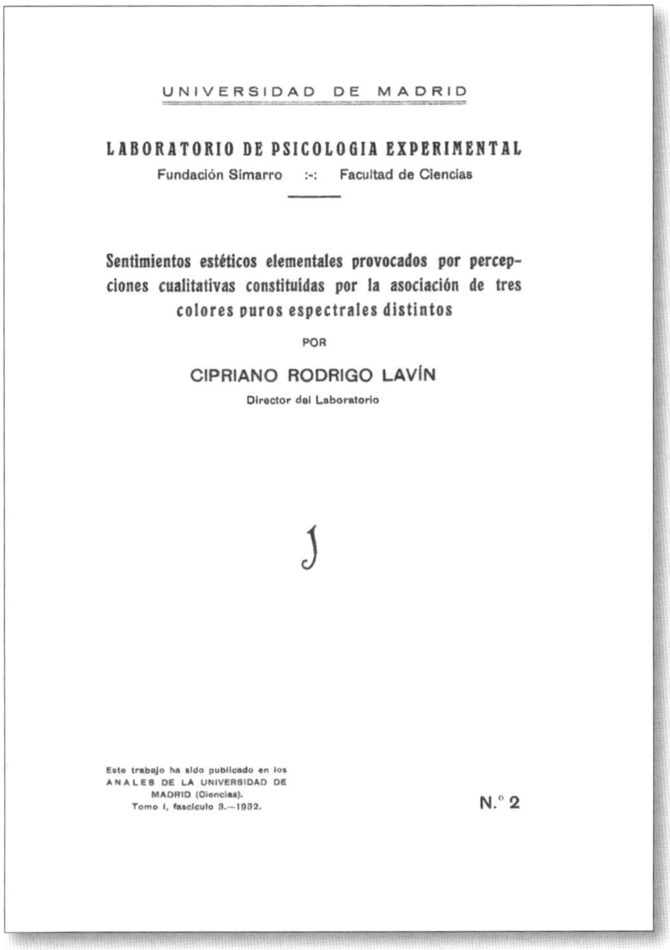
UNIVERSIDAD DE MADRID

LABORATORIO DE PSICOLOGIA EXPERIMENTAL

Fundación Simarro :-: Facultad de Ciencias

Sentimientos estéticos elementales provocados por percepciones cualitativas constituídas por la asociación de tres colores puros espectrales distintos

POR

CIPRIANO RODRIGO LAVÍN

Director del Laboratorio

Este trabajo ha sido publicado en los ANALES DE LA UNIVERSIDAD DE MADRID (Ciencias). Tomo I, fascículo 3.—1932.

N.º 2

Figura 3.8. La Fundación Simarro apenas llegó a funcionar para cumplir la misión para la que había sido instituida. El Laboratorio de Psicología Experimental llegó a funcionar en los años treinta vinculado a la Facultad de Ciencias y a la Fundación Simarro, actuando como director Cipriano Rodrigo Lavín, uno de los albaceas del testamento de Simarro. *Anales de la Universidad de Madrid. Ciencias, 1932*, tomo I, fascículo 2, pp. 168-189 (UCM. Biblioteca de Derecho).

familiares o profesionales, cuidar y hacer florecer el legado para beneficio de los que nacieron después» (FERRÚS, 2002). Son dos magníficos legados que han sido exhibidos ocasionalmente. Cajal como legado internacional, durante varios meses desde el otoño de 1991, en la Galerie Nationale du Grand Palais de París, en una ambiciosa exposición que mostraba doscientos años de arte y ciencia (CLAIRE, 1993). Cajal se ha elevado incluso más allá de nuestro planeta tierra en el transbordador espacial Columbia durante la misión Neurolab de 1998. Más modesto, Simarro también se ha exhibido en la Biblioteca Histórica de la Universidad Complutense o en La Nau de la Universidad de Valencia (CARPINTERO, CAMPOS, BANDRÉS, 2002, 2003). El legado Cajal se ha catalogado varias veces y en lo fundamental se mantiene bien conservado. No puede decirse lo mismo del legado Simarro, sobre el que en este aspecto aún queda mucho por hacer, y se está haciendo hoy con la Comunidad de Madrid. Pero no existe nada permanente, «una exposición viva en donde el visitante aprenda conceptos», vea objetos hermosos y aprecie la importancia histórica de estas obras. Nos recuerda Ferrús que los aniversarios son propicios para recordar estos hechos a quienes pueden remediarlo. Éste es un buen momento para insistir de nuevo en la importancia de ambos legados, unidos los dos otra vez por el trabajo y el amor a la ciencia.

En el epílogo de sus memorias Cajal sitúa a Simarro a su lado, figurando ambos como los dos maestros de la histología española. ¿Falsa modestia de Cajal? ¿Homenaje sentido y sincero al amigo? Sin duda, un reconocimiento merecido al condiscípulo capaz de encontrar soluciones providenciales ante las encrucijadas y de entender con claridad los problemas fundamentales que abordaba la magna obra de Cajal.

Bibliografía

ALBARRACÍN, A. (1978): *Santiago Ramón y Cajal.* (prólogo de P. Laín Entralgo). Labor, Barcelona.

ALBARRACÍN, A. (1987): El doctor Simarro y la escuela histológica española. *Investigaciones Psicológicas: 4 Los orígenes de la Psicología científica en España: El doctor Simarro* (Monografía J. J. CAMPOS y R. LLAVONA, coord.): 99-113.

ARAQUISTAÍN, L. (1921): El doctor Simarro. *La Voz*, 20-VI-1921. (Publicado en J. J. CAMPOS y R. LLAVONA [coord.], 1987: *Investigaciones Psicológicas* Monografía, 4, Apéndices, J. A. FERRER BENIMELLI: 326-329. U. Complutense, Madrid.)

BARCIA, A. (1921): don Luis Simarro. *La Libertad*, 21-VI-1921. (Publicado en J. J. CAMPOS y R. LLAVONA, [coord.], 1987: *Investigaciones Psicológicas* Monografía, 4, Apéndices, J. A. FERRER BENIMELLI: 324-326. U. Complutense, Madrid.)

BERBEL, P., GONZÁLEZ-TORGA, A. y GONZÁLEZ, M. (2005): The work and life of Cajal through his medals and plaques. *International Brain Research Organization* (8/17/2005) (http://www.ibro.info/Pub_Main_Display.asp?Main_ID=495.)

CAMPOS, J. J. (2003): Ideas para un siglo: de la Teoría de la Neurona a los Reflejos Condicionados. *Revista de Historia de la Psicología*, 25: 725-731.

CAMPOS, J. J. (2004): Influencia de Simarro en la obra de Cajal: La tesis de Julio Perales y García. *Revista de Historia de la Psicología*, 25: 23-30.

CARPINTERO, H., CAMPOS, J. J. y BANDRÉS, J. (2002): *Luis Simarro y la psicología científica en España: cien años de cátedra de psicología experimental en la Universidad de Madrid.* Universidad Complutense, Madrid. (En 2003 apareció publicado en valenciano por la U. de Valencia como *Luis Simarro i la Psicologia Científica a Espanya.*)

CASTRO, F. DE (1934): Santiago Ramón y Cajal (1852-1934). *Archivos de Neurobiología*, 14: 833-865.

CLAIRE, J. (dir.) (1993): *L'âme au corps*. Gallimard/Electa, París.

CORTEZO, C. M. (1922): *Cajal, su personalidad, su obra, su escuela*. Imprenta sucesor de Enrique Teodoro, Madrid.

DEFELIPE, J. (1999): Cajal, en Robert A. Wilson y Frank C. Keil (ed.), *Encyclopedia of the Cognitive Sciences.* MA, MIT Press, Cambridge.

DEFELIPE, J. (2002): El nacimiento de la neurociencia moderna. *Trébede*, 63: 17-20.

DELABARRE, E. B. (1896): Review: [sin título] *Science*, 4: 576-578. (Revisión de *L'Année psychologique.* 2ème année, 1895.)

FERRÚS, A. (2002): Gestión de un legado. *Trébede*, 63: 82-84.

GRANT, G. (1999): How Golgi Shared the 1906 Nobel Prize in Physiology or Medicine with Cajal. http://nobelprize.org/medicine/articles/grant/.

LEE, F. S. (1896): The American Physiological Society. *Science*, 3: 109-119.

LOCY, W. A. (1899): New Facts Regarding the Development of the Olfactory Nerve. *Science*, 9: 312.

LÓPEZ PIÑERO, J. M. (1985): *Cajal.* Salvat Editores SA, Barcelona.

LÓPEZ PIÑERO, J. M. (1999): Santiago Ramón y Cajal. *Eidón.* Revista de la Fundación de Ciencias de la Salud, Febrero-Mayo, 0. http://www.fcs.es/fcs/esp/eidon/Introesp/eidon0/perfiles.htm.

LÓPEZ PIÑERO, J. M., TERRADA FERRÁNDIS, M. L. y RODRÍGUEZ QUIROGA, A. (2000): *Bibliografía cajaliana. Ediciones de los escritos de Santiago Ramón y Cajal y estudios sobre su vida y su obra.* Albatros, Valencia.

MCKEEN CATTELL, J. (1898): The Advance of Psychology. *Science*, 8: 533-541.

MÖRNER-PAASCHE, S. (*circa* 1990?): *Childhood Memories of Early Nobel Ceremonies and Laureates.* http://nobelprize.org/nobel/events/eyewitness/morner/index.html.

MORO, A. y VILLASANTE, O. (2001): La etapa de Luis Simarro en el manicomio de Leganés. *Frenia*, 1: 97-120.
NOBELSTIFTELSEN (1967): *Nobel Lectures, Physiology or Medicine 1901-1921*. Elsevier: Amsterdam.
PERALES Y GARCÍA, J. (1890): *Investigaciones sobre la estructura de las células nerviosas*. Tesis doctoral, Madrid, Universidad Complutense.
RAMÓN Y CAJAL, S. (1889): Dolores del parto considerablemente atenuados por la sugestión hipnótica. *Gaceta Médica Catalana*, XII, 292: 485-486.
RAMÓN Y CAJAL, S. (1890): Origen y terminación de las fibras nerviosas olfatorias. *Gaceta Sanitaria Municipal*. 3: 133-139. (Figura también en otros autores como *Gaceta Sanitaria de Barcelona*. Fue publicado en varios números: 174-181, 206-212.)
RAMÓN Y CAJAL, S. (1892): El nuevo concepto de la histología de los centros nerviosos. Conferencias dadas en la Academia y Laboratorio de Ciencias Médicas de Cataluña. *Revista de Ciencias Médicas de Barcelona,* 18 (16, 20, 22, 23), 363-376, 457-476, 505-520, 529-540.
RAMÓN Y CAJAL, S. (1895a): *Algunas conjeturas sobre el mecanismo anatómico de la ideación, asociación y atención*. Nicolás Moya, Madrid.
RAMÓN Y CAJAL, S. (1895b): *Les nouvelles idées sur la structure du système nerveux chez l'homme et chez les vertébrés*. C. Reinwald et Cie, París.
RAMÓN Y CAJAL, S. (1896): Estructura del protoplasma nervioso. *Anales de la Sociedad Española de Historia Natural*, 25: 10-46. (Publicado, con el mismo título, en la *Revista Trimestral Micrográfica*, 1: 83-114 [1896]; y en versión alemana: Die struktur der nervösen Protoplasma. *Monastschrift für Psychiatrie und Neurologie*, 1: 156-167; 210-229 [1896].)
RAMÓN Y CAJAL, S. (1898): Carta de Santiago Ramón y Cajal a Gustaf Retzius. 1898-01-02. Archivo de la Biblioteca del Instituto Santiago Ramón y Cajal. Documentos personales de Neurobiología, n.º 000021912.
RAMÓN Y CAJAL, S. (1899): Comparative study of the sensory areas of the human cortex. En, W. E. Story y L. N. Wilson, (dirs.), *Clark University, 1889-1899. Decennial Celebration*. Printed for the University, Worcester, pp. 311-382.
RAMÓN Y CAJAL, S. (1899-1904): *Textura del sistema nervioso del hombre y de los vertebrados*. Imprenta y Librería de Nicolás Moya, Madrid.
RAMÓN Y CAJAL, S. (1904): Consideraciones críticas sobre la teoría de A. Bethe acerca de la estructura y conexiones de la célula nerviosa. En *XIVe Congrès International de Médecine. Madrid 23-30 abril 1903: Comptes Rendus*. Eds. A. Fernández-Caro. Section d'Anatomie (Anthropologie, Anatomie comparée, Embryologie, Anatomie descriptive, Histologie normale et Thératologie) Ed. D. García Izcara. Imprenta J. Sastre y Cía, Madrid.
RAMÓN Y CAJAL, S. (1923): *Recuerdos de mi vida* (3.ª ed.). Imprenta de Juan Pueyo, Madrid.
RODRÍGUEZ LAFORA, G. (1921): El doctor Luis Simarro. *El Sol*, 24-VI-1921. (Publicado en J. J. CAMPOS y R. LLAVONA, [coord.], 1987: *In-*

vestigaciones Psicológicas, Monografía, 4, Apéndices, J. A. FERRER BENIMELLI: 334-337. U. Complutense, Madrid.)

SCIENCE (1903): New Series, 17: 757.

SIMARRO, L. (1900): Nuevo método histológico de impregnación por las sales fotográficas de plata. *Revista Trimestral Micrográfica*, 5: 45-71.

SIMARRO, L. (1879): Luis Simarro Lacabra, comenta a Santiago Ramón y Cajal trabajo de investigación sobre lombriz de tierra. 1879-04-29. Archivo de la Biblioteca del Instituto Santiago Ramón y Cajal. Documentos personales de Neurobiología, n.º 000017493.

SIMARRO, L. (1898): *Enfermedades del sistema nervioso*, en Vademécum Clínico: Terapéutico, Madrid, Romo y Fussel: 465-475.

SIMARRO, L. (1899): Bosquejo de anatomía y fisiología del sistema nervioso, *Boletín de la Institución Libre de Enseñanza* XXIII (31 de enero) 466, 19-26; (31 de marzo) 468: 82-88.

TIMONER, G. y GAMUNDÍ, A. (2002): Impacto de la obra de Cajal: Vigencia de sus trabajos. *Trébede*, 63: 42-44.

TURNER, W. (1900): Address of the President before the British Association for the Advancement of Science. *Science*, 12: 385-396.

4. TRAYECTORIA Y CIRCUNSTANCIAS DE CAJAL Y SIMARRO

J. JAVIER CAMPOS
Departamento de Psicología Básica I
Universidad Complutense de Madrid
Madrid

Cajal tenía un año menos que Simarro. Simarro murió el 19 de junio de 1921 y Cajal trece años más tarde, el 17 de octubre de 1934. Durante sus dilatadas vidas coincidieron en diversos momentos. Ambos fueron dos grandes figuras de la ciencia y la cultura española de su época. ¿Puede deducirse a través de sus escritos y comportamientos cómo se veían el uno al otro? ¿Se apreciaban mutuamente a pesar de los desencuentros personales que tuvieron? ¿Pudo Cajal, hombre de carácter y gran sentido crítico, perdonar el modo en que compitieron durante las oposiciones de Madrid? ¿Podemos conocer cómo fueron sus relaciones? ¿Cómo valoraban la labor científica que estaban desarrollando como colegas? Se puede intentar responder a estas cuestiones analizando los actos de los protagonistas, leyendo sus escritos y los de sus contemporáneos e indagando, reflexionando, en suma, sobre la trayectoria y circunstancias personales de ambos.

¿Cómo es Cajal en el trato con sus colegas? ¿Es sincero al expresar lo que de ellos piensa? Cajal se conoce bien a sí mismo y no disimula que posee ese rasgo, caracterizado a veces desde fuera como nobleza aragonesa: «No obstante mi bonachonería, poseo un defecto imperdonable: la franqueza un poco ruda. Deploro carecer de la ironía gallega o de la suave y fina diplomacia del andaluz. A despecho de mis esfuerzos inhibitorios, la verdad escueta surge de mis labios, nunca hiriente, pero quizás molesta para las vanidades vidriosas» (RAMÓN Y CAJAL, 1934/1969, p. 348).

A

B

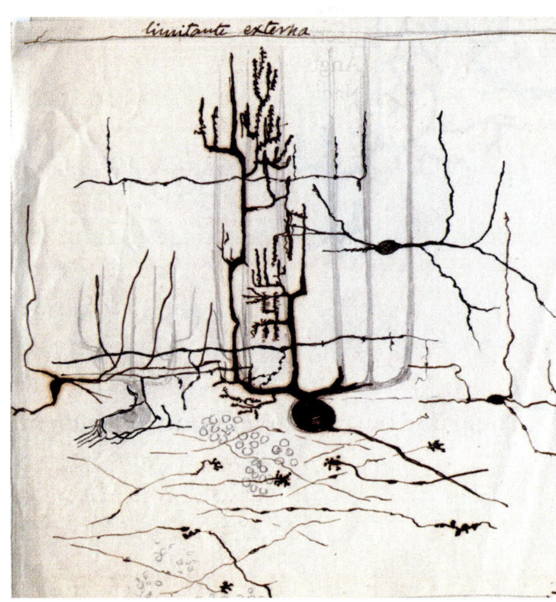

C

Figura 4.1. Simarro, discípulo de Ranvier, trajo de París la buena nueva de la histología. En su laboratorio realizó numerosísimas placas histológicas, dibujos y fotografías que todavía se conservan. En la actualidad se está realizando la digitalización completa de toda la colección (www.ucm.es/info/simarro). A) Boceto al carboncillo realizado por Sorolla para el cuadro *Simarro al microscopio* (UCM. Legado Fundación Simarro. Psicología). B) Dibujo de tejido de cerebelo humano realizado por Simarro (método Weigert de tinción). C) Preparación histológica. ¿Achúcarro?

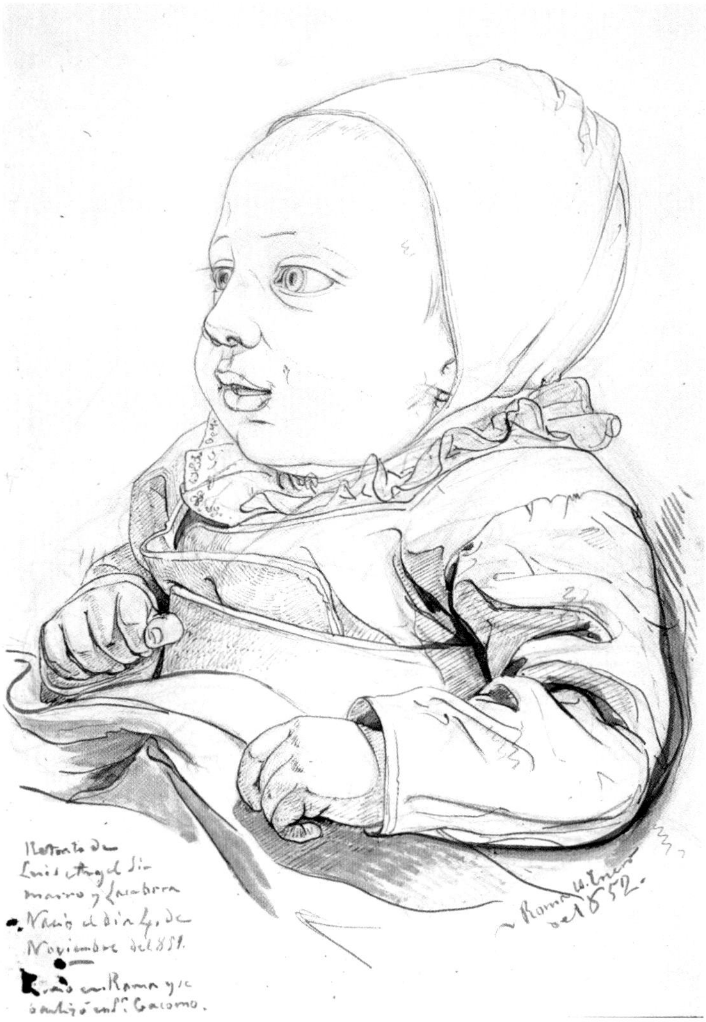

Figura 4.2. Dibujo realizado por el pintor Ramón Simarro de su Luis siendo todavía un bebé de cuatro meses. Leyenda manuscrita: «Retrato de Luis Ángel Simarro y Lacabra. Nació el día 4 de Noviembre del 1851. Nació en Roma y se bautizó en S^{n} Giacomo. Roma 10 Enero del 1852».

¿Cómo era Simarro? Simarro era un personaje brillante, y todo el mundo coincide en que tenía gran facilidad de palabra. Llama la atención cómo se refiere el aragonés a estas cualidades con ocasión de un incidente surgido con otro colega común, y aunque por delicadeza no nombra a tan temerario colega, por los datos que aporta bien podría adivinarse. Cajal describe al jactancioso catedrático presentándose un día en su casa «con un gato desollado, rabón y macerado en alcohol, declarando formalmente que lo había parido una aldeana de su pueblo [...] [y, naturalmente, este colega] dada la excepcional importancia del fenómeno, había resuelto exhibirlo en París ante un Congreso Internacional». Aterrado ante tan «temeraria decisión que nos habría cubierto de ignominia, con daño irreparable para la naciente biología española —nos cuenta Cajal que se opuso— enérgicamente a sus deseos, expresándole que, según todos los indicios, se trataba de una pesada broma preparada por algún socarrón malintencionado». Todos los intentos de Cajal por convencerle de que previamente realizara exploraciones anatómicas del susodicho engendro fracasaron porque su colega se resistía a destruir «un feto, entre humano y simiesco, que [aportaba] la prueba determinante y decisiva de la descendencia animal del *homo sapiens*». don Santiago supo más tarde que finalmente «había desistido de su descabellado proyecto, luego de consultar con el doctor Simarro. Éste, con su mónita untuosa y persuasiva, rasgo característico de su talento, evitó la vergüenza que nos amenazaba» (RAMÓN Y CAJAL, 1934/1969, pp. 349-350).

Cuando Simarro muere, muchos personajes de la época escriben sobre él. Uno de ellos es el doctor Carlos María Cortezo (1926), buen amigo de Cajal. Cortezo está preparando una conferencia sobre Simarro para el Ateneo, que luego fue publicada en *El Siglo Médico,* ¿Qué piensa Cajal del trabajo de Simarro? En una carta dirigida a Cortezo, nos dice Cajal que el trabajo de «Simarro no ha sido apreciado en toda su valía, por haberse dejado prender en las redes de la Institución Libre, uno de cuyos cánones sacrosantos consiste en estudiar y no escribir» (CORTEZO, 1926, p. 29). El doctor Albarracín (1987) juzga como mordaces estas palabras hacia Simarro, aunque, vistas formando parte del conjunto de menciones que Cajal hace sobre Simarro, pueden muy bien expresar los sentimientos ambivalentes de Cajal hacia su viejo amigo. Quizá más bien refleja la discrepancia absoluta en el modo periclitado de hacer ciencia de Simarro, porque, bien sabe Cajal, estaba así limitando su talento. Es seguro que algunos hechos les habían distanciado, en particular el competir en las oposiciones a la cátedra de Madrid. Así lo expresa Cajal en la carta que Cortezo reproduce: «Yo procuraré siempre hacer justicia al que, discípulo de Ranvier, trajo de París la buena nueva de la histología, esparciéndola a los cuatro vientos, y beneficiándonos a todos. De su *generoso magisterio* guardo los mejores recuerdos; y así, en mi autobiografía procedí con él como con todos aquellos sabios a quienes debí el inestimable favor de *una enseñanza práctica.* Desgraciadamente, Simarro —sigue diciendo Cajal—, que fue uno de mis íntimos amigos antes de las oposiciones, se apartó después un tanto de mí, aunque sin romper jamás del todo los vínculos de compañerismo y fraternidad» (p. 29; el énfasis es mío).

Simarro, *malgré lui*, ha sido puesto en continua comparación con Cajal. Muchas veces la obra de Simarro, por contraste crítico, se ha considerado fallida. «Mientras uno realizaba su formidable obra histológica, el otro, en coqueteo científico, abandonaba los métodos y las técnicas tan a fondo sabidas para hurgar en otro filón tan pronto como había llegado al conocimiento del primero, hasta que al fin, infiel al estudio y la investigación, se perdió derramando su poderoso talento en necias elucubraciones sobre lo divino y lo humano. Hoy a la distancia de los años se ve bien el diferente resultado de estos destinos, pues mientras se afianza y crece la obra cajaliana, Simarro se desdibuja perdiéndose entre la esterilidad el recuerdo de uno más entre tantos españoles que no dieron el fruto que era de esperar de su talento y saber. Y es que el tesón y el desinterés idealistas son cualidades que a la larga triunfan siempre sobre la facilidad y la inconstancia» (DURÁN MUÑOZ y ALONSO BURÓN, 1983, v. 1, p. 229). ¿Acaso fue sólo uno más entre tantos?

Simarro, huérfano desde su más temprana infancia, vivió su adolescencia espoleado por la necesidad de obtener cuanto antes un empleo estable

Simarro comienza sus estudios de medicina en Valencia. Huérfano desde su más temprana infancia, sin recuerdos de sus padres, inteligente, capaz y sin recursos, Simarro vive espoleado por la necesidad de concluir sus estudios y de procurarse un empleo estable de modo perentorio. Un incidente protagonizado durante el examen público de su última asignatura de carrera nos muestra la rebeldía de Simarro ante las situaciones de injusticia que genera la pobreza. Esta rebeldía lúcida será una de las características que marcarán su vida. Simarro frecuentaba desde sus primeros tiempos de estudiante de Medicina el Ateneo Literario de Valencia. Lector de la recién aparecida obra de Darwin, el jovencísimo estudiante había realizado una defensa polémica del evolucionismo y esto le había indispuesto con Ferrer Viñerta, catedrático de Clínica Quirúrgica. Dábase además la circunstancia de que Simarro había participado activamente durante el curso elaborando para todos sus compañeros los casos clínicos propuestos por la cátedra. No obstante, ello no impidió que el día del examen final Viñerta tratara de deslucir los conocimientos de Simarro defendidos con brillantez. Tras un largo y tenso interrogatorio, Simarro, viendo que aquello, por más que hiciera, sólo acabaría con un suspenso, se encaró con el catedrático y abandonó el examen diciéndole: «los escasos fondos de un estudiante no le permiten tener muchos libros y revistas para conocer todos los detalles de la cirugía» (SALCEDO, 1926, p. 28). Este incidente fue determinante para que trasladara la matrícula y finalizara sus estudios en Madrid unos meses más tarde. Cabe destacar que con aquellos planes de estudios, con los que únicamente podían obtenerse aprobados o suspensos, Simarro, «mediante oposición, obtuvo en el período de licenciatura tres premios y un accésit»

(p. 30). Con gran rapidez se doctora un año más tarde defendiendo un breve ensayo titulado: *Relaciones materiales entre el organismo y el medio como fundamento de una teoría general de la higiene* (SIMARRO, 1875; CARPINTERO y GARCÍA, 2002). Defendió la tesis, entre otros, ante Carlos Quijano López-Malo, catedrático de Higiene Pública y Privada, y Julián Calleja, decano de la Facultad de Medicina y auténtico cacique e «inevitable arreglador de jurados médicos» (RAMÓN Y CAJAL, 1923, p. 159). Es muy posible que Simarro, urgido por la necesidad de ser doctor cuanto antes, realizara este trabajo doctoral de un modo similar a como lo hizo su condiscípulo de estudios de doctorado Rodríguez Carracido, más tarde catedrático de Química Biológica. No carecen de interés sus recuerdos, nos dicen CARPINTERO y GARCÍA (2002), ya que nos proporcionan datos exactos sobre cómo realizó su tesis doctoral. «En la segunda quincena de junio —cuenta Carracido— pergeñé unas cuartillas sobre Teorías de la fermentación, que presenté como tesis doctoral mereciendo la aprobación del Tribunal censor, y arribando así felizmente al supremo grado académico con una ejecutoria de cuya insignificancia no quiero acordarme» (RODRÍGUEZ CARRACIDO, 1968).

¿Cómo fue la tesis de Simarro? Simarro en treinta cuartillas aborda un original planteamiento acerca de los principios teóricos de la higiene, de los que poco se sabe entonces, aunque empíricamente se relacionen con la conservación de la salud. Pese al título de la tesis, Simarro evita cualquier comentario sobre la higiene pública y su práctica mediante reglas preventivas prescritas por la autoridad. Nada dice tampoco sobre la higiene privada, de la cual se cuida el individuo. Hay que recordar aquí que Simarro, desde 1874, es decir, un año antes de que obtuviese el título de doctor por su ensayo teórico sobre los fundamentos de la higiene, estaba dando clases de Higiene Pública y Privada en la Escuela Práctica de Medicina instalada en el Museo Antropológico de su amigo el doctor Velasco. Junto al fundador del Museo, tiene por comprofesores a Cortezo, a Rubio o Ariza. Será precisamente el doctor Federico Rubio el que le introducirá en los círculos de la Institución Libre de Enseñanza. Es en esta época cuando entabla buena amistad con Giner de los Ríos y se convierte en uno más de los socios fundadores, dando además clases de Física (CAMPOS, 1983).

Ser profesor de las clases de Higiene pudo muy bien impulsar a Simarro a indagar sobre los fundamentos teóricos de la higiene entendida por él como la «ciencia de las relaciones a nivel celular entre el organismo y el medio ambiente». Sin duda las ideas esenciales que recoge en la tesis enraízan con las que en esas mismas fechas defiende en el Ateneo un joven orador, que se ha hecho popular analizando el valor científico del positivismo. Hablamos del doctor Simarro, «una de las inteligencias más poderosas con que cuentan las nuevas ideas y uno de los jóvenes de mayores esperanzas que se han presentado en el Ateneo» (REVILLA, 1875). ¿Qué autores influyeron en la redacción de este ensayo? No conocemos el detalle de los libros que manejó; ni siquiera tenemos la relación de la importante donación de libros que hizo a la Institución Libre de Enseñanza pocos años después. Pero de las pocas citas que aparecen en su ensayo podemos deducir cuál era su pensamiento. Comienza su tesis con una cita de Lucrecio, recordando que la vida procede de la vida, ya que los animales son «cual corredores que unos a otros la antorcha de la vida les pasan»; sin duda, la profesión de fe de que nada surge de la nada. Simarro se separa en su ensayo de los avances del organicismo animista de Bichat, que entonces postulaban muchos de sus profesores y que aún perdurarán durante buena parte del siglo XIX.

¿Cuáles son las ideas de Bichat, todavía presentes medio siglo después de su muerte? Bichat las ha expuesto con claridad en sus escritos: «Se calcula el curso de un cometa, la resistencia de un fluido que corre por un canal inerte, la fuerza de un proyectil, etcétera pero calcular con Borelli la fuerza de un músculo, con Keil la vitalidad [velocidad] de la sangre, y con Jurine, Lavoisier, etc., la cantidad de aire que entra en los pulmones, es levantar sobre movediza arena un edificio sólido en sí, pero que cuanto antes se desploma por faltarle una base segura. Esta instabilidad (sic) [inestabilidad] de las fuerzas vitales, esta facilidad que tienen a variar a cada instante ya en más, ya en menos; imprimen a todos los fenómenos vitales un carácter de irregularidad que los distingue de los fenómenos físicos, notables por su uniformidad» (BICHAT, 1843, pp. 86-89). La química animal procede al análisis de la orina, la saliva, la bilis, pero ello no es química fisiológica sino anatomía cadavérica de los fluidos. Es un hecho que estos fluidos cambian continuamente y, por tanto, ¿cómo atreverse a afirmar —dice Bichat— que se «conoce la naturaleza de un fluido de la economía viviente», si no la ha analizado en todas las condiciones posibles? «La poca estabilidad de las fuerzas vitales ha sido el escollo donde han venido a estrellarse todos los cálculos de los físico-médicos del siglo pasado; y podrían muy bien ser las variaciones habituales de los fluidos vivos, un obstáculo no menos real para los análisis químico-médicos del presente» (p. 89). Por ello, concluye Bichat, la «ciencia de los cuerpos organizados» es-

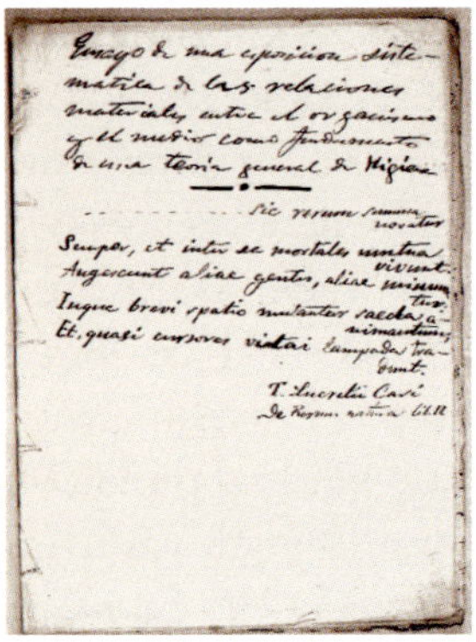

Figura 4.3. Tesis doctoral manuscrita de Luis Simarro (1875): *Ensayo de una esposición (sic) sistemática de las relaciones materiales entre el organismo y el medio como fundamento de una teoría general de Higiene* (UCM. Biblioteca Medicina).

capa a los análisis de los «cuerpos inorgánicos», empezando por el propio lenguaje, que no puede ser el de las ciencias físicas trasladado a la economía animal o vegetal.

Sin embargo, frente a estas ideas, el pensamiento que guía el ensayo de Simarro sobre cómo debe proceder el estudio biológico es ya completamente moderno. Aunque no los cita, este admirador de la ciencia francesa y alemana sin duda debe conocer los trabajos de Claude Bernard, quien hacía una década había establecido el principio de *la fixité du milieu intérieur.* También, dado su afán lector de novedades extranjeras, pudo haber leído las más recientes de Louis Pasteur, que en una conferencia en La Sorbona había presentado sus experimentos rebatiendo experimentalmente las tesis de Félix Pouchet sobre la generación espontánea de la vida. Simarro evoca con esta tesis las ideas de la fisiología regulatoria de Claude Bernard, cual si fueran un primer intento de complementarlas. Es un ensayo teórico de higiene fundamentada en las relaciones del organismo con el medio exterior a través de la piel (¿sensible a la higiene?). ¿Por qué se centra el ensayo en la piel? Sin duda, por el hecho de que es la frontera física que aísla el medio interior del organismo de su medio externo. A la vez la piel posibilita la relación del organismo con el medio ambiente, en condiciones de bienestar o malestar.

El estudio de la fisiología regulatoria que lleva a cabo Claude Bernard establece que «la fixité du milieu intérieur est la condition de la vie libre». De igual modo, Simarro se plantea que para estudiar la fisiología de la higiene y sus fundamentos será imprescindible prestar atención a las leyes que rigen los cambios en la piel y a sus relaciones dinámicas con el medio externo a través de la fermentación.

Podemos seguir este pensamiento a través de las ideas expuestas en su tesis. Para Simarro el camino a seguir por las ciencias biológicas es el mismo que recorrió Newton y que tan profundamente había removido los cimientos de todas las ideas sobre la naturaleza y sus fenómenos. Tras Newton —nos dice—, se han necesitado dos siglos para acomodar todo el conocimiento de la física a la teoría de la gravedad y deducir de este principio las consecuencias que entrañaba (SIMARRO, 1875, p. 5). De modo análogo —continúa— proceden las teorías modernas respecto a la naturaleza de la luz (o vibraciones etéreas), la equivalencia de las fuerzas y la conservación de la energía. Sin embargo, hoy todavía no tenemos leyes que permitan explicar las relaciones entre el organismo y el medio en el que vive (p. 6). No existen todavía trabajos de tipo experimental que permitan elaborar una teoría general o conjunto de leyes que muestren una relación ordenada de hechos sobre los vínculos materiales entre los seres vivos y su ambiente. Simarro aspira a hacer ciencia, y sabe de sobra que para ello o bien se debe hablar de cosas nuevas o bien habrá que repetir, ordenadas de un modo nuevo, las cosas ya conocidas. Las leyes mecánicas de los organismos físicos son para Simarro de tal sencillez que, comparadas con las complicadísimas relaciones que existen entre el organismo y su medio, sólo pueden servirnos como una aproximación preliminar (p. 11).

Pese a los detractores de la anatomía microscópica denostada como anatomía celestial, Simarro defiende que con el microscopio se puede reconocer a los organismos monocelulares con total seguridad

¿Cómo deben proceder las ciencias biológicas? En el estudio de la naturaleza, según el punto de vista de cada ciencia, es necesario escoger un fenómeno sencillo y fácil de estudiar para que sirva de unidad a la cual referir los demás fenómenos, considerándolos «como repeticiones idénticas, variantes diferenciadas o integraciones de variantes y repeticiones en diversas proporciones combinadas pero siempre referidas a un mismo fenómeno de tipo real o abstracto». Así, la idea de cantidad —sigue el razonamiento— es elemento básico de las matemáticas, el movimiento es el fenómeno más simple de la física y el átomo con sus propiedades es la unidad de la química. En fisiología la célula es el elemento que permite el análisis de todos los fenómenos de su competencia. Pues bien, nos señala Simarro, para conocer con claridad las relaciones entre el organismo animal y su medio es preciso encontrar una unidad fundamental a esta nueva ciencia, que de momento «sólo está representada por el arte empírico de la higiene» (p. 12).

Por tanto, concluye Simarro, para entender las relaciones entre un organismo y el medio en que se desarrolla hay que buscar un fenómeno sencillo, fácil de observar, con el que se pueda experimentar y «cuyos accidentes, detalles y circunstancias podamos medir y pesar con precisa exactitud».

En este sentido, se afirma en la tesis, es de gran utilidad la observación microscópica de las fermentaciones producidas por los organismos monocelulares, que son los más simples. Por lo demás, mediante el microscopio podemos «conocerlo y reconocerlo [al microorganismo] con tanta seguridad, dígase lo que se quiera, como a simple vista se reconoce un caballo o un burro». De forma complementaria los análisis químicos nos revelarán los principios orgánicos e inorgánicos que los forman y su historia natural nos mostrará su genealogía y parentescos. Finalmente, su fisiología es tan sencilla, que quizá sea la única dificultad que ofrece este estudio, ya que la fisiología de diferentes formas de vida unicelular puede confundirse con facilidad. A cambio, su gran ventaja reside en que, en un lapso breve de tiempo, se pueden estudiar las reacciones de estos organismos en un medio de cultivo complejo; y no sólo las de un individuo, sino las de muchas generaciones sucesivas. Asimismo puede estudiarse cómo, a partir de nitratos, sales amoniacales y azufre, se forman albúminas, o cómo el azúcar que alimentó a las células es excretado en forma de alcohol y ácido carbónico, o que la glicerina constituye la grasa de las células y que el oxígeno liberado por esta descomposición se disuelve en el agua y permite la respiración y las oxidaciones que mantienen la vida de los organismos elementales. Este conjunto de procesos metabólicos, que Simarro denomina fermentación, son «el tipo fundamental y unidad para [estudiar] las relaciones entre el organismo y su medio» (p. 15). Pero si la química ha tardado tanto en aplicar a todos los fenómenos de su dominio la unidad atómica, y todavía hay fenómenos que escapan a este análisis, no puede exigirse que la higiene (o ciencia de las relaciones entre el organismo y su medio), limitada todavía al empirismo del arte higiénico, sea ya capaz de «explicar todos los fenómenos de su estudio como diferenciaciones e integraciones de la unidad de fermentación» (p. 16). Para desarrollar esta ciencia es necesario un plan de trabajo sistemático que permita la inducción de leyes referidas a estos fenómenos. Por desgracia, apunta Simarro, no existen «antecedentes de análogas tentativas en el campo propio de la higiene» (p. 17). La filosofía aplicada a la ciencia higiénica «nos espone (sic) a inútiles tanteos y errores graves, [por lo que] debemos buscar y hallar apoyo en las ciencias naturales». Hay una ley suprema con dos principios generales aplicables a todas las relaciones del universo conocido, postula Simarro. Un principio es el de la teoría general de la conservación de la energía, que fue formulado por Mayer, Joule, Grove y Thompson. El otro principio fue demostrado por Lavoissier cuando puso de manifiesto «Ex nihilo nihil fit et nihil fit ad nihilum», es decir, que nada se crea ni se destruye, sólo se transforma (p. 18). Para Simarro es un hecho cierto que «en las relaciones materiales tiene especial aplicación [este] principio de que nada se hace de la nada, y puede afirmarse plenamente que toda la materia del organismo procede del medio» (p. 20). La higiene o ciencia de las relaciones del organismo y el medio es simplemente la ciencia de la piel y sus anejos. Las relaciones puramente dinámicas pueden ser ordenadas de un modo análogo según los mismos principios (p. 30).

Muy poco tiempo después de defender la tesis, Simarro, acuciado por la necesidad de encontrar una plaza segura, oposita con éxito a médico del Hospital de la Princesa. Ese mismo año obtiene, mediante permuta, la plaza de director del manicomio de Santa Isabel de Leganés. Sus ideas innovadoras chocan con la mentalidad del Patronato. Simarro se sentía incómodo con el inhumano trato que recibían los alienados, y echaba en falta investigadores serios. Sólo con enfermos y libros —decía— «no se puede hoy hacer ciencia sólida y durable; es necesario oír las lecciones de los mismos que han contribuido al avance científico; es necesario frecuentar sus laboratorios para las investigaciones histológicas, y sus gabinetes de experimentación para la investigación fisiológica; yo necesito ir a París, y después [...] a donde haga falta» (CORTEZO, 1926, p. 17). A finales de 1879 marcha a París ligero de equipaje, dispuesto a pasar una larga estancia formándose en el extranjero. Eso parece desprenderse de una noticia que figura en el *Boletín* de la Institución Libre de Enseñanza, agradeciendo a Simarro la importante donación de libros que hace a la incipiente biblioteca: ¡unos 800 volúmenes! La generosidad que muestra aquí con esta donación, junto al afán bibliófilo que la hace posible, serán algunas de las constantes de su vida (CAMPOS, 2002a). Poco antes de partir hacia París su condiscípulo Cortezo le ha mostrado la dificultad del proyecto que quiere emprender su amigo. Le expone que se requieren medios pecuniarios, que Simarro no tiene; además, supone la renuncia a su cargo oficial. Simarro le responde: «Eso no es obstáculo [...] yo he pensado en renunciar a la plaza [...] estas cosas no retienen más que a las medianías: el que a los veinticinco años ha ganado la dirección de un hospital, o una cátedra, podrá hacer lo mismo a los treinta y a los cuarenta; y si no deja sus empleos cuando le estorban, son ellos los que le tienen a él; no él a ellos. Además —añadió con la más fría indiferencia—, la vida que yo he hecho en Madrid no puede hacerse sin haberse llenado, como me he llenado, de deudas, y yo *necesito volver en una situación de ganar dinero* para pagar a las pobres gentes que han tenido confianza en mi solvencia y en mi moralidad, que, como usted sabe, son las dos bases del crédito» (CORTEZO, 1926, pp. 17-18; el énfasis es mío).

Aun dedicándose al laboratorio y siendo extraordinariamente brillante, Simarro siempre fue un personaje tremendamente inquieto y vehemente. ¡Tan semejantes Cajal y Simarro en tantas cosas y tan diferentes en otras! Quizá, por esto, a los ojos de Cajal y de otros contemporáneos resultaba, a veces, un personaje único y desconcertante. Nos dice Cajal que Simarro no profundizó en el método de Golgi ya que, «desgraciadamente, Simarro, dotado de un gran talento, carecía de la perseverancia, la virtud de los modestos» (Ramón y Cajal, 1923, p. 191). Sin embargo, frente a este hecho cierto, Simarro igualmente, al mismo tiempo que realizaba una observación acertada o tenía una intuición genial, también podía ser sistemático y pertinaz en el trabajo. Así se desprende de las múltiples probaturas de agentes tintóreos que tuvo que utilizar el doctorando de Simarro, Perales y García (1890), cuando dio con el procedimiento para la tinción al azul de metileno *in vivo*. ¿Cómo explicar si no que Simarro, mientras aprendía histología en París, pudiera apreciar por su cuenta el valor del método de Golgi, cuestionando al maestro Ranvier? Su maestro Parísino, discípulo de Claude Bernard, recogía en su libro este nuevo método, pero no le atribuía una relevancia especial. Pese a ello, Simarro, deseoso de experimentar cuantas técnicas pudieran servirle, o quizá fruto del azar en sus probaturas, supo apreciar de inmediato en sus preparaciones la valiosa herramienta que tenía ante sí. Espíritu libre, se aplicó afanoso en su divulgación, aunque esta técnica no se contara entre las favoritas de su maestro. Cajal en sus *Recuerdos* describe la sorpresa que sintió «al conocer *de visu* la maravillosa potencia reveladora de la reacción cromo-argéntica y la ninguna emoción provocada en el mundo científico por su hallazgo. ¿Cómo explicar tan extraña indiferencia? Hoy, que conozco mejor la psicología de los sabios —nos sigue diciendo—, hallo la cosa muy natural. En Francia, como en Alemania [...] reina una severa disciplina de escuela. Por respeto al maestro ningún discípulo suele emplear métodos de investigación que no se deban a aquél. En cuanto a los grandes investigadores, creeríanse deshonrados trabajando con métodos ajenos. Las dos grandes pasiones del hombre de ciencia son el orgullo y el patriotismo. Trabajan sin duda por el amor a la verdad, pero laboran aún más por su prestigio personal o de la soberanía intelectual de su país» (Ramón y Cajal, 1923, p. 190).

Simarro renunció a su plaza de director del Manicomio de Leganés para estudiar en París con Ranvier, Charcot y Magnan

Cajal en Madrid

¿Cómo ha sido la carrera académica del sabio aragonés que en 1892 acaba chocando con Simarro? Desde 1883 Cajal es catedrático de Anatomía Descriptiva y General en la Facultad de Medicina de la Universidad de Valencia. Estando en la ciudad del Turia y los naranjos, en esa Atenas del mediterráneo occidental, Cajal disfruta del trabajo y los placeres del Gaster Club, satisfecho con su nueva posición. Aunque va a ser por poco tiempo, ya que en 1886 se decreta un nuevo plan de estudios para las universidades. El plan, elaborado por el liberal Montero Ríos, establece que el catedrático de Histología e Histoquímica deberá serlo también de Anatomía Patológica. Pero desde 1873 la plaza de Histología se proveía por concurso de traslado entre catedráticos de Anatomía Normal o Patológica (ALBARRACÍN, 1978, pp. 81-82). Cuando, a finales de 1887, las plazas recién creadas de Histología Normal y Patológica salen a traslado, Cajal deja la plaza de Valencia. Aunque ha podido optar a una cátedra en Zaragoza, Cajal no tiene muchas dudas para trasladarse finalmente a Barcelona. En la ciudad condal comenzará un período decisivo para su obra científica hasta que nuevamente la abandonará también para ocupar la plaza que había quedado vacante tras la muerte trágica del «inolvidable y benemérito» Aureliano Maestre de San Juan. Sin embargo, esta plaza no sale a concurso de traslado. Van a competir duramente por la cátedra de Histología Normal y Anatomía Patológica contrincantes de talento, pero Cajal no puede permitirse el lujo de dejar pasar esta oportunidad. «Ser catedrático de la Central constituía entonces la única esperanza de satisfacer con cierta holgura [sus] aficiones a la investigación y aumentar [sus] recursos, harto mermados con los incesantes gastos de laboratorio y de suscripciones a revistas, amén del sostén de numerosa familia» (RAMÓN Y CAJAL, 1923, p. 245). Dado su nulo interés por la rentable práctica de la clínica, la edición de libros de texto, sin robarle mucho tiempo, podría proporcionarle la ansiada independencia investigadora sin detrimento de su patrimonio. La situación fue muy incómoda para Cajal, ya que los ejercicios de oposición duraron varios meses. Para colmo, hubo numerosos incidentes y la oposición fue interrumpida varias veces tras los recursos puestos por los contrincantes a miembros del tribunal que habían sido discípulos de Cajal. Finalmente don Santiago fue propuesto unánimemente para la cátedra. Pero reconoce que su «triunfo no fue fácil, pues contendía con rivales de mucho mérito, singularmente uno de ellos, a cuyos talentos y cultura siempre rendí ingenua admiración y cordial estima» (p. 245). Ese rival, al que Cajal no quiere aquí ni mencionar, es Luis Simarro, y la contienda era sobradamente conocida por sus contemporáneos. Podemos imaginar la zozobra y dudas que surgieron en Cajal en aquellos momentos. Tantas interrupciones le hicieron plantearse abandonar aquella aventura, ante el temor de que aquella larga estancia acabara con su economía familiar sin proporcionarle la recompensa esperada.

Con su esposa embarazada de un varón, al que curiosamente llamarían Luis, los ánimos que le daban su hermano Pedro y su padre fueron decisivos para lograr aquel final venturoso (ALBARRACÍN, 1978, p. 118). Quizá fuera la última vez que su padre impusiera su criterio. don Justo, para evitarle la intranquilidad que le suponía a Santiago estar pendiente del embarazo de su esposa, trasladó a Silveria y a sus hijos a Zaragoza. Así podrían estar atendidos y su hijo se ocuparía únicamente de su oposición. Andaba preocupado, nos dice Cajal en sus memorias, y «la preparación ansiosa de los ejercicios, las suspensiones que éstos sufrieron, el ajetreo de mis repetidos viajes a la Corte, interrumpieron la continuidad de mi esfuerzo analítico, arrebatándome esa tranquilidad de espíritu sin la cual toda obra humana suele resultar pobre, contradictoria y desprovista de claridad y enjundia» (RAMÓN Y CAJAL, 1923, pp. 242-243). Mucho tuvo que inquietarle a Cajal la presencia de Luis Simarro en aquellas oposiciones. Y con razón, pues sabemos que Simarro, con buenas relaciones en Madrid, ya no se consideraba por aquel tiempo un histólogo puro, siendo la clínica neurológica la que le proporcionaba fama y fortuna. Simarro ya le había confesado por carta a Cajal sus dudas: «Yo creía que tal vez saliera a concurso y pudiera Ud. venir a Madrid mas, por razones que desconozco, se han apresurado a decidir que salga a oposición [...] Ahora bien, yo soy tan sólo un histólogo de ocasión, pues la histología no es para mí, sino medio para estudiar la neurología, mi verdadero objeto. Yo me atrevería a aprovechar esta puerta abierta para entrar en el profesorado y haría oposiciones a esta cátedra. Mas no me atrevería a hacerlas y aunque me atreviera no esperaría ganar la plaza si Ud. se presentara. Es más, si por un azar inverosímil yo pudiera ganar la plaza contra Ud. me sería difícil en consciencia aceptar el cargo pues estimo a Ud. como el único histólogo de nuestro país» (ALBARRACÍN, 1978, p. 105; SIMARRO, 1890). Ricos, prestigiosos y con magníficas clientelas, nos dice Cajal, eran sus rivales. Éstos eran Ramón Varela, catedrático de Anatomía en Santiago, y Luis Simarro, con una magnífica consulta en la calle Conde de Aranda. Aunque bien sabe Cajal que Simarro es también profesor de Psicología Fisiológica en el Museo Pedagógico y no ha abandonado nunca su interés por la histología patológica. Sin embargo, para Cajal obtener aquella plaza era la solución a sus problemas económicos. Alcanzando el *aurea mediocritas*, propia de los catedráticos de la Corte, entraría en la decorosa industria del libro de texto, «capaz de garantizarme, con la preciosa conquista de *mi tiempo*, el bien supremo de la independencia de espíritu» (RAMÓN Y CAJAL, 1923, p. 245). Por eso nos sigue relatando lo mucho que deploró «haber debido recurrir [...] a la pugna cruel y enconada siempre, de la oposición. Por cultas y corteses que sean las armas esgrimidas en semejantes lides, dejan siempre en pos rencillas y resquemores lamentables, enfrían amistades cimentadas a veces en afinidades de gustos y tendencias, e impiden colaboraciones que podrían ser provechosas para la ciencia nacional» (p. 245). No hace falta ser muy perspicaz para entender lo bien que se ajustan estas palabras a lo ocurrido en estas oposiciones con su antiguo amigo Simarro.

La lucha por la cátedra de Madrid

Cuando Cajal y Simarro compitieron por la cátedra de Madrid, Simarro era muy conocido en la Corte y Cajal en el extranjero

¿Cómo transcurren las relaciones entre ambos talentos durante las oposiciones? Es bien sabida la pugna que se produjo entre partidarios y detractores de los dos opositores a la cátedra vacante de Histología. La celebre trinca de las oposiciones propiciaba la aparición de zancadillas y denuncias, todas ellas alentadas desde la legalidad. Por ello, los recursos eran utilizados con frecuencia por los candidatos. La primera cátedra de Histología, incluida en los estudios de doctorado, la obtuvo Maestre de San Juan. Esta nueva plaza había sido creada ad hoc para Maestre tras unas reñidas oposiciones para ocupar la cátedra de Fourquet de Anatomía Descriptiva y General en las que finalmente Calleja resultó ganador (CORTEZO, 1922, pp. 220-221). Ramón y Cajal pertenece a la hornada de catedráticos pioneros de la recién creada ciencia histológica. Había obtenido la cátedra de Histología de Barcelona cuando el nuevo plan de estudios de Montero Ríos estableció que la Histología pasara a cursarse en la licenciatura. Por eso, en el momento en que se celebran las oposiciones de Madrid, «todos o la mayor parte de los catedráticos de esta asignatura habían sido sus discípulos (por más o menos tiempo), lo que permitió que unos tras otros fueran recusados los tribunales y suspendidas las oposiciones repetidas veces» (DURÁN MUÑOZ y ALONSO BURÓN, v. 1, p. 226-227). Según parece, Simarro y sus amigos contribuyeron en buena medida a enrarecer el ambiente. Tampoco Cajal se mantuvo al margen de la polémica por sus indiscreciones. El aragonés había recibido una carta del presidente del tribunal, don Julián Calleja, en la que «claramente se declaraba partidario suyo, reconociendo sus extraordinarios méritos». Cajal, contra lo que indica un sentido elemental de la prudencia, lo comentó con orgullo en el café haciendo inevitable que llegara a conocimiento de Simarro y aumentaran los roces y las tensiones entre ellos (v. 1, p. 228).

Pese a todo, estas fricciones no les impidieron mantener durante aquellos días una relación de cierta normalidad. El doctor Tello refiere una anécdota que le ocurrió a Cortezo y que da idea de cómo pudo ser aquella pugna académica. «Verificábanse las célebres oposiciones a la cátedra de Histología de Madrid, en que luchaban un hombre de gran talento y cultura, Simarro, por quien tenía yo una admiración grandísima y un afecto profundo, y Cajal, para mí, como para la mayor parte de los españoles, todavía ignorado; en la Puerta del Sol, cerca de la librería de San Martín, me encontré a Simarro acompañado de un desconocido, —¿Cómo lleva V. a ese Cajal? —le pregunté, y por el embarazo de Simarro comprendí que acababa de cometer una indiscreción, pues el acompañante era el propio Cajal; Simarro, con una habilidad y un trato de gentes en él proverbiales, hizo nuestra presentación, y, como es natural, yo me apresuré a deshacerme en excusas, pero el genial aragonés me atajó abriendo un libro alemán que llevaba consigo, en el que se le citaba repetidamente, y, mostrándomelo, añadió: —*No se moleste V. en excusarse. A mí, las opiniones que verdaderamente me preocupan son éstas*—» (TELLO, 1922; CORTEZO, 1922, p. 207). Y esta fama que tenía en el extranjero fue un argumento poderosísimo manejado por Cajal en dichas oposiciones. Ya entonces Cajal, decidido como estaba a compartir sus descubrimientos con sus colegas europeos, se había dado a conocer en una reunión de anatomistas en la que conquistó a Kolliker y con ello pasó a formar parte selecta de la comunidad de histólogos europeos. Eso le permitía cartearse con los científicos más representativos e influyentes del área. Y naturalmente mostró sus cartas en los círculos científicos madrileños que estaban pendientes de la oposición. Así supieron que Kolliker le comentaba sorprendido: «entre nuestros comunes amigos ha producido extrañeza el saber que usted tenía que hacer oposiciones a una cátedra. ¿Quién será —dijimos— el que pueda competir con Cajal? [...] Sus últimos descubrimientos son muy notables, pero yo me envanezco de uno que vale más que los suyos: yo descubrí a un cierto español que nadie conocía» (PAULIS PAGÉS, 1935, p. 38).

Desde luego, y pese a las secuelas que dejó la lucha por la cátedra, Cajal y Simarro mantuvieron una cierta relación de compañerismo cortés y, más importante aún, siguieron compartiendo ámbitos de trabajo y muchos valores comunes. En el archivo personal de Cajal hay constancia de la felicitación que

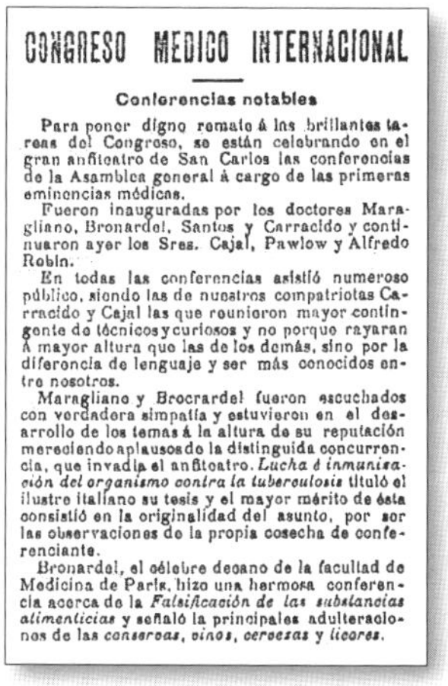

CONGRESO MEDICO INTERNACIONAL

Conferencias notables

Para poner digno remate á las brillantes tareas del Congreso, se están celebrando en el gran anfiteatro de San Carlos las conferencias de la Asamblea general á cargo de las primeras eminencias médicas.

Fueron inauguradas por los doctores Maragliano, Bronardel, Santos y Carracido y continuaron ayer los Sres. Cajal, Pawlow y Alfredo Robin.

En todas las conferencias asistió numeroso público, siendo las de nuestros compatriotas Carracido y Cajal las que reunieron mayor contingente de técnicos y curiosos y no porque rayaran á mayor altura que las de los demás, sino por la diferencia de lenguaje y ser más conocidos entre nosotros.

Maragliano y Brocrardel fueron escuchados con verdadera simpatía y estuvieron en el desarrollo de los temas á la altura de su reputación mereciendo aplausos de la distinguida concurrencia, que invadía el anfiteatro. *Lucha é inmunización del organismo contra la tuberculosis* tituló el ilustre italiano su tesis y el mayor mérito de ésta consistió en la originalidad del asunto, por ser las observaciones de la propia cosecha de conferenciante.

Bronardel, el célebre decano de la facultad de Medicina de París, hizo una hermosa conferencia acerca de la *Falsificación de las substancias alimenticias* y señaló la principales adulteraciones de las *conservas*, *vinos*, *cervezas* y *licores*.

A

B

Figura 4.4. La prensa de la época dio abundante información sobre el XIV Congreso Internacional de Medicina celebrado en Madrid durante los días 23 a 30 de abril de 1903 que reunió a cerca de siete mil congresistas de todo el mundo. A) Los diarios y las revistas gráficas se hicieron eco del congreso y aparecieron en la prensa retratos de los congresistas más conocidos, como estos de Rodríguez Carracido y Mendoza, con Cajal a sus cincuenta años en el centro. B) Hubo un gran número de sesiones y la prensa se hizo eco de las conferencias más notables. Durante este congreso de Madrid Pavlov presentó internacionalmente sus descubrimientos sobre los reflejos condicionados y Cajal defendió vehementemente su doctrina de la neurona.

le envía SIMARRO (1900a) tras haber obtenido en el Congreso Internacional de Medicina de París el prestigioso premio Ciudad de Moscú. El premio fue una excelente plataforma para los otros dos más importantes que vendrían poco después: la medalla de oro de Helmholtz, concedida por la Academia Imperial de Ciencias de Berlín, y el Premio Nobel de Medicina. Ambos siguen colaborando, como lo muestra la invitación de Cajal a Simarro para participar en la siguiente edición del Congreso Internacional de Medicina que en 1903 se celebrará en Madrid. Cajal, inflamado de patriótico orgullo, quería mostrar a sus colegas europeos el nivel de la histología española. A la inauguración de las conferencias de la sección de anatomía asisten, entre otros investigadores ilustres, Waldeyer, Van Gehuchten y Donnagio. Cajal declara: «La modesta ciencia española, que empieza a resurgir os acoge con entusiasmo, pues no ignora en absoluto que estas grandes reuniones científicas son en sí mismas una fuente de beneficios inestimables [...] y permitirán en el futuro ser una parte activa en la lucha pacífica y sublime de la civilización» (GARCÍA IZCARA, 1904, pp. 3-4).

Años más tarde, en su autobiografía (Ramón y Cajal, 1923, p. 329), recordará que entre los españoles que participaron en la sección de Anatomía del Congreso destacaron «muy señaladamente el doctor L. Simarro, quien en presencia de numerosos sabios extranjeros mostró, en el Laboratorio de Investigaciones biológicas, excelentes preparaciones de la red de neurofibrillas impregnadas con un método original». Se refiere aquí al método de Simarro (1900b), que más tarde perfeccionaría con gran provecho Cajal. Este método, además de recogerlo en su *Revista Trimestral Micrográfica*, es objeto de un extenso comentario en la tercera edición de sus memorias (pp. 332-333). Este «proceder de Simarro» queda también recogido en sus *Elementos de Histología* (Ramón y Cajal, 1926, p. 732) en el apartado dedicado a las técnicas de tinción de las neurofibrillas. No es casualidad que sea pues Simarro el único español, ajeno a su laboratorio, con el que cuente para defender conjuntamente ante tan selecto auditorio la teoría neuronal. Cajal se refiere modestamente a su propia comunicación como de «poco interés» pese a reconocer a renglón seguido que el asunto era de palpitante actualidad. Lo era, y aunque no congregó a tanta gente como su conferencia del Anfiteatro de San Carlos, el auditorio era más especializado y crítico. Tuvo esta ponencia, como él mismo reconoce, «índole polémica, [y] versó sobre las *aventuradas teorías reticularista*s de A. Bethe [...] Con ello me propuse, sobre todo —nos dice Cajal—, *promover y animar la discusión sobre el importante problema de las conexiones interneuronales* y la fina estructura del protoplasma nervioso, cuestiones por entonces de palpitante actualidad» (Ramón y Cajal, 1923, p. 329; el énfasis es mío).

Coinciden también en el Patronato de la Junta para Ampliación de Estudios y años más tarde, en 1920, ambos participan en el Consejo Editorial del ambicioso proyecto que se inicia con los *Archivos de Neurobiología, Psicología, Fisiología, Histología, Neurología y Psiquiatría* (aunque Simarro, ya enfermo, fallecerá a los pocos meses de su creación). La revista nace impulsada por Ortega, Lafora y Sacristán y en el editorial (Dirección, 1920) del primer número se explicita que pretendía contribuir en España al desarrollo de estas ciencias que habían experimentado «un reciente progreso, debido a la actividad científica de una juventud estudiosa formada en su mayor parte al lado de los maestros Cajal y Simarro y en las clínicas y laboratorios de las naciones más avanzadas científicamente» (p. 1). Tampoco se puede olvidar a los discípulos comunes si se piensa en términos de fructífera interacción entre las obras de ambos. Simarro tuvo entre sus discípulos a Achúcarro, Rodríguez Lafora, Villaverde, Calandre y Gayarre. Todos ellos iniciaron su formación en el laboratorio histológico que Simarro tenía en los bajos de su casa de la calle General Oraa 5, compartido con Madinaveitia. Luego, todos ellos trabajarán también, y con gran provecho, en el Laboratorio de Investigaciones Biológicas de Cajal, centro con gran prestigio internacional (ADDISON, 1930).

Dos ciudadanos

Cajal no comparte el entusiasmo de Simarro por la política. No obstante, a Cajal no le faltaron oportunidades para participar en el gobierno de España. Tras obtener en 1905 la prestigiosa medalla de oro de Helmholtz, el presidente de Gobierno, Segismundo Moret, le ofrece el cargo de Ministro de Instrucción Pública al que accedería tan pronto como hubiera una remodelación del Gobierno. Cajal renunció a las pocas horas a su tácita promesa de aceptar el cargo con el que le habían tentado (ALBARRACÍN, 1978, p. 200). Durante 25 años, con abnegación y patriotismo, escasos recursos y mucho entusiasmo e inteligencia, fundó y dirigió el Instituto Nacional de Higiene de Alfonso XIII. Y «con el mismo altruismo con que comenzó se desligó de su obra; cuando se convenció de que por veleidades de la política sanitaria, iba a quedar en la calle uno de sus discípulos, se apresuró a dimitir para que encontrara acomodo» (TELLO, 1922). *Tener buen dejo*, tal como decía Gracián, forma parte de su estilo de vida, «es decir, abandonar los cargos antes de que sus cargas nos abrumen» (RAMÓN Y CAJAL, 1934-1969, p. 346); por muy tentadores que le resulten, porque siempre se ha sentido un patriota cuyo afán es contribuir al progreso científico de España, pero nunca a costa de los valores universales de la ciencia. No se dejará embaucar por los cantos de sirena de la política ni renunciará a su independencia de científico. «Soldado del espíritu, el investigador defiende a su patria con el microscopio, la balanza, la retorta o el telescopio. Por donde lejos de acoger con agrado y curiosidad la conquista realizada en extrañas tierras, la recibe receloso, como si le trajera insufrible humillación, a menos que el invento sea de tal magnitud y trascendencia industrial que el ignorarlo constituyera pecado de leso patriotismo» (RAMÓN Y CAJAL, 1923, pp. 190-191). El trabajo de Cajal era bien apreciado en el mundo anglosajón y ya había participado en

«Soldado del espíritu, el investigador defiende su patria con el microscopio, la balanza, la retorta o el telescopio»

1894 como conferenciante invitado en una de las *Croonian lectures* de la Royal Society de Londres. Durante la cena con los miembros de la Royal Society fue elogiado vivamente su trabajo y Michel Foster declaró que gracias al trabajo de Cajal la impenetrable selva del sistema nervioso se había convertido en un parque ordenado y agradable. Pero cuando en junio de 1899 fue invitado por la Clark University a dar tres conferencias sobre las áreas sensoriales de corteza cerebral humana en conmemoración de los diez años de su fundación, describe con detalle en sus memorias las dudas que le asaltaron. De buena gana habría declinado, pero tanto el ministro de Fomento como sus amigos y hasta la prensa le «aconsejaron unánimemente la aceptación del delicado y difícil cometido» (p. 308). Difícil tuvo que ser la visita a los Estados Unidos y poder leer la prensa de la época. Las revistas científicas se sumaron a la campaña alabando la guerra contra España. El presidente de la Asociación Americana para el Progreso de la Ciencia, el doctor Eliot de la Universidad de Harvard, alaba en la revista *Science* la energía constructiva desplegada por el gobierno americano que se había dedicado «al propósito inmediato de capturar o destruir buques españoles, fuertes, ciudades y material de guerra, e incidentalmente matar, herir o matar de hambre a los españoles siendo una gran exhibición de poder en ciencia aplicada [...] nuestro gobierno ha expulsado a España de sus posesiones de las Indias Occidentales y se ha hecho cargo de Puerto Rico y del control temporal de Cuba, lo que ofrece la oportunidad de organizar este departamento sobre bases mucho más efectivas de lo que eran antes» (ELIOT, 1898). Y este ambiente se respiraba también en la universidad anfitriona. La perplejidad le duraba todavía cuando, algunos años después, en la entrega del Nobel tuvo que compartir como compañero laureado al presidente Teodoro Roosevelt, que recogía el premio de la Paz. «Esta decisión produjo asombro, sobre todo en España. ¿No es el colmo de la ironía y del buen humor —dice Cajal— convertir en campeón del pacifismo al temperamento más impetuosamente guerrero y más irreductiblemente imperialista que ha producido la raza yanqui?» (RAMÓN Y CAJAL, 1923, p. 359).

Fueron muchos españoles los que se sintieron conmocionados por la pérdida de las últimas tierras de ultramar. Es bien probable que las ideas patrióticas de Simarro coincidieran con Cajal y aspirara igualmente a que la ciencia española tuviera un papel más relevante en el mundo. Pero es indudable que la actitud de compromiso de Simarro ante la política nacional es bien distinta.

Figura 4.5. Simarro, siendo adolescente, reclamó a sus tíos los recuerdos de los días en que convivió con sus padres. Durante toda su vida los conservó con devoción. Leyendo sus cartas se infiere que debían de provocarle añoranza de tiempos felices sólo imaginados. Un ejemplo es este relicario con cabellos rubios de cuando era un bebé. Leyenda manuscrita: «cabellos del hijo querido venidos de España» (UCM. Legado Fundación Simarro. Psicología).

Cuenta Ramón Pérez de Ayala (1921) que saliendo ambos de casa de su amigo Sorolla, Simarro le decía: «De vez en cuando necesito verme fuera de España. Si llevo mucho tiempo seguido aquí, al observar mi discrepancia absoluta con la casi mayoría de los españoles, acerca de las más rudimentarias y usuales normas de convivencia política, llego a dudar de si estoy loco y los cuerdos son los otros. Entonces tomo el tren y me apeo en dondequiera: en Italia, en Francia, en Suiza, en Inglaterra, en Alemania... [y la primera persona con la que suelo hablar es con el barbero, y me doy cuenta de que está]... al tanto de las más rudimentarias y usuales normas de convivencia política [...] porque en todas aquellas naciones está resuelto el problema político, en tanto que aquí no se ha resuelto aún, y así se da el caso de que nuestros más ilustres figurones políticos son políticamente inferiores a un rapabarbas extranjero». Simarro había participado de joven en la revolución cantonal de Valencia y mantendrá su ferviente republicanismo durante toda la vida. Tras el fusilamiento de Ferrer Guardia, que había sido acusado de ser uno de los instigadores de la Semana Trágica, SIMARRO (1910a) escribirá un libro denunciando las irregularidades producidas durante el juicio militar; más tarde emprende una campaña internacional pidiendo la revisión del proceso. En 1912 escribe al presidente de la Junta José Castillejo informándole de que ha presentado al ministro su «formal dimisión y renuncia al cargo de vocal de la Junta de Ampliación de Estudios [...] mi objeto era desligarme de toda relación con el gobierno para tomar parte en el meeting a favor de la revisión del proceso Ferrer a fin de evitar al ministro y al gobierno liberal una contrariedad» (SIMARRO, 1912). Dos años más tarde vuelve a escribirle con el propósito de «presentar otra vez mi dimisión a mi inútil cargo, en realidad vacante hace mucho tiempo» (SIMARRO, 1914).

Las inquietudes políticas siempre le persiguieron. Durante la revolución cantonal de 1873 estuvo en las barricadas y a su vuelta de París, en donde había hecho amistad con Salmerón, sus amigos propusieron votarle para diputado a Cortes, según cuenta Salcedo (1926, p. 31), con seguridades de éxito favorable; no quiso aceptar «porque no era rico». Masón desde su juventud, Simarro es elegido gran maestre en 1917, el mismo año en que se presenta diputado a Cortes por Valencia, sin salir elegido.

¡Qué vidas tan próximas en muchas cosas y tan alejadas en otras! «Si yo hubiera podido —le escribe Cajal a Cortezo (1926)— forzar la consigna de sus carceleros, le hubiera dicho que en España había algo más urgente y digno de su talento, que presidir logias masónicas, defender anarquistas y afiliarse a un muriente y desacreditado partido republicano [...] Mostrar con hechos que podemos colaborar en la obra de la universal cultura; tal es la magna, la apremiante tarea que incumbe a los españoles ilustrados contemporáneos y futuros. Las demás cosas (libertad de consciencia, socialismo y anarquismo, etc.) quedan para los abogados, los políticos o los tribunos populares (p. 30)». Aunque Cajal se ha quejado en numerosas ocasiones de la incompatibilidad que a veces se produce entre la ambición por los pingües beneficios que produce el ejercicio clínico profesional y el amor a la investigación, la labor profesional y la investigadora no son necesariamente incompatibles. Cajal insiste en que «no hay que esforzarse en demostrar que, lejos de excluirse, ambas tareas se completan e iluminan mutuamente. Para el amante de la observación, la práctica profesional constituye el mejor aliado. Aquélla proporciona la materia inquisitiva, a cambio de la cual éste presta al ejercicio profe-

La labor científica de Cajal y Simarro se desarrolla influida por sus circunstancias personales: feliz vida familiar la de Cajal y drama íntimo el de un hogareño Simarro, huérfano y viudo prematuramente.

sional armas teóricas y soluciones prácticas» (RAMÓN Y CAJAL, 1897/1920, pp. 153-154). El pensamiento de Cajal no puede ajustarse mejor en este caso a la labor de Simarro.

Las actitudes de Simarro y de Cajal ante la labor científica se entienden seguramente mejor si atendemos a las circunstancias personales que la hicieron posible en cada caso. Estamos ante dos vidas paralelas avanzando juntas sin llegar a reunirse nunca. Feliz vida familiar y doméstica la de Cajal. Drama íntimo el de un hogareño Simarro, paseante solitario, huérfano desde los tres años y perseguido por el desencanto hasta la tumba. Ambos son exponentes del cambio social que se va a producir en España durante el siglo XIX. Descendientes de familias modestas, Cajal y Simarro protagonizan un ascenso de clase social a través de la cultura adquirida mediante el tesón y la inteligencia. Es un fenómeno social no infrecuente; le ocurre también, por ejemplo, a su amigo común Pedro González de Velasco, creador del Museo Antropológico contiguo al laboratorio de Cajal, y a tantos otros prohombres de la época.

Los abuelos de Cajal eran campesinos de Larrés, un pueblecito del pirineo aragonés cercano a Jaca. Su padre, ya médico, guiará y estimulará la carrera de sus dos hijos, Santiago y Pedro. Los abuelos de Simarro son picapedreros, pero los talentos artísticos de su padre Ramón Simarro, nacido junto a Játiva en el pueblo de Novelé, le facilitan obtener una beca para estudiar Bellas Artes en Roma. Recién casado viajará a Roma, donde justo al llegar en 1851 nace Luis Simarro, que es apadrinado por su amigo el pintor Luis de Madrazo. Ramón Simarro contrae la tuberculosis y la familia vuelve a España. Tras regresar de Roma con el bebé, se establecen en Alicante y enfermo y agotado Ramón sigue pintando. Ya a las puertas de la muerte, buscando alguna mejoría, se traslada a Játiva con su hermano fotógrafo. Es posible que su hermano Vicente le iniciara en los secretos del nuevo arte, aunque nunca llegará a ejercerlo. Y sin duda, años más tarde, ya en la adolescencia, el joven Simarro tuvo que conocer las técnicas fotográficas de su tío. La felicidad de la joven familia no dura mucho y su padre muere de tisis. A las pocas horas, su madre, hondamente afectada por la tragedia, encuentra la muerte arrojándose por un balcón, sin conseguir arrastrar con ella al bebé (SALCEDO, 1926, pp. 19-20). Otras crónicas señalan que se arrojó con el infante pero el pequeño Luis sobrevivió a la caída. En todo caso, Simarro, huérfano en trágicas circunstancias y con sólo tres años, no puede tener un porvenir más sombrío. La ayuda que le presta su querido tío paterno, Vicente, se ve afectada al contraer su tío ma-

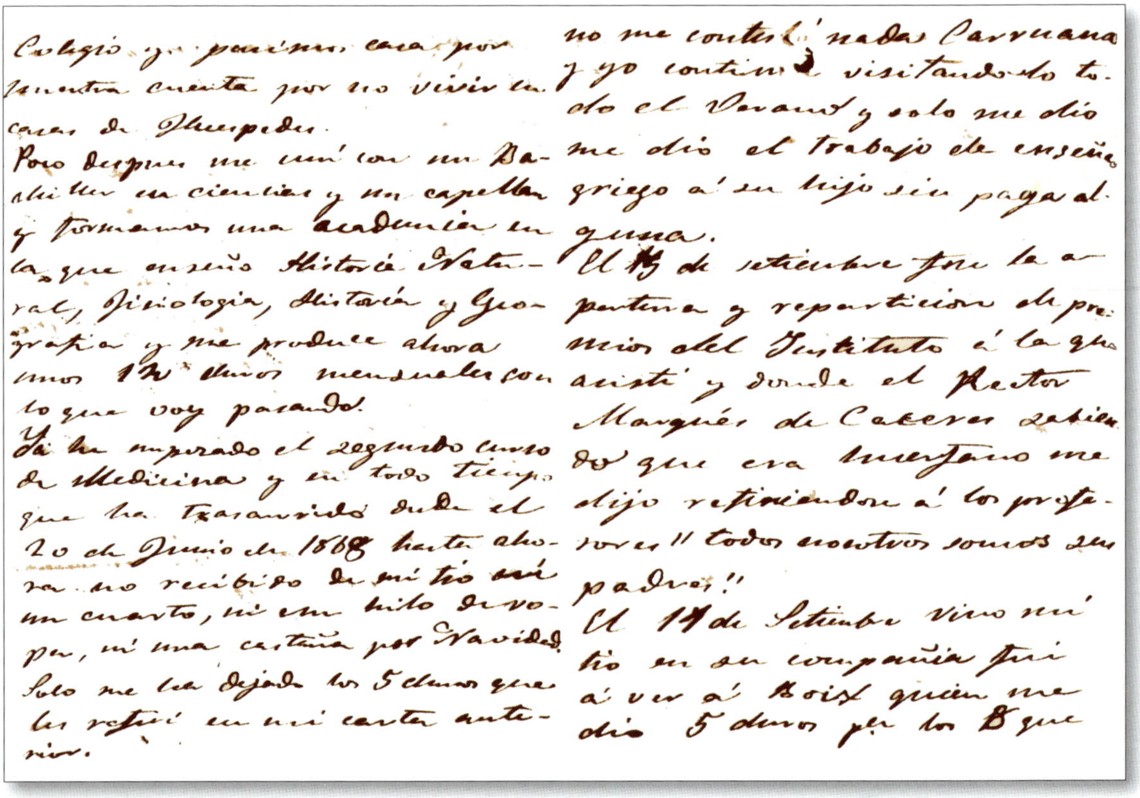

Colegio y pusimos casa por
nuestra cuenta por no vivir en
casa de Huespedes.
Poco despues me uní con un Ba-
chiller en ciencias y un capellan
y formamos una academia en
la que enseño Historia Natu-
ral, Fisiologia, Historia y Geo-
grafia y me produce ahora
unos 12 duros mensuales con
lo que voy pasando.
Ya he empezado el segundo curso
de Medicina y en todo tiempo
que ha trascurrido desde el
20 de Junio de 1868 hasta aho-
ra no recibido de mi tio ni
un cuarto, ni un hilo de ro-
pa, ni una castaña por Navidad
Solo me ha dejado los 5 duros que
le referí en mi carta ante-
rior.

no me contestó nada Carruana
y yo continué visitandolo to-
do el verano y solo me dió
me dió el trabajo de enseñar
griego a su hijo sin paga al-
guna.
El 14 de setiembre fue la a-
pertura y repartición de pre-
mios del Instituto a la que
asistí y donde el Rector
Marqués de Caceres sabien-
do que era huerfano me
dijo refiriendose a los profe-
sores "todos nosotros somos sus
padres!"
El 17 de Setiembre vino mi
tio en su compañia fui
a ver a Boix quien me
dió 5 duros por los 13 que

Figura 4.6. Luis Simarro conservó como un tesoro las cartas, dibujos y documentos familiares de su infancia y juventud. Entre ellas se cuentan los pocos recuerdos relacionados con sus padres. En esta carta escrita a los 17 años narra algunas de sus desventuras. «[Carruana] [...] *sólo me dio el trabajo de enseñar griego a su hijo sin paga alguna* [...] [En el reparto de premios del Instituto] [...] *el Rector, Marqués de Cáceres, sabiendo que era huérfano me dijo refiriéndose a los profesores ¡¡Todos nosotros somos sus padres!! [...] vino mi tío y en su compañía fui a ver a Boix quien me dio 5 duros [...] pusimos casa por nuestra cuenta para no vivir en casa de Huéspedes. Poco después me uní con un Bachiller en ciencias y un capellán y formamos una academia en la que enseño Historia Natural, Biología, Historia y Geografía, y me produce ahora unos 12 duros mensuales con lo que voy pasando. Ya he empezado el segundo curso de Medicina* [...] *hasta ahora no he recibido de mi tío ni un cuarto, ni un hilo de ropa, ni una castaña por Navidad. Sólo me ha dejado los 5 duros que le referí en mi carta anterior*» (UCM. Legado Fundación Simarro. Psicología).

trimonio y con ello nuevas obligaciones. Pese a todo, Simarro conseguirá dar la vuelta a su incierto futuro. Viviendo casi de limosna, asiste a la escuela municipal de Játiva y gracias a su maestro don Daniel Prats, que había detectado un «talento impropio de su edad, una inteligencia clara y de fácil comprensión y una memoria tan grande», continuará sus estudios en Valencia. Don Daniel consigue a través de su padrino de pila Madrazo una beca para que pueda ir a estudiar a Valencia en el Colegio de Nobles de San Pablo Apóstol, probablemente por mediación de la Reina (SALCEDO, 1926, p. 20). El valenciano Luisito, en su orfandad trágica, está obligado a hacerse querer y a ser reconocido por sus

Figura 4.7. Luis Simarro, hijo de pintor y dibujante con gran sensibilidad artística, fue un amante de la pintura. Llegó a reunir una selecta pinacoteca, que incluía cuadros de sus amigos los pintores Sorolla, Beruete, Madrazo y Sala y una gran colección de grabados. Retratos de Mercedes Roca y Luis Simarro pintados por Luis de Madrazo (UCM. Legado Simarro. Psicología).

maestros y benefactores a través del esfuerzo. ¡Qué diferencias aparecen al comparar esta vida de Luisito con la del «revoltoso, díscolo, excesivamente misterioso, retraído y antipático» aragonés *Santiagué*! (RAMÓN Y CAJAL, 1923, p. 17). Pero aquí tampoco había nada que hiciera presagiar el rotundo triunfo de aquel *chiqué* del alto Aragón que únicamente supera a sus compañeros en travesuras y picaresca; «¿cómo de un niño áspero, rudo, indócil y voluntarioso, puede salir el hombre equilibrado, el investigador paciente... [que hoy]... admiramos?» (CORTEZO, 1922, p. 11).

El jovencísimo Simarro se graduará con el premio extraordinario en la sección de Ciencias gracias a «su aplicación constante, su talento extraordinario» (SALCEDO, 1926, p. 21). Protegido en Valencia por don Jaime Banús, catedrático de Física en el Instituto, por doña Beatriz Tortosa y por Vicente Boix, vivió momentos duros cuando necesitó asistir a la universidad. No tenía más ropas ni otros zapatos que el uniforme del colegio y hubo que «costearle un traje decente» (CORTEZO, 1926, p. 12). Cruel tuvo que ser, al no ser noble ni pudiente como sus compañeros de colegio, verse en la calle tras ser incautado el Real Colegio de Nobles por los revolucionarios de septiembre de 1868. SALCEDO (1926, p. 21) nos describe el altruismo con que obraron sus protectores al ver en Simarro a «un joven aplicadísimo y de excelentes cualidades [...] admirando en él su energía para el estudio y el carácter estoico con que soportaba las amargas humillaciones de su orfandad casi solitaria y pobre». Las privaciones sufridas, aunque atemperadas por las ayudas de estos protectores, le mostraban claramente su situación de desvalimiento y marcaron su carácter desde la infancia. Sus protectores se encargaron también de «buscarle lecciones particulares, para que pudiera costearse, por sí mismo, los estudios universitarios. De esta manera, dando lecciones *a los hijos de los ricos*, como decía en tono de agrio desdén [...] acabó de deber a la caridad su sustento y a la misericordia su amparo, y vivió ya desde entonces solo y por sí» (CORTEZO, 1926, pp. 12-13). Simarro no gustaba de evocar tiempos pasados, y «sólo alguna vez, en los días de penuria, sus ojos tristes, llorosos, miraban interrogativos a las nubes, preguntando por la razón incógnita que tuvieron los hados para no dejarle morir con su madre» (CORTEZO, 1926, p. 12).

¿Se ajusta Simarro a las condiciones sociales favorables a la obra científica imaginadas por Cajal como valor universal para un sabio de la época? (RAMÓN Y CAJAL, 1897-1920, pp. 141-172). Si nos fijamos en la holgura de medios materiales, no hay duda de que Simarro consiguió con su esfuerzo disfrutar de una

Para Cajal un elemento escencial para la vida productiva como científico es la ayuda y comprensión familiar

economía suficiente para mantener una surtidísima biblioteca, un laboratorio privado más que excelente y cuantos elementos materiales precisara. ¿Y en la vida familiar, tan importante según Cajal? En este aspecto la vida de Simarro es bien distinta de la de Cajal, siempre al lado de su mujer, con sus hijos y sus hermanos. Cajal reconoce que un elemento esencial para su productiva vida como científico ha sido la constante ayuda y comprensión sin límites de su esposa Silveria, con la que había contraído matrimonio en 1879. Cajal, hablando de su matrimonio, nos advierte de que «la armonía y la paz del matrimonio tienen por condición inexcusable el que la mujer acepte de buen grado el ideal de vida perseguido por el esposo. Malógranse, por tanto, la dicha del hogar y las más nobles ambiciones cuando la compañera se erige [...] en director espiritual de la familia y organiza por sí el programa de las actividades y aspiraciones de su cónyuge... [yo] sólo hallé en mi compañera facilidades para costear mis aficiones y continuar mi carrera. No hubo, pues, dinero para perifollos, teatros, coches y veraneos, pero sí para libros, revistas y objetos de laboratorio [...] mi esposa se condenó alegremente a la oscuridad, permaneciendo sencilla en sus gustos y sin más aspiraciones que la dicha tranquila, el buen orden en la administración del hogar y la felicidad del marido y de sus hijos» (RAMÓN Y CAJAL, 1923, pp. 167-168).

El matrimonio de Simarro es más tardío que el de Cajal, y la felicidad de los esposos será breve. Simarro, a su vuelta de París, vuelve a frecuentar la hospitalidad de doña Beatriz Tortosa, que preparó la boda de Simarro con Mercedes Roca Cabezas, señorita de esmerada educación, según nos relata SALCEDO (1926, pp. 34-35). El propósito, nos dice, no podía ser más noble: «Luis se había criado casi sin afectos familiares, y con esa unión se proponía endulzar la vida de su protegido, ya que tantos sinsabores sufrió en su infancia». De las circunstancias en las que se produce la boda tenemos la sorprendida descripción que nos facilita su condiscípulo y amigo CORTEZO (1926, p. 25). Nos relata Cortezo como cierto día de 1887 Simarro le informó de que durante unos días no se verían porque se marchaba a Valencia. Y añadió: «Me voy a casar». La noticia parecía una broma, pues durante toda la larga amistad que habían mantenido nunca le había hablado de amoríos. Le explicó Simarro que de estudiante le gustaba mucho una muchacha valenciana y, creyendo que él tampoco le era indiferente, suponía que le habría esperado. Nunca desde hacía años la había vuelto a tratar, ni siquiera por cartas. Para qué hacerlo, le confesó: «Si ella me ha esperado, hemos acertado los dos, y por tanto, seremos felices; si no me ha esperado se ha equivocado ella; y en materia de matrimonio conviene no fomentar las equivocaciones, ni empeñarse en resolverlas». Dos semanas más tarde volvió casado con una bella y distinguida señorita, de la que conocemos su porte por los retratos de Madrazo y de Sorolla. La felicidad duró poco: Mercedes, «ese pedazo de su alma» que supo esperarle hasta su vuelta de París, murió en 1903 sin haber tenido hijos y sumiendo a Luis Simarro en la infelicidad. Acababan de estrenar una magnífica casa, y Simarro disponía junto con su amigo Madinaveitia de un excelente laboratorio, en la zona de Madrid llamada a protagonizar la edad de plata, cerca de la colina de los chopos y de la Institución Libre de Enseñanza. Apenas pudo disfrutarla junto a su amada esposa. Nunca pudieron compartir sosegadamente los esposos los recientes éxitos académicos —la cátedra— y científicos —su nuevo método de tinción— que algunos meses antes había obtenido Simarro. En 1908 un rayo de agridulce felicidad irrumpe en su casa con el nacimiento de Marina Romero, a la que reconoce como ahijada y a la que trata como a su hija durante los trece años que conviven en el hotelito de la calle General Oraa. Poco antes de su muerte, se ve en la obligación de casarse con su ama de llaves, Amparo Nieto, que no es la madre de su ahijada. A partir de ese momento, y según testimonio de su ahijada, su vida se convierte en un infierno personal alimentado por los celos de su nueva mujer hacia su Marinita adorada. Estas tensiones cotidianas le amargarán los últimos años de su existencia.

No hay duda de la importancia que atribuye Cajal al matrimonio como elemento facilitador de la labor científica. Tanta importancia tiene, que le dedica el apartado de «El investigador y la familia» en sus reglas sobre la investigación científica. ¡Cuán dulces y fecundas las invernales veladas pasadas en el hogar laboratorio, propicias para la originalidad del pensamiento! (Ramón y Cajal, 1897/1920, p. 147). «El ideal universitario sería un monasterio [...] Más la vida cenobítica resultaría para la mayoría de los sabios intolerable sacrificio [...] Si la mujer es un mal, convengamos que es un mal necesario [...] Contra el parecer de muchos, hemos declarado que el hombre de ciencia debe ser casado [...] Según es notorio, no hay medio más seguro para despreocuparse de mujer que satisfacerse de mujer [...] No escogerá la mujer, sino *su* mujer, cuya mejor dote será la tierna obediencia y la plena y cordial aceptación del ideal de vida de su esposo... [La mujer del sabio, será pues]... apetecible compañera de glorias y fatigas, [...] adornada de op-

Figura 4.8. Marina Romero, reconocida como ahijada por Luis Simarro, en cuya casa vivió siempre hasta la muerte del científico. En los años cincuenta adquirió el cuadro de su padrino pintado por Madrazo. En los años noventa lo donó a la Universidad Complutense (UCM. Legado Simarro).

timismo y buen carácter, con instrucción bastante para comprender y alentar al esposo, con la pasión necesaria para creer en él y soñar con la hora del triunfo, que ella disputa segurísimo [...] —concluye Cajal—. Muy desventurado será, quien buscándola con empeño no logre encontrarla o no sepa asociarla de todo corazón a sus destinos» (1897/1920, pp. 156-172). Desventurado, pues, Simarro, perseguido por el infortunio en los momentos más prometedores de su vida como perseguido por una maldición romántica desde la muerte de sus padres. Forjado en la dureza que le impusieron las circunstancias de su vida, no era, sin embargo, como algunos le suponían, «un alma glacial, e incapaz para los sentimientos afectivos».

El alma sensible de Simarro curtida en la soledad afectiva que produce no haber podido disfrutar del cariño de unos padres ni de unos hijos reconocidos parece mostrarse en esta anécdota que refiere el doctor Carlos Cortezo. Relata su amigo de toda la vida que hacía más de cuatro años que no veía a Simarro; al enterarse de la muerte del hijo de Cortezo, se presentó en su despacho. «Aquel hombre frío, irónico, escéptico e indiferente, no me dijo una palabra, se arrojó en mis brazos hecho un mar de lágrimas, me estrechó fuertemente y, después de algunos minutos, salió sin pronunciar una palabra» (CORTEZO, 1926, p. 26).

La obra de Simarro

La obra de Cajal es pública y conocida, y poco cabe añadir aquí. Sobre la capacidad científica de Simarro, en otro lugar de este volumen se ha hablado de sus aportaciones a la obra de Cajal. Pero ¿cómo es el saber de Simarro? Es cierto que para la ciencia de hoy día podría resultar difícil apreciar la obra de Simarro. Apenas publicó, y ello pese a que los criterios de producción científica ya estaban impuestos en esa época y sabios como Cajal los cumplieron con creces. Del talento de Simarro, de las largas noches pasadas en su laboratorio hasta el amanecer, nos quedan abundantes testimonios. ¿Cuál ha sido la obra de Simarro? Ciertamente, nos bastaría con creer en la sinceridad de los testimonios de Cajal, de Cortezo, de Salcedo, de Rodríguez Lafora, de Pérez de Ayala, de Giner de los Ríos y de tantos otros que le conocieron para estar seguros de que su labor científica no fue estéril. Quizá consciente de este hecho, aspiró a prolongarse a través de una Fundación a la que dotó generosamente con buena parte de su cuantiosa fortuna. El laboratorio de su casa, su magnífica biblioteca, toda la casa en suma, cercana a la Residencia de Estudiantes, y de la que hoy sólo queda la fachada por él diseñada, fue planeada «con el ideal de que sirviera para estudios y trabajos ulteriores» (CORTEZO, 1926, p. 31). No pudo ser, pues su segunda mujer no estaba quizá llamada a mantener este legado y resultó muy complicado para los albaceas poner en marcha su Fundación. Tres lustros después de su muerte, con el estallido de la guerra civil, el proyecto se frustró definitivamente. ¿Qué produjo Simarro?, se pregunta su buen amigo CORTEZO (1926, p. 24): «¡ah!, preguntad a los que devotamente seguían su enseñanza diaria y verdaderamente socráti-

Simarro, trabajador infatigable y buen dibujante, no tuvo afición por publicar y sus hallazgos quedaron inéditos

ca, cuando incansable en sus soliloquios, comunicaba juicios de sus lecturas, la crítica de los procedimientos ajenos, y las modificaciones que le sugería su espíritu investigador, durante las largas horas en que solo, siempre solo, trabajaba en su laboratorio, prefiriendo las noches a los días, porque las noches representan las horas del rito de la soledad. Preguntad a esos, y ellos os dirán si Simarro trabajaba». RODRÍGUEZ LAFORA (1921) nos cuenta de su intenso trabajo en su laboratorio particular, «haciendo magníficas colecciones de embriología, histología comparada del sistema nervioso y, finalmente, estudios sobre la fina estructura del cerebro y médula del mono y de hombre, empleando los métodos de Weigert y de Golgi. Dibujaba primorosamente [...] Toda esta obra quedó inédita, pues Simarro tenía poca afición a escribir [...] Los últimos trabajos que emprendió fueron sobre las placas cerebrales seniles, que descubrió al mismo tiempo que Fischer». Simarro descubrió también al poco tiempo de llegar de París la diferenciación entre los cilindroejes y las prolongaciones protoplasmáticas de las células nerviosas (CAMPOS, 2004). «En este trabajo, totalmente desconocido de los sabios, se consigna con toda claridad el hecho, generalmente atribuido a Schaffer, de que los husos cromáticos faltan por completo en el arranque y trayecto del cilindroeje, hallándose constantemente en el cuerpo celular y porción inicial de las prolongaciones protoplasmáticas (RAMÓN Y CAJAL, 1896).

Lo cierto es que sus trabajos no tuvieron la difusión que sin duda merecían. Simarro publicó poco, ya que prefería transmitir directamente sus conocimientos a través de la práctica clínica y el laboratorio. Sin embargo, partiendo de este reducido número de publicaciones, podemos hacernos una idea cabal de sus conocimientos y de la influencia pudieron tener sobre sus estudiantes y discípulos. Uno de los trabajos menos conocidos es la conferencia que sobre el *Estado actual de las localizaciones cerebrales* pronunció en el Instituto Rubio de Madrid (SIMARRO, 1910b; CAMPOS, 2002b). En este magnífico trabajo, que recoge los novísimos estudios de Brodman y los experimentos realizados por Jolly y Simpson con macacos, repasa el significado fisiológico de los centros cerebrales, se pregunta por su disposición anatómica y finalmente presenta un posible mapa cerebral «que puede importar a los cirujanos que hayan de buscarlos», como si anticipara la llegada de Penfield al laboratorio de Cajal.

Simarro dedicó buena parte de la conferencia a elaborar con los resultados presentados un posible mapa de los centros corticales de proyección motora y de proyección sensorial. Cuenta

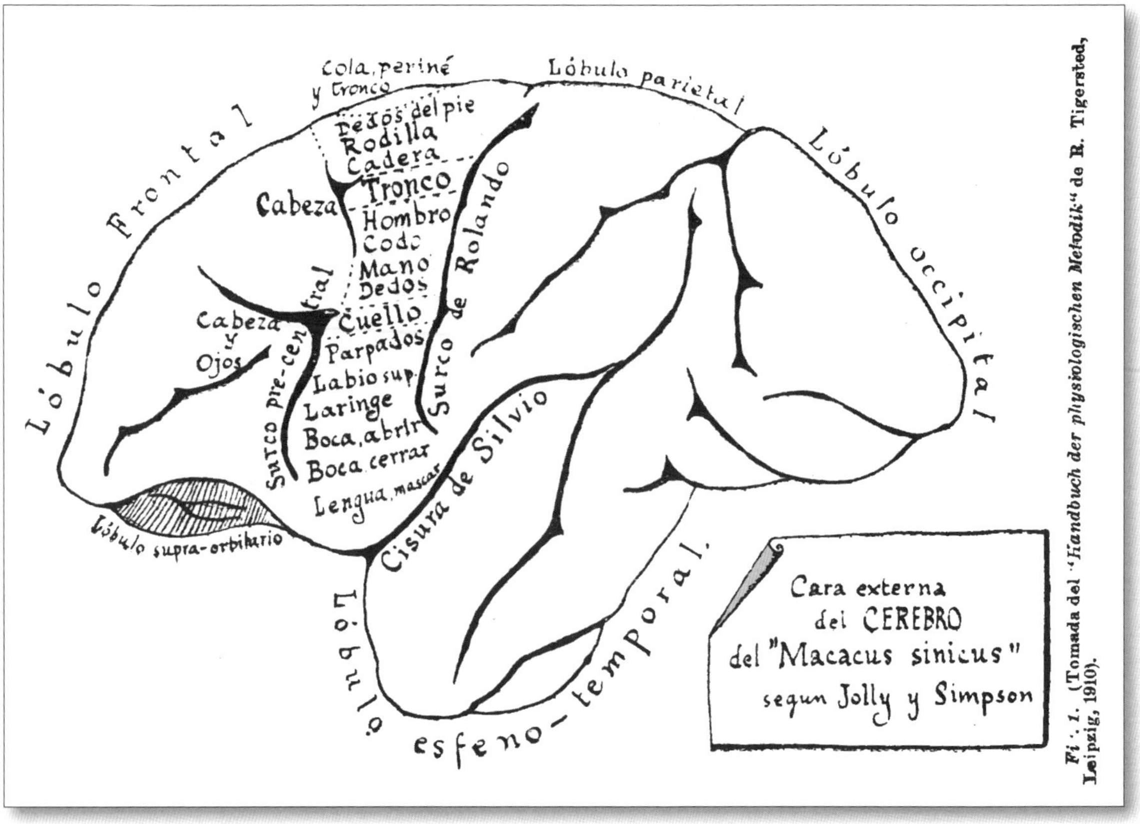

Figura 4.9. Dibujo de Luis Simarro sobre las localizaciones cerebrales según Jolly y Simpson. (Luis Simarro [1910]: Estado actual de las localizaciones cerebrales. *Archivos Españoles de Neurología, Psiquiatría y Fisioterapia*, 10:321-343.)

cómo el empleo de pequeñas excitaciones eléctricas aplicadas a la corteza de macacos se ha mostrado muy productiva, y que los resultados son compatibles con los que se obtienen a partir de los estudios anatomopatológicos. La conclusión más importante la extrae del estudio de la distribución de las neuronas piramidales, que son inexistentes tras el surco de Rolando: por ello el surco es la frontera de separación de los centros motores. Además la disposición de las reacciones motoras del *macacus sinicus* es el preludio del homúnculo de Penfield, ya que «tal es la disposición en el mono, y es enormemente verosímil [...] sea lo mismo en el hombre». Una vez revisados estos centros, Simarro aborda el problema que en los seres humanos plantea la lateralización cerebral y los efectos de la lesión del cuerpo calloso que da lugar a lo que hoy conocemos como «cerebro dividido».

¿Podemos saber cómo se veía la doctrina de la localización a la luz de aquellos descubrimientos? La conclusión puede hacerse acudiendo a las palabras de sus protagonistas. Rodríguez Lafora (1913), su recién independizado discípulo, nos recuerda que «mientras la teoría de la localización es todavía combatida por un grupo de psicólogos especulativos, los experimentos

[...] han aportado numerosos hechos que hablan decididamente a favor de la existencia de centros especiales encargados de funciones especiales (p. 4) [...] y sólo las facultades psíquicas elevadas no han sido definidamente localizadas ni lo serán probablemente» (p. 5). SIMARRO (1910b) aún va más lejos que su discípulo cuando afirma que «por el examen [de la estructura] del cerebro tendríamos una noción exacta del aprendizaje personal para el uso de las manos, de la lengua, de los pies» (p. 339), aunque se muestra escéptico a que podamos alcanzar algún día tal nivel de análisis. Hoy, cien años más tarde, sabemos que buena parte de sus conocimientos e ideas nos resultan completamente modernos y que utilizando las más modernas técnicas pueden ya realizarse estos estudios funcionales de la actividad cerebral.

Se perdió para siempre el análisis profundo que de la obra de Simarro podría haber hecho Cajal, ya que tenía entre sus proycctos realizar «un trabajo relativamente extenso» sobre Simarro. Eso es lo que se deduce de la carta que Ramón y Cajal (192?) le escribe a José Ortega y Gasset, aquel Pepe Ortega que en la biblioteca de Simarro recibe el consejo de leer a Husserl y le facilita su obra *Logische Urtersuchungen*. Sugiere Cajal que sea el discípulo común José María Villaverde el que realice de momento esa tarea, o que utilicen el trabajo que ha escrito el doctor Cortezo. Hubiera tenido un gran interés conocer ese trabajo extenso que sobre la obra de Simarro nunca llegó a escribir Cajal.

No llevó a cabo ese proyecto, pero, al menos, por el epílogo de sus memorias, sabemos cuál era la consideración de Cajal hacia Simarro. Para Cajal los dos se encuentran en el origen de la brillante transformación que se ha operado en la ciencia biológica española. Tras ellos dos, situados en lo más alto, Cajal pasará ya a citar a la primera generación de excelentes y laboriosos científicos españoles jóvenes y a otros, no ya tan jóvenes, que ya son legión. En este capítulo escrito por RAMÓN Y CAJAL (1923, p. 406) como colofón de sus memorias, reniega con vehemencia de la pretendida incapacidad de los españoles para hacer ciencia. «Ha sido suficiente que dos o tres personas (una de ellas el ilustre doctor Simarro) sacudiéramos la modorra de la juventud, para que surgiera entre nosotros una pléyade de eméritos investigadores. Por afirmar estoy, sin temor a la nota de optimista, que en orden a ciertos estudios que exigen ingeniosidad, paciencia y obstinación, nuestros compatriotas compiten, si no superan a los más cachazudos e infatigables hijos del

Norte [...] Vivimos en un país en el que el talento científico se desconoce a sí mismo. Deber del maestro es revelarlo y orientarlo» (p. 406).

¿Cuáles son los sentimientos reales que alberga Cajal hacia su viejo amigo de juventud y luego esporádico y genial incitador de las investigaciones de Cajal? Con amarga pesadumbre revela Cajal lo que siente por su antiguo amigo Simarro en una carta privada que remitió al condiscípulo de Simarro, Luis María Cortezo (1926): «Murió sin haber leído mis recuerdos, y sin saber lo mucho que yo le veneraba y le quería» (pp. 29-30).

A la casualidad, nos dice Cajal, «debe la ciencia brillantes adquisiciones; pero la casualidad no sonríe al que la desea, sino al que *la merece* (RAMÓN Y CAJAL, 1897/1920, p. 111). Los grandes observadores armados con la tenacidad y perseverancia deseables son los únicos que podrán llegar al descubrimiento y serán dignos de merecerlo. Porque «sólo ellos son capaces de adivinar su trascendencia y alcance». Cajal fue tocado con la fortuna del descubrimiento crucial que deseó y mereció. ¿La deseó Simarro? ¿La mereció? Con los datos que aquí tiene, y con la distancia que proporcionan los años, el lector puede responderse. Pedro LAÍN (1987, p. 31) nos dice que «Simarro, que empezó a hacer ciencia, no hizo la ciencia que hubiera podido hacer». ¿Por qué? Las posibles razones también están ya expuestas. Dos vidas, un camino común sembrado de discípulos (Achúcarro, Rodríguez Lafora, Villaverde, Calandre y Gayarre) y dos finales distintos. Unidos por la misma fructífera condición, loada por Laín, de *incitator Hispaniae*, ambos están hoy merecidamente en nuestro recuerdo.

Bibliografía

ALBARRACÍN, A. (1978): *Santiago Ramón y Cajal* (prólogo de P. Laín Entralgo). Labor, Barcelona.

ALBARRACÍN, A. (1987): El doctor Simarro y la escuela histológica española. *Investigaciones Psicológicas: 4 Los orígenes de la Psicología científica en España: El doctor Simarro* (Monografía J. J. CAMPOS y R. LLAVONA, coord.), 99-113.

ADISSON, W. H. F. (1930): Ramón y Cajal — An appreciation. *Scientific Monthly*, 31: 178-183.

BICHAT, J. (1843): *Indagaciones Fisiológicas sobre la vida y la muerte*; revisada y segunda vez anotada por F. Magendie. Imprenta de B. Espona, Barcelona (traducidas y aumentadas por M. Pons y Guimerá). [Edición francesa de 1822: *Recherches physiologiques sur la vie et la mort*; 4e éd. augm. de notes par F. Magendie. Béchet, París].

CAMPOS, J. J. (1983): El doctor Simarro y la tradición experimental en la psicología española. *Informes de Psicología*, 2: 109-131.
CAMPOS, J. J. (2002a): Simarro: Deuda de honor. En H. Carpintero, J. J. Campos y J. Bandrés. (2002): *Luis Simarro y la psicología científica en España: cien años de cátedra de psicología experimental en la Universidad de Madrid* (eds.). Universidad Complutense, Madrid (pp. 21-26.)
CAMPOS, J. J. (2002b): El estudio de las localizaciones cerebrales en los albores del siglo XX. *Revista de Historia de la Psicología*, 23: 597-602.
CAMPOS, J. J. (2004): Influencia de Simarro en la obra de Cajal: La tesis de Julio Perales y García. *Revista de Historia de la Psicología*, 25: 23-30.
CORTEZO, C. M. (1922): *Cajal, su personalidad, su obra, su escuela*. Imprenta sucesor de Enrique Teodoro, Madrid.
CORTEZO, C. M. (1926): Luis Simarro. En *Médicos ilustres del siglo XIX*, Conferencias leídas en el Ateneo de Madrid por los doctores Cortezo, Pulido, Goyanes, Pinilla y Luis y Yagüe. El Siglo Médico: E. Teodoro, Madrid, pp. 5-32.
DURÁN MUÑOZ, G. y ALONSO BURÓN, F. (1983): *Cajal. I.- Vida y Obra*. Ed. Científico-Médica, Barcelona.
ELIOT, C. W. (1898): Destructive and constructive energies of our government compared. *Science*, 8: 277-285.
GARCÍA IZCARA, D. (1904): *XIVe Congrès International de Médecine. Madrid 23-30 abril 1903: Comptes Rendus*. Eds. A. Fernández-Caro. Section d'Anatomie (Anthropologie, Anatomie comparée, Embryologie, Anatomie descriptive, Histologie normale et Thératologie). Imprenta J. Sastre y Cía, Madrid.
LAÍN, P. (1987): La obra del doctor Simarro y su entorno. *Investigaciones Psicológicas: 4 Los orígenes de la Psicología científica en España: El doctor Simarro* (Monografía J. J. CAMPOS y R. LLAVONA, coord.): 21-36.
PAULIS PAGES, J. (1935): *Cajal*. Ediciones Andrómaco, Barcelona.
PERALES Y GARCÍA, J. (1890): *Investigaciones sobre la estructura de las células nerviosas*. Tesis doctoral, Madrid, Universidad Complutense [manuscrito].
PÉREZ DE AYALA, P. (1921): El doctor Simarro. *El Liberal*, 21 de junio de 1921. Citado en *Investigaciones Psicológicas: 4 Los orígenes de la Psicología científica en España: El doctor Simarro* (Monografía J. J. CAMPOS y R. LLAVONA, coord.): 331.
RAMÓN Y CAJAL, S. (1896): Estructura del protoplasma nervioso. *Anales de la Sociedad Española de Historia Natural*, 25: 10-46 [publicado, con el mismo título, en la *Revista Trimestral Micrográfica*, 1: 83-114 (1896); y en versión alemana: Die struktur der nervösen Protoplasma. *Monastschrift für Psychiatrie und Neurologie*, 1: 156-167; 210-229 (1896)].
RAMÓN Y CAJAL, S. (1897/1920): *Reglas y consejos sobre investigación científica (Los tónicos de la voluntad)*. (5.ª ed). Imprenta de Nicolás Moya. (Originalmente publicado como Fundamentos racionales y condiciones técnicas de la investigación biológica, en *Discursos leídos ante la Real Academia de Ciencias Exactas, Físicas y Naturales en la recepción pública del Sr. D. Santiago Ramón y Cajal el día 5 de Diciembre de 1897*. Imprenta de L. Aguado, Madrid.)

RAMÓN Y CAJAL, S. (192?): *Santiago Ramón y Cajal expone a José Ortega y Gasset que en este momento no tiene fuerzas para decir algo sobre la personalidad del doctor Simarro, quizás más adelante haga un trabajo relativamente extenso, sugiere que Villaverde se podría encargar ahora o copiar artículo del doctor Cortezo*. Madrid, 19-06-12. Archivo de la Biblioteca del Instituto Santiago Ramón y Cajal. Documentos personales de Neurobiología, n.º 000020215. Original en la Fundación Ortega y Gasset.

RAMÓN Y CAJAL, S. (1923): *Recuerdos de mi vida* (3.ª ed.). Imprenta de Juan Pueyo, Madrid.

RAMÓN Y CAJAL, S. (1926): *Elementos de Histología Normal y de Técnica Micrográfica*. Octava edición. Tipografía Artística, Madrid.

RAMÓN Y CAJAL, S. (1934/1969): *El mundo visto a los ochenta años. Impresiones de un arteriosclerótico*. Tipografía Artística, Madrid. (Edición consultada Aguilar, Madrid, 1969.)

REVILLA, M. DE LA (1875): Revista Crítica. *Revista Contemporánea*, 1: 246-247.

RODRÍGUEZ LAFORA, G. (1913): *Doctrina de la localización en el Sistema Nervioso Central. Su Historia y sus recientes progresos*. Imprenta Alemana, Madrid.

RODRÍGUEZ LAFORA, G. (1921): El doctor Luis Simarro. *El Sol*, 24-VI-1921. (Publicado en J. J. CAMPOS y R. LLAVONA, [coord.], 1987: *Investigaciones Psicológicas* Monografía, 4: 334-337. U. Complutense, Madrid.)

SALCEDO, E. (1926): *El doctor Luis Simarro Lacabra*. Imprenta Teodoro, Madrid.

SIMARRO, L. (1875): *Ensayo de una esposición (sic) sistemática de las relaciones materiales entre el organismo y el medio como fundamento de una teoría general de Higiene*, Tesis doctoral, Universidad Complutense (manuscrito). (Editada por H. Carpintero, y E. García, (2002): La tesis doctoral (1875) de Luis Simarro, primer catedrático de Psicología en España. Edición y estudio (1902-2002). *Revista de Psicología General y Aplicada*, 55: 5-23.)

SIMARRO, L. (1890): *Luis Simarro Lacabra, comenta a Santiago Ramón y Cajal trabajo de investigación a realizar y refiere, también, oposiciones*. Madrid, 1890-06-11. Archivo de la Biblioteca del Instituto Santiago Ramón y Cajal. Documentos personales de Neurobiología, n.º 000017496.

SIMARRO, L. (1900a): *Luis Simarro Lacabra, felicita a Santiago Ramón y Cajal por la obtención del Premio de París*. Madrid, 1900-09-10. Archivo de la Biblioteca del Instituto Santiago Ramón y Cajal. Documentos personales de Neurobiología, n.º 000017490.

SIMARRO, L. (1900b): Nuevo método histológico de impregnación por las sales fotográficas de plata. *Revista Trimestral Micrográfica*, 5: 45-71.

SIMARRO, L. (1910a): *El proceso Ferrer y la opinión europea. 1, El proceso*. Imprenta de Eduardo Arias, Madrid.

SIMARRO, L. (1910b): Estado actual de las localizaciones cerebrales. *Archivos Españoles de Neurología, Psiquiatría y Fisioterapia*, I (octubre), 10: 321-343.

SIMARRO, L. (1912): *Carta de renuncia y dimisión del cargo de vocal de la Junta de Ampliación de Estudios para tomar parte en el meeting en favor de la revisión del proceso Ferrer. Expediente de Luis Simarro Lacabra,* 1912-nov-12. Archivo de la Junta para Ampliación de Estudios, serie Expedientes personales, JAE 280790340/JAE/138/510.

SIMARRO, L. (1914): *Carta de Simarro a José Castillejo y Duarte. Dimisión de Simarro como vocal de la Junta,* 1914-jul. 03. Archivo Junta para Ampliación de Estudios, sección Secretaría, serie Correspondencia General, JAE 280790340/JAE/169/24/1.

TELLO, J. F. (1922): Cajal y la sanidad española. *Sanidad, Revista Mensual de Higiene,* 1(2): 96-103.

5. SANTIAGO RAMÓN Y CAJAL Y LA HISTOLOGÍA

MERCÈ DURFORT
Departamento de Biología Célular
Universitat de Barcelona
Barcelona

La situación académica de la Histología en las facultades de Medicina de España en el siglo XIX

«Aquí en España estudíase la Histología al final de la carrera, cuando debiera estudiarse en el principio: es asignatura del doctorado en Medicina, y con esto queda dicho que para la práctica médica no se la considera indispensable. Así que los médicos visitan (y visitando diagnostican y recetan) desconociendo la estructura del tejido, ignorando la complicación orgánica del cuerpo, no teniendo idea clara de las leyes, de las causas, de los fenómenos que a la organización presiden y que a la vida rigen. En la aplicación constante de sus conocimientos y trabajos, conocen el *objeto* y desconocen el *sujeto*. De esta manera la Medicina es un *tanteo*; el empirismo hace las veces de razón; llámase *práctico*, al que *ve* muchos enfermos; y a fuerza de rutina olvídase la ciencia.

»La Histología apenas es conocida en nuestra España. Los elementos de Anatomía general que en Anatomía descriptiva se bosquejan, ni son Histología, ni pueden dar a conocerla. Pasa el alumno a estudiar Fisiología: en cátedra le explican actos químicos, modalidades dinámicas y estáticas, metamorfosis de fuerzas, problemas morfológicos, actividad, corriente, vida [...] en el mismo seno de los elementos desplegada: y el alumno semejantes elementos no conoce; y al buscar la razón halla misterios; investiga y la investigación es infructuosa; inquiere y la inquisición es negativa; indaga y tropieza con incógnitas. Apodérase el cansancio de su espíritu; sale de esta cátedra y pasa a otros estudios.»

Ramón Coll y Pujol, catedrático de Fisiología de la Universidad de Barcelona (de 1876 a 1915), describía esta situación en el Prólogo que hizo para la traducción del *Compendio de Histología* de H. Frey (1880), obra muy consultada por su precisión y por venir avalada por un gran *Tratado de Histología e Histoquímica* (1871).

Continúa diciendo: «Sin la Histología, el estudio de la Anatomía es incompleto, pues la Anatomía estudia partes muy complexas, cuyos elementos simples desconoce. La Anatomía, ciencia esencialmente analítica, viene a ser sintética, si a la Histología es comparada. Y como la análisis, en las ciencias inductivas, constituye la más instructiva operación, de ahí que la Anatomía no baste ni con mucho, para dar a conocer el ser que estudia».

> «Por esto insistimos tanto en la necesidad de conocer la Histología. La Histología ha de enseñar grandes verdades y desterrar para siempre grandes errores. Ayudada de la Fisiología, sabrá decirnos lo que haya de admisible en la brillante teoría de Bichat; lo que haya de cierto o de hipotético en las propiedades vitales que este autor admite; es decir en la sensibilidad animal y orgánica; en la contractibilidad animal y orgánica sensible e insensible; lo que haya de cierto y positivo, en las propiedades del tejido; es decir en su extensibilidad y en su contractibilidad [...]»
> «Cuando los médicos españoles se lleguen a convencer de esta verdad y se dediquen seriamente a estudiar Histología, la ciencia patria habrá realizado un gran progreso. ¡Ojalá que la traducción de este Compendio contribuyera a tan apetecible resultado!»

Este estilo literario nos recuerda el empleado por don Santiago Ramón y Cajal en sus *Reglas y Consejos sobre Investigación Científica (Los tónicos de la voluntad)*, celebrado discurso de ingreso en la Real Academia de Ciencias Exactas, Físicas y Naturales de Madrid (1897), discurso que mantiene vigencia en un 90 por ciento de su contenido.

Es indudable que había un medio de cultivo idóneo, una preocupación latente para que la Histología entrase a formar parte de los planes de estudio de Medicina.

En 1873 se hicieron diversas gestiones para crear una cátedra especial de Histología Normal y Patológica en la Facultad de Medicina de Madrid, siendo altamente interesante el discurso pronunciado por el doctor C. Martín Somolinos a favor de la Histología y que recoge el Diario de Sesiones de la Asamblea Nacional (apéndice cuarto del número 11) (la trascripción completa puede consultarse en el volumen III de la obra de GONZÁLEZ SAN-

TANDER: *La escuela Histológica Española*, 1998). La provisión de esta cátedra se hizo por concurso entre los catedráticos que por oposición ocupasen la cátedra de Anatomía Normal y Patológica.

Se convocó el concurso con fecha 16 de abril de 1873 y únicamente se presentó el doctor Aureliano Maestre de San Juan, catedrático numerario de Anatomía General y Descriptiva de Granada desde 1860. Su nombramiento como catedrático de Histología Normal y Patológica de la Facultad de Medicina de Madrid data del 2 de julio de 1873, tomando posesión el 11 de dicho mes.

La reforma del Plan de Estudios de medicina, aprobada por MONTERO DE LOS RÍOS (1886), el denominado *Plan Calleja*, determinó, por Real Orden del 4 de julio de 1887, que salieran a oposición tres cátedras de Histología, las de Santiago, Sevilla y Valladolid, y cuatro a traslado, las de Barcelona, Zaragoza, Valencia y Granada; estas dos últimas quedaron vacantes y volvieron a salir a concurso el 14 de noviembre del mismo año.

Catedrático en la Universidad de Barcelona

Don Santiago Ramón y Cajal, catedrático de Anatomía de la Universidad de Valencia desde 1883, optó por pedir el traslado a Barcelona, considerando que en la Ciudad Condal tendría más posibilidades de poder trabajar y publicar sus estudios. Su nombramiento aparece el 2 de noviembre de 1887 y toma posesión el 12 de diciembre del mismo año.

En su autobiografía se puede leer: «Dada la proverbial cortesía catalana, huelga decir que en mis compañeros de facultad hallé sentimientos de consideración y respeto, pasa el catalán por ser un tanto brusco y excesivamente reservado con los forasteros; pero le adornan dos cualidades preciosas: siente y practica fervorosamente la doble virtud del trabajo y de la economía; y acaso por esto mismo evita rencillas y cominerías, y respeta religiosamente el tiempo de los demás».

En Barcelona estuvo cinco años, y al quedar vacante la cátedra de Madrid, por defunción de don Aureliano Maestre de San Juan, Cajal decidió trasladarse nuevamente, también con la finalidad de conseguir más medios para poder realizar su investigación y a la vez poder crear una escuela que tuviera continuidad.

El interés de Santiago Ramón y Cajal por la Histología

Disponemos de la mejor publicación que pueda existir sobre la experiencia vital de don Santiago. Se trata de su autobiografía, *Historia de mi labor científica*, de la que se han hecho múltiples

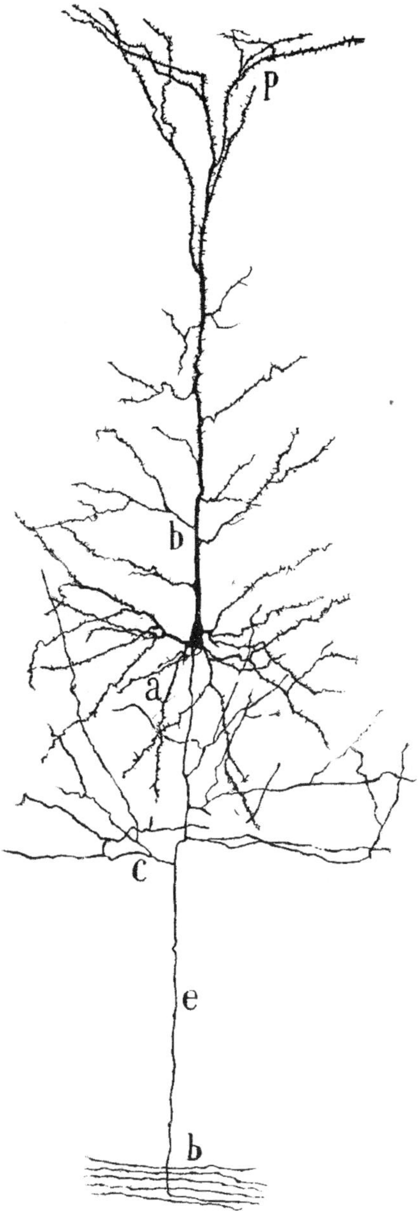

Figura 5.1. Célula piramidal del cerebro de conejo. Tipo Células del cilindroeje largo. *a,* expansiones protoplasmáticas basilares; *b,* tallo y sus ramas; *c,* colaterales del cilindroeje; *e,* cilindroeje largo; *d,* sustancia blanca (*figura 151, página 369, cuarta edición, 1905*).

Figura 5.2. Célula de Purkinje, de cerebelo humano. Método de Golgi: *a,* cilindroeje; *b,* colateral de éste (*figura 423, página 570, duodécima edición, 1944*).

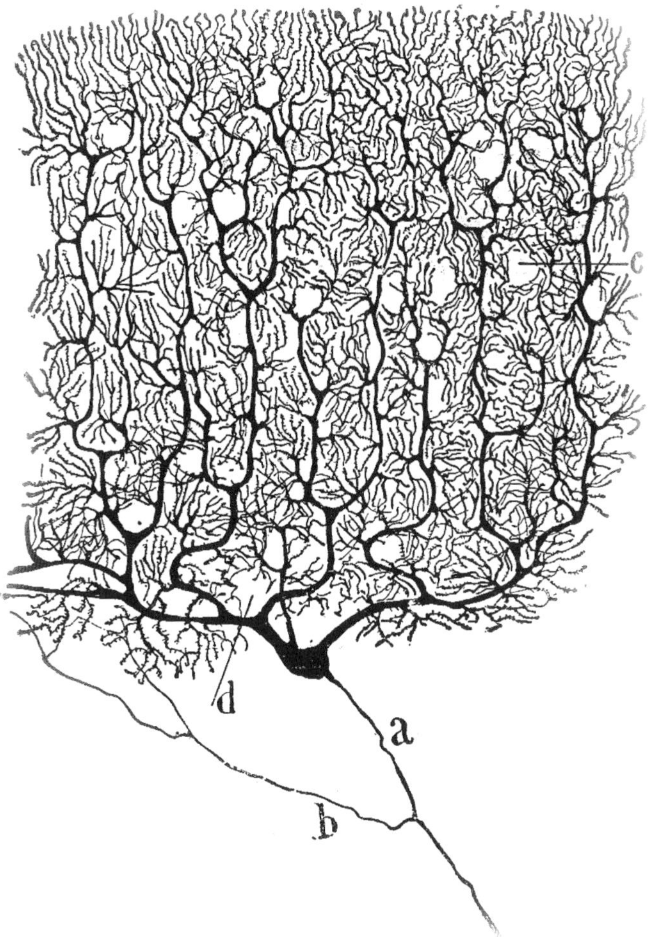

reediciones. Quien desee conocer el pensamiento cajaliano, sus vivencias, las decisiones y retos que asumió debe leer con detenimiento dicha autobiografía. Nada puede añadirse a ella, y allí, la autora de la presente nota ha encontrado un auténtico manantial y ha escogido únicamente algunos datos para configurar este texto, teniendo en cuenta los aspectos que los otros autores de esta publicación han desarrollado.

Iniciación a la Histología

Dado el plan de estudios de la época, antes mencionado, la Histología no era materia que se impartiese durante la licenciatura, por lo que probablemente el primer contacto serio que tuvo Cajal con esta disciplina deba hallarse en la asignatura de doctorado que impartía Maestre de San Juan y en su magnífico *Tratado Elemental de Histología Normal y Patológica* (1879), que probablemente le impulsó más tarde a editar unos cuadernillos que serían la obra de texto más estudiada en las primeras décadas del siglo XX.

Su marcado interés por la textura del tejido nervioso nace del descubrimiento de su complejidad a través de las preparaciones que observó e interpretó guiado por el doctor valenciano Luis Simarro, quien le dio a conocer los métodos de impregnación argéntica ideados por Camilo Golgi.

Recién incorporado a la Universidad de Valencia como catedrático de Anatomía (1884), organiza en su domicilio un Curso Práctico de Histología Normal y Patológica (1885-1886) al que se inscriben varios médicos, doctores unos, doctorandos los otros. Con los ingresos obtenidos, va dotando de instrumentos imprescindibles a su laboratorio: micrótomo de rotación, estufas, etc. Fue en Valencia donde realmente se inicia la Escuela Histológica Española, siendo Juan Bartual uno de sus discípulos, que llegó a ser catedrático de dicha disciplina en la Facultad de Medicina de Valencia, si bien su labor investigadora en dicho ámbito fue muy escasa.

A raíz de la epidemia de cólera que azotó Valencia en 1885, nos comenta don Santiago en su autobiografía que se vio obligado a dejar temporalmente las células y fijar su atención en el *Bacillus comma*. Cajal conocía los trabajos de Pasteur y Chaveau, en Francia, y de Koch, Cohn y Löffler en Alemania y se apasionó por el mundo de la microbiología. La Diputación provincial de Zaragoza le encargó un estudio del microbio causante de la epidemia y de emitir un dictamen sobre el valor real de la profilaxis. Este estudio quedó plasmado en una extensa monografía: *Estudios sobre el microbio vírgula del cólera y las inoculaciones profilácticas* (1885). Merece la pena leer con atención los párrafos que dedica a dicho estudio. Confiesa en un momento dado que dicha investigación incrementó su gusto por la microbiología y por el estudio de los problemas patológicos.

Cajal escribe: «La Histología es ciencia modesta y barata. Adquirido el microscopio, redúcese el gasto a reponer algunos reactivos poco dispendiosos y a procurarse, de vez en cuando, tal cual rana, salamandra o conejo. Pero la bacteriología es ciencia de lujo. Su culto requiere toda una Arca de Noé de víctimas propiciatorias. Cada experimento encaminado a fijar el poder patógeno de un germen o la acción de toxinas y vacunas, exige una hecatombe de conejos, conejillos de Indias, a veces de carneros y caballos. Súmese a esto el dineral que cuesta la cría y reposición de tantos animales de experimentación, amén del gasto de gas indispensable al régimen de autoclaves y estufas de esterilización e incubación».

«Tal fue la consideración harto prosaica y terrena, que me obligó a guardar fidelidad a la religión de la célula y a despedirme con pena del microbio, al cual sólo de tarde en tarde, con ocasión de análisis periciales o de investigaciones comprobatorias, me digné saludar, penetrado de ese afecto respetuoso, no exento de envidia, con que saludamos al amigo millonario, de quien nuestra inopia nos aleja irremediablemente.»

Es interesante seguir el discurso de Cajal sobre la manera en que se inició en los estudios histológicos y cómo profundiza en los tratados de histología de la época, muchos de ellos traducciones al francés de las versiones originales en alemán, siendo la obra de RANVIER (1878) una de las preferidas.

Le fascina la textura del tejido nervioso en particular; escribe: «el jardín de la neurología brinda al investigador espectáculos cautivadores y emociones artísticas incomparables. En él hallaron, al fin, mis instintos estéticos plena satisfacción. ¡Como el entomólogo a la caza de mariposas de vistosos matices, mi atención perseguía, en el vergel de la sustancia gris, células de formas delicadas y elegantes, las misteriosas mariposas, cuyo batir de alas quién sabe si esclarecerá algún día el secreto de la vida mental!...».

En *Aspectes estètics (un elogi a la histologia)* (DURFORT, 2000) pueden hallarse reflexiones y esquemas de Cajal y de algunos de sus discípulos que sirven para subrayar el valor estético de las preparaciones histológicas de este microcosmos que evidenciamos tras la aplicación de diversas técnicas tintoriales, así como con sistemas de iluminación especial: la luz polarizada, el contraste de fases interferencial o la inmunofluorescencia.

El perfeccionamiento de los métodos de impregnación con sales de metales pesados es una constante en la obra de Cajal, que consigue preparaciones que revelan multitud de detalles que no son observables con otras técnicas. En sus *Reglas y Consejos sobre Investigación Científica (Los tónicos de la voluntad)* (Madrid 1898), escribe al respeto: «La maestría de los métodos particularmente en las ciencias biológicas, es tan trascendental, que, sin temor de equivocación, se puede afirmar que los grandes descubrimientos corren a cargo de los técnicos más primorosos: de aquellos sabios que han profundizado, a favor de perseverantes ensayos, todos los secretos de uno o varios recursos analíticos.

»En apoyo de este aserto bastará recordar que, a despecho de los centenares de histólogos, embriólogos y anatómicos que se conocen en Europa y América, las más salientes conquistas científicas se deben a una docena de hombres que se han señalado, ora por la invención, ora por el perfeccionamiento, ya por el absoluto dominio de algunos métodos de indagación.

»Entre los procedimientos de estudio se escogerán de preferencia los más recientes, y sobre todo los más difíciles, por ser los menos agotados. Importa poco el tiempo gastado en ensayos infructuosos, pues si el método ofrece sumo poder diferenciador, los resultados obtenidos tendrán gran importancia y nos indemnizarán con creces de nuestros afanes. Con ello tendremos, además, la inestimable ventaja de caminar casi solitarios o de hallar en nuestra ruta pocos émulos y concurrentes».

Mejora de las técnicas histológicas

Aplica una metodología diversificada y cada vez más resolutiva, siendo su material de estudio muy variado: intestino, tejido muscular, tejido nervioso, órganos de los sentidos, principalmente retina. Y las especies estudiadas pertenecen a diversos grupos de invertebrados: la musculatura de los insectos, los órganos sensoriales de los cefalópodos, así como la mucosa intestinal de lombrícidos, son estudiados en profundidad, al tiempo que hace también una revisión exhaustiva de diversos órganos de distintas especies de vertebrados: peces, anfibios, reptiles, aves y mamíferos.

Es indudable que fueron sus trabajos sobre la textura de los centros nerviosos los que le dieron justificada fama y se recuerdan más vivamente y que la microscopía electrónica ha ido confirmando todo lo que él había descrito. Debemos recordar que Santiago Ramón y Cajal nos da la imagen de la textura del tejido nervioso como la de un frondoso bosque con multitud de lianas o plantas trepadoras que buscan la luz y que dificultan la penetrabilidad de quien desea atravesarlo o estudiarlo. Se refiere a ello cuando escribe: «tratábase de inquirir cómo rematan las raíces y las ramas de esos árboles de la substancia gris, de esa selva tan densa que, por refinamiento de complicación, carece de vacíos, de suerte que los troncos, ramas y hojas se tocan por todas partes».

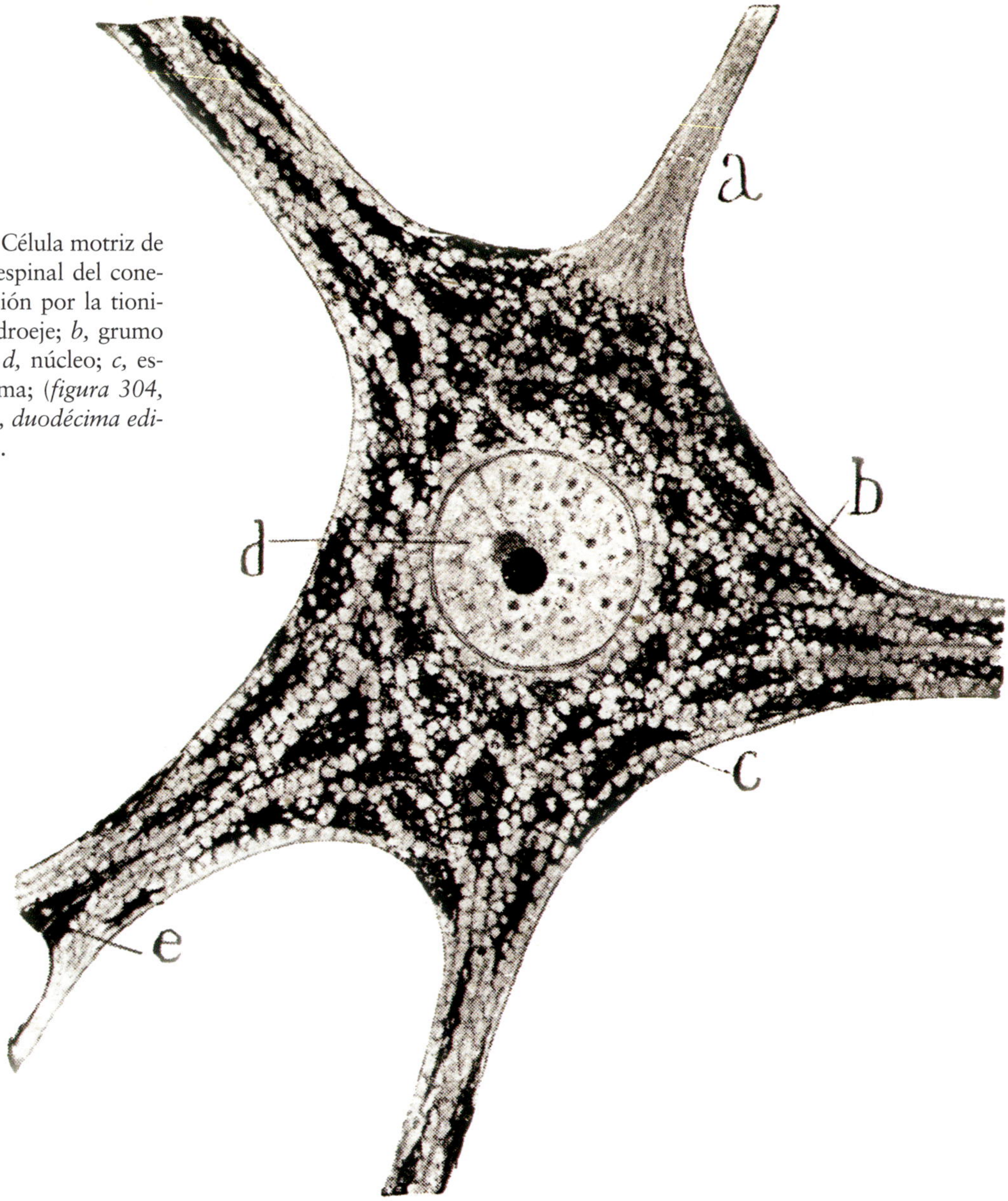

Figura 5.3. Célula motriz de la médula espinal del conejo. Coloración por la tionina: *a,* cilindroeje; *b,* grumo cromático; *d,* núcleo; *c,* espongioplasma; (*figura 304, página 451, duodécima edición, 1944*).

«Dos medios ocurren para indagar adecuadamente la forma real de los elementos de este bosque inextricable. El más natural y sencillo al parecer, pero en realidad el más difícil, consiste en explorar intrépidamente la selva adulta, limpiando el terreno de arbustos y plantas parásitas, y aislando, en fin, cada especie arbórea, tanto de sus parásitos como de sus congéneres. Tal es el recurso aplicado en Neurología por la mayoría de autores, desde la época de Stilling, Deiters y Schültze (disociación mecánica y química) hasta la de Weigert y Golgi, en que el aislamiento de cada forma celular o de cada fibra se conseguía óptimamente, es decir, por desaparición o incoloración de la mayoría de los factores integrantes de la substancia gris. Mas semejante táctica, a la que Golgi y Weigert debieron notables descubrimientos, resulta poco apropiada a la dilucidación del problema propuesto, a causa de la enorme longitud y extraordinaria frondosidad del ramaje nervioso, que inevitablemente aparece mutilado y casi indescifrable en cada corte.»

«El segundo camino ofrecido a la razón constituye lo que, en términos biológicos, se designa *método ontogénico o embriológico*. Puesto que la selva adulta resulta impenetrable e indefinible, ¿por qué no recurrir al estudio del bosque joven, como, si dijéramos, en estado de vivero? Tal fue la sencillísima idea inspiradora de mis reiterados ensayos del método argéntico en los embriones de ave y de mamífero. Escogiendo bien la fase evolutiva, o más claro, aplicando el método antes de la aparición de la vaina medular de los áxones (obstáculo casi infranqueable a la reacción), las células nerviosas, relativamente pequeñas, destacan íntegras dentro de cada corte; las ramificaciones terminales del cilindroeje dibújanse clarísimas y perfectamente libres [...]»

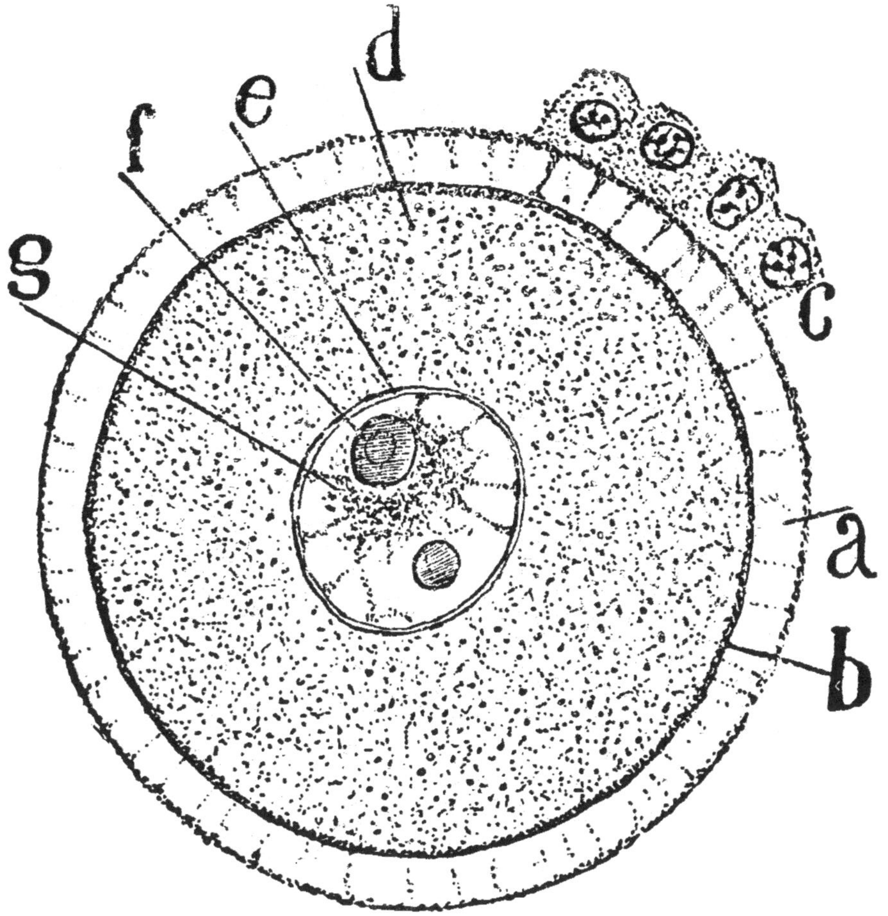

Figura 5.4. Óvulo casi maduro de coneja. *a,* membrana aislable o cápsula; *b,* membrana fundamental; *e,* membrana nuclear; *f,* nucleolo (*figura 100, página 157, duodécima edición, 1944*).

Antecedentes del *Manual de Histología Normal y Técnica Microscópica* de Cajal

Según GONZÁLEZ SANTANDER (1996), el primer tratado de Histología de autoría española data de 1831 y es obra de Mariano López Mateos, catedrático de Anatomía General y Descriptiva de Valencia (1831) y posteriormente catedrático de la Universidad de Granada (1849), donde publicó en 1853 un *Tratado de Histología y Ovología*.

De 1870 es el *Tratado de Histología* de Carlos Siloniz Ortiz, catedrático de Anatomía de la Facultad de Medicina de la Universidad de Barcelona, que tuvo escaso impacto. Maestre de San Juan en 1879 publica su *Tratado Elemental de Histología Normal y Patológica*, precedido de un resumen de Técnica Histológica. Se trata de una magnífica obra, altamente documentada con numerosos grabados y con una redacción impecable que se inspira en los grandes tratados de histología de Alemania y Francia. Es interesante subrayar las consideraciones bibliográficas que hace en el capítulo introductorio, así como el análisis del concepto de Histología que dan diversos científicos.

Nos centramos brevemente en el *Manual de Histología Normal y Técnica Microscópica* de don Santiago Ramón y Cajal que durante muchos años fue obra de texto obligada para estudiar dicha materia y de la que se hicieron doce ediciones (1889-1944). En el prólogo de la primera edición (Valencia, 1889) Santiago Ramón y Cajal hace constar lo siguiente: «Así que, bien podemos asegurar que nuestro libro resulta, a pesar de haber visto la luz en España, uno de los que con más fidelidad reflejan el estado actual de la ciencia histológica. Y aunque parezca extraño, hemos de decir que en él han aparecido por primera vez, arreglados y dispuestos para la enseñanza elemental, los brillantes estudios de Flemming y Strasburger sobre la kariokinesis, los de Bizzorezzo sobre las plaquetas, los de Kölliker y Ebner sobre la textura ósea; los de Spina y S, los notables de Golgi, Tartuferi, Dogiel, etc., sobre el tejido nervioso, los de Melland y Gehuchten sobre el muscular, y otras muchas conquistas que sólo ahora, y de una manera incompleta, van apareciendo en las obras alemanas de Orth, Brass, Sthor, Todlt, etc.».

En dicho prólogo también indica que el libro reúne trabajos que parcial o totalmente habían sido publicados en revistas nacionales y extranjeras, por lo que señala las fechas de aparición de los cuadernos. El primero y segundo, que hacen referencia a la *Técnica y Elementología,* se publicaron en mayo de 1884; el ter-

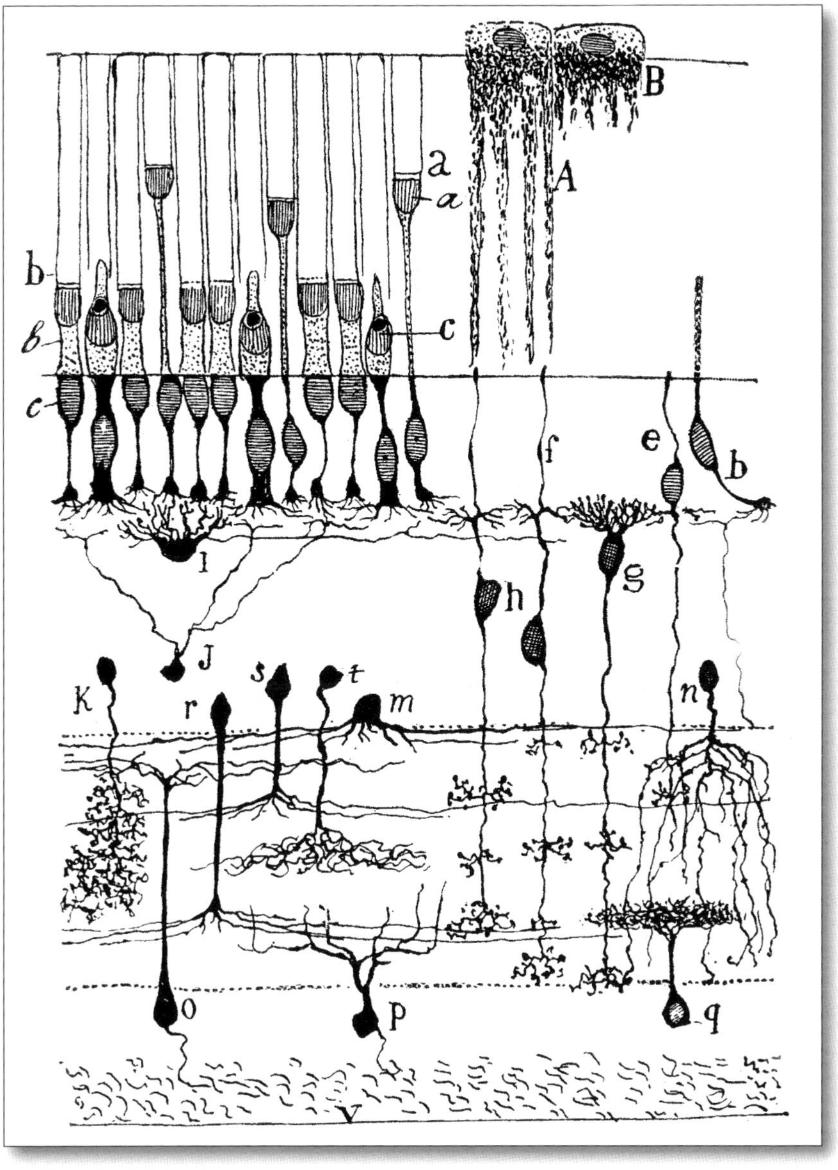

Figura 5.5. Retina de la rana (figura semiesquemática): a, bastón de maza; b, bastón ordinario; C, cono; c, grano del cono; i, célula horizontal; e, bipolar dislocada; f, maza de Landolt; *b,* bipolares; r, n, m, amadrinas; o, p, células gangliónicas. Nitrato de plata (*figura 198, página 429, cuarta edición, 1905*).

cero, que abarca el inicio de la Histología y el tejido epitelial, data de junio de 1885; el cuarto, que comprende el cristalino, el córneo y la sangre, aparece en junio de 1886; el quinto contiene el tejido conjuntivo, el adiposo, el cartilaginoso y parte del óseo, y aparece en abril del 87. El sexto, que abraza la terminación del óseo, el dentario y el muscular, en octubre del 87, y el séptimo, que comprende el nervioso, aparece en abril de 1888.

Hay que subrayar un hecho de gran trascendencia y que de alguna manera hace que esta obra sea particularmente interesante, y es que los dibujos son inéditos del autor, salvo dos o tres, a los que les atribuye la correspondiente paternidad. Se trata de un hecho diferencial con respecto a la obra de MAESTRE DE SAN JUAN (1879), que curiosamente no es mencionada ni en el prólogo ni en la introducción del texto de Cajal.

En los pies de figura siempre hace constar la técnica utilizada, la especie a la que pertenece el tejido u órgano, así como los aumentos. En ocasiones también menciona las características del objetivo utilizado al hacer la observación.

La primera parte de esta primera edición, destinada a *Técnica Micrográfica*, abarca 115 páginas. La segunda parte se inicia con 143 páginas dedicadas a consideraciones sobre la *Anatomía y Elementos* que se hallan en las células y tejidos, características y diversidad celular. Llama la atención, comparando con otras obras de la época, la precisión de los esquemas que ilustran los diversos elementos celulares. De las restantes 413 páginas dedicadas a los tejidos, 134 se centran en el tejido nervioso.

En esta primera edición, entre otros detalles interesantes dignos de subrayar cabe mencionar las reflexiones que hace sobre el aspecto hialino que presenta el protoplasma de las calificadas como «células enanas» de los mamíferos, que no revela el menor rastro de estructura, aun bajo los más potentes aumentos; y así se explica que histólogos como Kollmann, Strasburger, Henle, Ranvier, etc., afirmen en modernos libros la hialinidad de la célula. Por lo que Ramón y Cajal propone estudiar las grandes células nerviosas del buey, las mieloplaxias del sarcoma mieloide, las células gigantes del cáncer epitelial, las pavimentosas del esófago y, sobre todo, las células colosales del intestino de las larvas de los insectos y de crustáceos, así como óvulos y células testiculares de los articulados, etc. Forzoso nos será reconocer una disposición fibrilar intrínseca del protoplasma, y para ello nos indica que escoge la célula epitelial de la cochinilla de humedad, *Oniscus asellus*. Merece la pena mencionar que el esquema correspondiente a dicho modelo celular presenta una doble membrana nuclear y el protoplasma está totalmente surcado por una malla que denomina retículo, que en el mismo esquema, en la parte superior, lo representa tal como se aprecia en una observación vital y en la mitad inferior tal como se visualiza tras la acción del ácido acético diluido (fig. 26, p. 184 de la primera edición).

Siempre me ha despertado la curiosidad el hecho de que en algunos modelos celulares Cajal dibujase el núcleo rodeado por una doble membrana; así en la figura 37 (p. 207) de esta primera edición que comentamos, aparece el núcleo de una célula del estómago de una larva de muscido y hace referencia a las dos cubiertas que lo delimitan: una membrana acromática y otra sólo visible en algunos casos, más interna, que denomina membrana cromática. Esta doble cubierta aparece muy bien diferenciada en las células prismáticas del epitelio de las vellosidades intestinales del conejo y hace referencia a la membrana cromática (fig. 53, página 305). Sin embargo, en los esquemas de las células epiteliales del intestino de *Lumbricus* y del intestino del conejo de Indias recién nacido, el núcleo aparece delimitado únicamente por una membrana (figs. 63 y 64, p. 173 de la 4.ª edición, 1905). Es altamente ilustrativo leer todo lo referente a la envoltura nuclear, dado que hace referencias a observaciones propias y a descripciones de otros autores demostradas posteriormente en los estudios ultrastructurales. A título informativo comenta Cajal en este apartado el hallazgo de perforaciones de la membrana nuclear por parte de Hertwig, a la vez que hace constar que algunos autores niegan su existencia, como Retzius y Fritzner, que atribuyen la estructura periférica a la distinta consistencia entre la cromatina y el protoplasma.

De hecho sería interesante leer con detenimiento las descripciones e interpretaciones que hace Ramón y Cajal de todos y cada uno de los compartimentos celulares en las diversas ediciones de su *Manual.* Quiero resaltar, entre otros detalles, todo lo referente a la teoría del trofospongio de Holgrem. En un momento dado Cajal escribe que las descripciones de Holgrem, únicamente observadas en algunas células «colosales» nerviosas de los gasterópodos y peces, sirvieron para forjar una hipótesis que no es sino la generalización prematura de hechos incorrectamente observados. Consiste en suponer que los cúmulos del aparato de Golgi se ponen en comunicación con el exterior, y en ellos penetran y se ramifican constantemente las prolongaciones adventicias de naturaleza conjuntiva. Semejante simbiosis celular obedecería a finalidades tróficas.

En ediciones posteriores aparecen algunas figuras y descripciones tomadas de los trabajos de Terrazas, Tello, Achúcarro, Calleja, P. Ramón, Río-Hortega, Lavilla, Castro, Fañanás, Calandre, Sacristán, Sánchez y Sánchez, entre otros, tal como señala en el prólogo de la séptima edición, que data de 1921.

Es interesante leer el prólogo de la undécima edición de los *Elementos de Histología Normal y de Técnica Micrográfica* redactado por J. F. Tello, sucesor de Cajal en la cátedra y coautor de las últimas ediciones de dicha obra. Dice así:

> «A los tres años de aparecer la décima edición de los *Elementos de Histología Normal y de Técnica Micrográfica*, en 17 de octubre de

1934, falleció su autor, D. Santiago Ramón y Cajal, creador de la escuela histológica española, de universal renombre, maestro de casi todos los histólogos que en la actualidad la cultivan».

»Este tristísimo acontecimiento hubiera determinado probablemente el cierre de la serie de las ediciones de los *Elementos de Histología*, con la décima, si las circunstancias no nos hubieran llevado a colaborar en esta obra didáctica del maestro de la novena edición.

»Las obras científicas tienen una parte personalísima de su autor, constituida por su aportación al tesoro científico, con sus investigaciones y descubrimientos y por su peculiar modo de enfocar y exponer el contenido de la rama de la ciencia a que ha dedicado su actividad. La otra parte está constituida por la suma de todo lo conocido merced al trabajo de los innumerables sabios que contribuyen a su perfeccionamiento progresivo.

»La contribución personal de Cajal en la Histología es de enorme importancia; se puede decir que no hay capítulo de esta ciencia en cuyo esclarecimiento no haya intervenido en gran medida. Pero en la histología del sistema nervioso su aportación fue decisiva, habiendo revolucionado, en 1888, las ideas corrientes sobre su constitución, y recogido, en cincuenta años la labor infatigable y genial, una enorme masa de descubrimientos, muchos de ellos reunidos en dos grandes tomos de su obra *Histología del sistema nervioso del hombre y de los vertebrados*; no pocos esparcidos en tres centenares de monografías originales publicadas en revistas nacionales y extranjeras, especialmente en cinco tomos de la *Revista Trimestral Micrográfica* y en los treinta primeros de los *Trabajos del Laboratorio de Investigaciones Biológicas*.

»Lo fundamental de esta gigantesca labor fue expuesto por Cajal en su libro, con claridad y método sin igual, desde la primera edición (1884-1888); en cada edición posterior recogió toda la nueva cosecha de descubrimientos, habiendo conservado el libro siempre la máxima actualidad. Más tarde dio cabida, con amoroso celo, a todos los descubrimientos de los numerosos discípulos que iba formando, y en todo tiempo reflejó también la copiosa labor de todos los investigadores del mundo. Si a esto se añade el casticismo y la galanura de su expresión, se comprenderá el gran éxito de esta obra, que durante medio siglo ha sido utilizada por todos los médicos españoles.

»En 1933, el doctor M. Fernán-Núñez hizo la versión de la décima edición al inglés, que fue publicada por la casa William Word & C°, de Baltimore, demostrando con ello la estimación en que tienen a este libro fuera de España.

»Durante muchos años todavía la colosal obra propia del maestro puede constituir la base de una Histología española, si cuidadosamente se siguen añadiendo las novedades que el trabajo incesante de los histólogos españoles y extranjeros vayan produciendo. Esta tarea es la que yo había empezado a realizar, a petición de D. Santiago Ramón y Cajal en las ediciones novena y décima, cuando, por sus muchos años, no quería robar a la investigación las energías que le quedaban, y es la que me propongo seguir realizando en beneficio de la cultura española y como homenaje al maestro».

Estas reflexiones de F. Tello son totalmente vigentes y tienen una contundencia que no nos obliga a añadir nada, salvo que las aportaciones de Ramón y Cajal en el conocimiento de la textura del tejido nervioso son totalmente válidas en los albores del siglo XXI y por ello ha sido considerado por los neurobiólogos como el iniciador de las Neurociencias.

Bibliografía

CORBELLA, J. (1996): *Història de la Facultat de Medicina de Barcelona.* Fundació Uriach 1838, Barcelona.

DURFORT, M. (1988): *Santiago Ramón y Cajal i la Universitat de Barcelona* (1887-1892). Història de la Universitat de Barcelona. Publicaciones de la Universidad de Barcelona.

DURFORT, M. (2000): *Aspectes estètics de la Histologia (Un elogi a la Histologia). Memorias de la Real Academia de Ciencias y Artes de Barcelona.* n.º 968, vol. LIX, n.º 3.

GONZÁLEZ SANTANDER, R. (1996): *La Escuela Histológica Española. I. Comienzo y antecedentes.* Servicio de Publicaciones, Universidad de Alcalá de Henares.

GONZÁLEZ SANTANDER, R. (1998): *La Escuela Histológica Española. III. Oposiciones a Cátedras de Histología y Anatomía Patológica. Curricullum Académico y Científico de sus catedráticos (1873-1950).* Servicio de Publicaciones, Universidad de Alcalá de Henares.

LÓPEZ MATEOS, M. (1853): *Tratado de Histología y Ovología.* Universidad de Granada.

KÖLLIKER (1868): *Éléments d'Histologie humaine.* 2.ª ed. francesa de la traducción de la 5.ª edición alemana por Marc Sée, Victor Masson et Fils, París.

MAESTRE-DE SAN JUAN, A. (1879): *Tratado Elemental de Histología Normal y Patológica,* precedido de un resumen de Técnica Histológica, Moya y Plaza. Editores, Madrid.

RAMÓN Y CAJAL, S. (1889): *Manual de Histología Normal y Técnica Micrográfica.* Librería de Pascual Aguilar, editor, Valencia. Existen doce ediciones de 1889 a 1944.

RAMÓN Y CAJAL, S. (1898): *Reglas y Consejos sobre Investigación Científica (Los tónicos de la voluntad),* 2.ª ed. Imprenta J. Pueyo, Madrid. Con motivo del Centenario de la concesión del Premio Nobel de Medicina y Fisiología (1906) a Santiago Ramón y Cajal, el Consejo Superior de Investigaciones Científicas ha reeditado, muy acertadamente, este discurso de ingreso.

RAMÓN Y CAJAL, S. (1909): *Textura del sistema Nervioso del Hombre y de los Vertebrados,* 2.ª ed. Instituto Cajal, Madrid. En 1952, con motivo del primer centenario del nacimiento de Santiago Ramón y Cajal, el Consejo Superior de Investigaciones Científicas reedita la traducción al francés que hizo L. Zoulay, revisada y puesta al día por el propio Cajal: Histologie du Système Nerveux de l'Homme et des Vertébrés.

RANVIER, L. (1878): *Leçons sur l'histologie du système nerveux*. Tomos I y II. Ed. Weber, París.

SILÓNIZ ORTIZ, C. (1870): *Tratado de Histología*. Universidad de Barcelona.

6. LOS DIBUJOS HISTOLÓGICOS DE SANTIAGO RAMÓN Y CAJAL

JUAN A. DE CARLOS
Instituto de Neurobiología Ramón y Cajal
Consejo Superior de Investigaciones Científicas
Madrid

A lo largo de su dilatada vida (1852-1934), Santiago Ramón y Cajal abordó muchas empresas, destacando en todas ellas con indudable éxito. Profesionalmente estudió en su totalidad el sistema nervioso del hombre y de los vertebrados, comparándolos entre sí. Asimismo, ayudado por el inestimable trabajo de su hermano Pedro y de ciertos colaboradores cercanos, como Domingo Sánchez, estudió también diversas especies de reptiles e insectos. La magnitud de su trabajo fue tal, que los científicos actuales consideramos a Cajal como el padre de las Neurociencias modernas. Pero no solamente destacó Cajal por el estudio del sistema nervioso, pues su espíritu inquieto y, por que no decirlo, artístico le llevó a practicar multitud de pasatiempos, entre los que cabría destacar la fotografía y la pintura.

La semilla artística

La pasión por la fotografía le acompaña durante toda su vida. Baste decir que sus primeras placas datan de 1871, cuando estudiaba Medicina en Zaragoza. Como en todo lo que emprendía, Cajal no se conforma con lo establecido; necesita investigar y probar distintas técnicas. De esta manera, acabará utilizando diversas emulsiones y procedimientos, según la evolución de la fotografía en sus distintas épocas: colodión-húmedo, gelatino-bromuro (placas estereoscópicas), Lumière rápidas —autocromas—, diapositivas tricrómicas e interferenciales de Lippmann. Pero sobre la pasión de Cajal por la fotografía ya se ocupa otro capítulo de la presente obra, por lo que vamos a pasar a comentar su otro gran pasatiempo, la pintura.

En efecto, otro entretenimiento que le acompañó durante toda su vida fue la pintura y, más concretamente, el dibujo; aunque en este caso su afición empezó más pronto. Corría el año de 1860 cuando el pequeño Santiago, residiendo en la villa oscense de Ayerbe, se pasa el día pintarrajeando cuartillas con toda suerte de motivos. Cuando el papel escasea, cosa que solía ocurrir a menudo, no siente ningún pudor en garabatear paredes y puertas. Su padre intentará infructuosamente disuadirle de estas aficiones artísticas, pero terminará por fomentárselas cuando unos años más tarde le paga, a cambio de su compromiso de sacar buenas notas, clases de dibujo artístico en Huesca. De esta manera realizó Santiago, desde que era un niño, dibujos artísticos al carboncillo, pastel, acuarelas y óleos. Se conservan en los fondos del Legado Cajal (Instituto Cajal) dibujos realizados en Huesca cuando asistía a las clases de pintura de don León Abadías, corriendo el año de 1868. Asimismo, nos encontramos en esta época no sólo con dibujos artísticos efectuados al carboncillo, sino también con magníficos bodegones realizados con óleo sobre lienzo. Uno de ellos, excepcional a mi modo de ver, lo conserva en su domicilio una de sus nietas, doña Encarnación Ramón y Cajal Conejero. Es en el verano de este mismo año de 1868 cuando Santiago empieza a estudiar anatomía de la mano de su padre, para lo cual se pertrechan de huesos en la fosa común del cementerio del pueblo. Lo importante de este dato no es que Santiago se empieza a familiarizar con la anatomía humana, sino el hecho de que él mismo se da cuenta de que, pintando con todo detalle las diversas piezas óseas, comprendía mejor y no olvidaba lo que estaba estudiando. Acababa de encontrar una estupenda utilidad a sus aficiones pictóricas, más allá del mero pasatiempo. Un par de años más tarde, a finales de 1870, su padre se traslada a Zaragoza, donde obtiene una plaza de médico de la Beneficencia Provincial y el cargo de profesor interino de Disección en la Facultad de Medicina. Don Justo siempre agradecerá a su amigo el doctor Jenaro Casas, decano de la Facultad de Medicina, la ayuda que le presta a la hora de conseguir esta interinidad, pues, de esta manera, pudo adiestrar directamente a sus dos hijos varones, que estudiaron Medicina en la Universidad Provin-

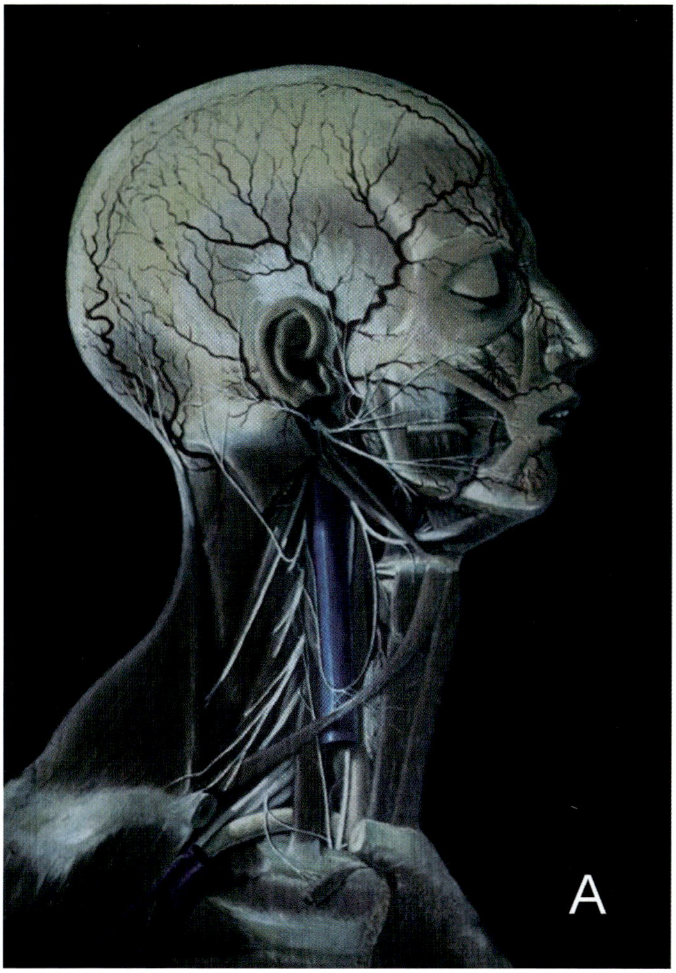

Figura 6.1. Cajal, pintor anatómico. A: Óleo anatómico realizado por Cajal cuando era estudiante de medicina en Zaragoza, hacia 1872, contando 20 años de edad.

cial de Zaragoza. Durante tres años estuvo Santiago disecando con su padre y pintando las preparaciones anatómicas que hacían. Así, de su época zaragozana, siendo estudiante de Medicina (1872), podemos destacar las láminas anatómicas de gran formato, realizadas con tizas de colores sobre cartulina de color azul que se conservan en Zaragoza y los cuadros anatómicos realizados con óleo sobre lienzo, conservados en el Instituto Cajal de Madrid (figura 6.1 A). En junio de 1873, contando 21 años, obtiene Santiago el título de licenciado en Medicina. Impulsado, no obstante, por cierto afán aventurero, en ese mismo año se alista en el ejército, ingresando en el Cuerpo de Sanidad Militar, en el que llegará a alcanzar el empleo de capitán médico. Sin embargo, ésta será una etapa dura en su vida, pues es mandado a Cuba, donde contraerá paludismo y disentería, lo que puso en serio peligro su vida, hasta el punto de ser dado de baja para el servicio militar bajo el diagnóstico de «caquexia

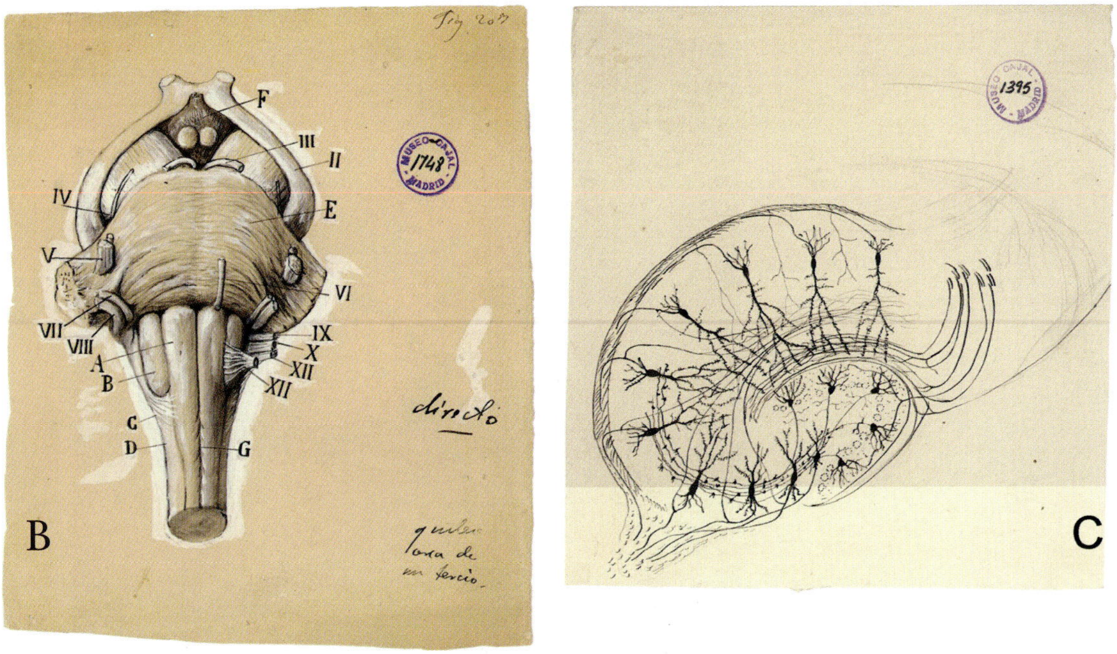

Figura 6.1. B: Dibujo anatómico realizado a tinta china con retoques de acuarela blanca, mostrando la salida y localización de los pares craneales. C: Esquema del hipocampo realizado a tinta china donde se aprecian trazos a lápiz no entintados.

palúdica grave». Santiago será repatriado en junio de 1875. Durante su período de Cuba seguirá pintando, pues de esta época se conserva en el Legado Cajal un cuaderno pequeño que contiene un dibujo realizado con acuarela, cuatro «al pastel diluido» y cinco bocetos a grafito. Ya durante el transcurso de su vida profesional, realizó dibujos mostrando estructuras anatómicas con el fin de ilustrar las clases de su cátedra o para la publicación de sus libros de texto (figura 6.1 B). Menos conocidos por el público en general, tenemos los dibujos histológicos realizados para ilustrar sus investigaciones y, por consiguiente, las publicaciones científicas que mostraban al mundo sus meticulosos trabajos microscópicos.

Un amplio repertorio técnico

Al contrario de lo que se podría pensar, para la realización de estos dibujos histológicos Cajal utilizó diversas técnicas, que pasamos brevemente a describir. En primer lugar, Cajal estudiaba sus preparaciones histológicas con un microscopio monocular. Se puede decir que la mayor parte de su obra la realizó con este tipo de aparatos, pues se compró el primer microscopio binocular a los 70 años de edad, en el año 1922, año de su jubilación como catedrático de la Universidad de Madrid. Por otra parte, aunque Cajal probó la cámara clara (especie de tubo con espejos que, a modo de periscopio, se monta sobre el tubo del microscopio para ayudarse a pintar las preparaciones histológicas), siempre la consideró engorrosa y prefirió hacer sus dibujos sin esta ayuda. Por tanto, los ojos de Cajal se deberían desplazar continuamente desde el ocular de su microscopio hasta la hoja de papel donde realizaba el dibujo. Hay quien dice que Cajal aprendió a ver separadamente con sus dos ojos, es decir, mientras que su ojo izquierdo pegado al ocular del microscopio observaba la preparación, su ojo derecho proyectaba su visión sobre la hoja de papel donde estaba realizando el dibujo. Sea como fuere, a nosotros nos ha llegado su obra pictórica, que destaca por una increíble fidelidad con lo observado, como hemos podido comprobar al examinar conjuntamente sus dibujos con las preparaciones histológicas originales. Pero este detalle lo comentaremos un poco más adelante.

Generalmente, los dibujos eran realizados a lápiz (grafito) y posteriormente entintados (tinta china) total o parcialmente, según el énfasis que quería dar a las distintas estructuras repre-

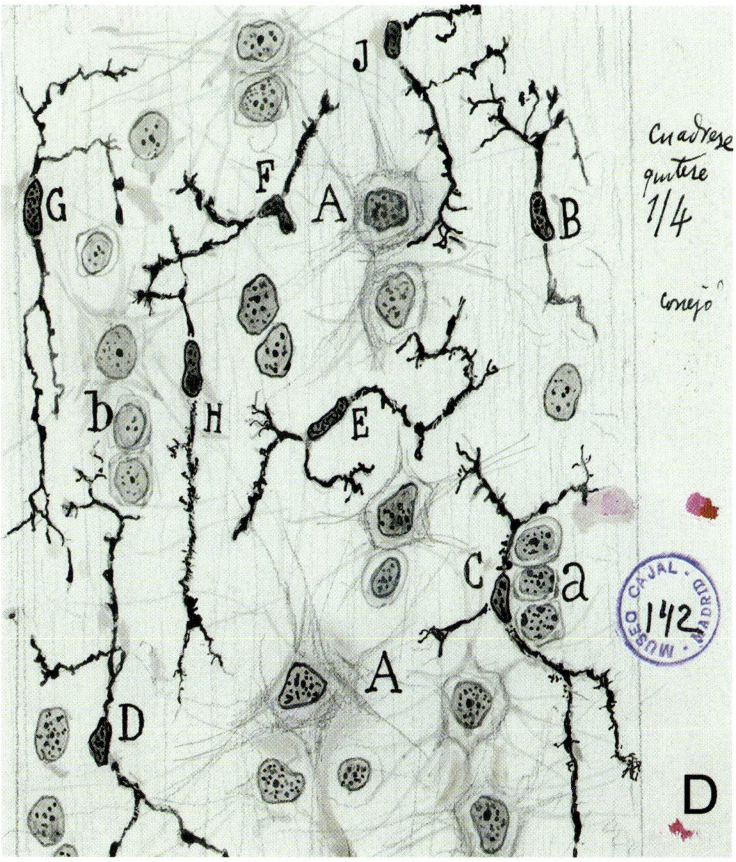

Figura 6.1. D. Dibujo a lápiz en el que Cajal, pretendiendo resaltar las células de microglía, las repasa con tinta china.

sentadas. Así, podemos ver por ejemplo en la figura 6.1 C un esquema del hipocampo donde se ha entintado la mayoría del boceto, despreciándose una serie de líneas en lápiz trazadas en un principio. En el caso de que quisiera dar más énfasis a unas estructuras determinadas antes que a otras que aparecen en el dibujo, le bastaba con entintar unas y dejar las otras a lápiz. Podemos ver un ejemplo de este proceder en la figura 6.1 D, donde se destaca la presencia en el neuropilo de una serie de células de microglía. Las correcciones y las sombras las realizaba con aguadas, en este caso con acuarela blanca (véase la figura 6.1 B). Para la confección de dibujos que mostraban datos anatómicos complejos, Cajal estudiaba sus preparaciones histológicas realizando múltiples bocetos en los que escribía notas aclaratorias (figura 6.2 A, B), no realizando el dibujo final hasta que no llegaba a comprender totalmente el dato anatómico que quería mostrar. Así, si quería estudiar una estructura como la retina, hacía una serie de bocetos que contenían los diferentes tipos celulares extraídos de varias preparaciones. Cada boceto era informado detalladamente, como se ve en la figura 6.2 A (células bipolares, variedades de bastones...). En otras ocasiones, cuando no estaba seguro de lo que veía en las preparaciones, lo hacía constar en sus dibujos poniéndose notas de alerta que, sin lugar a dudas, le ayudaban a llegar a identificar la estructura hasta el momento desconocida para él. Un claro ejemplo de este tipo de notas se puede ver en la figura 6.2 B, donde hace constar de su puño y letra: «En los cortes donde está la célula de Mauthner se ve aquel raro centro motor...», «... nervio raro...», «... ojo, éste debe ser aquel nervio raro que tomé por motor ocular externo...». De esta manera pudo realizar su conocido dibujo semiesquemático de una folia del cerebelo, en el que representa todas las células neuronales que se pueden encontrar en esta estructura, así como las aferencias que llegan a ella y los elementos con los que hacen contactos (figura 6.2 C). Otra composición compleja muy conocida es la representación del sentido del impulso nervioso en el hipocampo (figura 6.2 D), en la que Cajal nos lo indica por medio de flechas, un elemento introducido en sus esquemas y en una parte importante de sus dibujos histológicos, que llegaría a hacerse muy popular.

La mayoría de sus dibujos los realizó a tinta negra, aunque ocasionalmente nos encontramos con dibujos realizados a dos, tres, cuatro y hasta seis tintas. El color lo utilizaba de distintas maneras, pero siempre para resaltar distintos motivos y no como elemento estético. Así, a veces lo utilizaba para trazar líneas en

Figura 6.2. Métodos de dibujo. A-B. Bocetos con notas manuscritas de Cajal, realizados al estudiar sus preparaciones histológicas. C: Composición que representa todos los tipos neuronales que nos podemos encontrar en una folia cerebelosa, así como las aferencias que entran en esta estructura: las fibras musgosas (h) y las fibras trepadoras (n). D. Esquema del hipocampo en el que, utilizando flechas, muestra gráficamente la dirección del impulso nervioso.

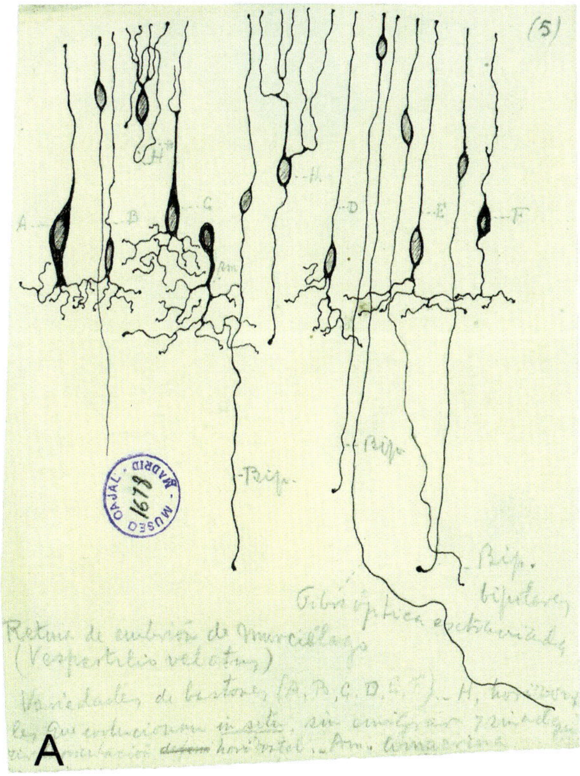
A

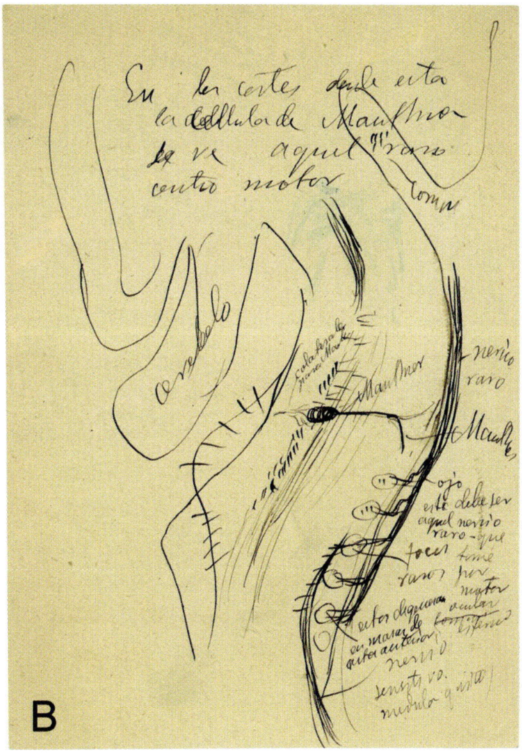
B

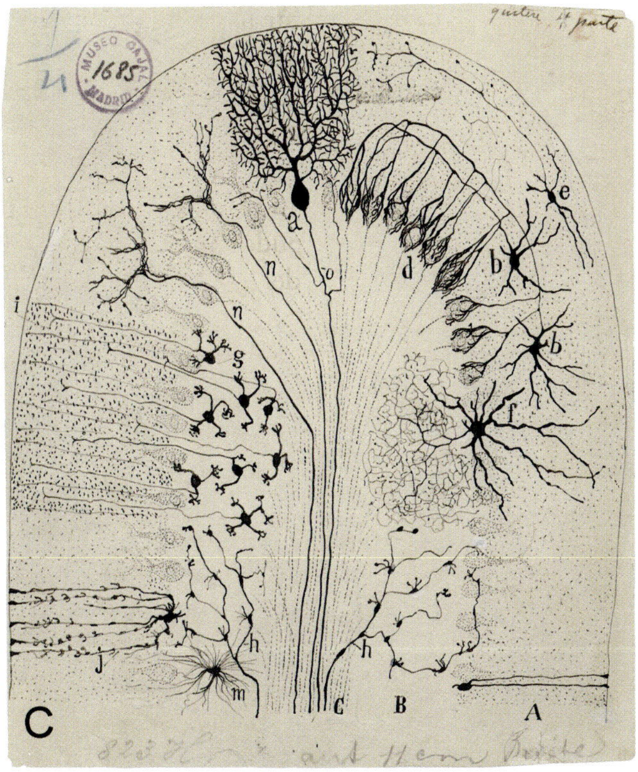
C

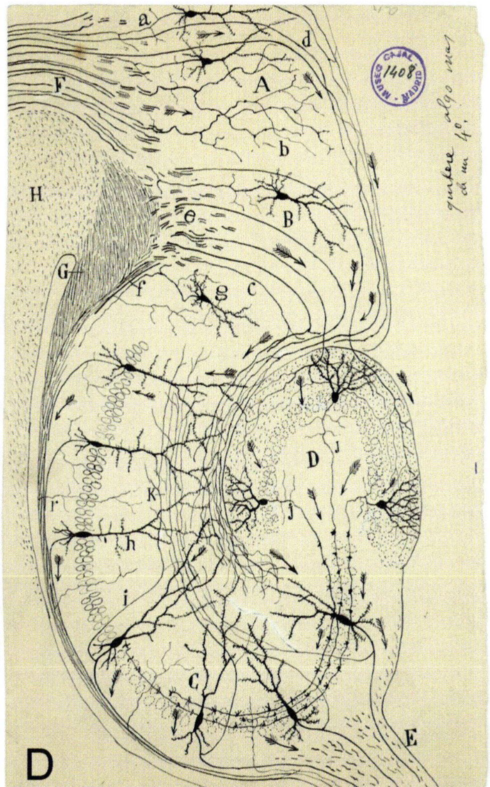
D

dibujos que deseaba que unos trazos resaltasen de otros. Esto se puede apreciar en el dibujo seleccionado para la figura 6.3 A, que representa una porción de una sección transversal de la médula espinal. Aquí ha utilizado tres tintas diferentes para resaltar distintas morfologías celulares y los procesos axonales de dichas células. Sin embargo, el color era utilizado en otras ocasiones para rellenar superficies, consiguiendo un espectacular efecto. Véase el dibujo de la figura 6.3 B, en el que, utilizándose hasta seis tintas diferentes, se representan los contactos pericelulares denominados «cálices de Held», que se dan entre las fibras ascendentes del nervio coclear (carácter auditivo) y los cuerpos celulares de neuronas ubicadas en la parte superior del núcleo coclear ventral.

A la hora de publicar sus trabajos, las técnicas de impresión utilizadas en aquella época sólo le admitían dibujos realizados a una tinta, y si quería publicar dibujos con dos o más colores, éstos tenían que ser realizados mediante superposiciones, en las que cada capa podía ir a una tinta diferente. De esta manera, conservamos en el Instituto Cajal abundantes dibujos, generalmente realizados para su *Manual de Anatomía Patológica General* (1890),

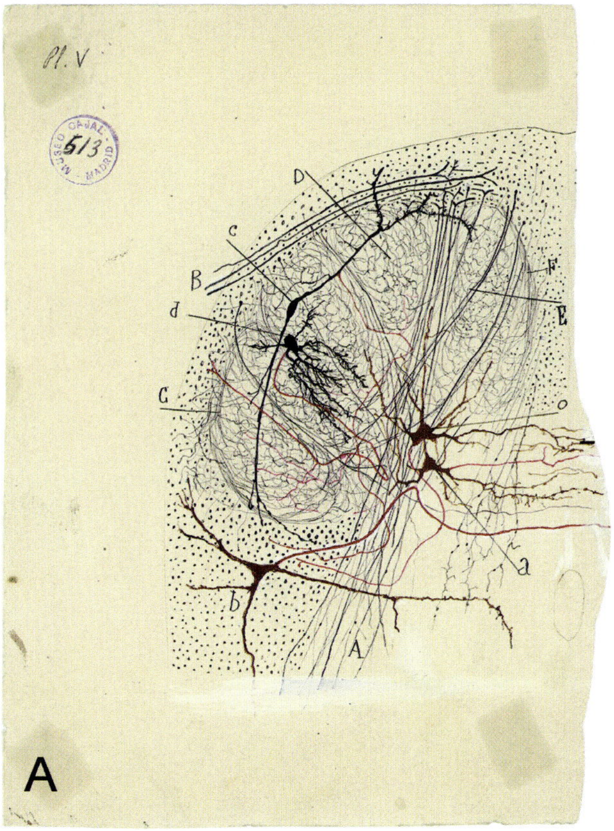

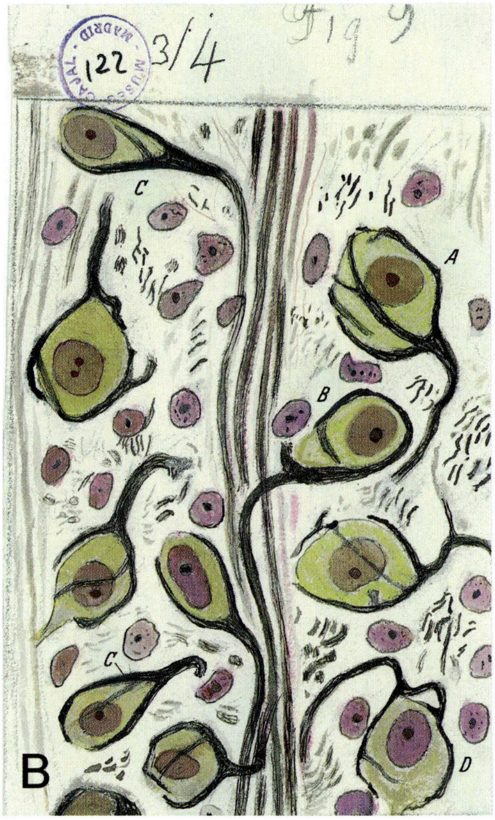

Figura 6.3. Métodos de dibujo: utilización del color. A: Dibujo de la médula espinal realizado a tres tintas diferentes. El color se utiliza para trazar líneas de tal manera que resalten unas de otras. B: Dibujo en el que se muestran los contactos pericelulares denominados cálices de Held, del sistema auditivo, realizado a seis tintas diferentes. En esta ocasión se emplea el color para rellenar superficies, consiguiéndose un espectacular efecto.

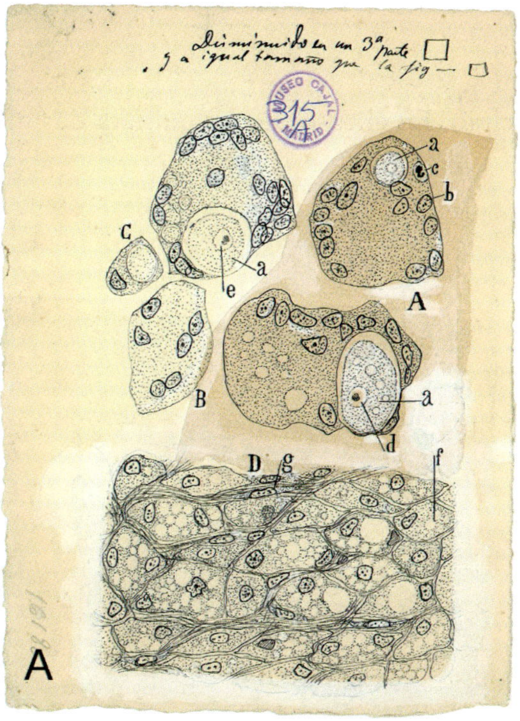

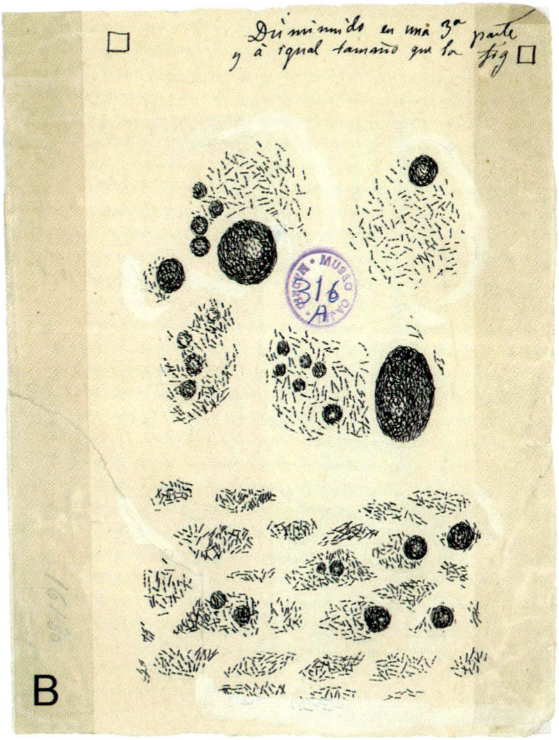

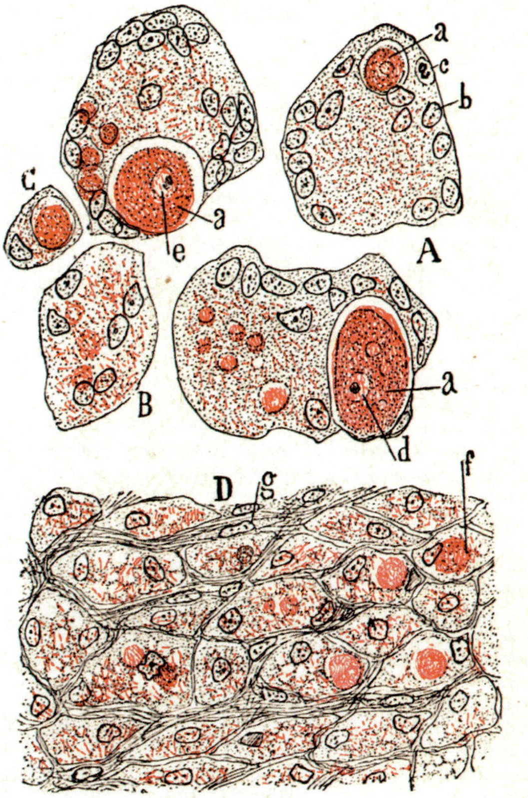

Figura 6.4. Métodos de dibujo: superposiciones. A: Dibujo de células gigantes multinucleadas, de un nódulo leproso. B: Dibujo de bacilos de la lepra. Este dibujo se superpone con el anterior para obtener la imagen A+B reproducida a dos colores en la figura 55 del *Manual de Anatomía Patológica General* de 1890.

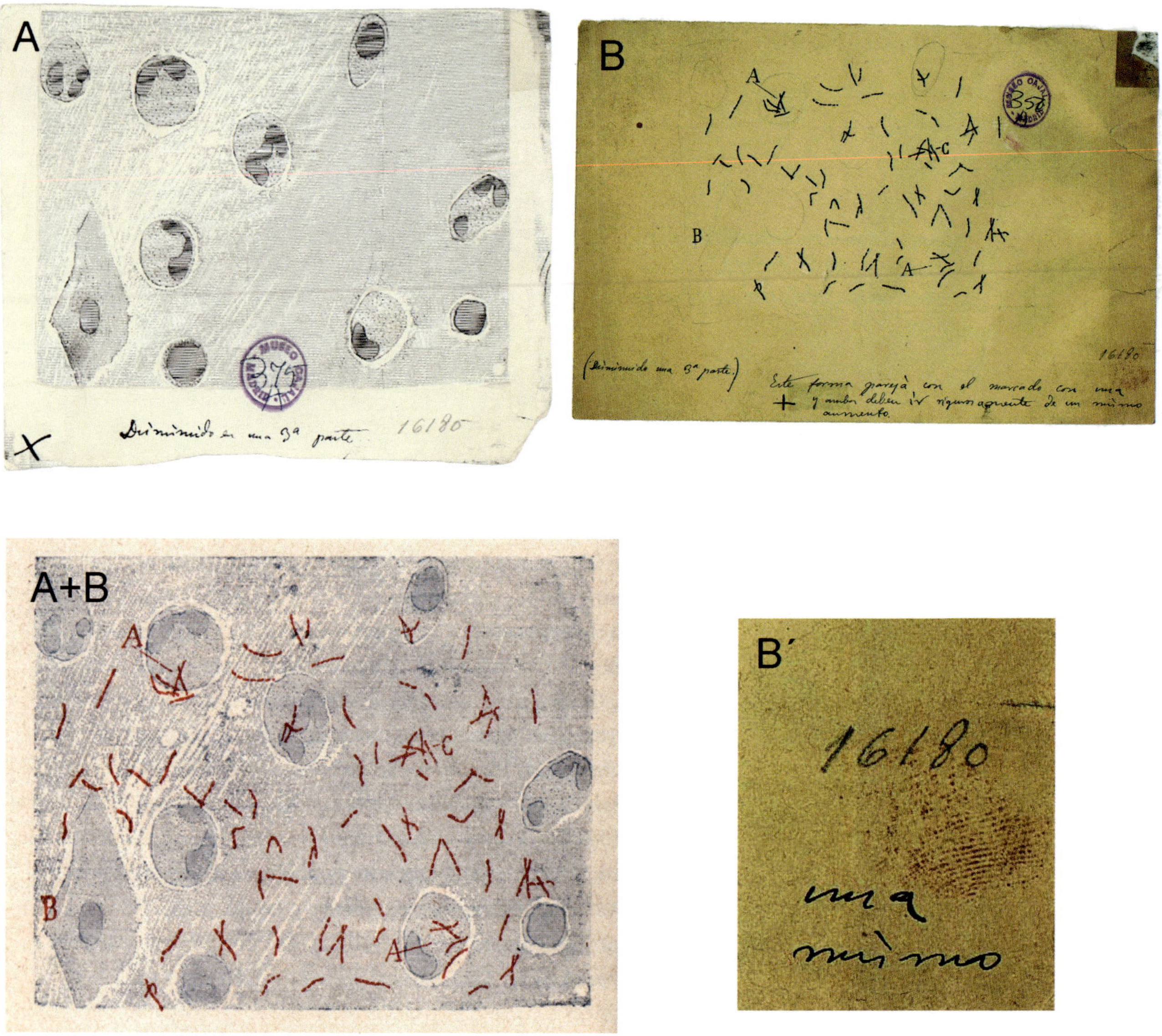

Figura 6.5. Métodos de dibujo: superposiciones. A: Dibujo de las células de un esputo realizado con la técnica del vaciado en trama. B: Dibujo de una preparación de bacilos tuberculosos, impregnados con fuchina ácida. A+B. Superposición de los dos dibujos anteriores para obtener la figura 53 de su *Manual de Anatomía Patológica General*, a dos colores. B´. Ampliación de la esquina inferior derecha del dibujo en B, que muestra la huella digital de Cajal.

en los que un dibujo completo se compone de, al menos, dos dibujos parciales. Valga como ejemplo su representación de una preparación de células gigantes multinucleadas de un nódulo leproso, en los que los bacilos de la lepra han sido teñidos con fuchina ácida, lo que les confiere un característico color rojo. El dibujo final es el resultante de superponer el dibujo de las células gigantes del nódulo con otro de los bacilos de la lepra, de tal manera que los bacilos destacarán en color rojo, en la misma posición dentro de las células que aparecen en la preparación (figura 6.4). En la figura 6.5 ponemos otro ejemplo con el que queremos mostrar una innovación y una curiosidad. Aquí ya no realiza un dibujo normal sino que, aplicando la técnica del vaciado en trama, realiza un dibujo a relieve de las células de un esputo (figura 6.5 A) al que se le superpone otro dibujo de unos bacilos tuberculosos (figura 6.5 B). La secuencia de los hechos podría haber sido como sigue: Cajal tiñe estos bacilos con fuchina ácida, lo que les hace visibles con un color rojo. Monta la preparación, la observa al microscopio y decide pintarla. La preparación está fresca y tal vez no demasiado limpia, lo que hace que al manipularla Cajal se manche los dedos con el colorante. Terminado el dibujo, lo coge con su mano derecha para ver qué tal ha quedado e, inadvertidamente, lo mancha. Podemos ver, de esta manera, la huella digital del dedo pulgar de la mano derecha de Cajal en el dibujo original mostrado en la figura 6.5 B y B´ (ampliación).

Como acabamos de mencionar, otra de las técnicas utilizadas por Cajal en sus dibujos histológicos era el vaciado en trama. Con esta técnica se olvidaba del lápiz y la tinta. En su lugar, utilizando un objeto punzante, iba vaciando una cartulina que contenía una trama uniforme, ya sea de puntos o de rayas, consiguiendo un dibujo a relieve, en algunos casos artísticamente espectacular. Presentamos aquí, a modo de ejemplo, la representación de una preparación histológica de un bocio; esto es, glándula tiroides infiltrada de sustancia coloidea (figura 6.6 A), así como la representación de la osificación endocondral del metacarpiano de un perro recién nacido (figura 6.6 B).

En otras ocasiones utilizaba otra técnica, aparentemente más sencilla pero no menos laboriosa, con la que conseguía efectos diferentes. Nos referimos a la simple utilización de un lápiz y una goma de borrar. Primeramente sombreaba con lápiz una hoja de papel y luego iba borrando con la goma superficies determinadas para finalizar perfilando con el lápiz las estructuras deseadas (figura 6.6 C).

La fidelidad de lo observado

Mostramos y comentamos a continuación la fidelidad y la actualidad de los dibujos histológicos realizados por Cajal. Utilizando microfotografías tomadas personalmente de preparaciones histológicas originales de Cajal y enfrentándolas con sus dibujos sobre el mismo tema, se puede demostrar la fidelidad de reproducción

Figura 6.6. Métodos de dibujo. A: Dibujo realizado a relieve con la técnica del vaciado en trama, de una glándula tiroides infiltrada de sustancia coloidea (bocio). B: Dibujo del proceso de osificación endocondral en el metacarpiano del perro recién nacido, realizado con la misma técnica que el dibujo anterior. C: Dibujo realizado únicamente con lápiz y goma de borrar que representa un cartílago costal.

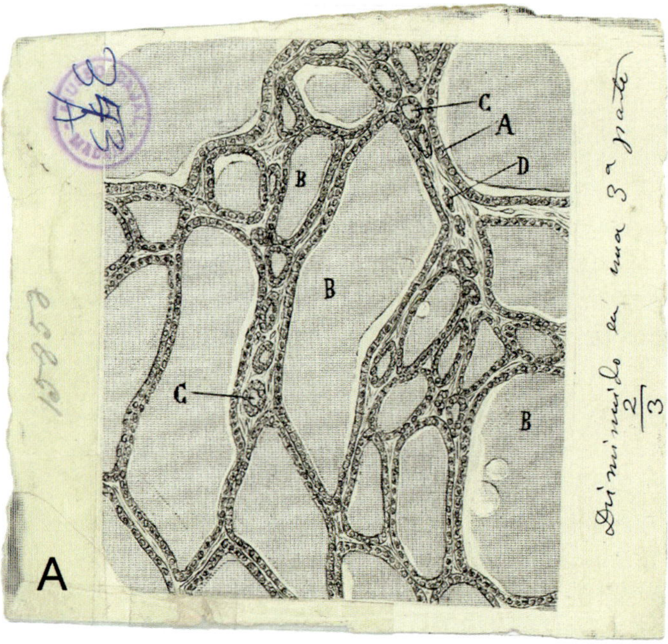

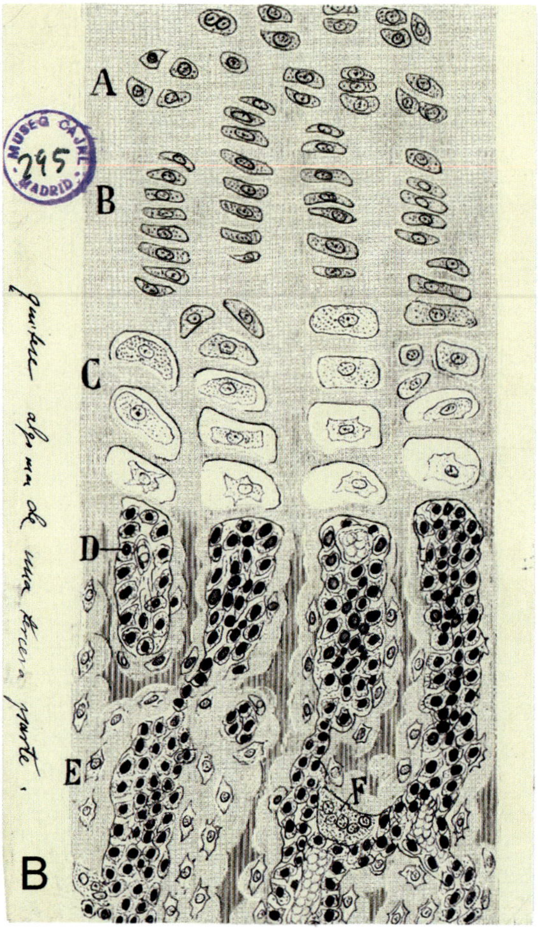

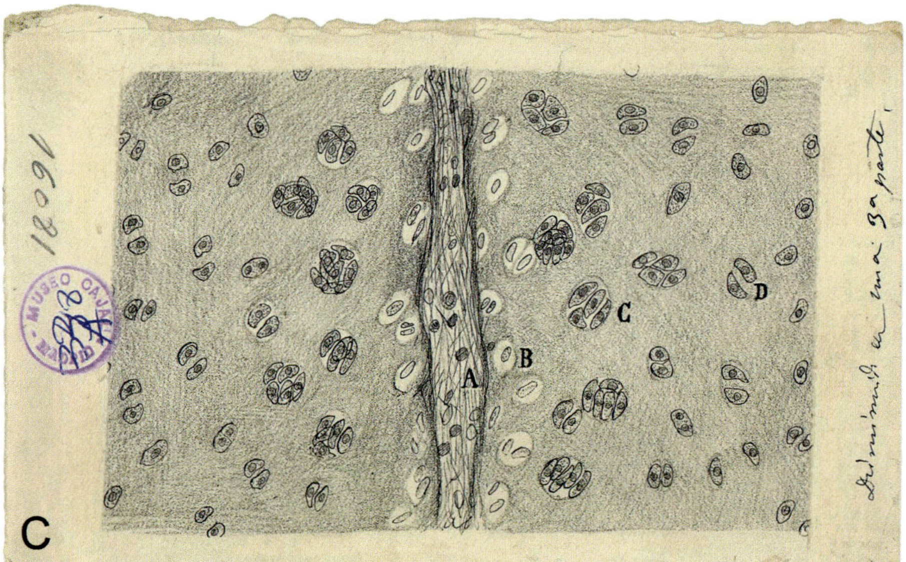

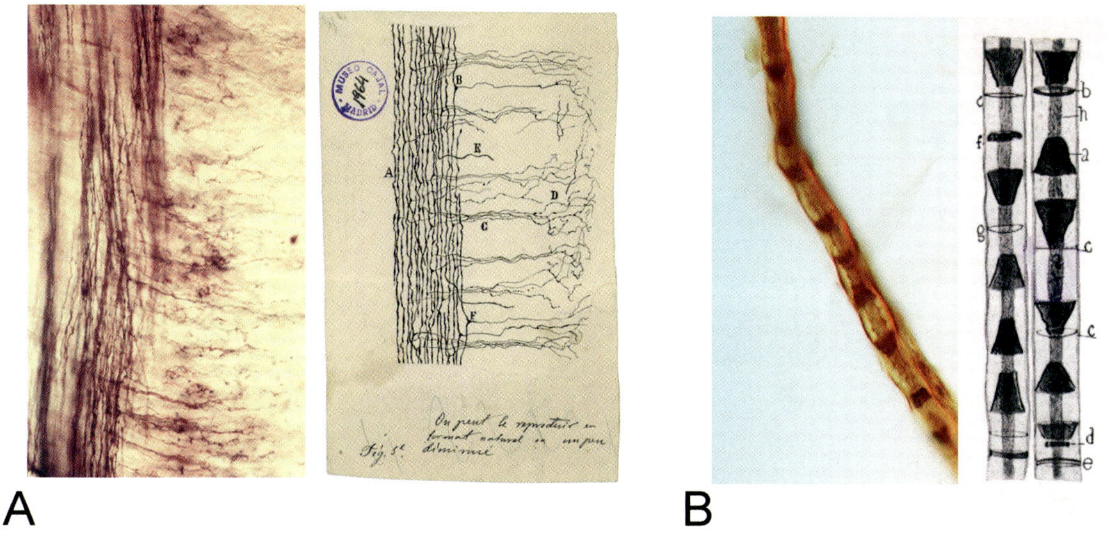

Figura 6.7. Fidelidad y actualidad de los dibujos histológicos. Se enfrentan dibujos originales con microfotografías tomadas por el autor de preparaciones histológicas originales. A: Colaterales del cordón posterior de la médula espinal. B: Embudos de Lantermann. C: Red neurofibrilar de las células nerviosas.

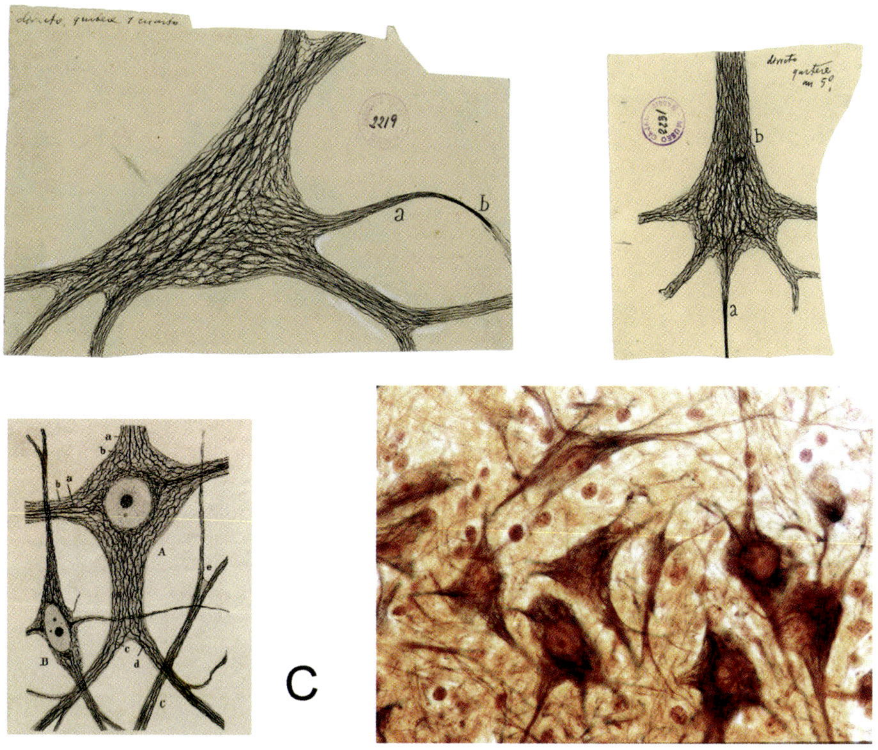

con lo observado. De esta manera, y a modo de ejemplo, mostramos su descubrimiento en el año 1889 de las ramas colaterales axónicas del cordón posterior de la médula espinal (figura 6.7 A). En efecto, valiéndose de preparaciones como la mostrada en esta figura, describe por primera vez las colaterales de la sustancia blanca medular, las cuales nacen en ángulo recto de las fibras longitudinales de todos los cordones, penetran longitudinalmente en el territorio de las astas y acaban en terminaciones varicosas libres sobre el cuerpo y las dendritas de las neuronas. Nótese asimismo su representación de los embudos de Lantermann de las fibras nerviosas (figura 6.7 B) dibujados a partir de sus observaciones con preparaciones impregnadas con el método del formol-urano (nitrato de urano), realizadas hacia 1912. Unos años antes, en 1903, Cajal desarrolla otro método de tinción, el del nitrato de plata reducido, el cual le permite poner de manifiesto las neurofibrillas de las células nerviosas y demostrar que éstas no constituyen un armazón celular fijo, sino un sistema transformable bajo distintas situaciones fisiológicas y patológicas. De esta manera, Cajal puede estudiar las neurofibrillas en todos los sistemas, en el animal adulto y durante el desarrollo, bajo cambios fisiológicos (temperatura) o patológicos (rabia). En la figura 6.7 C vemos el rendimiento de esta técnica en manos de Cajal y la representación de sus observaciones en sus propios dibujos.

En 1890, Cajal, en su afán de estudiar la neurogénesis de distintos centros nerviosos, abordó el estudio de la evolución ontogénica de las células y fibras de la corteza cerebelosa. De esta manera, determinó el crecimiento de las fibras trepadoras. Estas fibras, procedentes de centros profundos (oliva bulbar), alcanzan a las células de Purkinje y hacen contactos por contigüidad con la arborización dendrítica o protoplásmica de estas células (figura 6.8 A). Asimismo, mostramos su descripción pictórica de las células identificadas por él en las vellosidades intestinales y desde entonces denominadas células de Cajal (figura 6.8 B). En la actualidad estas células se han puesto de moda entre los patólogos, pues parece ser que están íntimamente relacionadas con la aparición de neoplasias del estroma gastrointestinal.

De la observación a la teoría

Observando sus minuciosos dibujos científicos y comparándolos con las preparaciones histológicas originales realizadas por él mismo, podemos darnos cuenta de la actualidad del material que tene-

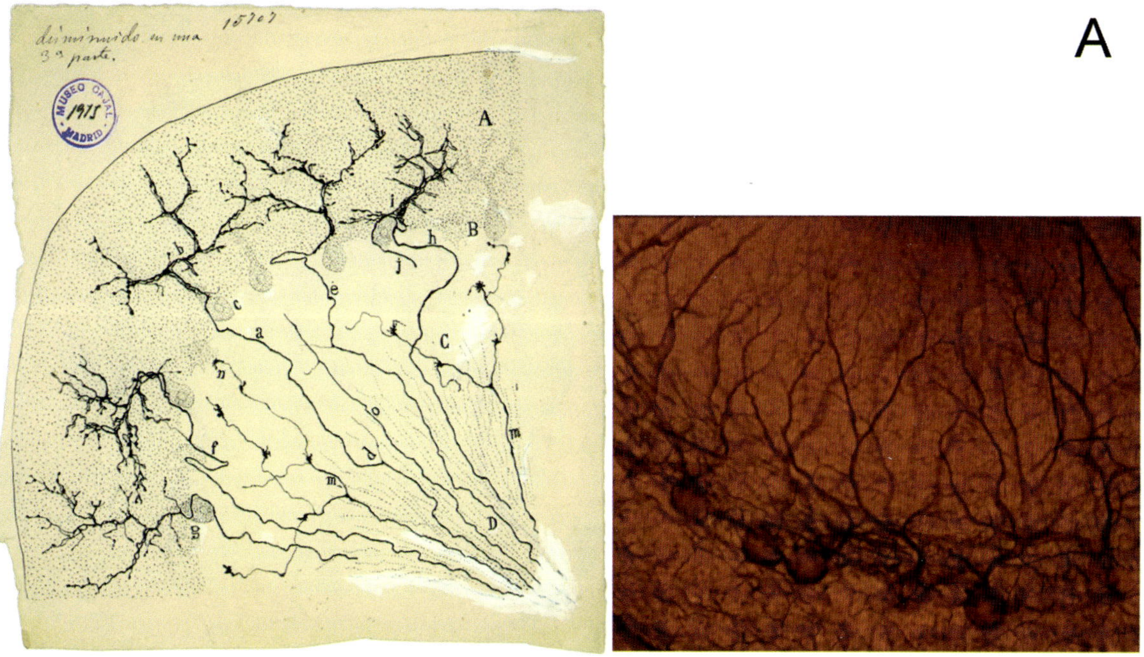

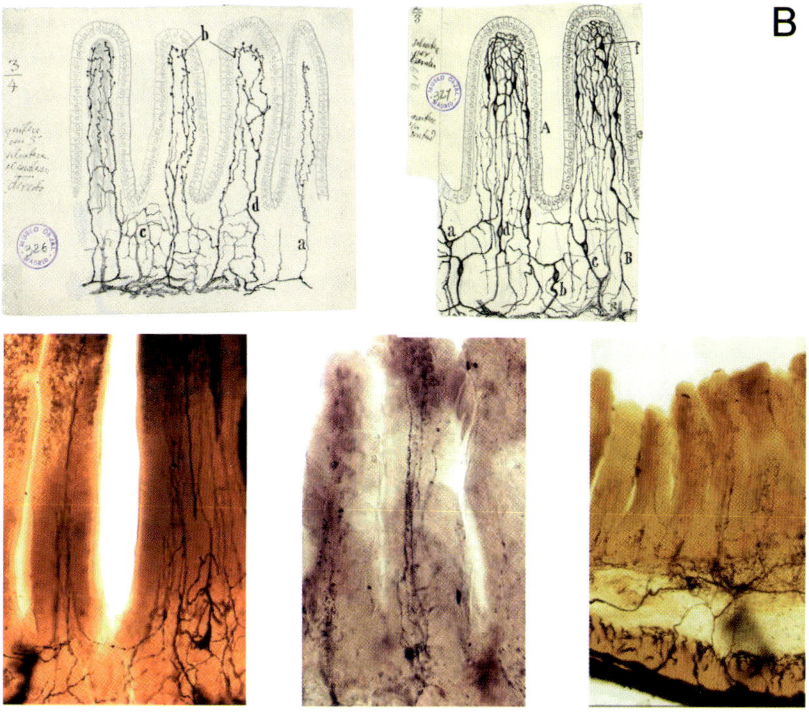

Figura 6.8. Fidelidad y actualidad de los dibujos histológicos. Se enfrentan dibujos y microfotografías originales. A: Fibras trepadoras del cerebelo sobre dendritas de células de Purkinje. B: Células de Cajal y plexos fibrilares en las vellosidades intestinales.

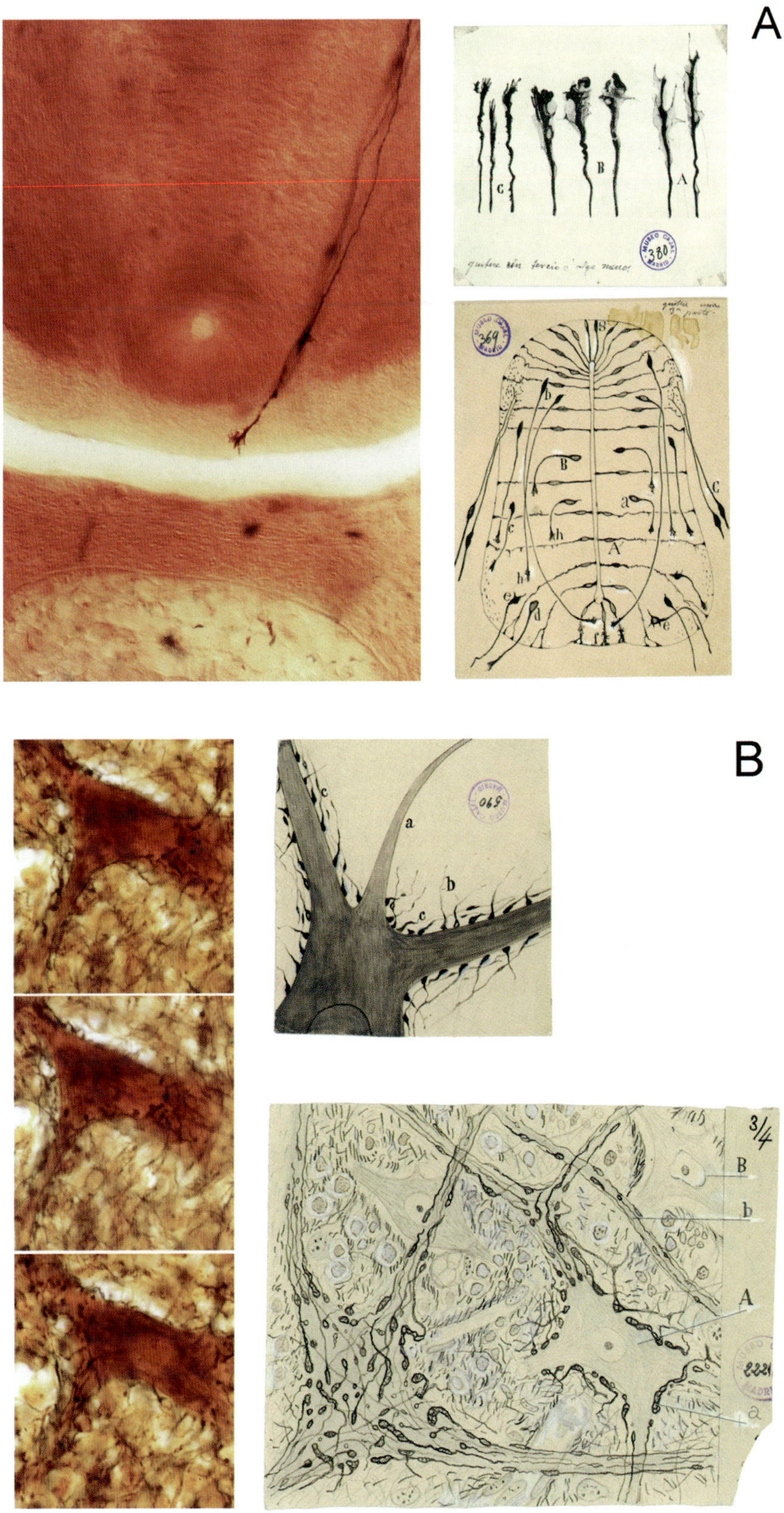

Figura 6.9. Fidelidad y actualidad de los dibujos histológicos. Se enfrentan dibujos y microfotografías originales. A: Conos de crecimiento de fibras axonales en la médula del embrión de pollo de tres días de incubación. B: Mazas terminales pericelulares sobre células del asta anterior de la médula espinal.

mos entre las manos. Ya no nos referimos a la belleza de los preparados y al arte que pueda existir en estas cuartillas científicamente garabateadas, sino a la información científica y didáctica de este material conservado en el Instituto Cajal desde hace ahora 70 años. He de confesar que por mi microscopio han pasado las algo más de 3.200 preparaciones de Cajal que se conservan en este Instituto y que he aprendido muchísimo de ellas. Este hecho me ha servido para admirar la maestría de Cajal, que, a partir del referido material, fue capaz de enunciar las más atrevidas teorías sobre el sistema nervioso, enfrentándose no sólo a las creencias imperantes en la época, sino a consagrados científicos que, en algunos casos, se pusieron de su parte y en otros casos se convirtieron en enemigos.

De esta manera, podemos poner de manifiesto alguna de las observaciones que dieron lugar a sus principales teorías. Así, la más importante de todas es la *Teoría neuronal*, enunciada en 1888, en la que demuestra la individualidad de las células nerviosas, primeramente en el cerebelo y posteriormente, según irá confirmando, en otros territorios cerebrales. Uno de los descubrimientos que más apoyaron esta teoría fue la identificación del cono de crecimiento (1890) en la médula espinal de pollo de tres o cuatro días de incubación (figura 6.9 A), pudiendo además confirmar la *Teoría monogenista*, apoyada por Kupfer, His y Kölliker, que establece el crecimiento libre de la fibra nerviosa o axón, procedente de una sola célula. Pronto pudo comprobar cómo el cono de crecimiento era un fenómeno que se repetía en todas las estructuras en desarrollo. Otro de los hechos que apoyan la Teoría neuronal es la demostración por Cajal de los contactos por contigüidad entre distintas células nerviosas. Mostramos en la figura 9 B bulbos o mazas terminales pericelulares sobre células de la médula espinal que demuestran su *Ley del contacto pericelular* y que ponen de manifiesto la interrelación por contigüidad entre distintas células nerviosas (sinapsis).

En el Congreso médico de Valencia, celebrado en 1891, Cajal enuncia su *Ley de la polarización dinámica*, en la que postula, en esta ocasión ayudado por su hermano Pedro, que el impulso nervioso se propaga por las dendritas de las células nerviosas en sentido celulípeto (hacia el cuerpo celular), y en sentido celulífugo (alejándolo del cuerpo celular) por las fibras axonales. En la figura 6.10 mostramos algunos ejemplos que evidencian esta teoría en distintos sistemas sensoriales. Así, en el sistema olfativo (figura 10 A), el impulso nervioso se traslada desde las células receptoras en la mucosa (epitelio olfativo) hasta las células mitrales en el bulbo olfativo (glomérulos) y de aquí, siguiendo el tracto olfativo lateral, hasta las células de la corteza olfativa. No hay equi-

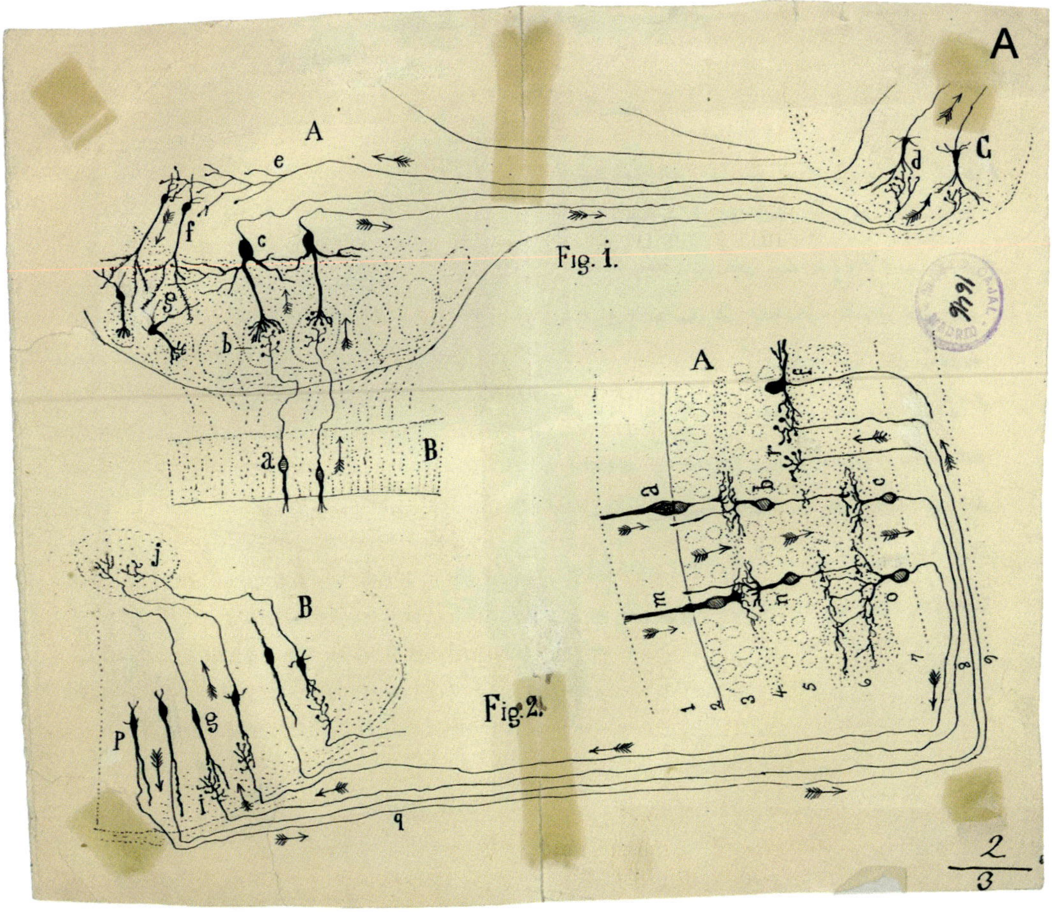
A
Fig. 1.
Fig. 2.
2
3

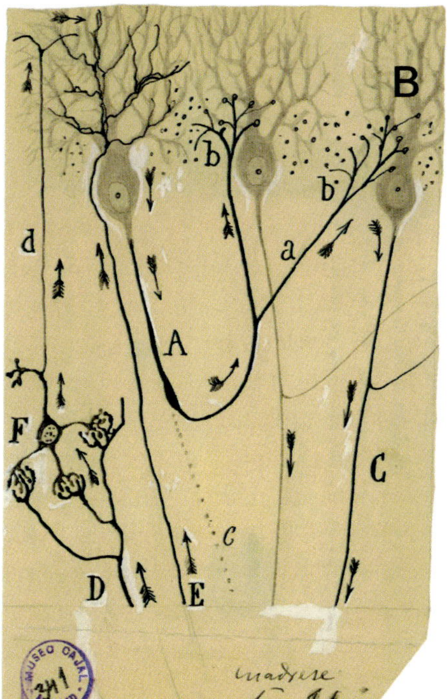
B
MUSEO CAJAL
241
MADRID

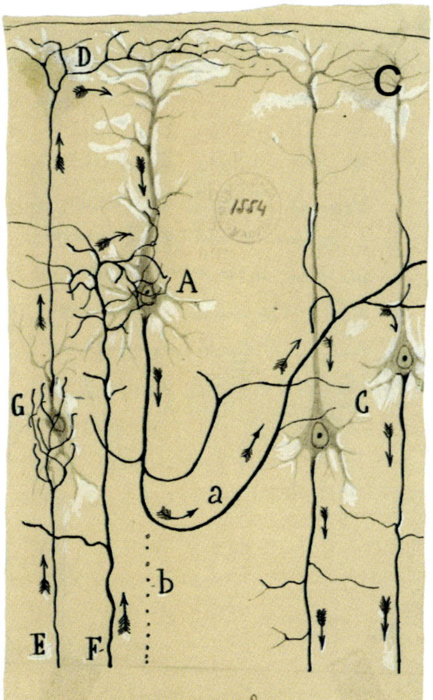
C
1554

vocaciones ni ambigüedades: Cajal lo ilustra de manera clara utilizando sus famosas flechas para indicar la dirección que sigue el impulso nervioso en los circuitos estudiados. De la misma manera, en el ojo, las células receptoras de la retina, denominadas conos y bastones, transportan el impulso nervioso a las células bipolares y éstas a las células ganglionares, las cuales lo introducen en el cerebro por el nervio óptico (figura 6.10 A). Obsérvense las similitudes conectivas de los dos sistemas que acabamos de mencionar y que se encuentran enfrentados en una misma lámina, sin duda alguna por razones didácticas. Además, esta teoría se cumple en otros sistemas, como el cerebelo, donde la corriente nerviosa se propaga desde las fibras musgosas hasta las células grano y por sus axones —fibras paralelas— a los penachos dendríticos de las células de Purkinje (figura 6.10 B), las cuales son células de proyección y, por lo tanto, las encargadas de sacar la información del cerebelo. Como vemos en este dibujo y en el siguiente, Cajal no sólo describe la dirección del impulso nervioso en el cerebro normal, sino también en cerebros manipulados experimentalmente, poniendo de manifiesto la plasticidad de dicho tejido. En efecto, Cajal descubre que, al seccionar experimentalmente el axón de una célula de Purkinje, éste degenera hasta la salida de la rama colateral más cercana a la lesión, donde se reorienta y asume las funciones de axón completo, reforzando el circuito con las células de Purkinje vecinas (figura 6.10 B). Se da cuenta de que este fenómeno ocurre también en otros sistemas, como en la corteza cerebral, a la que Cajal ha seccionado el axón de una célula piramidal, y observa que la fibra degenera igualmente hasta la salida de la rama colateral más cercana a la lesión. De esta manera, la célula lesionada no muere y, formándose un *by-pass* espontáneo, el circuito cerebral no se ve perjudicado (figura 6.10 C). En mi opinión, estos pocos ejemplos son suficientes para demostrar la importancia y actualidad de los dibujos histológicos.

Cajal realizó una gran labor histológica, mayormente trabajando en solitario. Sin embargo, formó a un número importante de científicos creando la famosa Escuela Histológica Española. Desgraciadamente, esta Escuela fue severamente castigada durante la guerra civil que estalló menos de dos años después de fallecer el maestro. Algunos de los discípulos directos murieron en la contienda y otros se exiliaron durante la guerra o después de finalizada ésta. Desafortunadamente, los discípulos que se quedaron fueron «purgados» por el nuevo régimen, como Tello y de Castro, que fueron privados de la dirección del Instituto Cajal y de sus cátedras universitarias.

Figura 6.10. Fidelidad y actualidad de los dibujos histológicos. A: Esquema de la morfología y disposición de los elementos neuronales que constituyen el sistema olfativo y el sistema visual. Cajal nos muestra el sentido de la corriente nerviosa mediante la representación de flechas. B: Sección experimental del axón de una célula de Purkinje, mostrando su reabsorción y reorientación para reforzar el circuito con células efectoras vecinas. C: Realización del mismo experimento descrito en el dibujo anterior, pero esta vez realizado en la corteza cerebral con células piramidales.

Bibliografía

De Carlos, J. A. y Rodríguez, A. (1996): *El Legado Cajal, en Cajal y su Legado*. CSIC, Fundación de Ciencias de la Salud, GlaxoWellcome y Residencia de Estudiantes, pp. 12-52, Madrid.

De Carlos, J. A. (2001): *Los Ramón y Cajal: una familia aragonesa*. Diputación General de Aragón, Departamento de Cultura y Turismo, Zaragoza.

Ramón y Cajal, S. (1913): *Manual de Anatomía Patológica General* (5.ª edición). Imprenta de Nicolás Moya, Madrid.

7. LA SINAPSIS, UNA UNIÓN NECESARIA ENTRE CAJAL Y SHERRINGTON

ALBERTO FERRÚS
Instituto de Neurobiología Ramón y Cajal
Consejo Superior de Investigaciones Científicas
Madrid

La sinapsis es, sin duda, la estructura más relevante y numerosa del sistema nervioso de cualquier organismo. El concepto y el nombre están unidos a dos fundadores de la Neurobiología: Santiago Ramón y Cajal y Charles Sherrington (fig. 7.1). Ambos, sin embargo, al igual que cualquier otro contemporáneo suyo, fueron incapaces de ver directamente una sinapsis porque los medios técnicos disponibles en la época no lo permitían. No fue hasta mediados del siglo XX (PALADE y PALAY, 1954), con el desarrollo del microscopio electrónico, cuando fue posible ofrecer la primera imagen de ese «punto donde las dos células mantienen un abrazo íntimo» según el significado del afortunado término griego, ςίήάρτο, utilizado por Sherrington para describir el lugar donde, sin permitir la fusión entre células, como Cajal había demostrado, se producía una transformación de la señal nerviosa de tal forma que fuese explicable el retraso en la transmisión del impulso nervioso durante el acto reflejo. En su *Croonian Lecture* de 1894, Cajal mostró imágenes de terminales nerviosas en forma de maza que, más tarde, se denominaron botones y que hoy sabemos que contienen la mayoría de las sinapsis, más concretamente: zonas activas, que dos células establecen entre sí. En 1897 Sherrington acuñaba el término *synapse* a sugerencia de un colaborador suyo conocedor de la lengua griega.

Introducción

Hoy está plenamente establecido que el concepto fisiológico de «punto de liberación de neurotransmisor» corresponde a la estructura morfológica visible al microscopio electrónico como una zona densa a los electrones sobre la membrana plasmática y en donde se acumulan vesículas llenas de neurotransmisor. La fusión total de éstas con la membrana plasmática dando lugar a figuras Ω, o sólo parcialmente en un proceso conocido como *kiss-and-run*, ha sido ampliamente documentada (ARAVANIS *et al.*, 2003; GANDHI y STEVENS, 2003; PALFREY y ARTALEJO, 2003; MORGAN *et al.*, 2002). Con independencia de las diferen-

Figura 7.1. Santiago Ramón y Cajal (arriba) y sir Charles Sherrington (abajo) en sus respectivas décadas de los 80 años de edad. Ambos científicos se conocieron personalmente durante la visita de Cajal al Reino Unido con motivo de su *Croonian Lecture* en 1854.

cias estructurales entre zonas activas de distintas regiones neurales o especies animales (fig. 7.2), la sinapsis puede ser considerada un mecanismo conservado de comunicación rápida (rango de milisegundos) entre neuronas (ATWOOD y KARUNANITHI, 2002; HARLOW *et al.*, 2001; SAKABA y NEHER, 2001).

Desde las primeras observaciones, era evidente que su número sería enorme en cualquier sistema nervioso. De hecho, es tan grande que nunca ha sido contado en ninguna especie. Hay, además, una buena razón para ni siquiera intentar una tarea así, y es que, como toda estructura biológica, la sinapsis es dinámica. Su número cambia, a ritmos diferentes, a lo largo de la vida postembrionaria del organismo, con la fase del ciclo hormonal de las hembras de mamíferos, con la periodicidad luz/día, etc. (MCEWEN *et al.*, 2001; NAFTOLIN *et al.*, 1996; HEGSTROM *et al.*, 2002; BALKEMA *et al.*, 2001). El comportamiento es una manifestación más de la dinámica sináptica. Desde que Donald Hebb postulase la regulación de la fuerza sináptica por medio de la actividad neuronal, la evidencia experimental sobre cambios estructurales y funcionales relativamente rápidos en neuronas maduras se ha ido acumulando (véanse revisiones en SEGAL y ANDERSEN, 2000; YUSTE y BONHOEFFER, 2001; EBIHARA *et al.*, 2003; KELLY *et al.*, 2003).

Cajal y su escuela fueron conscientes de que el comportamiento no es otra cosa que una serie de cambios en las vías por las que circulan, interaccionan y se transforman los estímulos resultando en una manifestación externa, normalmente motora. En definitiva, cambios en la fina arquitectura neuronal. También fueron conscientes de que para demostrar esos finos cambios sería necesario abordar el estudio experimental en organismos estructuralmente menos complejos que el cerebro humano pero, con todo, capaces de manifestar comportamientos de cierta elaboración. En su libro *Recuerdos de mi vida* (RAMÓN Y CAJAL, 1923), describe textualmente: «en mi programa y en el de mi ayudante Sánchez, late el empeño de no cejar hasta sorprender la característica anatómica del instinto. ¿Venceremos?». Aunque la victoria está aún lejos, es evidente que el camino recorrido ha sido largo y, en buena medida, los neurobiólogos actuales que trabajan con el instinto de pequeños animales deben reconocer una deuda con los fundadores de esta línea de pensamiento, especialmente con el injustamente olvidado Domingo Sánchez (fig. 7.3), a quien se deben la mayoría de los trabajos anatómicos en invertebrados producidos en el laboratorio de Cajal.

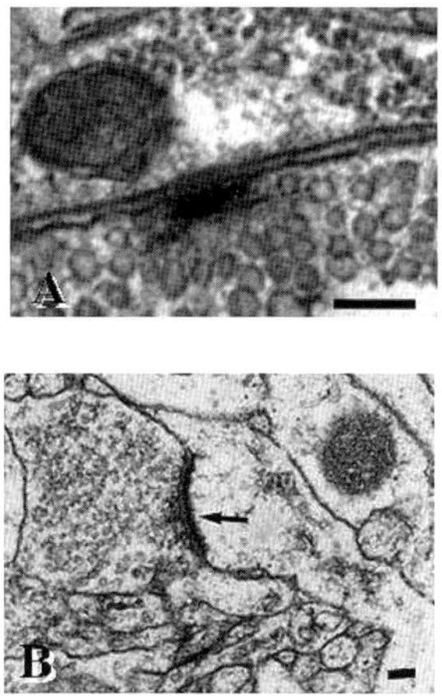

Figura 7.2. Imágenes de microscopía electrónica de dos zonas activas correspondientes a una sinapsis neuromuscular de *Drosophila* (A) y a la corteza cerebral humana (B). Nótese la especialización electrodensa y la acumulación de vesículas del lado presináptico. El caso humano es de mayor tamaño que el de *Drosophila*. Barras en A y B = 200 nm respectivamente. Foto en B cedida por el doctor DeFelipe (Instituto Cajal).

Cuando la sinapsis no tenía nombre pero sí forma

La formación del sistema nervioso es, ante todo, una afanosa búsqueda de socios adecuados entre los que establecer una conversación que permita al organismo sobrevivir. Para lograrlo, las células han de emitir una o varias extensiones que seguirán tortuosas rutas hasta encontrar su diana precisa estableciendo un número normalmente elevado de puntos de contacto especializados. Mientras las neuronas buscan a sus socios, la extensión celular adopta en su extremo una forma peculiar caracterizada por un perfil irregular que cambia rápidamente. Cuando Ramón y Cajal la observó por primera vez en 1890 con sus tinciones de plata en la médula espinal de los embriones de pollo, inmediatamente captó la esencia de esta estructura misteriosa (fig. 7.4). En sus palabras: «Esta fibra termina en un ensanchamiento que [...] llamaremos cono de crecimiento, que, a veces, puede mostrar cortas y finas extensiones entre los elementos circundantes, forjando sin cesar su camino a través de la matriz intersticial» (RAMÓN Y CAJAL, 1890, 1981). De hecho, puede decirse que el descubrimiento por el que Cajal es conocido universalmente, la estructura celular del sistema nervioso, se fundamenta en el descubrimiento previo de que, durante el desarrollo, todas las neuronas crecen y lo hacen por medio del cono de crecimiento.

Pero, una vez que el cono de crecimiento alcanza y reconoce su destino, ¿qué sucede con él? La respuesta es la piedra angular sobre la que se construye lo que hace 100 años se conocía como «La Teoría Neuronal». Los conos de crecimiento pierden su forma irregular, se hacen más rígidos pero «no se fusionan con la célula diana, preservando en todo momento la individualidad de cada célula». Este hecho constituyó el principal punto de desencuentro con Camilo Golgi, copartícipe con Cajal del Premio Nobel de 1906 y descubridor de la *reazione nera* o tinción de plata que tanto impresionó a Cajal cuando la aprendió del doctor Simarro marcando el futuro de su actividad profesional. El error de Golgi es fácil de ridiculizar hoy, pero hace 100 años los datos no eran tan evidentes a favor del «neuronismo» y, de hecho, los defensores del «reticularismo» fueron numerosos hasta bien entrado el siglo XX. Es aquí donde se manifiesta la talla de un genio con visión adelantada a su tiempo. Para Cajal, «el gran enigma de la organización del cerebro se cifra en averiguar el modo de terminarse las ramificaciones nerviosas...». Más adelante, «las ramificaciones colaterales

Figura 7.3. El doctor Domingo Sánchez, colaborador de Cajal y autor de la mayoría de los estudios sobre invertebrados, en una foto hacia 1925. Cortesía del doctor Juan de Carlos (Instituto Cajal).

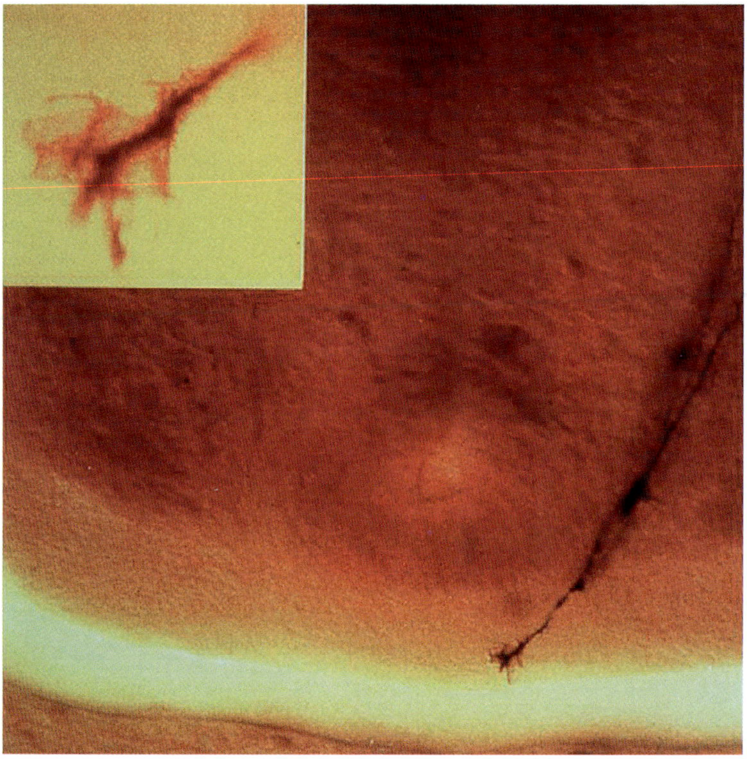

Figura 7.4. Corte transversal de un embrión de pollo de cuatro días teñido por el método de Golgi en el que puede apreciarse el extremo en crecimiento de una neurona. El inserto muestra en detalle el cono de crecimiento. Preparación original de S. Ramón y Cajal propiedad del Instituto Cajal. CSIC.

y terminales de todo cilindroeje acaban [...] mediante arborizaciones libres, estableciéndose un contacto o articulación entre el protoplasma receptor y los últimos ramúsculos axónicos...». Resulta evidente que esa «articulación» encierra el concepto de sinapsis, pero nada más ilustrativo que observar las imágenes que Cajal utilizó para mostrar esas terminaciones. En la *Croonian Lecture* de 1894, modificando un esquema previo de Waldeyer, otro gran defensor de la teoría neuronal, Cajal ilustra claramente las varicosidades terminales de las motoneuronas (fig. 7.5). Aún invisible a las técnicas de aquel momento, la sinapsis tenía ya carta de identidad morfológica. No había recibido nombre aún, pero en la audiencia de aquella conferencia se sentaba un joven científico que pronto se convertiría en otro gigante de la neurobiología, Charles S. Sherrington.

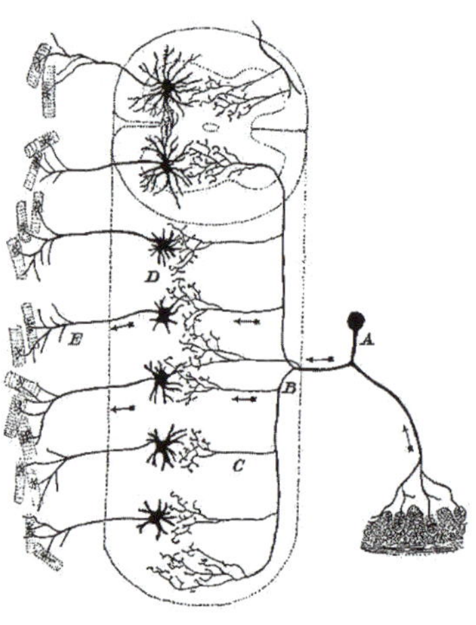

Figura 7.5. Ilustración utilizada por Cajal en la *Croonian Lecture* de 1894 para mostrar el circuito entre las sensaciones de la piel (célula A) y su conexión en la médula espinal con motoneuronas (D) que inervan los músculos (E). Nótese la estructura en forma de pequeñas mazas o botones en las terminaciones de las neuronas. Las flechas indican la dirección del estímulo según interpretación de Cajal y fundamento del «Principio de polaridad axónica».

Cuando la sinapsis no tenía nombre pero sí función

Como cualquier otro concepto en ciencia, la sinapsis tuvo una historia previa a la acuñación de su nombre. Claude Bernard en 1865 concluyó que la acción del veneno curare durante la parálisis neuromuscular debía utilizar como diana al nervio y no al músculo. En 1872, Kéhne describió la estructura de la terminación de las motoneuronas, a la que llamó unión neuromuscular. Esta unión, sin embargo, pronto se desechó como modelo para la comunicación en el sistema nervioso central porque las terminaciones no tenían ese aspecto, abonando la idea de una anastomosis similar a la existente en el sistema circulatorio donde arteriolas y vénulas se funden entre sí. Desde el punto de vista funcional, Schäfer apuntó claramente la idea de sinapsis en 1893 al describir: «The same nerve-impulses do not necessarily pass from one element of a nerve-chain to the next, but [...] more probably new impulses [...] are generated in the successive elements of the chain», y Du Bois Reymond en 1877 había sugerido de forma general que la transmisión nerviosa podría ser de naturaleza química o eléctrica. Pero correspondería a C. S. Sherrington el honor de acuñar el nombre como resultado de sus meticulosos estudios sobre el arco reflejo espinal. En concreto, sobre el retraso que puede apreciarse en la velocidad de conducción en los nervios periféricos con respecto a la conducción en el arco reflejo. Si la cadena neural que constituye el arco reflejo está compuesta de varias células independientes, cabe deducir que el retraso observado en la conducción del impulso nervioso tiene que ser debido al proceso de transmisión entre células, siendo esta velocidad de transmisión más lenta que la de conducción a lo largo de una célula. Una deducción brillante sin lugar a dudas pero no la única. Sus experimentos sobre el control de los movimientos musculares le permitieron caracterizar y localizar tanto las sinapsis excitatorias como las inhibitorias.

Analizado con perspectiva histórica el concepto de sinapsis, es preciso mencionar también el papel protagonizado por un fisiólogo español que, como muchos otros, tuvo que desarrollar su profesión en tierras lejanas: José del Castillo. Durante sus estudios de Medicina en la Universidad de Salamanca (1940-1945), fue profundamente influido por su maestro en Neuroanatomía, Jesús Escanilla, directo descendiente intelectual de Santiago Ramón y Cajal. Aun cuando Cajal había recibido el Premio Nobel de 1906 por la resolución de la estructura celular del sistema nervioso, eran muchos aún los que sostenían la posibilidad de una excepción, al menos para el caso de la conexión entre las motoneuronas y los músculos. Los brevísimos retrasos sinápticos del orden del milisegundo invitaban a pensar así. Katz y Del Castillo idearon un sencillo experimento en el que inyectaban corriente en la motoneurona a la vez que hacían imposible la liberación de neurotransmisor. Bajo esas condiciones, un registro en el músculo mostraba inequívocamente que la corriente no se transmitía a esta célula (DEL CASTILLO y KATZ, 1953). En aquellas fechas, ese resultado anulaba definitivamente la posibilidad de reticularismo que sólo la resolución del microscopio electrónico unos años más tarde vino a confirmar. En definitiva, Del Castillo puede considerarse el último enterrador del reticularismo como descendiente de la saga que Cajal inició.

El fugaz encuentro de dos gigantes

Cajal, con 42 años, y Sherrington, con 37, se conocieron personalmente en 1894 con motivo de la invitación que la Royal Society de Londres hizo a Cajal para impartir la prestigiosa *Croonian Lecture.* Se trataba de un acto al que eran invitados científicos relevantes en diversos campos. Kölliker, valedor científico de Cajal desde el Congreso de Berlín de 1899, había pronunciado la conferencia de 1862 y le aconsejó sobre el enfoque fisiológico que convenía dar a su conferencia. El galardón lleva implícita la declaración de *Fellow* de la Royal Society y un honorario de 50 libras. Sherrington fue encargado de atender a Cajal durante su visita y, además de hospedarlo en su casa, se preocupó de reproducir fotográficamente varias imágenes de las preparaciones microscópicas y dibujos a color para ilustrar la conferencia. Ésta tuvo lugar el 8 de marzo en la sede social de la Royal Society, la Bourlington House. El acto fue referido en la prensa local y la embajada de España contribuyó con su presencia a la importancia del evento. Una anécdota, referida por el propio Cajal en *Recuerdos de mi vida*, tiene cierto interés como perspectiva de hace 100 años. En el banquete que organizó la embajada de España y al que se invitó a una selecta representación de la colonia española en Londres, el anfitrión, don Cipriano del Mazo, se expresó en estos términos: «En mis repetidos viajes por el mundo, tres veces he sido vivamente impresionado: una, en presencia de las cataratas del Niágara; otra, en Roma, contemplando el Coliseo, y otra, oyendo la conferencia de Cajal ante la Sociedad

Real». Ciertamente el contraste con los usos y costumbres actuales es manifiesto, pero, más allá de las hiperbólicas frases de alabanza, quizá convenga recordar que se pierde en la memoria de los tiempos la última vez que la embajada de España en cualquier país ha tenido una participación equivalente cuando un científico español ha sido invitado a un acto distinguido. Esto, sin embargo, no es reflejo ni de la asiduidad de estas ocasiones ni del desuso por parte de otras embajadas. La de Francia en particular tiene un eficientísimo sistema de seguimiento y atención a las personalidades científicas nacionales que visitan un país extranjero, así como un actualizado banco de datos sobre los colegas locales del visitante francés.

Durante su visita a Inglaterra, Cajal relata con admiración las cosas que hubiera querido ver instaladas en España, residencias para estudiantes, bibliotecas, laboratorios de enseñanza, iniciativas privadas para el progreso de la ciencia y tantas otras que, en el contexto de la Junta para la Ampliación de Estudios, tratará de impulsar en Madrid años después. El encuentro con Sherrington, aproximadamente de un mes de duración, aunque lleno de actividades sociales, dejó tiempo para conversaciones científicas e incluso demostraciones prácticas como la realizada por el profesor Langley en Cambridge sobre la estimulación eléctrica de los ganglios simpáticos en un gato paralizado con nicotina. Es difícil entender por qué Cajal, ante este tipo de aproximación experimental, no la incorporó a su grupo, o al menos estimulase el interés de colegas en la Facultad de Medicina sobre esa visión funcional del sistema nervioso. Lo cierto es que Anatomía y Fisiología han sido desde entonces dos formas de estudiar el sistema nervioso con interacciones escasas y, en ocasiones, displicentes.

La fortuna del nombre

«In view, therefore, of the probable importance physiologically of this model of nexus between neurone and neurone it is convenient to have a term for it. The term introduced has been synapse.» Con estas palabras publicadas por Sherrington en su libro de 1897, *A Text Book of Physiology,* quedaba acuñado para la historia el nombre de la estructura más importante del sistema nervioso. Lo importante aquí es reconocer, una vez más, el valor heurístico del nombre. Un nombre que cobra toda su fuerza al convertirse en vehículo de transmisión cultural. Ya no era necesario relatar a las generaciones de estudiantes la descripción prolija de un fenómeno; bastaría con nombrarlo: sinapsis. ¿A quién le debemos la originalidad del afortunado nombre? Como en tantos otros hechos, a la casualidad. Por un lado a que Cajal no había estudiado griego y, quizá, a que no dedicó mucho esfuerzo a pensar en mecanismos funcionales (véase más abajo, sobre el concepto de inhibición). Por otro lado, la casualidad en este asunto incluye la presencia de M. Foster, mentor de Sherrington y coautor del libro antes mencionado, y quien, a su vez, mantenía relaciones con un especialista en griego, Verrall, que fue quien sugirió el nombre.

¡Y lo más extraño de todo es que nadie había visto hasta entonces una sinapsis! Su tamaño, aproximadamente 200 nanometros, estaba por debajo del poder de resolución de cualquier microscopio óptico. El mundo hubo de esperar a que el microscopio electrónico mostrase no solamente el espacio entre dos neuronas en contacto, sino la existencia de una formación especial, densa a los electrones, en donde parecen concentrarse vesículas antes de fusionarse con la membrana celular (fig. 2) (PALADE y PALAY, 1954). Ese análisis ultrastrucutral ha permitido descubrir los diversos tipos de especializaciones sinápticas incluyendo las sinapsis bidireccionales de invertebrados inferiores cuyo funcionamiento no polarizado constituyó durante muchos años el mejor argumento a favor del reticularismo.

Las sinapsis se mueven

La idea del dinamismo en el sistema nervioso es incluso anterior a Cajal. Para los predecesores, como Wiedersheim y Rabl-Rückhard, los cambios de forma hacían más bien referencia a movimientos ameboides de las células neurales (véase el capítulo de J. DeFelipe). El mismo Cajal también estaba convencido de que la fina estructura neural era cambiante según los estados fisiológicos, pero demostrar que las sinapsis cambian en número no ha sido posible hasta tiempos recientes por razones técnicas (VALVERDE, 1967; YUSTE y BONHOFFER, 2001). Hoy está plenamente aceptado que el astronómico número de sinapsis crece durante los años de juventud y se reduce en la senectud. Más sorprendente, sin embargo, es que el número cambia con la adquisición de una habilidad motora o cognitiva, así como entre el día y la noche. Se puede afirmar que la estructura submicroscópica que llamamos sinapsis puede construirse y eliminarse en menos de 24 horas. Ese dinamismo, además, puede detectarse en cerebros de cualquier especie en los que se ha estudiado con detalle y responde a una relación causa-efecto entre una tarea y un cambio de sinapsis en centros específicos (ACEBES y FERRÚS, 2001; DEVAUD *et al.*, 2003).

Las sinapsis enferman

Siendo la estructura más numerosa en cualquier sistema nervioso, no debe sorprender que la gran mayoría de las enfermedades neurales resulten de alteraciones en la sinapsis. El término «sinaptopatía» es ya de uso habitual para englobar estos trastornos. El más «natural» de todos es, sin duda, el envejecimiento. Llegados al período final de vida, se produce una pérdida relativamente rápida de sinapsis, si bien no por igual en todas las regiones del cerebro ni de todos los tipos de sinapsis. Por ejemplo, en la corteza prefrontal las sinapsis excitatorias desaparecen más que las inhibitorias (LUEBKE, 2004). En general, las áreas evolutivamente más recientes, la corteza prefrontal y parieto-temporal, suelen acusar una degradación mayor y más temprana con la edad. En todo caso, el envejecimiento neural es un proceso extremadamente heterogéneo porque representa la conjunción final de la dotación genética, las condiciones de vida del individuo y su historial de exposición a factores infecciosos. Así, está bien documentado el hecho de que la severidad y la velocidad de progresión de la enfermedad de Alzheimer están inversamente relacionadas con la actividad y nivel de formación intelectual que haya tenido el individuo. Parece que Cajal intuía esa relación al considerar al cerebro como un músculo que, «si no se ejercita, se pierde». Su recomendación de practicar «gimnasia mental» sigue siendo la mejor recomendación para la salud pública. Hoy se conocen también infecciones virales que permanecen silentes durante la mayor parte de la vida pero rebrotan en forma de neurodegeneración hacia la edad senil. Un componente indispensable para la actividad sináptica es la mitocondria, fuente esencial de energía y almacén regulador de calcio. Por esto, muchas enfermedades neurodegenerativas tienen su origen en fallos funcionales de la mitocondria y, de aquí, en la sinapsis. Algunas enfermedades que se consideraban hasta hoy trastornos originados en otro tipo de células han resultado ser causadas, en realidad, por defectos sinápticos. Ése es el caso de la migraña, conocida comúnmente como jaqueca, cuya repercusión social y económica es enorme ya que afecta a un 14% de la población. Hasta hace poco estaba considerada un problema del sistema circulatorio, pero las evidencias recientes indican que son las sinapsis que utilizan serotonina como neurotransmisor las que originan la enfermedad. De hecho, los fármacos que inhiben el sistema de recaptación de serotonina, aumentando por tanto los niveles de este neurotransmisor, son los mejores tratamientos. Estos mismos fármacos resultan también eficaces contra la depresión, otra enfermedad sináptica, al igual que la esquizofrenia. Durante las últimas décadas, muchos trastornos de la actividad neural cuyo origen se pretendía desligar de la fina estructura neuronal utilizando el vago concepto de «mente» como contraposición al de «cerebro» han cedido ante la evidencia experimental. El dualismo mente-cerebro, que tanto influyó a personajes como Sherrington, es hoy tan sólo una secuela en retroceso ante la visión unificada del cerebro como único generador de todo cuanto conocemos, incluida la consciencia (véase el capítulo de F. J. Rubia).

Cajal-Sherrington, la historia que no pudo ser

Este breve resumen histórico en torno a la génesis del concepto «sinapsis» invita a imaginar lo que habría sucedido si las circunstancias hubiesen sido diferentes. Cajal y su grupo consiguieron describir y clasificar virtualmente todos los tipos de células existentes en el sistema nervioso de múltiples especies, así como muchas estructuras subcelulares durante el desarrollo y la maduración de esas células. Por otro lado, Sherrington y su grupo caracterizaron propiedades funcionales de los circuitos neurales, desarrollando el concepto de sinapsis inhibitorias en contraposición al de excitatorias, así como la inervación recíproca de músculos antagónicos como mecanismo que permite la coordinación de movimientos. Si descubrir que el sistema nervioso está constituido por células y que éstas tienen una polaridad funcional representa un hito en la Neurobiología, no lo es menos descubrir que la inhibición es un proceso activo, no equiparable, por tanto, a la mera falta de excitación. No es fácil comprender por qué Cajal realizó todas sus interpretaciones funcionales sobre la base de flujo continuo de excitación, en que lo importante es la «vía de conducción» (véanse las flechas en cualquiera de los dibujos de Cajal). Ningún indicio del concepto de inhibición. Una actividad que hoy sabemos representa una fracción mucho mayor que la de excitación, especialmente en aquellos centros cerebrales en los que tienen lugar procesos de integración. La tradicional pugna entre la concepción estructural y la aproximación funcional al estudio del cerebro quizá tuvo su origen en la falta de comunicación entre las escuelas de Cajal y Sherrington.

Pero las cosas pudieron haber sido de otro modo. ¿Cómo sería la Neurobiología hoy si Cajal y Sherrington hubieran sido colegas de la misma institución? Quizá de forma más realista, ¿cómo sería la Neurobiología hoy si en el entorno de Cajal se hubiese estimulado el cultivo de las aproximaciones fisiológicas y en el de Sherrington el de las aproximaciones estructurales? Nadie puede dudar de que el progreso hubiese sido mucho más rápido y hoy conoceríamos mucho más sobre el órgano que define nuestra existencia. El problema de este cuadro imaginario es su localización. Si esa institución común a los dos gigantes de la Neurociencia hubiese estado situada en Inglaterra, el progreso habría sido notable y duradero pero la ciencia española no tendría referente alguno. Si, por el contrario, el caso hubiese sido en España, estremece imaginar las consecuencias para la ciencia. Esta apreciación, difícilmente discutible, nos lleva a reconocer que la fructificación del conocimiento y la expansión de sus efectos en la sociedad necesitan un caldo de cultivo cuidadosamente alimentado durante largo tiempo. Frente al mito de la singularidad, tanto ayer como hoy es evidente que los equipos son siempre mejores que los individuos. A falta de ese caldo de cultivo, la historia de la ciencia española ha utilizado la sacralización del individuo como característica de la idiosincrasia nacional. Trágico error que ha descarriado no pocas vocaciones juveniles. En todo caso, si la sociedad futura elige continuar por el camino del progreso mediante el aumento del conocimiento, algunas cosas deberían cambiar en los sistemas educativos y las escalas de valores de forma que disminuya el ensalzamiento del individuo en beneficio del grupo. La especie siempre será más longeva y eficaz que el individuo.

Cajal, el mito

Hace 100 años solía ensalzarse la imagen del héroe singular ungido con una alta predestinación, una mente privilegiada capaz de cambiar el curso de la sociedad de su tiempo, ejemplo a seguir por generaciones posteriores, y otras frases similares. Hasta hace bien poco, y particularmente en nuestro país, han perdurado esas ideas tan fáciles de transmitir, tan simples de entender pero, afortunadamente, erróneas. Es cierto que hay individuos con talentos excepcionales. Los hay, los hubo y los habrá. Cajal fue sin duda uno de ellos, pero hoy no sabríamos de su existencia si las circunstancias hubiesen permitido que él siguiese plenamente sus inclinaciones como pintor de arte o si otras circunstancias hubiesen permitido que fuesen las inclinaciones de su padre las que triunfasen plenamente. Debemos considerarnos afortunados de que el joven Cajal estudiase medicina, no sucumbiera en la guerra hispano-norteamericana sobre Cuba, encontrase al profesor Simarro, la docencia le permitiese investigar, alumnos como Pío del Río Hortega, Sánchez o Tello aportasen silenciosamente trabajo y talento a la obra del maestro, que la eficiencia administrativa de su esposa, Silveria, hiciera el milagro de sacar adelante a la numerosa familia, y tantas otras casualidades que forjan una vida. En el terreno puramente científico, se ha presentado a Cajal como una excepción de su tiempo, y esto es injusto para la sociedad española de la transición entre el siglo XIX y el XX. El resurgimiento intelectual español era evidente, y conviene no olvidar que el gobierno liberal de Segismundo Moret ofreció el puesto de ministro de Instrucción Pública a Cajal, quien aceptó inicialmente y esbozó un amplio programa de reformas. Aunque la inestabilidad del gobierno llevase a la no materialización del cargo ministerial, Cajal jugó un papel muy importante como director de la Junta de Ampliación de Estudios, órgano que impulsó la formación internacional de varias generaciones de intelectuales. El problema de una perspectiva 100 años después es que, irremediablemente, viene moldeada por la forma en que la historia es contada durante ese tiempo. El largo túnel de la dictadura supuso mucho más de lo que hoy relatan los textos colegiales. No sólo la ciencia desapareció, sino que se suplantó por la doctrina en un proceso de esterilización pertinaz que castró cualquier brote de creatividad. Emergidos del túnel, sin embargo, las secuelas resultan difíciles de erradicar. En democracia, la ciencia precisa de gestores con visión de futuro, personas que sean suficientemente generosas como para invertir en algo que ellos no cosecharán. Pero, para encontrar esos perfiles, el sistema educativo y las escalas de valores sociales deben ser las adecuadas. Así, ante la falta de esas condiciones, pero presionado por la imagen de tener que «hablar» de la ciencia española, se suele recurrir al tradicional procedimiento de nombrar a Cajal. A fin de cuentas, una actitud muy tradicional en el medio rural, «cuando no llueve se saca al santo en procesión». En versión actualizada: «siempre será más barato organizar homenajes y fomentar el culto a la personalidad de un individuo muerto que mantener el ritmo de inversiones económicas para el desarrollo del tejido investigador que un país necesita». Alguien debería preguntar en voz alta: ¿Y después de Cajal, qué? Quizá él mismo respondió a esa pregunta diciendo: «Se ha dicho hartas veces que el problema de España es un problema de cultura. Urge, en efecto, si queremos incorporarnos a los pueblos civilizados, cultivar intensamente los yermos de nuestra tierra y de nuestro cerebro, salvando para la prosperidad y enaltecimiento patrios todos los ríos que se pierden en el mar y todos los talentos que se pierden en la ignorancia». Resulta preocupante que esta frase, pronunciada el 1 de mayo de 1922, siga siendo plenamente vigente hoy.

La vida sigue, y hoy ya se puede hablar de una comunidad de neurocientíficos españoles que, a título individual, pueden compararse con otros colegas universalmente conocidos. Las circunstancias profesionales, sin embargo, son hoy muy diferentes de las de hace un siglo. Hace tiempo que la ciencia la hacen los equipos humanos y las infraestructuras tecnológicas. Llegados a este punto, muchos gestores suelen creer que han encontrado su excusa justificativa al interpretar este hecho como que las inversiones en ciencia son muy costosas. No hay sitio aquí para incluir la enorme cantidad de datos existentes, pero rara vez difundidos, sobre las cifras reales y cómo se comparan con otros capítulos del presupuesto nacional. Una sola frase, atribuida al editor de la influyente revista *Nature*, J. Madox, puede resumir la conclusión: «si creen que la investigación es cara, prueben con la enfermedad». Tanto en épocas de bonanza económica como de recesión, conviene recordar a las generaciones de futuros científicos la reflexión que Cajal hizo en una de sus últimas horas de vida: «Os han concedido algo más precioso que todas las excelencias sensoriales: un cerebro privilegiado, órgano soberano de conocimiento y de adaptación, que sabiamente utilizado aumentará hasta lo infinito la potencia analítica de vuestros sentidos. Gracias a él podréis bucear sobre lo ignorado y operar sobre lo invisible, esclareciendo en lo posible los arcanos vedados al hombre vulgar de la materia y de la energía. Y vuestras potencialidades inquisitivas distan mucho de haberse agotado; antes bien, crecerán incesantemente, tanto, que cada fase evolutiva del "Homo sapiens" revestirá los caracteres de nueva Humanidad».

Bibliografía

ACEBES, A. y FERRÚS, A. (2001): Increasing the number of synapses modifies olfactory perception in *Drosophila*. *J. Neurosci.,* 21: 6264-6273.

ARAVANIS, A. M. *et al.* (2003): Single synaptic vesicles fusing transiently and successively without loss of identity. *Nature,* 423: 643-647.

ATWOOD, H. L. y KARUNANITHI, S. (2002): Diversification of synaptic strength. Presynaptic elements. *Nat. Rev. Neurosci.,* 3: 497-516.

BALKEMA, G. W. *et al.* (2001): Diurnal variation in synaptic ribbon length and visual threshold. *Vis. Neurosci.,* 18: 789-797.

DEL CASTILLO, J. y KATZ, B. (1953): The failure of local-circuit transmission at the nerve-muscle junction. *J. Physiol.*, 123.

DEVAUD, J.-M. *et al.* (2001): Odor exposure causes central adaptation and morphological changes in selected olfactory glomeruli in *Drosophila*. *J. Neurosci.,* 21: 6274-6282.

DEVAUD, J.-M. *et al.* (2003): Structural and functional changes in the olfactory pathway of adult *Drosophila* take place at a critical age. *J. Neurobiol.,* 56: 13-23.

EBIHARA, T. *et al.* (2003): Synchronized formation and remodeling of postsynaptic densities: long-term visualization of hippocampal neurons expressing postsynaptic density proteins tagged with green fluorescent protein. *J. Neurosci.,* 23: 2170-2180.

GANDHI, S. P. y STEVENS, C. F. (2003): Three modes of synaptic vesicular recycling revealed by single-vesicle imaging. *Nature,* 423: 607-613.

HARLOW, M. L. *et al.* (2001): The architecture of active zone material at the frog's neuromuscular junction. *Nature,* 409: 479-484.

HEGSTROM, C. D. *et al.* (2002): Photoperiod and androgens act independently to induce spinal nucleus of the bulbocavernosus neuromuscular plasticity in the Siberian hamster, *Phodopus sungorus*. *J. Neuroendocrinol.,* 14: 368-374.

KELLY, A. *et al.* (2003): Activation of mitogen-activated protein kinase/extracellular signal regulated kinase in hippocampal circuitry is required for consolidation and reconsolidation of recognition memory. *J. Neurosci.,* 23: 5254-5360.

MCEWEN, B. *et al.* (2001): Tracking the estrogen receptor in neurons: implications for estrogen-induced synapse formation. *Proc. Natl. Acad. Sci. USA,* 98: 7093-7100.

MORGAN, J. R. *et al.* (2002): Synaptic vesicle endocytosis: the races, places and molecular faces. *Neuromol. Med.,* 2: 101-114.

NAFTOLIN, F. *et al.* (1996): Synaptic remodeling in the arcuate nucleus during the estrous cycle is induced by estrogen and precedes the preovulatory gonadotropin surge. *Endocrinology,* 137: 5576-5580.

PALADE, G. E. y PALAY, S. L. (1954): Electron microscope observations of interneuronal and neuromuscular synapses. *Anat. Rec.,* 118: 335-336.

PALFREY, H. C. y ARTALEJO, C. R. (2003): Secretion: kiss-and-run caught on film. *Curr. Biol.,* 13: 397-399.

RAMÓN Y CAJAL, S. (1890): *Gaceta Sanitaria de Barcelona,* 12: 413-419.
RAMÓN Y CAJAL, S. (1981): *Recuerdos de mi vida: Historia de mi labor científica.* Alianza Editorial, Madrid.
SAKABA, T. y NEHER, E. (2001): Quantitative relationship between transmitter release and calcium current at the calyx of Held synapse. *J. Neurosci.,* 21: 462-476.
SEGAL, M. y ANDERSEN, P. (2000): Dendritic spines shaped by synaptic activity. *Curr. Opin. Neurobiol.,* 10: 582-586.
VALVERDE, F. (1967): Apical dendritic spines of the visual cortex and light deprivation in the mouse. *Exp. Brain Res,* 3: 337-352.
YUSTE, R. y BONHOFFER, T. (2001): Morphological changes in dendritic spines associated with long-term synaptic plasticity. *Annu. Rev. Neurosci.,* 24: 1071-1089.

8. CAJAL Y LA CIENCIA DE LOS DÉBILES PRINCIPIOS

José M.ª Delgado García
División de Neurociencias
Universidad Pablo de Olavide
Sevilla

> «Yo he andado en esto de esta barahúnda del pensamiento bien apretada algunas veces, y habrá poco más de cuatro años que vine a entender por experiencia que el pensamiento (o imaginación, porque mejor se entienda) no es el entendimiento, y preguntélo a un letrado y díjome que era así, que no fue para mí poco contento.»
>
> (Santa Teresa de Jesús, *Moradas Cuartas,* capítulo 1)

Introducción

Durante todos los años que mantuve una relación académica —como alumno, doctorando y profesor— con la Facultad de Medicina de la Universidad de Sevilla, pasé diariamente bajo un mural de cerámica colocado sobre la puerta de entrada de la cátedra de Fisiología en el que podía leerse la sutil invitación a la experimentación de Ramón y Cajal: «Recuerdo que una vez me pasé sobre el microscopio veinte horas seguidas, avizorando los gestos de un leucocito moroso, en sus laboriosos forcejeos para evadirse de un capilar sanguíneo». Según me informa el profesor Diego Mir, dicho mural había sido colocado por el profesor Sopeña, influido tal vez por el hecho de que su admirado C. S. Sherrington también recoge dicha sentencia en su libro *Man on his nature*. Al repasarla de memoria en muchas ocasiones, la frase tomaba en mi mente la consideración, unas veces, de una simple *boutade*, mas otras la de un abierto desafío: tal vez, la distancia intangible que va de lo deseable a lo inalcanzable.

Como es de esperar, esta pequeña historia no está desprovista de estrambote, ya que en los años de mis estudios de licenciatura y doctorado —felices sesenta— Ramón y Cajal no sólo tenía el mencionado homenaje en forma de azulejo, sino que la ciudad le dedicaba desde años atrás una de sus populosas avenidas, pero en la biblioteca de la Facultad no existía, que yo recuerde, ninguna copia de su libro más importante (*Textura del sistema nervioso del hombre y de los animales*, 1899-1904), publicado sesenta años antes. Es más que probable que tanto a mí como a mis colegas de licenciatura, que más de una vez fuimos en busca de sus obras a la biblioteca, nos hubiese venido la mar de bien haber podido escucharle *con los ojos*, como Ramón y Cajal refiere que conviene hacer con los investigadores de postín. Por lo demás, este homenaje al autor, con olvido de su obra, no hace sino incrementar en unos gramos la imagen tópica de Ramón y Cajal, que tan bien resume LÓPEZ PIÑERO (2000) en su libro: «investigador sin raíces, genio solitario, y sabio incomprendido y sin medios». No voy a comentar aquí cuál es el presente de la investigación científica en nuestro país, sino que lo dejo virgen para el comentario de los que editen un libro similar en un próximo aniversario. Tal vez, por comparación, ellos puedan mirar hacia atrás con menos ira.

De todos es sabido que Ramón y Cajal ha contribuido con una aportación fundamental al entendimiento de la estructura y función del sistema nervioso de invertebrados y vertebrados. A su impresionante descripción de la organización celular de los centros nerviosos, Ramón y Cajal añadió una decisiva contribución a los fundamentos conceptuales de la Neurociencia, particularmente respecto a la teoría neuronal, al principio de la polarización dinámica, a la maleabilidad de los circuitos nerviosos en función de las circunstancias y al probable mecanismo que hace posible las funciones superiores, como el aprendizaje o la actividad mental. Estas contribuciones conceptuales son tanto más llamativas cuando se considera que si de algo carece la Neurociencia contemporánea es de un adecuado sistema de leyes y principios básicos sobre el que sustentar las abundantísimas investigaciones en marcha sobre temas no tan diferentes como cabría esperar. «Sólo acierta quien sabe», recuerda RAMÓN Y CAJAL (1923) en sus memorias, o lo que es lo mismo, no se matan más pájaros por disparar en cualquier dirección, si no se tienen pistas adecuadas acerca de dónde se ocultan los nidos.

Así pues, en el presente capítulo voy a tratar de abordar de manera sucinta aquellos conceptos neurocientíficos fundamentales aventados por Ramón y Cajal a lo largo y ancho de su extensa obra, sin pretender realizar un estudio cronológico o sistemático de sus hallazgos específicos.

No se puede investigar sin imaginación ni sin plata

De acuerdo con sus biógrafos (ÁLVAREZ-LEEFMANS, 1994; DE CARLOS, 2001; DE CASTRO, 1981; LEWY, 1987; LÓPEZ PIÑERO, 2000), Ramón y Cajal era un declarado patriota, preocupado por la productividad científica de su *raza*, así como un explorador incansable de muchos aspectos de la vida cotidiana, como la literatura, la lírica, la gimnasia, la filosofía... o la fotografía. De la lectura de sus memorias (RAMÓN Y CAJAL, 1923) se desprende fácilmente que el dominio de las técnicas fotográficas le facilitó de seguro el revelado de la estructura neuronal y su estudio exhaustivo, porque, como dice Susan Sontag en uno de sus libros, no hay fotografía que no nos aporte algo. Por supuesto que la correcta utilización de la técnica de Golgi y de tantas de sus variantes tiene mucho en común con el trabajo del fotógrafo y con las tareas que se llevan a cabo en el *cuarto oscuro*. De hecho, Ramón y Cajal dedicó uno de sus libros al arte de la fotografía en color. Así que, en este caso, la plata (revelada y/o reducida) hizo mucho por nuestro héroe. El lector inteligente sabrá aceptar que no extienda en detalle esta analogía al problema —insoluble, al parecer— de la correcta financiación de la ciencia en nuestro país.

Amén de trabajador inteligente, tenaz e infatigable, Ramón y Cajal debió de tener una suerte de imaginación desconfiada. Pero en algunas ocasiones, Ramón y Cajal se permite algunos escarceos especulativos, como con ocasión de la *Croonian Lecture* en 1894, o de su ponencia al Congreso Internacional de Roma, celebrado el mismo año (RAMÓN Y CAJAL, 1923), obras de las que entresacaremos la mayoría de los comentarios que siguen. En cualquier caso, Ramón y Cajal parece especular siempre bajo el principio de que los hechos quedan y las teorías pasan. La imaginación excesiva puede romper la memoria en mil pedazos, y Ramón y Cajal guarda siempre fiel detalle de lo que lee. Él mismo refiere que tanto la teoría neuronal como la de la polarización dinámica fueron «puro resultado inductivo del análisis estructural del cerebelo [...] confirmado después en todos los órganos nerviosos explorados» (RAMÓN Y CAJAL, 1923). Incluso si un exceso de fantasiosa imaginación le llevó a proponer la existencia de un «hilo estriado que cose las células», prontamente supo dar marcha atrás de su desliz, confinando de nuevo a «la loca de la casa» a sus internos aposentos. Por eso a nuestro personaje cuadra, más bien de lo que pudiera pensarse en un principio, la cita que abre este capítulo. Se entiende que ante la exuberancia de sus datos experimentales, Ramón y Cajal tuviese suficiente con aplicar un razonamiento lógico impecable... e implacable.

En alguna parte de sus *Recuerdos*, Ramón y Cajal refiere que su capacidad analítica procede del detalle con que su padre le enseñó osteología. Frases tales como «todo hombre puede ser, si se lo propone, escultor de su propio cerebro» (Ramón y Cajal, 1897) podrían derivarse tanto de su contundente y disciplinada formación intelectual como de sus estudios de la circuitería neuronal y del posible modelado de ésta en relación con lo aprendido a lo largo de la vida. Por cierto, un apabullante ejemplo de su capacidad analítica son sus escritos sobre el origen visual de las vías cruzadas tanto sensitivas como motrices. La necesidad de formarse una imagen interna del mundo exterior y la elaboración de estrategias motrices acordes con dicha disposición son los principios básicos que rigen tan peculiar organización hodológica, sorprendente e inexplicable para cualquiera que no tuviese sus enormes facultades para interpretar el mundo de lo real.

Antes la abeja que el enjambre

Cuenta López Piñero (2000) que, con motivo de su jubilación (a los 70 años), un diputado de las Cortes propuso que se concediese a Ramón y Cajal una pensión vitalicia. Tras varios vaivenes argumentales, teñidos ¡cómo no! de tintes políticos, Ramón y Cajal envió una carta abierta al diario *El Sol*, titulada «Por encima de la abeja está el enjambre», en la que cedía cualquier ayuda económica que se le pudiese conceder al Laboratorio de Investigaciones Biológicas, el cual, pienso yo, no debería de andar demasiado boyante. En este particular, Ramón y Cajal actúa con una generosidad y desprendimiento no habituales en estas latitudes, pero repetidos en ocasiones similares a lo largo de su dilatada existencia. Ahora bien, este gesto de situar a la comunidad por encima del individuo parece diametralmente opuesto a una de sus contribuciones fundamentales al entendimiento del sistema nervioso; esto es, la *teoría neuronal*, en la cual se propone que la célula nerviosa es la unidad anatómica y funcional de tan compleja estructura. Pero ¿qué podríamos decir del conjunto? ¿Cuál es el principio que guía a tantos elementos celulares nerviosos cuando están juntos formando un cerebro? El mismo Ramón y Cajal (1897-1904) es consciente de esta limitación conceptual cuando escribe: «... en realidad, en el estado actual de la ciencia no es posible formular una teoría definitiva del plan arquitectónico y dinámico del cerebro». Pero no precipitemos acontecimientos.

A finales del siglo XIX existía una suerte de batalla científica entre los que proponían que el cerebro estaba formado por una red de elementos celulares nerviosos interconectados entre sí a través de los cilindroejes (Golgi) o incluso por las prolongaciones protoplásmicas (Gerlach) frente a los proponentes de la existencia de terminaciones nerviosas libres (Hiss) o sin anastomosis (Forel). Entre los años 1888-1889, Ramón y Cajal tiene datos morfológicos suficientes, basados sobre todo en sus estudios del cerebelo, retina y lóbulos ópticos de las aves, para afirmar con prístina claridad que «cada célula nerviosa es un cantón fisiológico absolutamente autónomo» (DE CASTRO, 1981). Así pues, para nuestro héroe, las articulaciones o contactos —denominados *sinapsis* por Sherrington, en 1897— entre dos neuronas se efectúan entre las ramificaciones terminales de los cilindroejes —o *axones*, según Von Kölliker— de una neurona y las expansiones protoplásmicas —*dendritas*, siguiendo a Hiss— y/o los somas neuronales de la otra.

Así pues, las células nerviosas —*neuronas*, siguiendo a Waldeyer, 1891— son morfológicamente independientes, pero tienen una decidida tendencia a contactar con otras neuronas. RAMÓN Y CAJAL (1923) se pregunta por las fuerzas misteriosas que orientan a las expansiones axónicas en busca del adecuado blanco hasta establecer, por fin, «esos ósculos protoplásmicos, las articulaciones intercelulares, que parecen constituir el éxtasis final de una épica historia de amor». Sherrington supo detectar con elegancia la tendencia antropomórfica de Ramón y Cajal (ÁLVAREZ-LEEFMANS, 1994), pero, en cualquier caso, las neuronas, como elementos independientes de la sociedad cerebral, no tendrían por qué hacer cosas diferentes de lo que hacen los seres humanos en la sociedad que los acoge. Dada nuestra tendencia natural a citar autores de habla inglesa, no me resisto a recoger aquí aquella pregunta lanzada a las ondas por las *Spice Girls*: *Do you want to be my lover?* Así pues, neuronas (y personas) que comparten ciertas afinidades electivas tenderán a estrechar sus contactos y, llegado el caso, los perderán cuando sus intereses comiencen a divergir.

No tenemos espacio aquí para considerar los estudios de Ramón y Cajal sobre el cono de crecimiento y sobre los mecanismos de regeneración nerviosa, aunque ambos ayudaron a consolidar la doctrina neuronal (De Castro, 1981; Turlejski y Djavadian, 2002), que estamos considerando.

Ni que decir tiene que el debate entre reticularistas y partidarios de la independencia morfológica neuronal se mantuvo durante años e, incluso, se extiende hasta nuestros días (véanse por ejemplo Bennet, 2002), en base particularmente a la presencia de contactos dendríticos tipo *gap junction*, de los cuales Ramón y Cajal parece que ya tuvo noticia (Álvarez-Leefmans, 1994). Por otra parte, es evidente que a lo largo de más de cien años se han acumulado datos estructurales y funcionales que han incrementado la complejidad que las células nerviosas presentan a nuestro entendimiento. Los principales hallazgos experimentales que, de un modo u otro, atentan contra los principios fundamentales de la teoría neuronal podrían ser los siguientes: la ya mencionada presencia de sinapsis eléctricas, la acción de neuromoduladores que actúan en sitios muy distintos de la superficie neuronal, la propagación antidrómica del potencial de acción hasta el soma y las dendritas, la presencia de potenciales de acción en las dendritas, la irregular distribución de canales iónicos dependientes de voltaje a lo largo de la membrana neuronal e, incluso, la participación de las células gliales en los procesos de elaboración y transmisión de información nerviosa (Albraight, 2000; Bennet, 2002; Bullock, 1956, 2005; Guillery, 2005). La propia definición de qué es dendrita y qué axón (Bodian, 1962) o la aceptación de elementos funcionales nerviosos no restringidos a la morfología neuronal, como por ejemplo la asociación de terminales sinápticos, de árboles dendríticos (sinapsis dentro-dendríticas) o de unidades funcionales multicelulares (Shepherd, 1972), se han aducido también como pruebas evidentes de las limitaciones que presenta la doctrina neuronal. Pero una cosa es acumular datos que contradicen en parte el concepto de neurona como unidad morfológica y funcional del tejido nervioso y otra más complicada es proponer una teoría que englobe tanto las propuestas seminales de Cajal y otros histólogos de finales del siglo XIX y principios del XX como los datos experimentales acumulados a lo largo de la última centuria. Ya he indicado en el título de este capítulo que los neurocientíficos no nos caracterizamos por nuestra capacidad a la hora de elaborar principios generales que soporten y engloben los resultados experimentales recolectados por tan numerosa prole. Así, pues, tenemos deberes conceptuales pendientes que no debemos dejar de lado.

Un hombre de leyes y principios

Ramón y Cajal, por el contrario, sí era un hombre de leyes y principios, y trataba en todos los casos de encontrar los elementos conceptuales comunes y/o definitorios subyacentes a sus hallazgos experimentales. Así, por ejemplo, RAMÓN Y CAJAL (1923) relata las cuatro leyes que rigen la morfología y las conexiones de las células nerviosas y que se pueden resumir como sigue: a) los axones acaban en terminaciones libres; b) los axones se adosan a somas o dendritas; c) el soma y las dendritas participan en el impulso nervioso, y d) dicho impulso se transmite por contacto «como en las articulaciones de los conductores eléctricos, o por una suerte de inducción, como en los carretes de igual nombre».

De hecho, todo el capítulo primero de la *Textura* (1899) está repleto de importantes principios generales relativos a la evolución y diseño de los sistemas nerviosos de vertebrados e invertebrados. En el capítulo quinto del mismo libro, Ramón y Cajal describe otras tres leyes fundamentales a la organización del tejido nervioso: a) la *ley de economía de tiempo*, por la cual las vías nerviosas son lo más cortas posibles, adoptando ingeniosas soluciones geométricas para alcanzar dicho objetivo; b) la *ley de ahorro de energía*, referida sobre todo a la economía del protoplasma, usando como ejemplo palmario el origen somático o dendrítico de los axones de las células de los granos del cerebelo, dependiendo de la localización de dichas estructuras respecto a las fibras paralelas, y c) la *ley de economía de espacio*, por la que los elementos celulares nerviosos se disponen de forma que eviten la formación de vacíos. Finalmente, en el capítulo XLVIII, Ramón y Cajal refiere una serie de postulados fisiológicos implicados en la organización de centros y vías corticales: a) la *unidad de percepción espacial y tonal*, referida a la necesidad de formarse una única imagen sensorial correspondiente a los estímulos presentes en el mundo externo; b) la *simetría concéntrica*, que predice en cierta forma la existencia de mapas corticales, sobre todo para las modalidades sensoriales visual y acústica, y c) las leyes ya descritas de ahorro de espacio y de protoplasma.

Otra ley propuesta por Ramón y Cajal de un evidente contenido funcional, como tantas de sus generalizaciones conceptuales, es la *ley de la avalancha nerviosa* (o del alud) (véanse ÁLVAREZ-LEEFMANS, 1994; LLINÁS, 2003). La conducción del impulso nervioso en avalancha supone la activación de numerosas poblaciones neuronales a partir de un simple estímulo sensorial, lo cual permite, entre otros procesos, la elaboración de respuestas en sitios nerviosos alejados del sitio estimulado.

Las flechas de Cajal

Para mí que las tres contribuciones fundamentales de Ramón y Cajal a la Neurociencia son su exhaustiva descripción de la morfología y conectividad de los elementos celulares nerviosos, la teoría neuronal y el principio de polarización dinámica. En este apartado me ocuparé particularmente de este último. En sus *Recuerdos* (1923), Ramón y Cajal cuenta que el *principio de polarización dinámica* fue elaborado en el año 1891, transformándolo más adelante, de acuerdo a nuevos hallazgos y a determinados comentarios críticos en la *teoría de la polarización axípeta.*

Ramón y Cajal describe así su principio funcional: «la transmisión del movimiento nervioso tiene lugar desde las ramas protoplásmicas hasta el cuerpo celular, y de éste a la expansión nerviosa. El soma y las dendritas representan, pues, un aparato de recepción, mientras que el axón constituye el órgano de misión y repartición». Como se ha indicado más arriba, Ramón y Cajal elaboró este principio a partir de sus estudios de la (organizada) estructura celular de la corteza del cerebelo (figura 8.1), pero la aplicó con éxito a otros muchos circuitos nerviosos, como, por ejemplo, a la interacción de señales sensoriales y de órdenes motoras en la corteza cerebral: «el movimiento centrífugo o motor voluntario transmisible a lo largo de las dos neuronas motrices [tiene] su fuente en los penachos protoplásmicos de las pirámides, es decir en plena capa molecular, porque éste es el punto de llegada de las fibras sensitivas, callosas y de asociación».

Más de cien años después de la propuesta seminal de Ramón y Cajal, la pregunta es: ¿Cómo pudo imaginar la correcta disposición de las flechas? Si el lector interesado observa algunas preparaciones histológicas del córtex cerebeloso impregnadas con la técnica de Golgi, podrá ver elegantes elementos neuronales (células de Purkinje y Golgi, granos, etc.), pero no verá por supuesto flechas, ni tan siguiera un elemental orden estructural que sugiera el camino que sigue el movimiento o flujo nervioso. Con sus flechas, Ramón y Cajal no sólo estuvo a un paso de determinar el carácter unidireccional de la transmisión en las sinapsis químicas (LLINÁS, 2003), sino que dejo expedito el terreno para la interpretación funcional de numerosos circuitos nerviosos. Lamentablemente, y esto es un reflejo más de una cierta inseguridad

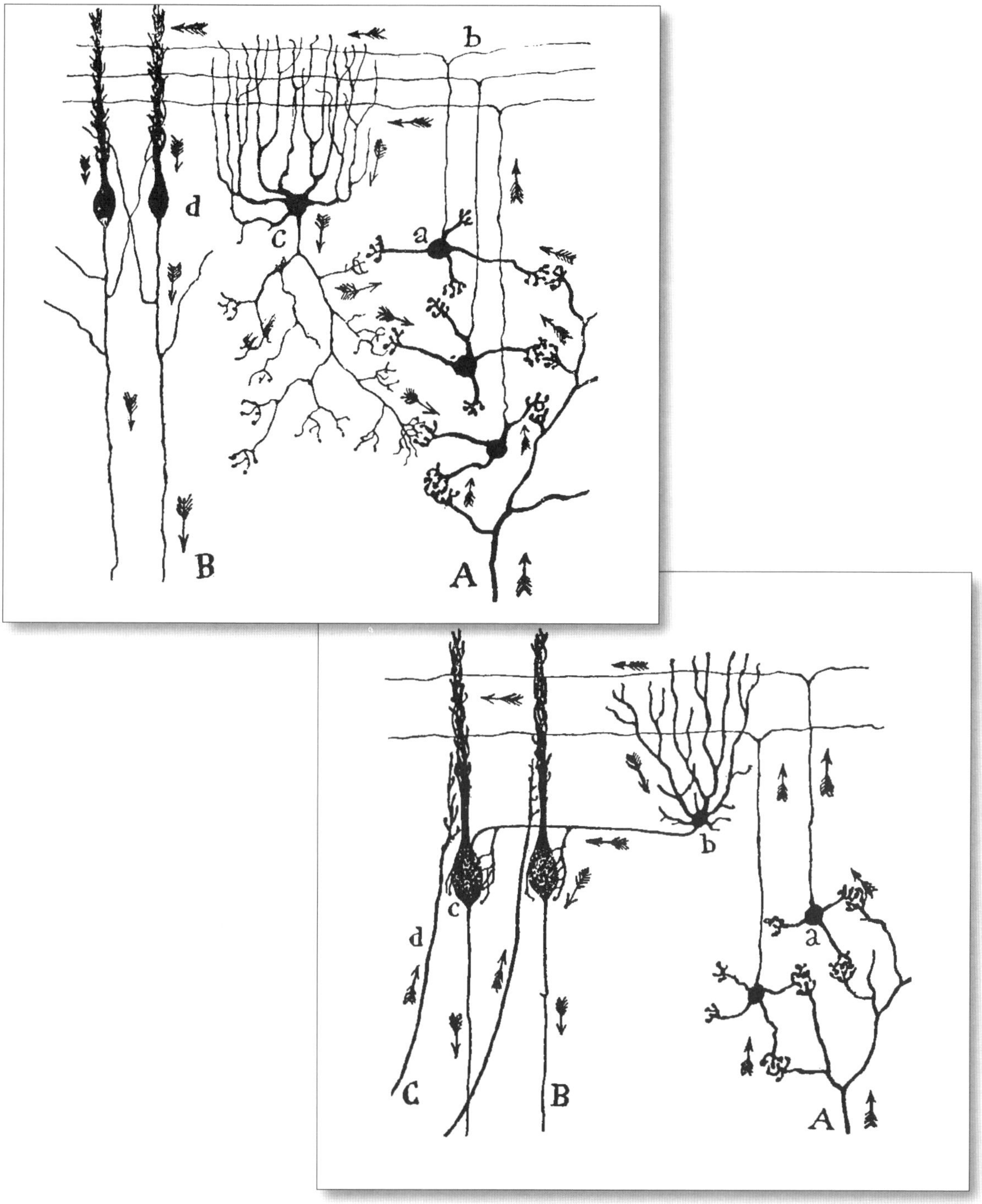

Figura 8.1. Marcha de la corriente nerviosa por el circuito cerebeloso, según Ramón y Cajal. En el diagrama de la izquierda, se ilustra la dirección de los impulsos nerviosos que llegan por las fibras musgosas (A) a las células de los granos (a) y de éstos, a través de las fibras paralelas (b), a las células de Golgi (C) y de Purkinje (d). Nótese la dirección del impulso nervioso a través de los axones de las células de Golgi y Purkinje (B). En el diagrama de la derecha, si ilustra un circuito similar, con la inclusión de las células de cesta (b) y de las fibras trepadoras (C). Tomado de Ramón y Cajal, *Textura del sistema nervioso del hombre y de los animales* (1899-1904).

conceptual, la inmensa mayoría de los desarrollos interpretativos de la fisiología cerebral que siguieron a la propuesta de Ramón y Cajal no se han separado un ápice de su articulado. Véase, por ejemplo, que los conceptos actuales sobre el funcionamiento cerebral o sobre los procesos de aprendizaje y memoria (ALBRAIGHT, 2000; KANDEL, 1998, 1999) siguen al pie de la letra la visión bidimensional del funcionamiento cerebral propuesto por Ramón y Cajal. Es más, la funcionalidad que Ramón y Cajal atribuye a los elementos neuronales de axón corto (véase más adelante) o la propuesta de los circuitos reverberantes hecha por uno de sus discípulos (Lorente de Nó) suponen un cierto intento de superación de este modelo «en carretera» de la función cerebral. Si escasos son los autores que han tratado de encontrar esa necesaria tercera dimensión de la fisiología cerebral, salvo los interesados en los estados cerebrales de sueño y vigilia, pocos son también (véase DELGADO-GARCÍA y GRUART, 2002; LLINÁS, 1998) los que hablan por el momento de «estados funcionales» como el sustrato básico que subyace a los procesos que tienen lugar en el cerebro de un animal, como suele decirse, «vivito y coleando».

Ramón y Cajal no conoce la presencia de neuronas inhibidoras (interpuestas normalmente en los circuitos laterales a la vía principal) en las vías nerviosas que dibuja (véase SOTELO, 2003); pero, al menos, se da cuenta de que las neuronas de axón corto, y los circuitos colaterales en los que participan, deben cumplir alguna función, desde la de «generadores y acumuladores de energía nerviosa» hasta la de almacenes de actos y hechos pasados. Ramón y Cajal observa la abundancia de corpúsculos de axón corto en determinados centros nerviosos (cortezas cerebral y cerebelosa) frente a otros (médula espinal, bulbo raquídeo) en los que predominan las neuronas de proyección, por lo que adscribe a las neuronas de axón corto la elaboración de respuestas o reacciones tardías a los estímulos exteriores; es decir, la base de procesos como la memoria, la ideación o la emisión de juicios.

Algunos contemporáneos de Ramón y Cajal eran ya conscientes de la presencia de mecanismos activos de inhibición en el cerebro de los animales, como I. P. Pavlov, con su descripción de la habituación como un proceso activo, o S. Freud, con su descripción del mecanismo de la represión. Por cierto, Freud supone la existencia de una comunicación neuronal mediante la existencia de «barreras de contacto», lo que no deja de ser una sugerencia interesante para el entendimiento de la función de los elementos sinápticos. Al parecer, Ramón y Cajal preparaba un libro sobre las ideas de Freud que nunca llegó a ver la luz.

Por hacer un comentario relativo a una estructura concreta, sugerente además de su perspicacia a la hora de detectar aspectos funcionales a partir de la estructura y conectividad neuronales, indico aquí las ideas de Ramón y Cajal acerca de la función del cerebelo. Así, para Ramón y Cajal, el cerebelo «interviene coordinando las compensaciones motrices, siempre que, por consecuencia de un movimiento voluntario o automático, se desequilibre la cabeza y el cuerpo». Además, «el cerebelo es un centro tónico muscular, un foco de energía y de refuerzo para las neuronas motrices bulbares y medulares». Como se puede leer en muchos manuales de Neurociencia en uso, hoy en día se supone (de modo erróneo a mi entender) que el cerebelo es el sitio donde tiene lugar el aprendizaje de ciertos actos motores. Por el contrario, y en el marco conceptual propuesto por Ramón y Cajal (heredero por otra parte de las ideas de Luciani), el cerebelo es una estructura encargada de dar continuidad, suavidad y armonía a los movimientos, pero no la estructura nerviosa donde estos actos motores se aprenden (figura 8.2).

A partir de los estudios de HAMBURGER y LEVI-MONTALCINI (1949), así como de tantos otros, es posible proponer un nuevo principio que podríamos llamar de *polarización trófica*, no propuesto como tal por Ramón y Cajal. Este principio viene a señalar la dependencia de las neuronas en el cerebro adulto de señales provenientes de su célula blanco. De este modo, mientras que el concepto de polarización dinámica supone que el flujo de información nerviosa se desplaza de las dendritas al soma y de éste al terminal axónico, el concepto de polarización trófica supone un flujo de información que procede del blanco neuronal, el cual, a través de los terminales axónicos, se desplaza hasta el núcleo celular. Conviene recordar que, en el caso de la polarización trófica, se hace referencia al mantenimiento de las conexiones neuronales y la supervivencia de las células nerviosas, no sólo durante el desarrollo, sino también en el individuo adulto (DELGADO-GARCÍA *et al.*, 1998). Como digo, es uno de los pocos principios funcionales del sistema nervioso no descrito por Ramón y Cajal.

Núcleos frente a cortezas

En el capítulo primero de su *Textura* (1899), Ramón y Cajal explica que la evolución del sistema nervioso conduce a la especialización funcional, lo que se traduce en una diferencia-

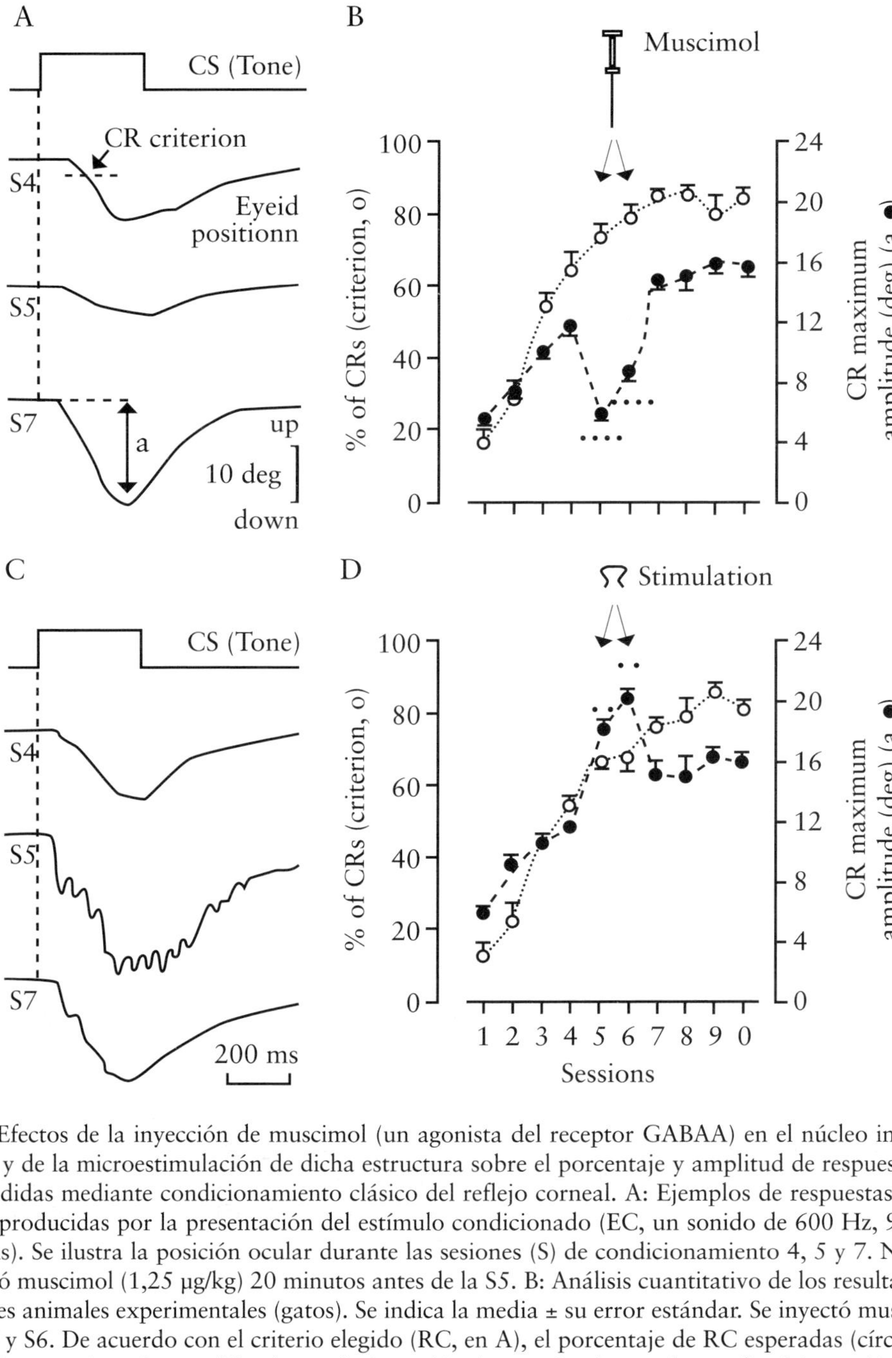

Figura 8.2. Efectos de la inyección de muscimol (un agonista del receptor GABAA) en el núcleo interpositus del cerebelo y de la microestimulación de dicha estructura sobre el porcentaje y amplitud de respuestas palpebrales aprendidas mediante condicionamiento clásico del reflejo corneal. A: Ejemplos de respuestas condicionadas (RC) producidas por la presentación del estímulo condicionado (EC, un sonido de 600 Hz, 90 dB, durante 350 ms). Se ilustra la posición ocular durante las sesiones (S) de condicionamiento 4, 5 y 7. Nótese que se administró muscimol (1,25 µg/kg) 20 minutos antes de la S5. B: Análisis cuantitativo de los resultados obtenidos con tres animales experimentales (gatos). Se indica la media ± su error estándar. Se inyectó muscimol antes de las S5 y S6. De acuerdo con el criterio elegido (RC, en A), el porcentaje de RC esperadas (círculos blancos y línea de puntos) no fue modificado por la inyección de muscimol, pero la amplitud (a, en A) de las RC (círculos negros y línea de trazos) disminuyó de forma significativa (***$p < 0.001$). C: Ejemplos de RC producidas por la presentación del EC durante sesiones acompañadas (S5) o no (S4, S7) de la microestimulación (20 hercios/s; pulsos de 50 µs y 50 µA) del núcleo interpositus. D: Análisis de los datos obtenidos en tres animales. La microestimulación se aplicó durante ensayos en los que sólo se presentó el EC. Nótese que, de acuerdo con el criterio elegido (RC, en A), el porcentaje de RC esperado (círculos blancos y línea de puntos) no fue modificado por la microestimulación, pero sí la amplitud (a, en A) de las respuestas aprendidas (círculos negros y línea de trazos; **$p < 0.01$). Tomado y modificado de Jiménez-Díaz *et al.*(2004).

ción morfológica. Como consecuencia de las leyes de ahorro de tiempo, espacio y materia protoplásmica, es fácil concluir que exista una tendencia a la reunión en núcleos de los elementos nerviosos que desempeñan oficios semejantes (figura 8.3). Así pues, su concepto funcional de núcleo es bastante moderno, ya que en la práctica supone que todas las células nerviosas agrupadas en un núcleo van a tener una fisiología similar. Una motoneurona de un núcleo motor del tronco del encéfalo, pongamos por caso, es representativa, desde un punto de vista motor, de lo que hacen las otras miles de motoneuronas presentes en dicho núcleo. El núcleo del motor ocular externo de los mamíferos es un excelente ejemplo de lo que digo, ya que contiene motoneuronas e interneuronas internucleares; las primeras proyectan al músculo recto externo homolateral, mientras que las segundas lo hacen sobre las motoneuronas del núcleo del motor ocular común contralateral, las que inervan, a su vez, el músculo extraocular recto interno. Es fácil seguir el proceso evolutivo de ambas poblaciones neuronales: conforme los ojos se desplazan a una posición frontal, permitiendo así una visión binocular, ambos tipos neuronales aproximan sus somas en la protuberancia, de manera que aparecen perfectamente entremezclados en los primates, compartiendo de modo ecuánime las aferencias vestibulares, reticulares y de otros orígenes que llegan a dicho núcleo motor (ESCUDERO y DELGADO-GARCÍA, 1988).

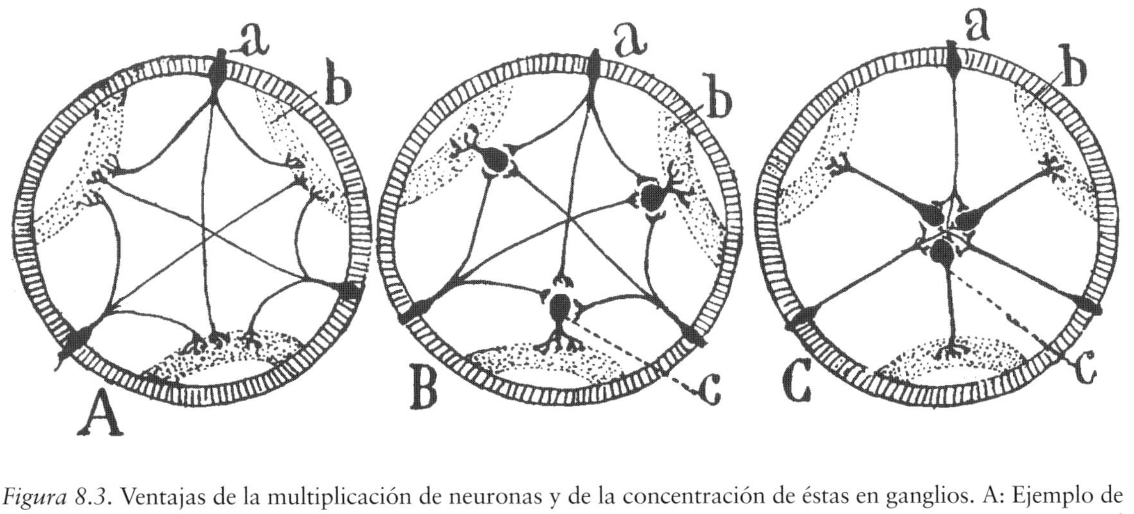

Figura 8.3. Ventajas de la multiplicación de neuronas y de la concentración de éstas en ganglios. A: Ejemplo de invertebrado idealizado en el que se supone que sólo existen neuronas sensoriomotoras. B: Organismo en el que se ya se identifican como diferentes las neuronas sensoriales y las motoras. C: Invertebrado en el cual las neuronas motoras se concentran en ganglios. Tomado de Ramón y Cajal, *Textura del sistema nervioso del hombre y de los animales* (1899-1904).

Así pues, podemos proponer hoy día, como un desarrollo coherente de las ideas propuestas por Ramón y Cajal, que una motoneurona, pongamos por caso, emula en su fisiología lo que puedan hacer todas las neuronas motoras ubicadas en su mismo núcleo. Pero ¿podríamos decir lo mismo de las neuronas de proyección localizadas en estructuras en forma de capas? La respuesta más parsimoniosa a dicha pregunta es que no se sabe, de momento. En lo que podemos registrar con un microelectrodo, una célula piramidal o, para el caso, una célula de Purkinje puede hacer algo completamente distinto de aquella situada justo a su lado. Esto se entiende fácilmente cuando hablamos de mapas sensoriales, ya que cada neurona ubicada en un mapa (por ejemplo, somatosensorial o visual) va a responder a estímulos específicos identificables en un lugar del espacio exterior. Pero la situación se complica enormemente en las zonas corticales de asociación. Por eso, normalmente, los neurofisiólogos prefieren trabajar en estructuras nucleares y no laminares, salvo que la presión mediática, o financiera, les obligue a ello, claro.

Dice Ramón y Cajal que la aparición en la evolución de la célula piramidal permite «el almacenamiento de las impresiones sensitivo-sensoriales recolectadas del mundo exterior y su transformación en ideas y voliciones». Ramón y Cajal la califica, en un principio, como célula psíquica, aunque más tarde parece arrepentirse de su atrevimiento (GOLDMAN-RAKIC, 2002; LÓPEZ PIÑERO, 2000). Gracias a este tipo celular (véase más adelante), los eventos sensoriales percibidos no tienen por qué reflejarse en una reacción motriz automática e inmediata, sino que pueden ser retenidos de forma indefinida por las neuronas corticales para dar lugar tiempo después, en presencia de nuevos estímulos externos, o de necesidades internas, a manifestaciones motoras de diversa naturaleza... ¿Quién se encarga de esta importante misión? Según Ramón y Cajal, las neuronas de asociación de la corteza cerebral, las cuales se ocupan de interconectar todos los focos sensitivos y motrices centrales. Tal vez esto explica la dificultad para identificar los códigos funcionales de determinados «sitios» corticales: el código en cada momento depende de la disposición funcional interna y de la que existe momento a momento en el mundo exterior. En otras palabras, «la extensión y complicación estructural de esta capa gris [corteza cerebral] guarda íntima relación con la jerarquía psicológica de cada vertebrado».

Axones largos e ideas cortas

Aparentemente, Ramón y Cajal no gustaba de la clasificación hecha por Golgi de células motrices y células sensitivas. En otra de sus geniales generalizaciones, Ramón y Cajal divide las células nerviosas en elementos de axón corto, o arborizado en el seno de la sustancia gris cortical (que es donde aparecen con mayor abundancia), y células de axón largo, que forman los nervios y la sustancia blanca (De Castro, 1981). Al tiempo, Ramón y Cajal entendió que las neuronas de axón largo (figura 8.4) son las encargadas de enviar mensajes sensoriales o motrices a grandes distancias en el sistema nervioso central y periférico. ¿Para qué tantas neuronas de axón corto interpuestas en (o colaterales a) las grandes rutas nerviosas?, se pregunta nuestro personaje. Casi al final de sus *Recuerdos* (1923), puede leerse que «la excelencia funcional del encéfalo humano está íntimamente ligada a la prodigiosa abundancia e inusitado lujo de formas de las llamadas neuronas de axón corto» (figura 8.5). Así pues, las neuronas de axón corto actuarían de algún modo (no conocido ni entonces ni ahora) como almacenes de energía psíquica siendo responsables de funciones tales como la memoria, la ideación y la toma de decisiones, mientras que las de axón largo serían meras transmisoras de informes sensoriales tomados del mundo exterior, o de órdenes motoras elaboradas en el mundo interno. Ya se ha indicado más arriba que, característicamente, las neuronas de axón corto se concentran en aquellas estructuras encargadas de la elabora-

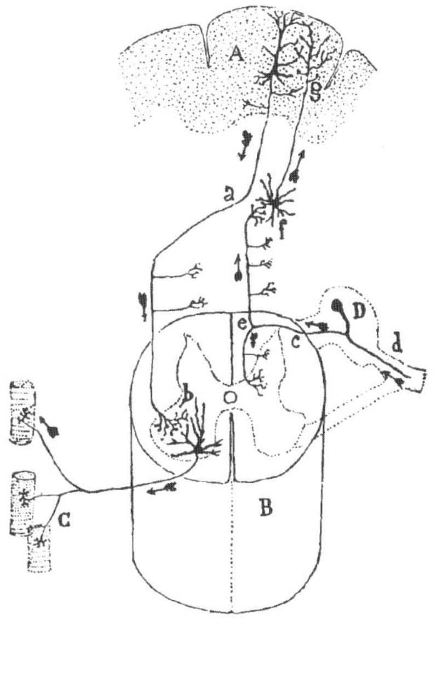

Figura 8.4. Esquema de la dirección que siguen las órdenes motoras y las señales sensoriales conscientes en el sistema nervioso. A: Región *psicomotriz* de la corteza cerebral. B: Médula espinal. C: Fibras musculares. D: Ganglio espinal. Las órdenes motoras descienden por el axón de la célula piramidal de la corteza (a), contactan con las dendritas de las motoneuronas (b) y terminan en las fibras musculares de la unidad motora correspondiente (C). Las señales nerviosas sensitivas vienen desde la periferia (d), continúan por la raíz dorsal (c) y por la rama ascendente (e) hasta alcanzar a una neurona de segundo orden (f), la cual proyecta el impulso nervioso hasta la corteza cerebral (g), donde Ramón y Cajal propone que contactan a las ramas protoplásmicas (dendritas) de las células piramidales. Tomado de Ramón y Cajal, *Textura del sistema nervioso del hombre y de los animales* (1899-1904).

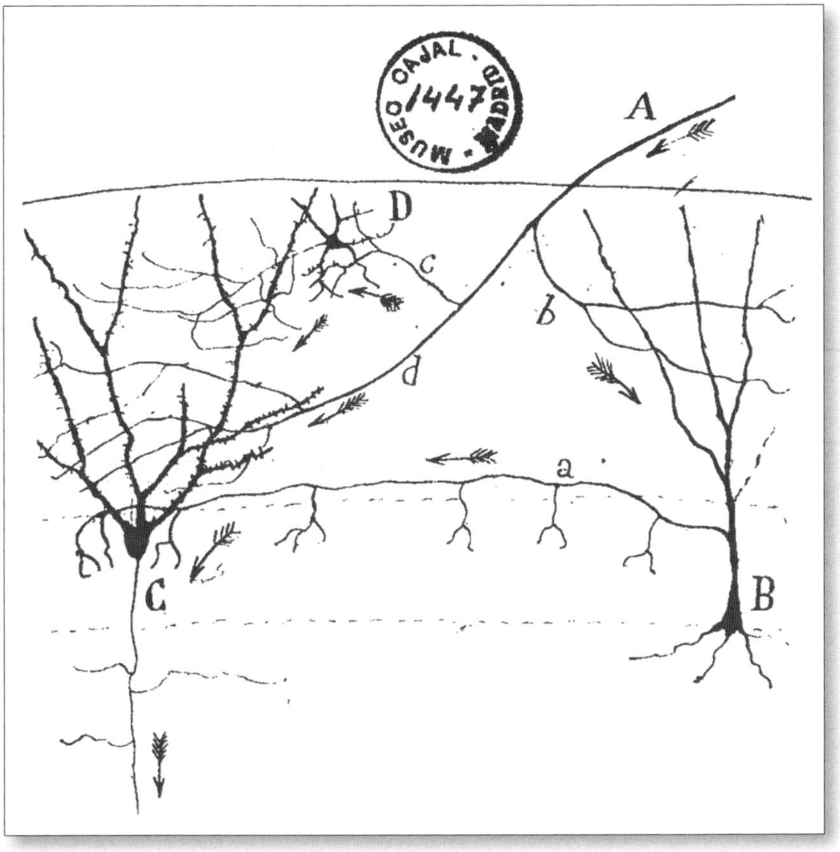

Figura 8.5. Ilustración de las revueltas que siguen las señales neuronales aferentes al giro dentado a través de las neuronas de axón corto. A: Fibra nerviosa aferente. B: Neurona de axón corto que termina alrededor de las células de los granos. C: Célula de los granos, D: Pequeña neurona de axón corto. b, c, d: ramificaciones de la fibra aferente. Tomado de Ramón y Cajal, *Textura del sistema nervioso del hombre y de los animales* (1899-1904).

ción de respuestas no inmediatamente reflejas, como el cuerpo estriado, la corteza cerebral y la cerebelosa, el tálamo óptico, etc. En cambio, tales elementos, señala Ramón y Cajal, «faltan casi enteramente en la médula espinal y bulbo, centros cuyos reflejos son débiles [?] y de escasa duración».

Ramón y Cajal es consciente a lo largo de su obra de las enormes dificultades existentes para proponer un plan arquitectónico y dinámico del cerebro (referido sobre todo a la corteza cerebral) que ayude a explicar las funciones mentales. Así, y en clara referencia a su experiencia cubana, RAMÓN Y CAJAL (1905) afirma que «la corteza cerebral es una virgen manigua donde muchos investigadores se han extraviado», y pone su confianza en que los futuros «ingenieros neuronales» serán capaces de llevar a cabo tan dificultosa tarea. En cualquier caso, dichas funciones superiores corresponden a un sistema distribuido: «la operación intelectual no es el fruto de la actividad de un centro privilegiado, sino el resultado de la acción combinada de un gran número de esferas conmemorativas primarias y secundarias» (RAMÓN Y CAJAL, 1899-1904, y figura 8.6).

Pero conviene destacar aquí un aspecto muy importante que Ramón y Cajal ya señala en el capítulo I de su *Textura* (1899). La corteza cerebral sensorial (principalmente visual, acústica y olfatoria) desarrolla su enorme capacidad de análisis porque recibe señales de alto grado informativo de sus respectivos órganos receptores, lo cual permite formar «verdaderas imágenes del mundo exterior con relaciones fijas de espacio y tiempo». Así pues, la corteza es capaz de realizar funciones muy complejas, no sólo por su elaborada estructura, sino por la información sensorial que recibe y por la forma en que ésta es suministrada; dicho de otra forma, casi tan importante es el yo como la circunstancia. Así pues, el cerebro alcanzará su mejor nivel de funcionamiento «cuando las vías de asociación más robustas y directas junten precisamente aquellas esferas conmemorativas

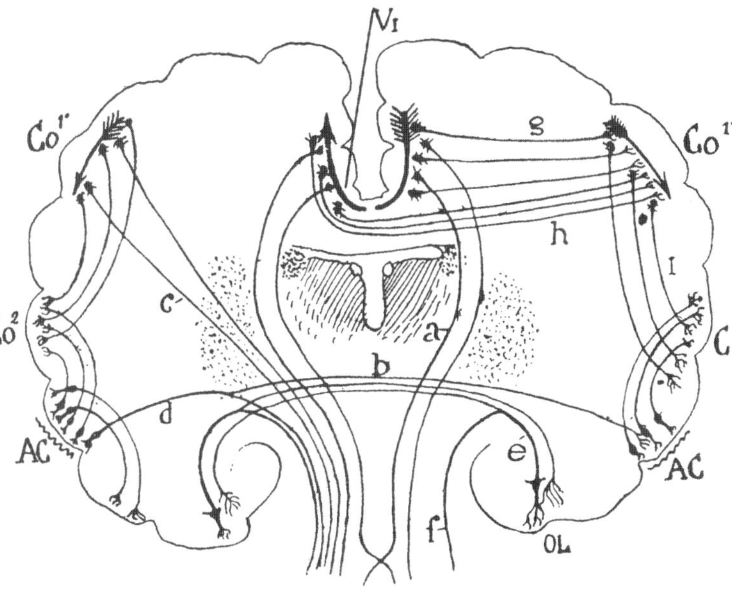

Figura 8.6. Órdenes de focos en la corteza cerebral para cada modalidad sensorial, según Ramón y Cajal. Vi: Centro visual perceptivo. Co^1: Centro visual conmemorativo de primer orden. Co^2: Centro visual conmemorativo de segundo orden, en el que se combinan señales neuronales de diversas categorías sensoriales. AC, OL: Centros primarios para la audición y la olfacción. a: Fibras de proyección del centro perceptivo visual. c: Fibras de proyección de la esfera conmemorativa visual. b: Comisura anterior. Tomado de Ramón y Cajal, *Textura del sistema nervioso del hombre y de los animales* (1899-1904).

primarias y secundarias cuyas imágenes correspondan con fenómenos solidarios del mundo exterior» (RAMÓN Y CAJAL, 1905). Lo que expresado en términos contemporaneos viene a decir: «mind is a computational state of the brain generated by the interaction between the external World and internal set of reference frames. These latter frames are being generated, initially, as an internal embedding of the body's natural coordinate systems» (LLINÁS, 1988). Nunca fuera caballero de *seguidores* tan bien servido...

Un principio que nadie se anima a enunciar

En una revisión reciente, dice el profesor SOTELO (2003) que Ramón y Cajal adoptó siempre que pudo la típica aproximación inglesa, tratando de ligar hechos conocidos con resultados aplicables; en su caso, esto se tradujo muchas veces en una perfecta interrelación entre sus descubrimientos morfológicos y las implicaciones funcionales de éstos. Así pues, toda la obra de Ramón y Cajal está guiada de continuo por la trascendencia dinámica de sus hallazgos morfológicos (ÁLVAREZ-LEEFMANS, 1994). En este sentido, y a la vista de tantos tipos morfológicamente diferentes, ¿cómo es que ni Ramón y Cajal ni otros tantos histólogos coetáneos y neurocientíficos que les siguieron se preguntaran por la razón de esta diversidad morfológica? Este asunto se plantea de la siguiente forma. Por una parte, existe una enorme diversidad morfológica: la célula de Purkinje es muy diferente de los otros tipos celulares presentes en la corteza cerebelosa y, a su vez, todos ellos son diferentes de los tipos neuronales observables en la corteza cerebral, en el tálamo o en el tronco del encéfalo. En consecuencia, cada tipo neuronal exhibe rasgos fisionómicos propios (DE CASTRO, 1981), pero ¿qué ocurre con sus rasgos fisiológicos?; es decir, ¿cuál es la fisiología de los tipos neuronales antes mencionados? Ocurre que en el momento actual es relativamente fácil describir la fisiología de la motoneurona: un tipo celular que codifica el grado de acortamiento (o estiramiento) del músculo que inerva y la velocidad con que éste se modifica. Pero, de momento, no podemos ofrecer una definición tan clara y sucinta de la fisiología de las neuronas de la oliva inferior, de los diversos tipos de neuronas reticulares o de la propia célula de Purkinje. En este mismo sentido, las modernas técnicas moleculares, inmunocitoquímicas, electrofisiológicas, etc., han permitido adentrarse en la prolija descripción de las características intrínsecas de todos los tipos celulares mencionados, como, por ejemplo, las proteínas constitutivas y funcionales que expresan, las conductancias iónicas que las caracterizan, su electrofisiología regional, etc. Esta enorme cantidad de información subcelular no siempre ha contribuido a un mejor entendimiento de lo que caracteriza desde el punto de vista funcional a cada tipo neuronal.

En cualquier caso, conviene ir perfilando un concepto novedoso, que aquí llamaremos de *transformación de la información neuronal*, para cuando los conocimientos necesarios para su perfecta delimitación conceptual estén más a la mano que ahora mismo. Es bien cierto que las diferentes conductancias iónicas presentes en los distintos tipos neuronales (células retinianas, motoneuronas espinales, células piramidales y de Purkinje, etc.) les confieren propiedades funcionales bien distintas. La presencia de distintos elementos neuronales a lo largo de una vía nerviosa se consideró clásicamente como puntos pasivos de relevo en el proceso de la transmisión de señales sensoriales, o de órdenes motoras. Muy al contrario, hoy conviene comenzar a pensar que cada elemento neuronal interpuesto en un circuito nervioso realiza una función peculiar y única, que depende de sus propiedades electrogénicas y secretoras, al tiempo que éstas dependen, a su vez, de las conductancias iónicas presentes en su membrana plasmática o de las proteínas que se expresen en el interior celular. De este modo, el sistema nervioso no es un conjunto de enormes cantidades de elementos nerviosos que detectan y transmiten señales de origen sensorial, las cuales se convierten de modo automático en órdenes motoras, sino que es una enigmática estructura capaz de transformar la información que recibe hasta generar un mundo interior autónomo, no del todo dependiente del entorno. Este mundo interior generado por la actividad de centenares de tipos neuronales diferentes es capaz, a su vez, de elaborar decisiones originales e independientes del medio externo, fruto de su propia actividad intrínseca (véase DELGADO-GARCÍA *et al.*, 1998). Por lo tanto, cada tipo neuronal delimitado por Ramón y Cajal debe tener su propia fisiología. Ya sólo nos falta ser capaces de identificarla.

Entre plásticos (y elásticos) anda el juego

Si el cerebro fuese tan plástico como algunos neurocientíficos contemporáneos parecen pensar, no haría falta estudiar la *Textura del sistema nervioso*, ni otros libros similares, porque las neuronas dibujadas en ellos ya no existirían. Pero, para el caso, RAMÓN Y CAJAL (1905) puede ser incluido en el grupo de los «plásticos»; por ejemplo, cuando afirma: «la asociación interneuronal, no obstante su carácter hereditario, es susceptible de ser influida y perturbada durante la edad juvenil por la educación y el hábito [mediante] el crecimiento de los conductores destinados a las asociaciones lógicas» (RAMÓN Y CAJAL, 1905). De hecho, Ramón y Cajal está ciertamente influido por las ideas de E. TANZI (1893, 1901) y otros, relativas a la motilidad de las prolongaciones dendríticas (incluidas sus «espinas») y de los terminales axónicos. Ramón y Cajal sugiere también que dicha motilidad podría depender del uso o desuso de las conexiones neuronales implicadas, lo cual, a su vez, estaría relacionado con las actividades psicomotrices (sueño, memoria, ideación, etc.) del individuo (ALBRAIGHT *et al.*, 2002; KANDEL, 1998, 1999; SOTELO, 2003; YUSTE y BONHOEFFER, 2001). Aunque Voltaire ya nos previno de que no debemos aceptar a la ligera que vivimos en el mejor de los mundos posibles, parece que, de momento, la comunidad neurocientífica cree de buen grado que el cerebro (un aparato por lo demás bastante complicado, según se sigue de lo dicho hasta aquí) puede cambiar su intrincada conectividad para bien del interesado. Así pues, tanto los mecanismos del sueño (en la época de Ramón y Cajal) como los del aprendizaje (en la nuestra) se tratan de explicar basados no ya en las propiedades intrínsecas de la circuitería cerebral, sino en su capacidad de cambio. Un contemporáneo de Ramón y Cajal (A. VON KÖLLIKER, 1895) nos pone, empero, sobre aviso: «los procesos psíquicos son actos estables, en gran parte regulables tocante a intensidad y duración; mientras que los movimientos amiboides son continuos, desordenados, obedeciendo fatalmente a los excitantes nutritivos o térmicos». Evidentemente, las células nerviosas son capaces de cierta motilidad, como lo son también los elementos celulares gliales (RAMÓN Y CAJAL, 1899-1904; BONHOEFFER y YUSTE, 2002); el asunto es la determinación de las relaciones causales entre los cambios de conformación y conectividad neuronal y el comportamiento y la actividad mental del individuo. Pues en eso estamos. Ramón y Cajal pone esta cambiante conectividad como origen de determinadas patologías nerviosas (retraso mental, locura) cuando afirma que pueden ser debidas a «la flojedad articular, es decir a la atrofia y encogimiento de las expansiones y la disgregación parcial de los sistemas conmemorativos». O sea, que los cambios plásticos no siempre han de suponerse como beneficiosos.

Entendiendo que un cambio plástico es aquel que se mantiene de modo indefinido, el concepto de plasticidad no es aplicable a determinados fenómenos nerviosos como al proceso de regeneración neuronal, en cuyo caso habría que hablar mejor de *elasticidad*; esto es, de cambios de ida y vuelta. Efectivamente, la regeneración del terminal axónico que sigue a la sección de un nervio es un proceso que trata de dejar el sistema como estaba, no en una situación distinta de la anterior. Incluso es bien sabido que las neurotoxinas tetánica y botulínica son capaces de producir la retracción de los botones presinápticos que terminan sobre la membrana de las motoneuronas (PASTOR *et al.*, 1997). Pasado el efecto de dichas toxinas (el cual se puede prolongar por semanas o meses), los terminales presinápticos recuperan sus contactos con la membrana postsináptica en la misma proporción y densidad que en la situación control, ya que la fisiología de las motoneuronas afectadas se recupera de forma completa (DELGADO-GARCÍA y GRUART, 2004). Así pues, el sistema nervioso no sólo es capaz de cambiar y mantener dichos cambios (aprendizaje), sino que puede ser cambiado y recuperar el estado inicial (regeneración).

Según la ley del progreso morfológico (RAMÓN Y CAJAL, 1923; DE CASTRO, 1981), las neuronas se «surtirían de nuevos apéndices, multiplicando y diversificando las conexiones interneuronales, en virtud de su creciente adaptación funcional». Además, y de acuerdo con la ponencia que presentó en el Congreso de Roma (1894), los fenómenos plásticos son, para Ramón y Cajal, mucho más evidentes (incluyendo razones evolutivas) en el sistema nervioso cerebro-cortical (corteza gris y circunvoluciones cerebrales) que en «centros evolutivamente anquilosados», como la médula espinal y el bulbo raquídeo. Desde nuestra perspectiva actual, así como desde un punto de vista funcional, es lógico pensar que los sistemas neuronales que tienen una función evolutiva muy definida (reflejos vestibulares, pongamos por caso) son muy poco susceptibles de cambio; de hecho, ¡apenas cambiaron nada desde la aparición de los vertebrados hace unos 500 millones de años! (véase DELGADO-GARCÍA, 1996). En este sentido, muchos de estos sistemas neuronales tienden más bien a la compensación, a la *estabilidad*. Por ejemplo, las neuronas motoras oculares soportan sin cambios funcionales aparentes la pérdida de un elevado porcentaje de terminales aferentes presinápticos, algo impensable de momento, si se aplica a las pirámides corticales (DELGADO-GARCÍA, 1996). Por el contrario, determinadas áreas cerebrales (particularmente la corteza cerebral de asociación) serían las más susceptibles de adoptar nuevas funciones, de acuerdo, precisamente, con su peculiar indefinición funcional (GOULD, 1980); asimismo, estos elementos neuronales son más que sensibles a su perturbación estructural y funcional (figura 8.7).

La célula psíquica y otras incredulidades

Ramón y Cajal es claramente consciente de que «la morfología exterior de las células psíquicas [piramidales de la corteza cerebral], o su modo de relación entre sí, no pueden explicarnos, en el estado actual de la ciencia, la suprema dignidad de las funciones cerebrales». Pues sí que todavía estamos ante el mismo problema; esto es, que las funciones mentales no son explicables con nuestros conocimientos de la fisicoquímica cerebral. Aun así, se pueden proponer algunos peldaños de la escalera que trata de llevarnos del cerebro a las funciones mentales e, incluso, a su patología. Éstos son: a) los procesos mentales son el resultado de la actividad cerebral; b) los genes y sus productos proteicos determinan la conectividad cerebral; c) mediante el aprendizaje, determinados factores ambientales (fisicoquímicos y sociales) son capaces de modificar la expresión de genes y, por tanto, de cambiar la conectividad cerebral; d) las enfermedades psíquicas son el resultado tanto de alteraciones genéticas como de perturbaciones del ambiente social, y e) la psicoterapia y las sustancias procognitivas son capaces de cambiar el cerebro mediante modificaciones en la expresión de determinados genes (véase, por ejemplo, KANDEL, 1988, 1999). Nada más que decir, por el momento.

Listos para el despegue

No es mal momento para escribir estas líneas en conmemoración de un centenario y al comienzo de un (nuevo) siglo. Es la situación adecuada para repasar lo que se hizo hasta ahora y los trazos definitorios de lo que resta por hacer. El problema es que nuestras propuestas para la experimentación futura son poco imaginativas, en mi opinión. Veamos algunos ejemplos. Por lo indicado hasta aquí, Ramón y Cajal, con la contribución más o menos directa de sus contemporáneos (agonistas o antagonistas), dictó las líneas maestras de la Neurociencia del siglo XX. Aunque de cuando en vez (BENNET, 2002; BULLOCK, 1956, 2005; GUILLERY, 2005; SHEPHER, 1972) aparecen (más bien tímidas) críticas

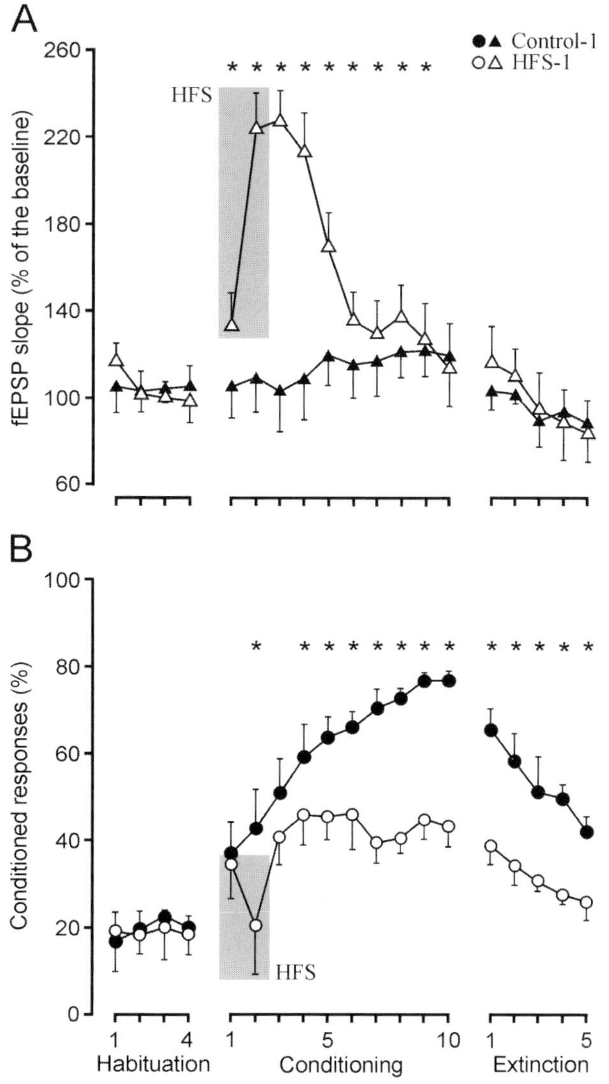

Figura 8.7. La inducción experimental de potenciación a largo plazo (LTP, siglas en inglés) en el área CA1 del hipocampo, por estimulación de las fibras colaterales de Schaffer, es capaz de bloquear la capacidad de aprendizaje asociativo en ratones. A, B: Evolución a lo largo de un condicionamiento clásico del reflejo corneal del potencial de campo sináptico (fEPSP, triángulos blancos) y del porcentaje de respuestas aprendidas (círculos blancos, en B) en animales que recibieron sendas sesiones de estímulos a alta frecuencia (HFS, barra gris) durante los dos primeros días de condicionamiento. Por comparación, se muestran los datos recogidos del grupo control que no recibió HFS (fEPSP: triángulos negros en A y porcentaje de respuestas condicionadas: círculos negros en B). Nótese que las curvas de aprendizaje y extinción en los animales que recibieron HFS son significativamente diferentes (***$p < 0.001$) de los valores presentados por los animales control. Asimismo, los animales que recibieron HFS presentaron fEPSP significativamente mayores (***$p < 0.001$) que los controles. Tomado y modificado de Gruart *et al.*, (2006).

a la teoría neuronal, la verdad es que, cien años después, se echa en falta una propuesta conceptual verdaderamente penetrante y persuasiva, capaz a la vez de integrar y superar a la teoría precedente. Por otra parte, las propuestas que se suelen hacer a fin de ofrecer nuevos cauces a las investigaciones futuras sobre la estructura y función cerebral no dejan muchas veces de ser obvias. Por ejemplo, que se tratará de encontrar remedios para las enfermedades mentales y neurodegenerativas, que se buscará con ahínco y dedicación la relación cerebro/mente o que se buscará la explicación *a* nivel molecular y/o genético de las funciones comportamentales y mentales. No gran cosa, como el lector puede observar.

En relación con el último punto señalado, conviene hacer un comentario. En sus últimos años, Ramón y Cajal indagó con técnicas diversas (plata reducida, etc.) la organización intracelular de los elementos nerviosos. Esa parte de su obra, aunque extremadamente interesante en mi opinión, está menos vigente hoy día que los estudios realizados utilizando las técnicas de doble impregnación con nitrato de plata. Si el bosque neuronal nos hace difícil entender tanto a la neurona como al cerebro, el paso hacia el interior neuronal no parece muy fructífero, al menos en cuanto a la generación de propuestas deslumbrantes. Ya comenté páginas atrás que Ramón y Cajal pintaba sus flechas al lado de los elementos celulares constitutivos de relevantes circuitos nerviosos, y no en el interior celular. El paso lógico (aunque difícil) hubiese sido salir de esta imagen funcional del sistema nervioso (caminos por una superficie rugosa) y haber saltado a propuestas tridimensionales (para no abusar de las relaciones espaciales); esto es, haber saltado a la definición y estudio de los estados cerebrales funcionales: despierto, pensando, durmiendo, aprendiendo, etc. El camino seguido fue, por razones diversas, el opuesto, y la Neurociencia conceptual (Marr, Albus, Hebb) y los neurocientíficos experimentales prefirieron moverse hacia el interior celular (véase ALBRAIGHT *et al.*, 2000; CHANGEUX, 2001; KANDEL, 1998, 1999) en busca de las moléculas que hacen posible el aprendizaje, el comportamiento social o el mecanismo molecular de la atención. Así pues, parece que en palabras de Ramón y Cajal nos estamos convirtiendo en «devotos de la religión de lo menudo». Con la razonable inquietud de encontrar la explicación de determinados fenómenos (siempre realizada en el nivel de integración inmediatamente inferior al fenómeno descrito), nos hemos alejado, pienso yo, de la búsqueda de una explicación coherente acerca del funcionamiento cerebral en vivo y en directo.

Ya veremos qué pasa en los próximos años con la mencionada aproximación experimental, quedando claro, por supuesto, que las distintas aproximaciones experimentales no tienen por qué antagonizarse, aunque esto termine por ocurrir en la tediosa tarea de buscar *plata* para poder investigar. Me permito, en cualquier caso, presentar un ejemplo de fenómeno difícilmente abordable con la tecnología arriba indicada. Como se muestra en la figura 8.8, la frecuencia de oscilación de los movimientos palpebrales está en función del tamaño de la pieza que se mueve. Este dato es, por una parte, de esperar, pero tiene interesantes consecuencias funcionales. Por ejemplo, todo el sistema motor palpebral (motoneuronas y neuronas premotoras) oscila también al parecer a dicha frecuencia (DELGADO-GARCÍA y GRUART, 2002). Quiere decir que, en un momento determinado del desarrollo, las neuronas *palpebrales* adaptan sus propiedades funcionales a las características biocinéticas del párpado, a la vez que las que inervan la musculatura lingual, o las extremidades, hacen lo propio. Esto es sólo evidente si se realiza un estudio comparado, pues difícilmente es deducible del estudio de las propiedades subcelula-

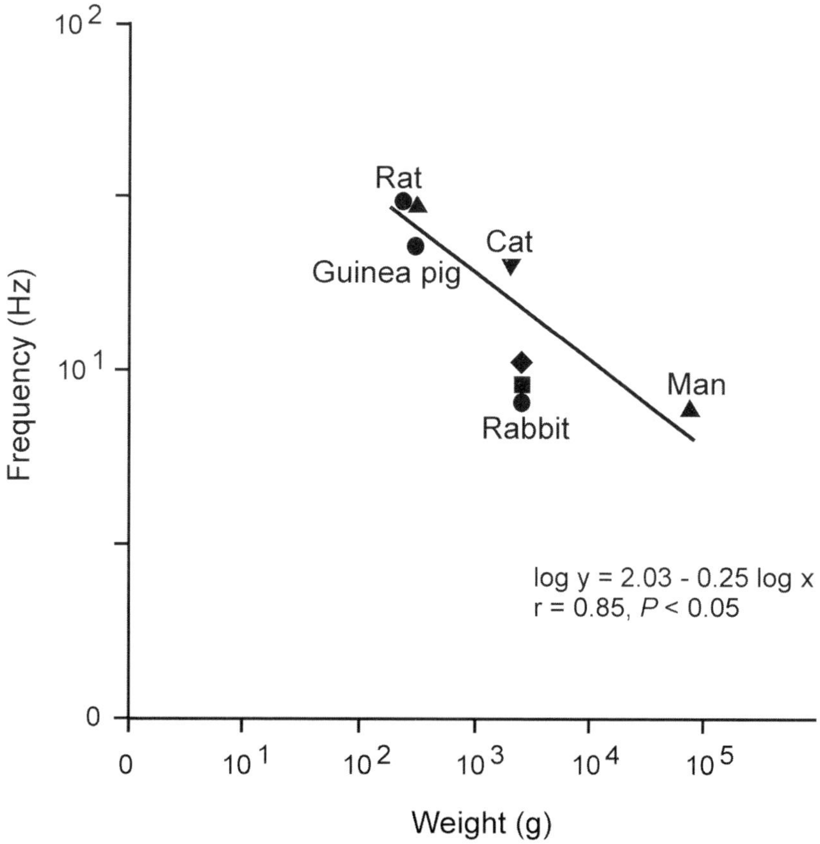

Figura 8.8. Relación entre la frecuencia (en hercios) dominante durante el movimiento palpebral en diferentes especies y el peso medio corporal (x, en g). El movimiento palpebral se registró con el método del seguidor magnético de la posición. Nótese que la pendiente de la relación *(log y = 2.03 – 0,25 × log x)* es similar a la que existe entre el ritmo cardíaco y el peso corporal. Tomado y modificado de Gruart *et al.*, (2000).

res y electrofisiológicas (conductancias iónicas dependientes de voltaje y de ligando, cadenas de segundos mensajeros, etc.) de sólo un elemento motoneuronal en una única especie. Un postulado que se sigue de esta sucinta explicación es que: «toda oscilación nerviosa cuya frecuencia varía, de una especie a otra, en función de la parte corporal que se desplaza corresponde a un sistema motor». Esta propuesta fisiológica, que no requiere de una ilustración gráfica, y que puede ser resumida por la ecuación presentada en la figura 8.8, no tendría mayor interés si no fuese seguida por la siguiente observación: «toda oscilación nerviosa cuya frecuencia no varía de una especie a otra corresponde a un sistema cognitivo». Pongamos como ejemplo el ritmo theta hipocámpico, los famosos 40 hercios de la actividad cortical consciente, el ritmo (a 10 hercios) de la oliva inferior, etc. Todos los ritmos mencionados mantienen prácticamente la misma frecuencia en especies de tamaños muy distintos, probablemente porque el mundo exterior, a cuyo análisis se deben, es similar para todas ellas. Lo dicho: habrá que estudiar el cerebro justo en sus distintos estados funcionales, en condiciones fisiológicas y utilizando una aproximación comparada y multidisciplinaria.

Por lo demás, a la hora de explicar de modo razonable las funciones cerebrales, los neurocientíficos dependemos en exceso de la ciencia (física, química) disponible. Por ejemplo, Descartes imaginó el funcionamiento cerebral influido por los sistemas neumáticos disponibles en su época; Mendeleev trató de aplicar al comportamiento humano determinadas conclusiones obtenidas de su tabla periódica de los elementos; Pavlov, Freud y Skinner intentaron que sus descubrimientos se convirtiesen en una explicación completa de nuestro comportamiento y nuestra actividad mental; en fin, el mismo Ramón y Cajal supuso que la comunicación interneuronal ocurre mediante acumuladores o carretes de inducción —dos instrumentos eléctricos disponibles en su momento—, o compara la comunicación neuronal con el cableado y disposición característica de la emergente telefonía de su tiempo. Casi no haría falta decir qué derroteros siguen numerosas propuestas actuales: «if we ever do find some powerful generalization that applies to brains in particular then it will probable not be about brains as a piece of biology but about brains as computing entities» (GUILLERY, 2005). Aunque cabe la posibilidad de que nuestros productos industriales se parezcan tanto a nuestros cerebros como los hijos se parecen a los padres, parece evidente que esta línea argumental nunca ha sido productiva a medio y largo plazo.

Así se despide RAMÓN Y CAJAL (1923) de nosotros en su autobiografía científica: «para el biólogo, el ideal supremo consiste en resolver el enigma del propio yo, contribuyendo a esclarecer al mismo tiempo el formidable misterio que nos rodea». El camino que lleva a uno mismo es el más grato e interesante que puede recorrerse, hubiese apuntado don Miguel de Cervantes a este particular. Casi cien años después de la obra desarrollada por Ramón y Cajal, no tenemos mejor respuesta para sus cuitas que la que sigue: el cerebro es un texto del que precisamente conocemos su textura, gracias en gran parte a sus contribuciones, pero no alcanzamos a entender su significado, su semántica. Tiempo es de iniciar el despegue.

Agradecimientos

Agradezco a los doctores Agnès Gruart y Juan Andrés de Carlos la ayuda prestada en la preparación de las figuras.

Bibliografía

ALBRAIGHT, T. D. *et al.* (2000): Neural science: A century of progress and the mysteries that remain. *Neuron*, 25: S1-S55.

ÁLVAREZ-LEEFMANS, F. J. (1994): *Las neuronas de don Santiago Ramón y Cajal.* Pangea Editores, México, D.F.

BENNETT, M. V. (2002): Neoreticularism and neuronal polarization. *Prog. Brain Res.*, 136: 189-201.

BODIAN, D. (1962): The generalized vertebrate neuron. *Science*, 137: 323-326.

BONHOEFFER, T. y YUSTE, R. (2002): Spine motility: phenomenology, mechanisms and function. *Neuron*, 35: 1019-1027.

BULLOCK, T. H. (1959): Neuron doctrine and electrophysiology. *Science*, 129: 997-1002.

BULLOCK, T. H. *et al.* (2005): The neuron doctrine, redux. *Science*, 310: 791-793.

CHANGEUX, J. P. (2001): Cajal on neurons, molecules, and consciousness. *Ann. N.Y. Acad. Sci.,* 929: 147-151.

DE CARLOS SEGOVIA, J. A. (2001): *Los Ramón y Cajal: una familia aragonesa.* Diputación General de Aragón, Zaragoza.

DE CASTRO, F. (1981): *Cajal y la escuela neurológica española.* Editorial de la Universidad Complutense, Madrid.

DELGADO-GARCÍA, J. M. (1996): ¿Para qué mover los ojos si ya movemos la cabeza? Un ensayo sobre distintos aspectos del comportamiento motor. En: F. Mora (ed.), Ariel, Barcelona *El cerebro íntimo,* pp. 97-119.

DELGADO-GARCÍA, J. M. y GRUART, A. (2004): Neural plasticity and regeneration: myths and expectations. En T. Herdegen y J. M. Delgado-García, *Brain damage and repair*, pp. 259-274, Kluwer, Dordrecht.

DELGADO-GARCÍA, J. M. y GRUART, A. (2002): The role of interpositus nucleus in eyelid conditioned responses. *Cerebellum*, 1: 289-308.

DELGADO-GARCÍA, J. M. *et al.* (1998): Aproximación al estudio del sistema nervioso. En J. M. Delgado-García, A. Ferrús, F. Mora y F. Rubia (Eds.), *Manual de Neurociencia*, pp. 37-55, Editorial Síntesis, Madrid.

ESCUDERO, M. y DELGADO-GARCÍA, J. M. (1988): Behavior of reticular, vestibular and prepositus neurons terminating in the abducens nucleus of the alert cat. *Exp. Brain Res.*, 71: 218-222.

FREUD, S. (1895, 1950): *Proyecto de una psicología para neurólogos.* Obras completas, tomo I. Editorial Biblioteca Nueva, Madrid.

GOLDMAN-RAKIC, P. S. (2002): The 'psychic cell' of Ramón y Cajal. *Prog. Brain Res.*, 136: 427-434.

Gould, S. J. (1980, 1986): *El pulgar del panda.* Ediciones Orbis, Barcelona.

GRUART, A. *et al.* (2000): Kinetic and frequency-domain properties of reflex and reflex eyelid responses in the rabbit. *J. Neurophysiol*, 83: 836-852.

GRUART, A. *et al.* (2006): Involvement of the CA3-CA1 synapse in the acquisition of associative learning in behaving mice. *J. Neurosci.*, en prensa, 2006.

GUILLERY, R. W. (2005): Observations of synaptic structures: origins of the neuron doctrine and its current status. *Phil. Trans. R. Soc. Lond. Biol. Sci.*, 360: 1281-1307.

HAMBURGER, V. y LEVI-MONTALCINI, R. (1949): Proliferation, diferentiation and degeneration in the spinal ganglia of the chick embryo under normal and experimental conditions. *J. Exp. Zool.*, 111: 457-501.

JIMÉNEZ-DÍAZ, L. *et al.* (2004): Role of cerebellar interpositus nucleis in the genesis and control of reflex and conditioned eyelid responses. *J. Neurosci.*, 24: 9138-9145.

KANDEL, E. R. (1998): A new intellectual framework for psychiatry. *Am. J. Psychiatry*, 155: 457-469.

KANDEL, E. R. (1999): Biology and the future of psychoanalysis: A new intellectual framework for psychiatry revisited. *Am. J. Psychiatry*, 156: 505-524.

LEWY, E. (1987): *Santiago Ramón y Cajal.* Consejo Superior de Investigaciones Científicas, Madrid.

LLINÁS, R. (1988): 'Mindness' as a functional state of the brain. En C. Blakemore y S. Greenfield (Eds.), *Mindwaves: Thoughts on intelligence, identity and consciousness*, pp. 339-358, Blackwell, Oxford.

LLINÁS, R. R. (2003): The contribution of Santiago Ramón y Cajal to functional neuroscience. *Nature, Rev. Neurosci.*, 4: 77-80.

LÓPEZ PIÑERO, J. M. (2000): *Cajal.* Editorial Debate, Madrid.

PASTOR, A. M. (1997): Effects of botulinum neurotoxin type A on abducens motoneurons in the cat: ultrastructural and synaptic alterations. *Neuroscience*, 81: 457-478.
RAMÓN Y CAJAL, S. (1897, 1971): *Los tónicos de la voluntad. Reglas y consejos sobre investigación científica*. Espasa Calpe, Madrid.
RAMÓN Y CAJAL, S. (1899-1904): *Textura del sistema nervioso del hombre y de los vertebrados*. Nicolás Moya, Madrid.
RAMÓN Y CAJAL, S. (1905): Prólogo, en: *Introducción al estudio de la psicología positiva*. Maestre Pérez. Imprenta Baillo-Baillere.
RAMÓN Y CAJAL, S. (1909-1911, 1972): *Histologie du Système Nerveux de l'homme et des vertébrés*, edición facsímil. Consejo Superior de Investigaciones Científicas, Madrid.
RAMÓN Y CAJAL, S. (1923, 1981): *Recuerdos de mi vida: Historia de mi labor científica*. Alianza Editorial, Madrid.
RAMÓN Y CAJAL, S. (1933, 1952): *¿Neuronismo o reticularismo?*, edición facsímil. Instituto Cajal, C.S.I.C., Madrid.
SHEPHERD, G. M. (1972): The neuron doctrine: a revision of functional concepts. *Yale J. Biol. Med.*, 45: 584-599.
SOTELO, C. (2003): Viewing the brain through the master hand of Ramón y Cajal. *Nature, Rev. Neurosci.*, 4: 71-80.
TURLEJSKI, K. y DJAVADIAN, R. (2002): Life-long stability of neurons: A century of neurogenesis, neuronal death and neuron quantification in adult CNS. *Prog. Brain Res.*, 136: 39-65.
YUSTE, R. y BONHOEFFER, T. (2001): Morphological changes in dendritic spines associated with long-term synaptic plasticity. *Annu. Rev. Neurosci.*, 24: 1071-1089.

9. LA VÍA OLFATORIA: EL ERROR DE CAJAL

LAURA LÓPEZ-MASCARAQUE
Instituto de Neurobiología Ramón y Cajal
Consejo Superior de Investigaciones Científicas
Madrid

En las últimas décadas ha aumentado considerablemente el interés en el estudio del sistema olfativo. Aunque tradicionalmente se le ha considerado un sistema sensorial de poca importancia en humanos, cada vez hay más evidencias de que la olfacción juega un papel importante en el aprendizaje, memoria y funciones reproductoras tanto en humanos como en otras especies. Los admirables estudios de Ramón y Cajal, utilizando el método de Golgi, sentaron las bases neuroanatómicas del sistema nervioso en general y del sistema olfativo en particular. En esta brevísima revisión trataremos de analizar las contribuciones de Cajal a este sistema e iremos percibiendo cómo en sus distintas publicaciones muchas veces se dan pequeñas contradicciones, las cuales podrían verse justificadas con las siguientes palabras: «¡Mis contradicciones! ¡Ojalá fueran mayores! Ello sería indicio de juventud, flexibilidad, pujanza. Cambiamos con los años y las lecturas» (RAMÓN Y CAJAL, 1922).

Introducción

Cajal es considerado el fundador de las neurociencias modernas, tras formular la llamada doctrina neuronal, en la que definió la neurona como la unidad anatómica y fisiológica del sistema nervioso. Esta novedosa teoría causó una revolución dentro del campo de la investigación médica de la época. Santiago Ramón y Cajal recibió en 1906 el Premio Nobel en Fisiología y Medicina por su profundo trabajo sobre el sistema nervioso, galardón que compartió con el italiano Camilo Golgi, descubridor del método de tinción que, con algunas modificaciones, aplicó Cajal en la mayoría de sus investigaciones sobre el sistema nervioso.

Casi cien años después, en el año 2004, los científicos americanos Richard Axel y Linda Buck recibieron el Premio Nobel en la misma categoría por sus hallazgos sobre el funcionamiento del sistema olfatorio. Mediante técnicas de genética molecular, estos investigadores describieron en roedores la existencia de 1.000 a

1.200 receptores (receptores 7-transmembranales ligados a proteínas G), localizados en las neuronas sensoriales del epitelio olfativo y que son los responsables de la percepción de las sensaciones olfativas (BUCK y AXEL, 1991). La clonación de estos receptores ha sido crucial para trazar un mapa de la ruta que sigue la información transmitida por cada receptor hacia el cerebro y comprender los mecanismos moleculares del olfato. Richard Axel rindió tributo a Cajal y explicó de la siguiente manera la diferencia en la metodología actual y la empleada cien años atrás: «Genetic approaches to visualize individual neurons derive conceptually from the Golgi chrome silver impregnation, "reazione nera," [...] This approach, most elegantly employed by Cajal to formulate the neuron theory, permitted the visualization of individual cells along with their processes and provided a first glimpse of specific neural connectivity. The distinction between the genetic approaches and the histologic experiments of Golgi and Cajal one hundred years earlier is the ability to use genetic markers to more precisely identify partners in the neural circuit»[1] (WONG *et al.*, 2002).

Hoy, cien años después de la concesión del Nobel, Cajal sigue siendo citado en mayor proporción que cualquier otro científico en su especialidad. El estudio por Cajal de los distintos componentes de la vía olfatoria fue una fuente inapreciable para conocer las ideas científicas generales que le sirvieron de base para iniciar su obra. Cajal expuso una visión de conjunto de la histología del cerebro, abordando problemas de carácter general e incluso, adelantándose a su tiempo, sugiriendo que el aprendizaje se asentaba probablemente en el reforzamiento de las sinapsis a partir de una actividad eléctrica intensa entre las neuronas conectadas.

En referencia a su trabajo *Origen y terminación de las fibras nerviosas olfatorias* (RAMÓN Y CAJAL, 1890), continuación de otro previo publicado en 1889, en su libro *Recuerdos de mi vida* (RAMÓN Y CAJAL, 1923) escribía: «A parte de su valor crítico y teóri-

[1] «Las aproximaciones genéticas para visualizar neuronas individuales proceden conceptualmente de la impregnación de Golgi con cromato de plata *reazione nera* [...] Esta aproximación experimental, utilizada por Cajal de forma más elegante, para formular la teoría neuronal, permitió la visualización de células individuales junto con sus procesos, proporcionando un primer vistazo a la conectividad neuronal específica. La diferencia entre las aproximaciones genéticas y los experimentos histológicos de Golgi y Cajal cien años antes es la habilidad en el uso de marcadores genéticos con el fin de identificar de forma más precisa los componentes del circuito neural.»

co, contiene dicha comunicación algunos datos objetivos de valor, tales como: La demostración del curso total de las fibrillas nerviosas olfatorias, desde la mucosa hasta su arribo al glomérulo del bulbo, en donde se terminan, no por redes como pensaba Golgi, sino por arborizaciones libres y varicosas [...] se traza el esquema dinámico del bulbo...» (Ramón y Cajal, 1889). De esta manera, las investigaciones realizadas por Cajal entre 1889 y 1890 sobre la retina, el bulbo olfatorio, el cerebelo y la médula espinal permitieron establecer un principio general que respondía a una cuestión tan importante como cuál es la dirección del impulso nervioso, dentro de una célula nerviosa y en un circuito básico dado. Cajal mostró, y representó mediante sus famosas flechas «indias» (figura 9.1), que el impulso nervioso va siempre desde las dendritas (aparato receptor) hasta el cuerpo celular y de éste al axón (aparato efector), que a su vez lo transmite y reparte, en virtud de su arborización nerviosa terminal, a las dendritas o cuerpo celular de una o varias neuronas vecinas. En su trabajo sobre la vía olfatoria y refiriéndose a la entrada de fibras olfatorias en el cerebro, Cajal escribía: «Estos hechos ponen de manifiesto un fenómeno importantísimo, a saber: que la trasmisión de la acción nerviosa puede realizarse entre arborizaciones de fibras nerviosas y arborizaciones de expansiones protoplasmáticas; porque ni de los glomérulos salen jamás las arborizaciones de las fibrillas olfatorias, ni de ellos entran más que expansiones protoplasmáticas». Cajal llamó a este principio «Ley de la polarización dinámica», y lo expuso por primera vez a la comunidad científica el 24 de junio de 1891 en el Congreso Médico de Valencia (Ramón y Cajal, 1891). En este mismo año fue invitado a impartir una serie de conferencias en el Primer Congreso Médico-Farmacéutico Regional de la Academia de Ciencias Médicas de Cataluña; estas conferencias fueron posteriormente publicadas en la *Revista de Ciencias Médicas* de Barcelona (Ramón y Cajal, 1892). Merece una mención especial su tercera conferencia, en la cual Cajal describió los distintos componentes del sistema olfativo, comparándolos con la vía óptica (figura 9.1). Cajal refería el bulbo olfativo como el homólogo de la retina: «... no toda ella, sino de la capa interna ganglionar y siguientes [...] y faltaría en el sistema olfativo central la estación intermediaria o talámica, constituida, en las vías ópticas, por el cuerpo geniculado lateral…» (Ramón y Cajal, 1901).

En 1894, Michael Foster, actuando como secretario de la Royal Society, invita a Cajal, a instancias de sir Charles Sherrington, a impartir la *Croonian Lecture* (lección magistral de apertura de curso) en Londres (Ramón y Cajal, 1894), cuyo texto se publi-

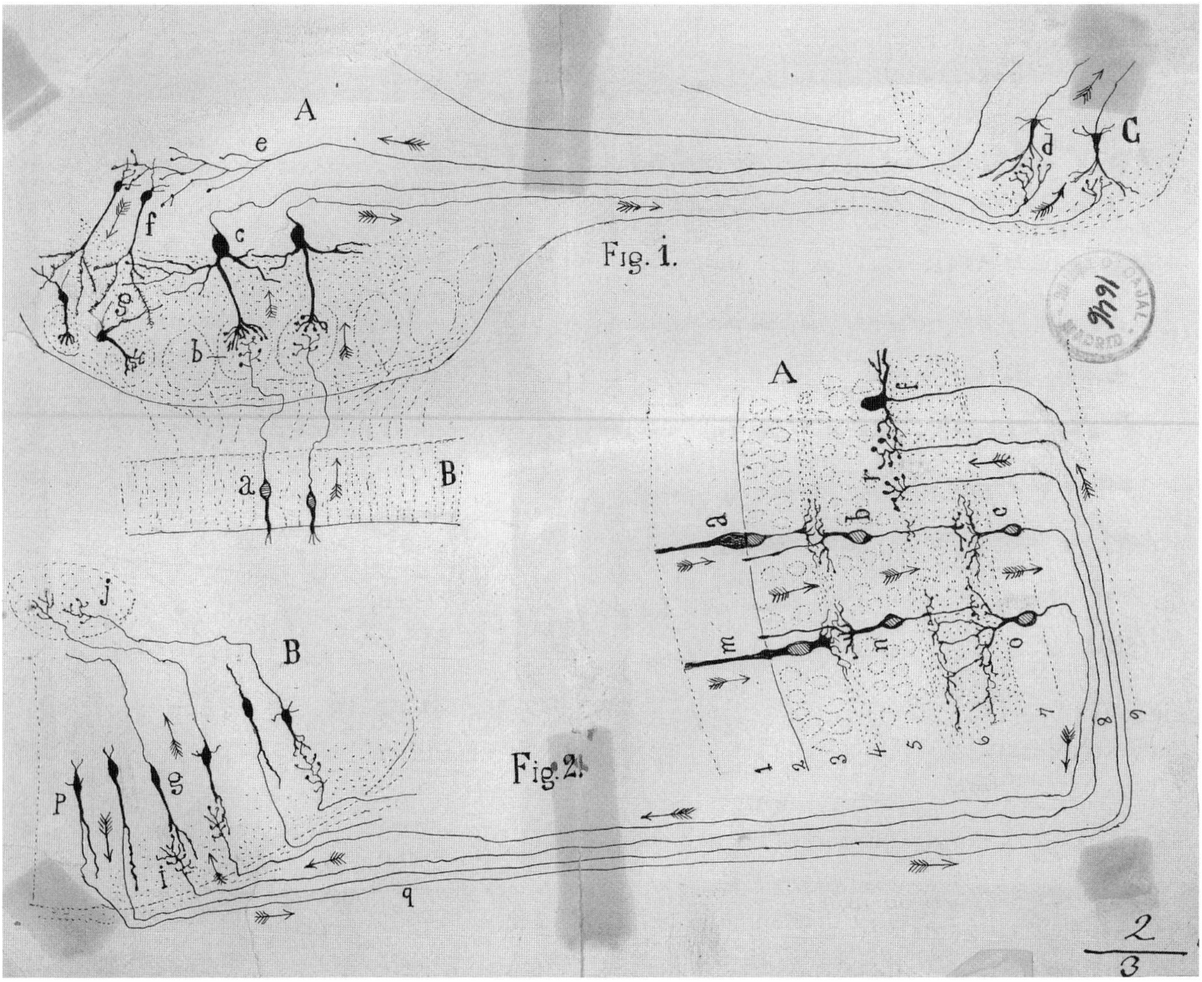

Figura 9.1. Esquemas de la marcha de las corrientes nerviosas en las vías olfativa (superior) y óptica (inferior) de los mamíferos. A: Bulbo olfatorio. B: Mucosa nasal. C: Lóbulo olfatorio del cerebro; a: bipolares de la mucosa nasal; b: glomérulos; c: células mitrales; e: fibras centrífugas; f: granos del bulbo olfatorio; d: células piramidales del lóbulo olfatorio. Publicado por Cajal en 1891(figura 1) y en 1892 (figura 17). En la parte inferior de la figura se muestra el esquema de la marcha de las excitaciones luminosas a través de la retina, nervio óptico y lóbulo óptico de aves. A: retina; B: lóbulo óptico. A, b, c representan respectivamente un cono, una célula bipolar y una célula ganglionar de la retina. Publicado por Cajal en 1891(figura 2) y en 1892 (figura 20).

caría bajo el título: *La fine structure des centres nerveux*. Esta publicación aportaba unas espectaculares láminas (publicadas previamente en 1891), entre las que destaca un dibujo de las vías olfativa y visual (figura 9.1), que muestra el recorrido del impulso nervioso desde los centros receptores hasta el cerebro y en el que por primera vez se asegura la similitud entre la dirección del impulso nervioso en ambos sistemas. De hecho, en su discurso para la recepción del Premio Nobel, Cajal dijo: «El examen de la marcha de los impulsos nerviosos en los órganos sensoriales, tales como la retina, el bulbo olfativo, los ganglios sensitivos y la médula espinal, etc., prueba no sólo que las expansiones protoplasmáticas juegan un papel conductor, sino también que el movimiento nervioso es en estas prolongaciones celulípeto o axípeto, en tanto que es celulífugo en los axones» (RAMÓN Y CAJAL, 1906).

La vía olfatoria

En 1901 apareció su anuario *Trabajos del Laboratorio de Investigaciones Biológicas*, en el que publicó una extensa monografía sobre la estructura de la corteza olfativa del hombre y los vertebrados (RAMÓN Y CAJAL, 1901). En esta publicación describió el sistema olfativo compuesto por dos estaciones nerviosas o «puntos de empalme escalonados»: el centro primario o receptor representado por el bulbo olfatorio y los centros secundarios constituidos por el lóbulo piriforme y la raíz superior, interna y externa. En su caso, las estaciones terciarias incluirían la circunvolución del hipocampo y el asta de Ammon. Sin embargo, en la *Textura del sistema nervioso* (RAMÓN Y CAJAL, 1904), Cajal dividió el sistema olfativo en cuatro estaciones: 1) la mucosa olfatoria, como el órgano colector o estación periférica; 2) el bulbo olfativo, estación primaria o de recepción; 3) estación secundaria o centro cerebral de percepción, y 4) asta de Ammon y áreas grises subordinadas.

La mucosa. «La mucosa olfatoria encierra las células nerviosas de donde emanan las fibras olfatorias que suben al cerebro, a través de la lámina cribosa del etmoides; representa pues un centro nervioso periférico» (RAMÓN Y CAJAL, 1892). Asimismo, Cajal realizó un detallado estudio de las células de sostén de la mucosa olfatoria y de las glándulas de Bowman: «la impresión o recepción de los olores se efectúa en la porción superior de la mucosa olfativa, cuya dermis se espesa y ofrece un tono ligeramente amarillento. A este nivel, también el epitelio de células alargadas se modifica, perdiendo sus pestañas y un nuevo corpúsculo aparece: la célula bipolar u olfativa, que representa el verdadero órgano de recepción del impulso o estímulo oloroso. [...] Como su nombre anuncia, trátase de corpúsculos nerviosos provistos de dos expansiones: recia la periférica que se termina en la superficie libre por un cabo del cual parte un penacho de finísimas pestañas móviles [...] La expansión descendente representa al cilindro-eje o axón, lo que da carácter de neurona a la

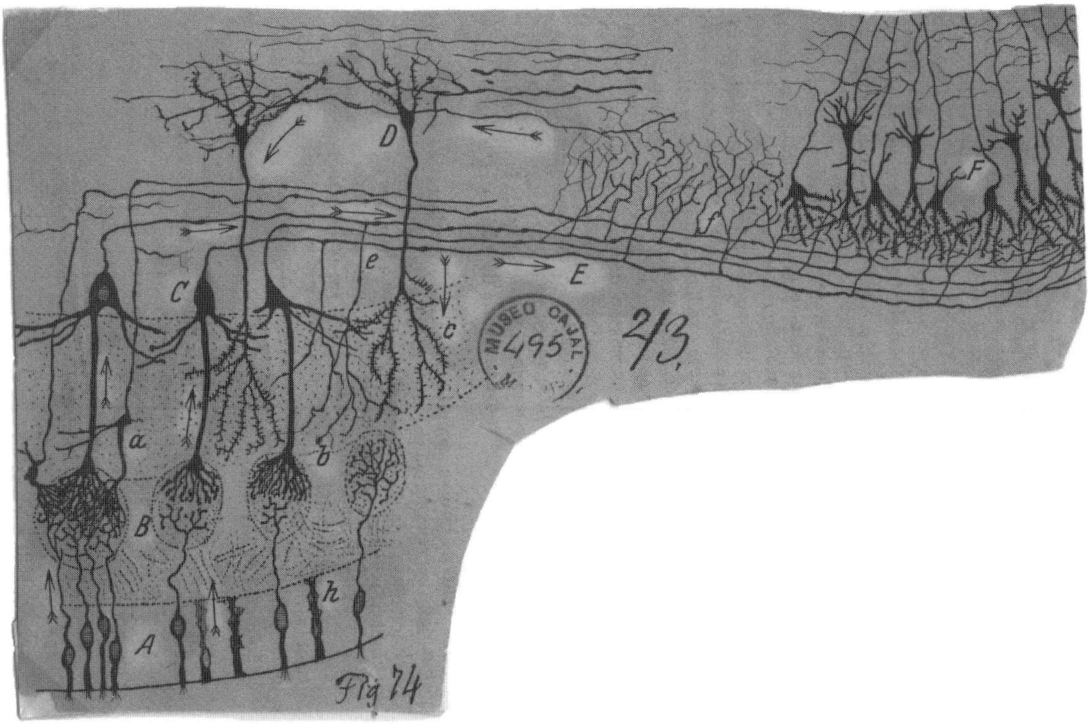

Figura 9.2. Esquema que ilustra los distintos tipos de neuronas de la vía olfatoria. A: células bipolares de la mucosa olfatoria. B: glomérulos olfatorios. C: células mitrales. D: granos. E: raíz externa (tracto olfatorio lateral). F: corteza esfenoidal; a: célula empenachada pequeña, b: dendrita principal de una célula mitral; c: ramificación terminal de un grano; e: colaterales recurrente de una célula mitral; g: células triangulares superficiales de la corteza; h: células epiteliales de la mucosa nasal. Publicado por Cajal en 1894 (figura 3).

célula bipolar [...] esta fibrilla recorre indivisa y sin anastomarse una parte del dermis, reúnese luego con otras en apretados hacecillos, sube luego, conservando siempre su individualidad, a través de la lámina cribosa del etmoides y asalta, en fin, el bulbo olfatorio, para terminar arborizándose en el espesor de un glomérulo de este órgano nervioso central». En 1889, Cajal precisó una definición para la neurona sensorial olfativa con los siguientes enunciados: «Consideramos el apéndice periférico de las células sensitivas y sensoriales como una prolongación protoplasmática destinada a recoger la excitación exterior [...] La fibrilla nerviosa olfatoria conserva siempre su diámetro originario, y su unidad durante todo su curso». En sus esquemas (figuras 9.1 y 9.2) Cajal mostraba en la mucosa olfatoria o epitelio olfativo, las neuronas sensoriales olfativas que se continuaban con un axón que acababa en los glomérulos, insistiendo en que el movimiento nervioso se dirige en la dirección mostrada por las flechas de los esquemas. Actualmente se conoce que cada una de las aproximadamente cinco millones de neuronas sensoriales olfativas, localizadas en el epitelio olfativo de un roedor, expresa, únicamente, uno de los genes específicos de los receptores olfativos (Malnic *et al.,* 1999; Zhang y Firestein, 2002). Estas neuronas que poseen receptores odoríferos determinados no se agrupan, sino que se distribuyen al azar dentro de cuatro extensas regiones

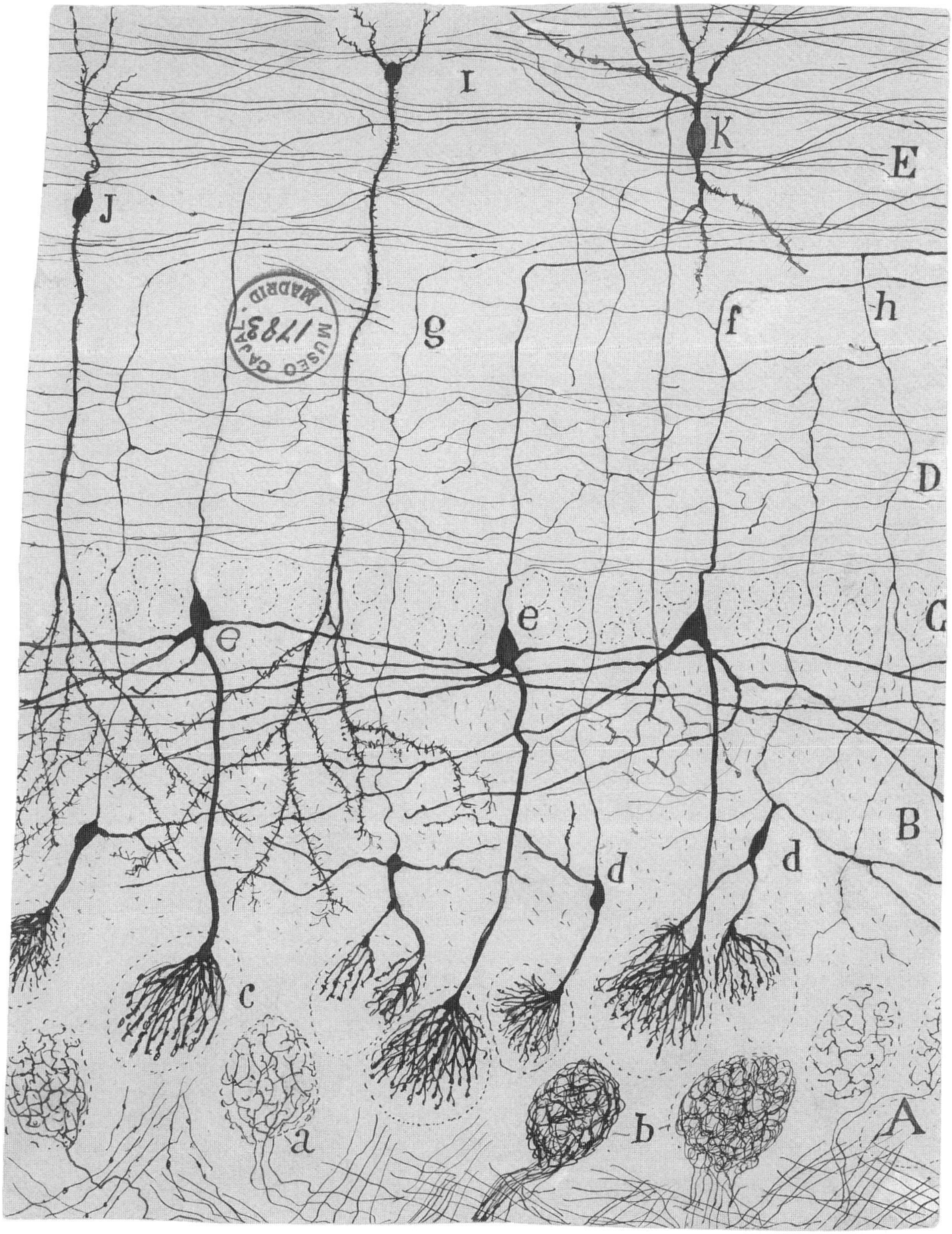

Figura 9.3. Corte del bulbo olfativo del gato de pocos días. A: Capa de los glomérulos. B: Capa plexiforme externa. C: Capa de las células mitrales. D: Capa plexiforme interna. E: Capa de los granos y sustancia blanca; a: Arborización terminal de una fibra olfativa; b: Glomérulos con varias terminaciones; c: Penacho de una mitral; d: Células empenachadas. Publicado por Cajal en 1901 (figura 2), 1904 (figura 728) y 1911 (figura 412).

del epitelio, llamadas zonas de expresión, que son simétricas en ambos lados de las cavidades nasales de los animales (RESSLER *et al.*, 1993). En el bulbo olfativo los axones de las neuronas sensoriales que expresan el mismo receptor convergen en los mismos glomérulos (MOMBAERTS *et al.*, 1996). Este hecho permite que, aunque las neuronas sensoriales olfativas se regeneran cada 60 días (GRAZIADEI y GRAZIADEI, 1979), la memoria del olor se mantenga porque los axones de las neuronas que expresan el mismo receptor siempre se dirigen al mismo lugar.

Capas y tipos neuronales en el bulbo. El siguiente centro en la vía olfativa es el bulbo olfativo, estructura receptora de la fibra olfatoria primaria: «los nerviecitos olfativos, los cuales perforan, por diversos agujeros, en número considerable, la base del cráneo y asaltan el bulbo olfativo donde se terminan». En efecto, cada neurona olfatoria presente en la nariz posee una fibra larga (axón) que atraviesa la lámina cribosa del hueso etmoides y conecta con determinadas neuronas del bulbo olfatorio, estructura de mayor tamaño en animales con un sentido agudo del olfato, pero relativamente menor en aquellos en los que esta habilidad decrece. Sorprende la exactitud de la descripción realizada hace más de un siglo de la neurona sensorial olfativa y de su entrada en el bulbo olfativo (RAMÓN Y CAJAL, 1889, 1890; figura 9.2) formando las estructuras glomerulares. RAMÓN Y CAJAL (1889), siguiendo la estratificación marcada por SCHWALBE (1881), estableció la laminación del bulbo olfativo en siete capas (figura 9.3):

1.ª *Capa de los hacecillllos olfatorios o zona fibrilar superficial* (fibras olfatorias o cilindroejes de células bipolares). Fue descrita como compuesta de fibras (figura 9.3 D) sin ramificar y de igual espesor que las que parten del epitelio, junto con células neuróglicas cuyas largas expansiones invaden las zonas subyacentes (RAMÓN Y CAJAL, 1904). Las dos primeras capas del bulbo olfatorio, además de contener astrocitos, oligodendrocitos y microglía (BLANES, 1898; DE CASTRO, 1920), tienen también las denominadas células de la glía envolvente (VALVERDE y LÓPEZ-MASCARAQUE, 1991).

2.ª *Capa de los glomérulos olfatorios.* Cajal definió los glomérulos como la diana de las fibras procedentes de las neuronas sensoriales olfativas. Estas fibras se terminaban en arborizaciones libres en los glomérulos, sin salir de ellos y sin formar redes, como creía GOLGI (1875). Realizó un estudio detallado de la entrada de fibras al glomérulo olfativo, basándose principalmente

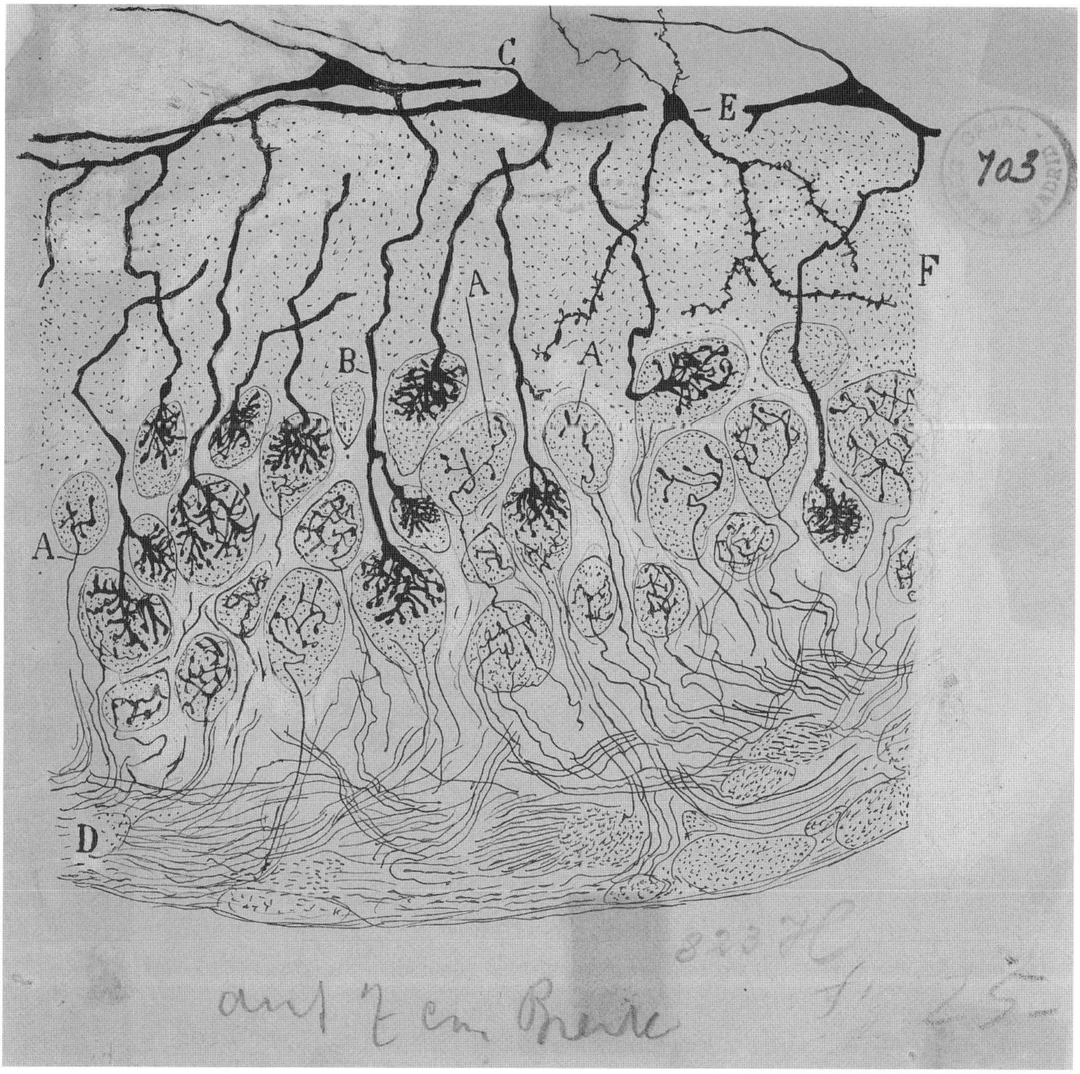

Figura 9.4. Corte antero-posterior del bulbo olfativo del pato. A: Arborización de las fibrillas olfatorias dentro de los glomérulos. B: Tallos descendentes de las grandes células empenachadas, terminados en fleco granuloso en los glomérulos. C: Células grandes superiores con penacho. E: Grano más inferior. Publicado por Cajal en 1890 (figura 3), 1892 (figura 16) y 1895 (figura 24).

en los trabajos de su hermano Pedro en aves (RAMÓN, 1890), y poniendo de manifiesto la libertad e independencia de la célula nerviosa (figuras 9.1, 9.2 B y 9.3 A, b). Según su descripción: «La arborización final libre de las fibras nerviosas olfatorias, es evidentísima en los glomérulos de las aves, como mi hermano ha demostrado y nosotros hemos confirmado varias veces, en el pato...» (RAMÓN Y CAJAL, 1899, figura 9.4 D). En 1890 describió en esta capa varios tipos celulares: por un lado, las células nerviosas fusiformes, que corresponden a las células que colabo-

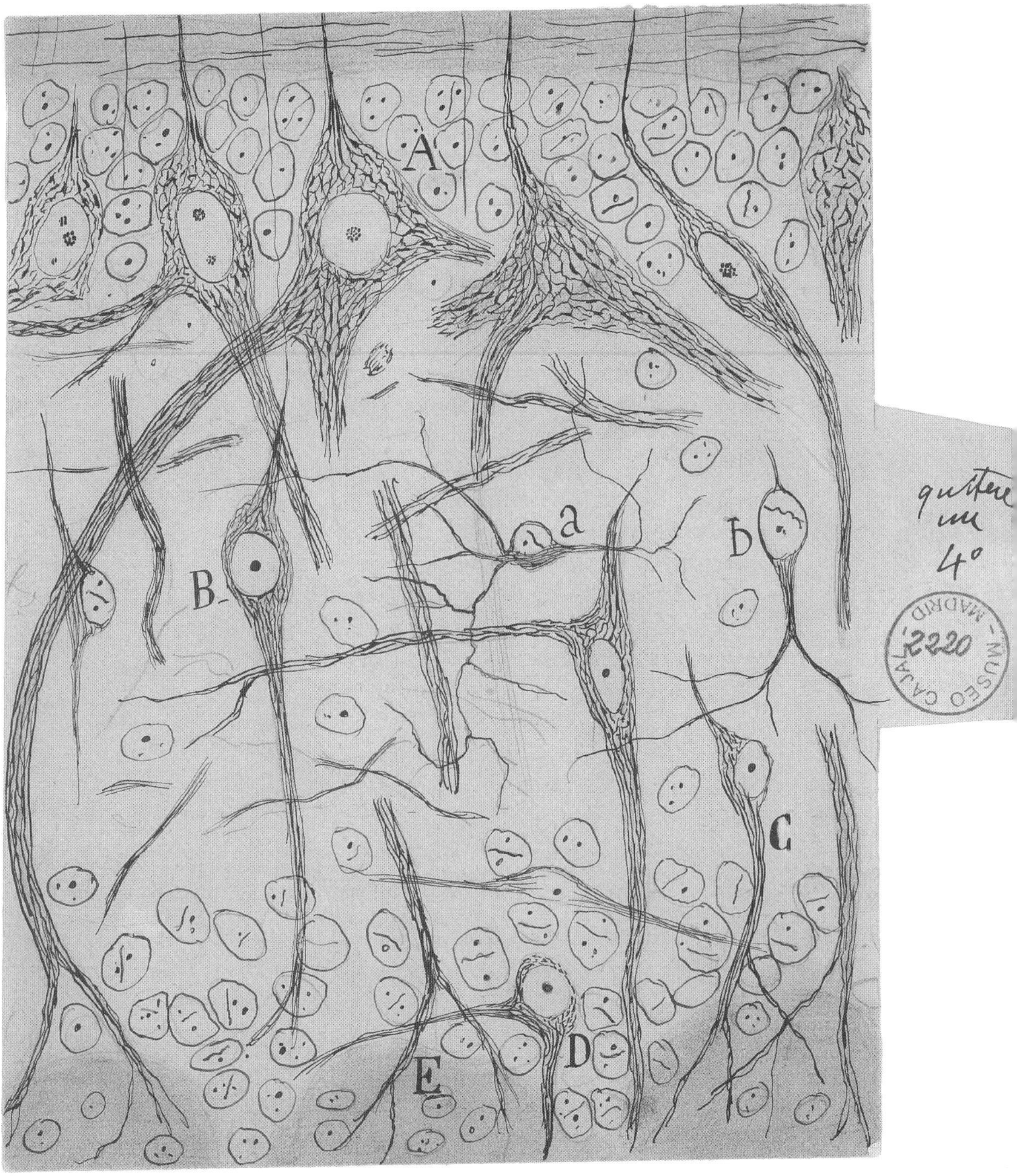

Figura 9.5. Neurofibrillas de las células mitrales y empenachadas del conejo adulto. Método del nitrato de plata reducido. A: Capa de las células mitrales. B: Empenachadas medias. C: Empenachadas periféricas. D: Granos superficiales con una pequeña empenachada. E: Terminación de un tallo protoplasmático en un glomérulo (que en la figura no aparece bien); a, b: Pequeñas células nerviosas de morfología no bien estudiada. Publicado por Cajal en 1904 (figura 734) y 1911 (figura 418).

ran en la formación de lo que él llamaba «plexo intraglomerular»; describió las células en penacho o empenachadas, distinguiéndolas de las situadas en otras capas al llamarlas externas o periféricas, y, por último, los granos externos o células nerviosas de axón corto, que se ramifican dentro de los glomérulos, y que GOLGI (1875) clasificó como células de neuroglía.

3.ª *Capa molecular inferior (capa gelatinosa de Schwalbe, 6.ª de Hendle) o capa plexiforme externa.* Fue denominada así por su aspecto granuloso, similar al de la zona molecular del cerebelo o la retina. Este estrato incluye las células empenachadas medias (figura 9.5) y establece la marcha de la corriente nerviosa en dirección y sentido centrípetos. Incluye en esta capa las dendritas accesorias de las células mitrales (figuras 9.3 y 9.5), células empenachadas medias (figuras 9.2 a, 9.3 d y 9.5 B), el penacho terminal de las células grano (figuras 9.1 f, 9.2 Dc y 9.3 J, K) y colaterales axónicas recurrentes de las células empenachadas y mitrales (figuras 9.2 e y 9.3 h).

4.ª *Capa de las células mitrales o empenachadas superiores (capa ganglionar de Schwalbe, parte de la capa media de Golgi).* Según descripción de Cajal: «Se disponen en los mamíferos en una sola hilera más o menos regular; en las aves, según ha demostrado Pedro Ramón, se alinean en dos o más series [...] Las ramas protoplasmáticas laterales son recias, dirígense hacia los lados, y después de dicotomizarse varias veces, rematan libremente dentro de la capa molecular y a grandísima distancia de su origen» (RAMÓN Y CAJAL, 1898). Las células mitrales, denominadas así por la forma de mitra de su cuerpo celular (figuras 9.1 c, 9.2 C, 9.3 e y 9.5 A), son unas de las neuronas que más tempranamente se generan en el cerebro y cuyo desarrollo no acaba hasta estadios postnatales tardíos (LÓPEZ-MASCARAQUE *et al.,* 2005). Su soma está confinado a la capa que lleva su nombre y su dendrita apical atraviesa la capa plexiforme externa para alcanzar la capa glomerular, donde, junto con los axones de las neuronas sensoriales olfativas, procesos de las células periglomerulares y células de glía, forma los glomérulos. Sus dendritas secundarias se extienden horizontalmente por la capa plexiforme externa. La dendrita principal en aves (figura 9.4), reptiles y peces se muestra múltiple (RAMÓN, 1890; RAMÓN Y CAJAL, 1901).

5.ª *Capa molecular superior o capa plexiforme interna.* Es el estrato donde se concentran la mayor parte de las colaterales de los axones de las células empenachadas: «... Estrato más rico en fibras nerviosas ameduladas que ninguna otra región del bulbo olfatorio» (figura 9.3, 9.2 D).

6.ª *Capa de los granos*, «... donde habitan los granos y las grandes células estrelladas». Ramón y Cajal (1898) apoyó la descripción de Golgi (1875), que no encontró axones en las células grano, y sostuvo que son células nerviosas, aunque no tengan axón, contra la opinión de Kölliker (1891). Describió los granos como «células erizadas de espinas» cuya prolongación funcional está representada por su proceso apical, que acaba en las dendritas de las células mitrales, en la zona molecular inferior o plexiforme externa (figuras 9.1 f, 9.2 D y 9.3 I, J, K). Textualmente añade: «... dichas ramas protoplasmáticas se engastan en los espacios que dejan las espinas de la arborización terminal, estableciéndose así una conexión anatómica por contacto» (Ramón y Cajal, 1898), observándose posteriormente que las espinas de su dendrita apical hacen sinapsis recíprocas con las dendritas basales de las células mitrales (Price y Powell, 1970). Además de estudiar detenidamente las células grano, Cajal confirmó y perfeccionó las observaciones hechas por Blanes (1898), Van Gehuchten y Martin (1891) y Golgi (1875) en cuanto a la morfología y disposición de las distintas células de axón corto (Ramón y Cajal, 1901).

7.ª *Capa epitelial del ventrículo*. Limita la cavidad ventricular del bulbo olfativo, formada por pequeñas células con un gran núcleo, que las asemeja a las células ependimales de la médula joven. Ésta es la capa subependimal que incluye la parte intrabulbar de la corriente migratoria rostral. Esta corriente proporciona nuevas interneuronas (células granulares y periglomerulares) al bulbo olfativo a lo largo de toda la vida del animal (Luskin, 1993; Lois y Álvarez-Buylla, 1994). Este tipo de migración es controlada por los niveles de actividad sensorial (Lledo *et al.*, 2005).

Conexión interhemisférica de los elementos bulbares: El error de Cajal

Basándose en los esquemas de la vía olfatoria mostrados en las figuras 9.2 y 9.3, Cajal decía: «La vía centrípeta de las impresiones olfativas, posee dos empalmes principales: uno en los glomérulos y otro en la corteza del lóbulo olfatorio. En cada uno de estos empalmes el movimiento adquiere mayor difusión, participando en su conducción un número progresivamente mayor de corpúsculos nerviosos» (Ramón y Cajal, 1892). A partir de estos resultados cruciales, Cajal dejó un poco de lado el sistema olfativo, quizá debido a su aparente simplicidad, y empezó a mostrar más interés por los sentidos de la vista y el oído, percibidos por el ser humano como los sentidos fundamentales. Sin embargo, no lo abandonó totalmente, sino que incitó a varios de sus discípulos a continuar su estudio. Esto se ve reflejado en una monografía realizada por Calleja (CALLEJA, 1893) sobre la región olfatoria, que comienza con la siguiente frase: «Hace cerca de un año que, obedeciendo a los deseos de nuestro querido maestro el doctor Cajal, emprendimos una serie de investigaciones sobre la región olfatoria del cerebro de los vertebrados». Años más tarde, Cajal escribió una monografía con 72 grabados titulada *Estructura de la corteza olfativa del hombre y los vertebrados* (RAMÓN Y CAJAL, 1901), en la que reitera que ese trabajo está dedicado a la estructura del «foco olfativo secundario o esfenoidal», y que sólo tratará «someramente y en resumen del bulbo olfativo, comisura anterior...», remitiendo al lector a los trabajos de GOLGI (1875), PEDRO RAMÓN (1890), VAN GEHUCHTEN y MARTIN (1891); KÖLLIKER (1891), RETZIUS (1892), CALLEJA (1893) y BLANES (1898). A pesar de tildar de *somera* la parte de la monografía concerniente al bulbo olfativo, en una figura de aquella publicación (RAMÓN Y CAJAL, 1901) presentó un esquema con las proyecciones ipsilaterales y contralaterales de las células mitrales y empenachadas del bulbo olfativo (figura 9.6). Diferenció los dos tipos celulares, mitrales y empenachadas, por su posición y por el tipo de proyección axonal. Concretamente, Cajal dogmatizaba que los axones de las células mitrales proyectan exclusivamente al hemisferio ipsilateral, uniéndose en un haz que forma el tracto olfatorio lateral (llamado por Cajal raíz externa). Por el contrario, los axones de las células empenachadas se dirigen por la comisura anterior al hemisferio contralateral, alcanzando la capa granular del bulbo olfativo del hemisferio opuesto: «... la porción anterior o bulbar de la comisura consta de neuronas olfativas de segundo orden, es decir, de axones directos nacidos en las células empenachadas de un lado, los cuales se ramifican sobre los granos del opuesto [...] Para nosotros, la comisura anterior en su porción anterior procede positivamente de las células de un bulbo y se termina en las del opuesto» (RAMÓN Y CAJAL, 1901). Esta aseveración estaba en total discrepancia con los trabajos de LÖWENTHAL (1897), quien, tras practicar ablaciones del bulbo olfativo, no observó degeneración en la comisura anterior, lo que sugería que el origen de esta comisura era el lóbulo olfatorio pero no el bulbo olfativo. Cajal insistió en su idea de una proyección directa entre ambos bulbos

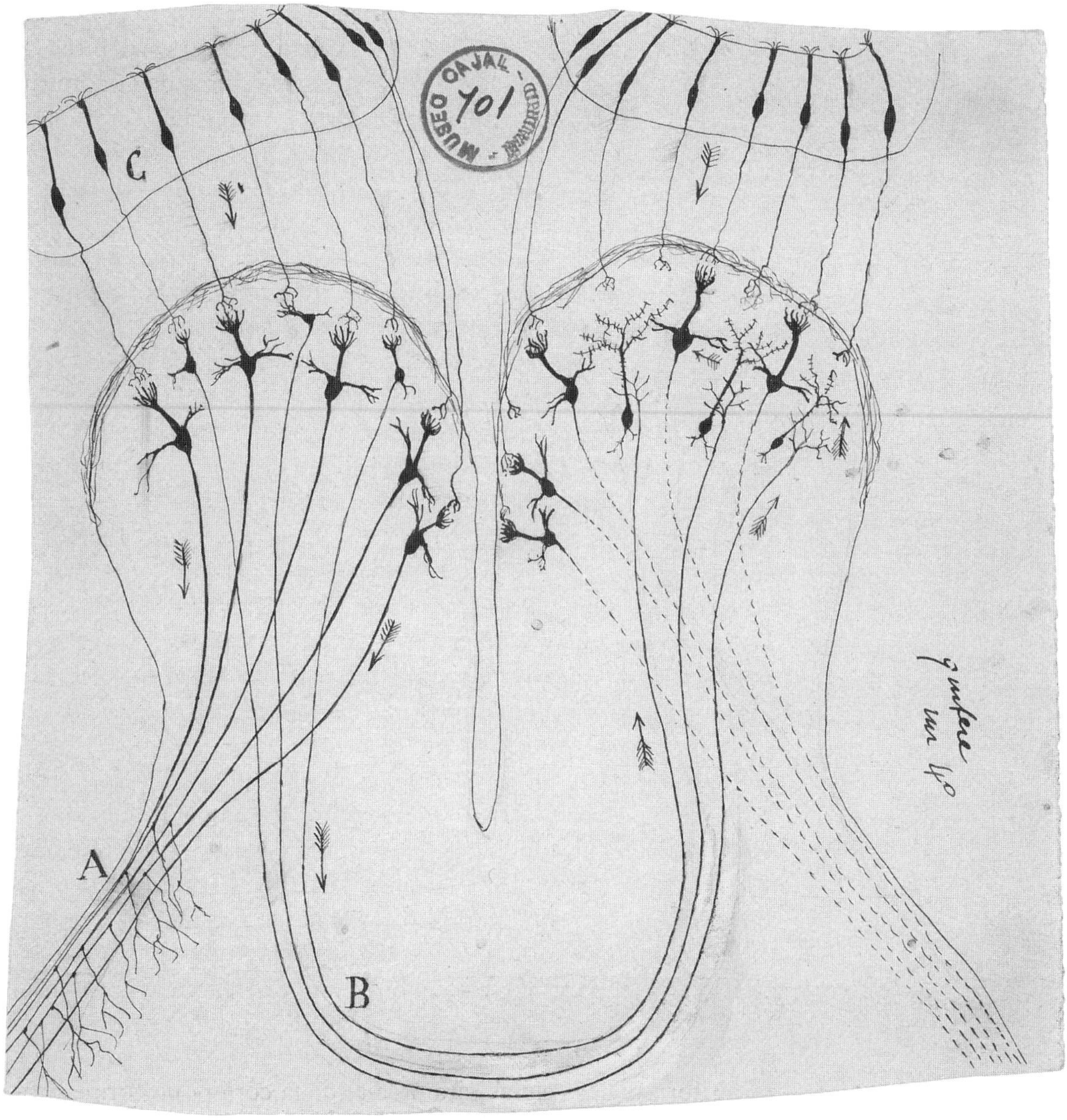

Figura 9.6. Esquema destinado a mostrar la marcha de las corrientes a lo largo del bulbo. A: Raíz externa del nervio olfatorio. B: Porción bulbar de la comisura anterior. C: Bipolares olfativas. Publicado por Cajal en 1901 (figura 4), 1904 (figura 738) y 1911 (figura 423).

olfativos, rechazando los resultados de LÖWENTHAL (1897): «no podemos compartir la opinión de Löwenthal, para quien la citada vía nace en el lóbulo olfatorio, mas no en el bulbo». En 1965, Valverde publica textualmente: «The existence of interbulbar fibers became a subject of controversy because Cajal in his writing surmised that tufted cells project, via the commissure anterior pars bulbaris, to the contralateral olfactory bulb»[2]. Valverde, mediante un detallado estudio en rata con el método de Golgi (VALVERDE, 1965), demuestra que las fibras de la comisura anterior se originan en las células piramidales del núcleo olfatorio anterior (también llamado corteza olfatoria anterior, pedúnculo olfativo o region retrobulbar), apoyando las descripciones previas realizadas en el cobaya (LOHMAN, 1963) y la tortuga (ORREGO, 1962).

Actualmente, la mayor parte de los autores coinciden en que todas las regiones del núcleo olfatorio anterior, excepto la pars externa, tienen proyecciones ipsilaterales y todas las zonas, excepto la pars medialis, tienen proyecciones contralaterales (LUSKIN y PRICE, 1983). Estudios fisiológicos sobre la velocidad de conducción estimada de los axones del núcleo olfatorio anterior hacia el bulbo o hacia la comisura anterior indican que la conexión contralateral es más rápida que la ipsilateral (DAVAL y LEVETEAU, 1974; MORI y SATOU, 1979), coincidente con que los axones de algunas células piramidales del núcleo olfatorio anterior se dividen, enviando una colateral gruesa hacia la comisura anterior y otra más delgada que se extiende rostralmente hacia el bulbo olfativo ipsilateral (VALVERDE, 1965; VALVERDE *et al.*, 1989; DE CARLOS *et al.*, 1989). El tracto olfativo lateral (llamado por Cajal *raíz externa*) está formado por los axones de las neuronas de proyección del bulbo olfativo, que forman un haz que corre por la parte ventrolateral del cerebro emitiendo colaterales a distintas áreas de la corteza olfativa. Estos axones del tracto olfativo lateral forman la capa Ia del núcleo olfatorio anterior, mientras que la capa Ib contiene las fibras de asociación de la corteza piriforme y del núcleo olfatorio contralateral, junto con las dendritas apicales de las neuronas de la capa II (FRIEDMAN y PRICE, 1986). El tracto continúa por el pedúnculo olfatorio inervando su principal diana, la corteza piriforme. Las células piramidales de la corteza piriforme proyectan sus axones a distintos núcleos talámicos e hipotalámicos, así como hacia el hipocampo y la amígdala. Otras fibras del tracto olfatorio lateral alcanzan la corteza entorrinal y la amígdala, cuyas neuronas a su vez proyectan al hipocampo e hipotálamo estructuras relacionadas con respuestas emocionales. Se ha descrito un gradiente de proyecciones, según el cual las células mitrales y empenachadas de la capa plexiforme externa profunda envían sus

[2] «La existencia de fibras interbulbares comenzó a ser un hecho controvertido porque Cajal en sus escritos conjetura que las células empenachadas proyectan, vía la comisura anterior *pars bulbaris*, al bulbo olfativo contralateral.»

axones a la corteza piriforme, mientras que las empenachadas superficiales no van más allá del núcleo olfatorio anterior.

El grupo de Linda Buck, estudiando ratones en los que sólo uno de sus receptores olfativos estaba marcado, consiguió describir la ruta de una molécula odorífera, desde las neuronas localizadas en la nariz hasta la corteza olfativa, pasando por el bulbo olfativo (ZOU *et al.*, 2001). De esta manera demostraron que la corteza piriforme también tiene zonas determinadas que reciben la información procedente de cada receptor olfativo, aunque aún no se conoce el significado funcional de esta proyección topográfica. Algunos investigadores han propuesto que la amígdala es importante para conferir propiedades afectivas o de aversión a los olores, mientras que la corteza entorrinal parece contribuir a ciertos aspectos de nuestra memoria olfativa. Concluyendo, podemos decir que la información sobre los olores implica una gran variedad de regiones cerebrales, las cuales influyen en los comportamientos cognitivos, viscerales y emocionales.

Durante el siglo XX, la obra de Cajal ha influido de gran manera de la investigación en neurociencias. Cajal postuló la doctrina neuronal y la ley de polarización dinámica de las neuronas, junto con la descripción básica de prácticamente todos los circuitos neuronales del cerebro. Muchas de sus interpretaciones predictivas sobre el funcionamiento del sistema nervioso se han confirmado en su mayor parte con distintas técnicas modernas de estudio que no existían en su tiempo. Sin duda, su obra constituyó una contribución fundamental para el desarrollo de las neurociencias, tanto básica como aplicada. Su influencia en la neurociencia moderna permanece intacta y vigente más de cien años después. Baste mencionar que todavía algunas publicaciones describen la conexión directa entre ambos bulbos olfativos. Respecto a cómo habría encajado Cajal la refutación de uno de sus resultados, merece la pena recordar sus palabras: «La crítica científica se justifica solamente dando, a cambio de un error, una verdad».

Agradecimientos

La autora agradece a Fernando García-Moreno y a Juan A. de Carlos la revisión del texto. A M.ª Ángeles Langa, por la ayuda prestada en la búsqueda de artículos. Asimismo agradezco a la Dirección del Instituto Cajal el permiso para la reproducción de los dibujos de Cajal que aparecen en el presente capítulo.

Bibliografía

BLANES, T. (1898): Sobre algunos puntos dudosos de la estructura del bulbo olfatorio. *Revista Trimestral Micrográfica,* 3: 99-127.

BUCK, L. y AXEL, R. (1991): A novel multigene family may encode odorant receptors: A molecular basis for odor recognition. *Cell,* 66: 175-187.

CALLEJA, C. (1893): *La región olfatoria del cerebro,* pp. 1-40. Madrid. Imprenta y Librería de Nicolás Moya.

DAVAL, G. y LEVETEAU, J. (1974): Electrophysiological studies of centrifugal and centripetal connections of the anterior olfactory nucleus. *Brain Research,* 78: 395-410.

DE CARLOS, J. A. *et al.* (1989): Connections of the olfactory bulb and nucleus olfactorius anterior in the hedgehog (Erinaceus europaeus): fluorescent tracers and HRP study. *J. Comp. Neurol.,* 279: 601-618.

DE CASTRO, F. (1920): Algunas observaciones sobre la histogénesis de la neuroglía en el bulbo olfativo. *Trab. Lab. Invest. Biol.,* 18: 83-108.

FRIEDMAN, B. y PRICE, J. L. (1986): Plasticity in the olfactory cortex: age-dependent effects of deafferentation, *J. Comp. Neurol.,* 246: 1-19.

GOLGI, C. (1875): Sulla fina anatomia del bulbi olfattorii. *Ti Rivista Sperimentale di Freniatria,*1: 403-425.

GRAZIADEI, G. A. M. y GRAZIADEI, P. P. C. (1979): Neurogenesis and neuron regeneration in the olfactory system of mammals. Degeneration and reconstitution of the olfactory sensory neurons after axotomy. *J. Neurocytol.,* 8: 197-213.

KÖLLIKER, A. V. (1891): Ueber den feineren Bau des Bulbus olfactorius. Aus den Sitzungsber der Würzb. *Phys.-med.,* 19 dec.

LLEDO, P. M. *et al.* (2005): Information processing in the mammalian olfactory system, *Physiological Reviews,* 85: 281-317.

LOHMAN, A. H. M. (1963): The anterior olfactory lobe of the guinea pig: a descriptive and experimental anatomical study. *Acta Anat.,* 53 (Suppl. 49): 1-109.

LOIS, C. y ÁLVAREZ-BUYLLA, A. (1994): Long-distance neuronal migration in the adult mammalian brain. *Science,* 264: 1145-1148.

LÓPEZ-MASCARAQUE, L. *et al.* (2005): Olfactory epithelium influences the orientation of mitral cell dendrites during development. *Dev. Dynam.,* 232: 325-335.

LOWENTHAL, N. (1897): Über das Riechhirn des Säugetiere. *Versammlung Deutscher Naturforscher und Arzte,* Braunschweig. Fetsch. z. 69.

LUSKIN, M. B. (1993): Restricted proliferation and migration of postnatally generated neurons derived from the forebrain subventricular zone. *Neuron,* 11: 173-189.

LUSKIN, M. B. y PRICE, J. L. (1983): The topographic organization of associational fibers of the olfactory system in the rat, including centrifugal fibers to the olfactory bulb. *J. Comp. Neurol.,* 216: 264-291.

MALNIC, B. *et al.* (1999): Combinatorial receptor codes for odors. *Cell,* 96: 713-723.

MOMBAERTS, P. *et al.* (1996): Visualizing an olfactory sensory map. *Cell,* 87: 675-686.

MORI, K. *et al.* (1979): Axonal projection of anterior olfactory neurons to the olfactory bulb bilaterally. *Exp. Neurol.*, 64: 295-305.
ORREGO, F. (1962): The reptilian forebrain. III. Cross connections between the olfactory bulbs and the cortical areas in the turtle. *Arch. Ital. Biol.*, 100: 1-16.
PRICE, J. L. y POWELL, T. P. (1970): The synaptology of the granule cells of the olfactory bulb. *J. Cell Sci.*, 7: 125-155.
RAMÓN, P. (1890): Estructura de los bulbos olfatorios de las aves, *Gaceta Sanitaria de Barcelona*, julio.
RAMÓN Y CAJAL, S. (1911): *Histologie du système nerveux de l'homme et des vertébrés*, vol. 2. Maloine, París.
RAMÓN Y CAJAL, S. (1923): *Recuerdos de mi vida: historia de mi labor científica*. Alianza Editorial, Madrid.
RAMÓN Y CAJAL, S. (1889): Conexión general de los elementos nerviosos. *La medicina práctica*, año II, nº. 88, octubre, 341-346.
RAMÓN Y CAJAL, S. (1890): Origen y terminación de las fibras nerviosas olfatorias, *Gaceta Sanitaria de Barcelona*, año III: 1-21.
RAMÓN Y CAJAL, S. (1891): Significación fisiológica de las expansiones protoplásmicas y nerviosas de las células de la sustancia gris. Memoria leída en el Congreso Médico de Valencia, sesión del 24 de junio. *Revista de Ciencias Medicas de Barcelona*, tomo XVII, núms. 22 y 23.
RAMÓN Y CAJAL, S. (1892): Nuevo concepto de la Histología de los centros nerviosos. Conferencia III. *Revista de Ciencias medicas de Barcelona*, tomo XVIII, núms. 16, 20, 22 y 23.
RAMÓN Y CAJAL, S. (1894): La fine structure des centres nerveux. *The Croonian Lecture. Proceedings of the Royal Society of London*, 55: 444-468.
RAMÓN Y CAJAL, S. (1895): *Les nouvelles idées sur la structure du système nerveux chez l'homme et chez les vertébrés*, 2.ª edición. C. Reinwald et Cie, París.
RAMÓN Y CAJAL, S. (1897): Discurso de ingreso en la Real Academia de Ciencias Exactas, Físicas y Naturales (5 diciembre 1897, sección IV, apartado b).
RAMÓN Y CAJAL, S. (1901): Estructura de la corteza olfativa del hombre y mamíferos. *Trabajos del Laboratorio de Investigaciones Biológicas*, I: 1-141.
RAMÓN Y CAJAL, S. (1904): *La textura del sistema nervioso del hombre y los vertebrados*, Moya, Madrid.
RAMÓN Y CAJAL, S. (1906): Structure et connexions des neurones. Conférence Nobel, Stockolm le 12 Décembre 1906. *Arch. Fisol.*, vol. V, nº 1: 1-25.
RAMÓN Y CAJAL, S. (1922): *Charlas de Café: pensamientos, anécdotas y confidencias*, 3.ª edición, Imprenta de Juan Pueyo, Madrid.
RESSLER, K. J. *et al.* (1993): A zonal organization of odorant receptor gene expression in the olfactory epithelium. *Cell*, 73: 597-609.
RETZIUS, G. (1892): Die Endigungsweise der Riechnerven, *Biol. Unters.*, Neue Folge, Bd. III, H3.
SCHWALBE, G. A. (1881): *Lehrbuch der Neurologie*. Eduard Besold, Erlangen.

VALVERDE, F. (1965): *Studies on the Piriform Lobe.* Harvard University Press.

VALVERDE, F. y LÓPEZ-MASCARAQUE, L. (1991): Neuroglíal arrangements in the olfactory glomeruli of the hedgehog. *J. Comp. Neurol.*, 307: 658-674.

VALVERDE, F. *et al.* (1989): Structure of the nucleus olfactorius anterior of the hedgehog (Erinaceus europaeus). *J. Comp. Neurol.*, 279: 581-600.

VAN GEHUCHTEN, A. y MARTIN, I. (1891): Le bulbe olfactif chez quelques mammifères. *La Cellule,* 5: 205-223.

WONG, A. M. *et al.* (2002): Spatial Representation of the Glomerular Map in the Drosophila Protocerebrum. *Cell*, 109: 229-241.

ZHANG, X. y FIRESTEIN, S. (2002): The olfactory receptor gene superfamily of the mouse. *Nat. Neurosc.*, 5: 124-133.

ZOU, Z. *et al.* (2001): Genetic tracing reveals a stereotyped sensory map in the olfactory cortex. *Nature*, 414: 173-179.

10. LA VÍA VISUAL CIEN AÑOS DESPUÉS DE RAMÓN Y CAJAL

JOSÉ MANUEL ALONSO LÓPEZ
Department of Biological Sciences
State University of New York
Nueva York

Ramón y Cajal ha sido un pionero en el estudio de la vía visual, como en otros muchos temas de la investigación del cerebro. Sus trabajos, publicados hace cien años, son todavía referencias obligatorias en publicaciones modernas sobre el desarrollo, anatomía y función de esta vía. Su descripción de la retina continúa siendo vigente, salvo pequeñas modificaciones, y sus dibujos anatómicos se ven proyectados con frecuencia en las salas de conferencia de simposios internacionales sobre visión y cerebro. El estudio de la percepción visual ha fascinado a científicos y artistas desde hace siglos. Pero en los últimos cien años hemos aprendido más sobre este tema que en toda la historia de la humanidad. Cajal se cita frecuentemente como punto de origen de esta nueva era y es considerado por muchos uno de los padres de la disciplina que hoy se conoce como neurociencia.

Cajal conocía muy bien la anatomía de la vía visual desde su origen en la retina hasta su entrada en la corteza cerebral. Sin embargo, la continuación de la vía a través de las diferentes áreas corticales fue fruto de acaloradas discusiones en su época.

> «Sobre el área del cerebro humano donde la visión mental se efectúa y la vía óptica central se termina, se ha discutido mucho, tanto por los clínicos como por los fisiólogos» (RAMÓN Y CAJAL, 1899, p. 866).

En la época de Cajal, había científicos que pensaban que la vía visual terminaba en una pequeña franja de la corteza cerebral llamada fisura calcarina. Otros, incluyendo al propio Cajal, pensaban que la fisura calcarina era sólo la punta del iceberg, y que la vía visual incluía amplias zonas de corteza. Técnicas modernas de electrofisiología y resonancia magnética le han dado la razón a Cajal. Hoy en día se piensa que más de la mitad de nuestra corteza cerebral está implicada en funciones que, de una manera u otra, se relacionan con el procesamiento de imágenes.

En este capítulo haré un breve resumen de nuestros conocimientos actuales sobre la anatomía y función de la vía visual. Haré especial énfasis en las partes de la vía que son mejor conocidas, pero también mencionaré algunas de las ideas y especulaciones actuales sobre la función de las últimas etapas de procesamiento. Intercalado en el texto, he introducido párrafos e ilustraciones tomados de una de las obras más importantes de Cajal: *La textura del sistema nervioso del hombre y de los vertebrados* (RAMÓN Y CAJAL, 1899). Estos pasajes ponen los conocimientos actuales en el contexto de la época de Cajal, y también dan al lector una oportunidad de acercarse a la obra de este gran científico español.

Nuestro conocimiento de la anatomía y función de las neuronas en las distintas etapas de la vía visual ha avanzado considerablemente en las últimas décadas. La corteza cerebral se ha dividido en grandes regiones o áreas a las que se les han asignado funciones más o menos específicas. La fisura calcarina que menciona Cajal en su trabajo se conoce ahora como área visual primaria (la primera área cortical que recibe información desde la retina vía el tálamo). La corteza visual primaria (también conocida con V1) proyecta a otras áreas (V2, V3, V4) que están especializadas en el procesamiento de diferentes aspectos de la visión como el color, la forma y el movimiento. La topografía general de estas áreas corticales es aceptada por la mayoría de los científicos; sin embargo, todavía hay grandes discusiones acerca de la función de cada área. Cien años después de Ramón y Cajal seguimos sin saber exactamente qué es lo que hacen los millones de neuronas de la corteza cerebral, pero tenemos una información mucho más detallada de su anatomía y fisiología. En el futuro, un conocimiento más preciso de la corteza visual podría posibilitar la implantación de prótesis corticales como medio de restablecer la visión en personas ciegas. Pero antes de adentrarnos en las promesas del futuro, hablaremos de lo que conocemos con certeza.

El ojo y la retina

Los humanos tenemos ojos frontales que están separados el uno del otro por aproximadamente 6 centímetros. Esta localización frontal nos permite tener visión tridimensional, pero limita nuestro campo visual a un cono frontal de aproximadamente 180 grados de ángulo. Especies predadoras, cuya supervivencia depende de su agudeza visual, suelen tener ojos frontales para tomar ventaja de la visión tridimensional. Por el contrario, los animales que sobreviven huyendo de los predadores suelen tener ojos laterales para extender su campo visual lo máximo posible, a veces hasta cubrir casi una esfera completa alrededor de la cabeza, como es el caso del conejo.

Una de las funciones fundamentales del ojo es convertir la luz en señales eléctricas que se puedan transmitir al resto del cerebro. Los haces de luz entran en el ojo a través de una apertura circular llamada pupila que se abre cuando la luz es tenue y se cierra cuando la luz es intensa. La intensidad de luz que nos rodea puede variar en 100 millones de unidades. Una estrella en la noche genera aproximadamente 0.001 cd/m^2, una bombilla de 60 vatios 120.000 cd/m^2, y el sol visto desde la tierra a la altura del meridiano genera 1.600.000.000 cd/m^2. El diámetro de la pupila puede variar entre 1 y 8 mm en función de la intensidad de luz que nos rodea.

Cada rayo de luz que pasa por la pupila entra en el ojo a través del cristalino, una lente transparente que enfoca el haz de luz en el fondo del ojo a una distancia de aproximadamente 15 milímetros. Cuando el cristalino deja de ser transparente (catarata), la luz no puede entrar en el ojo y el cristalino tiene que ser sustituido por una lente artificial en una operación quirúrgica. El cristalino no es la lente más potente de nuestro ojo; la córnea tiene de dos a cuatro veces más potencia[1]. Sin embargo, el cristalino es la única lente conocida con capacidad de cambiar de poder dióptrico para enfocar objetos a diferentes distancias. El cristalino es capaz de cambiar de forma y convertirse en una lente gruesa, cuando enfocamos objetos cercanos, o en una lente fina cuando necesitamos ver de lejos. Con la edad, el cristalino se hace más rígido y pierde su habilidad de cambiar de forma (presbiopia o vista cansada). Esta condición

[1] La potencia de una lente se mide en dioptrías. La córnea tiene aproximadamente 43 dioptrías, y el cristalino, 12-20 dioptrías variables (WANDELL, 1995). Para darse una idea intuitiva de la potencia de la córnea, imagínese el grosor de unas gafas con lentes de 43 dioptrías.

se corrige con unas gafas especiales que contienen dos tipos diferentes de lentes, para ver de cerca y de lejos.

Gracias al poder dióptrico del cristalino y la córnea, dos puntos separados por kilómetros de distancia en el horizonte se proyectan en nuestra retina en distancias de apenas unos milímetros. La imagen proyectada en la retina es una copia invertida y en miniatura del mundo exterior. Esta imagen va a ser procesada por una lámina de tejido nervioso extraordinariamente fina: la retina.

«El espesor de la retina es por término medio en el hombre de 0.3 milímetros. Su color rojo transparente lo debe a una sustancia especial llamada púrpura retiniana o rodopsina, depositada en el espesor de los artículos externos de los bastones» (RAMÓN Y CAJAL, 1899, p. 583).

La «púrpura retiniana» de la que habla Cajal es conocida por cualquiera que haya utilizado una cámara con flash. La luz que emite el flash es tan intensa que un gran número de fotones no son absorbidos por la retina y salen reflejados a través de la pupila como si el fondo del ojo fuera un espejo. Ciertas cámaras emiten luz estroboscópica[2] para cerrar la pupila y disminuir la cantidad de luz que entra en el ojo justo antes de emitir el flash. Esta luz intermitente no sólo permite sacar fotos «sin ojos rojos», sino que también protege nuestra retina de la luz. Una lámpara potente de flash puede generar 250.000.000 cd/m^2, una intensidad que es lo suficientemente alta para dañar la retina si la lámpara está muy cerca del ojo. Una forma de reducir la luz que incide en la retina (y el número de fotos con ojos rojos) es utilizar un objetivo zoom y aumentar la distancia entre el flash y la persona fotografiada.

La primera neurona de la vía visual: el fotorreceptor

La transformación de la luz en corrientes eléctricas tiene lugar en una de las neuronas más pequeñas del cerebro: el fotorreceptor. Los fotorreceptores son neuronas de 1-4 micras de diámetro (aproximadamente cien veces más finas que un pelo) y 50 micras de longitud. Más de la mitad del cuerpo del fotorreceptor está lleno de una molécula que reacciona con la luz de la misma manera que una película de una cámara fotográfica no digital. Hay dos tipos de fotorreceptores: los bastones y los conos. Los bastones son extraordinariamente sensibles a la luz y están distribui-

[2] Luz que se apaga y se enciende varias veces por segundo.

dos por toda la retina excepto la fóvea, una pequeña región situada en el centro óptico del ojo. Los conos son menos sensibles a la luz y son especialmente numerosos en la fóvea.

Un solo fotón es suficiente para producir una corriente eléctrica en un bastón (SCHNAPF y BAYLOR, 1987). Sin embargo, un cono necesita varias decenas o centenas de fotones para generar la misma corriente. En una noche con luna llena, en medio del bosque (~0.01 cd/m^2), y con una pupila de 8 mm, cada fotorreceptor recibe aproximadamente 20 fotones/segundo y por lo tanto nuestra visión depende fundamentalmente de los bastones. En un día con cielo despejado al mediodía (~10.000 cd/m^2), y con una pupila de 2 milímetros, cada fotorreceptor de nuestra retina recibe aproximadamente 1.200.000 fotones/segundo, una intensidad de luz que sólo puede ser procesada por los conos. El hecho de que nuestros bastones sean capaces de detectar un solo fotón es impresionante y demuestra la importancia evolutiva de la visión nocturna. Cajal ya conocía la relación entre la visión nocturna y la presencia de bastones.

> «La retina de las aves consta esencialmente de conos. Una excepción interesante hay: las aves nocturnas, en donde según resulta de nuestras investigaciones, los bastoncitos abundan casi tanto como en los mamíferos» (RAMÓN Y CAJAL, 1899, p. 609).

Los circuitos retinianos de los bastones están especialmente diseñados para captar el máximo número de fotones posibles en la oscuridad. Los bastones son extraordinariamente sensibles a la luz, y sus cuerpos neuronales son alargados para almacenar el mayor número posible de moléculas de fotopigmento. Además, cada célula bipolar (la segunda célula de la vía visual) recibe conexión de varios bastones. Por lo tanto, aunque la intensidad de luz no sea suficiente para estimular a todos los fotorreceptores, la activación de un solo bastón es suficiente para estimular a la célula bipolar y activar el resto de la vía visual. Los circuitos retinianos de la vía visual fueron descritos por Cajal con gran detalle. Por razones didácticas, en este capítulo daremos una versión muy simple de estos circuitos que se reduce a tres tipos de células conectadas en serie: fotorreceptor → celular bipolar → célula ganglionar[3].

El número de fotorreceptores que converge en una célula bipolar determina la calidad o resolución espacial de la imagen que

[3] Este circuito es correcto para los conos pero no para los bastones. Estudios posteriores a Cajal demostraron que el circuito de los bastones incluye una célula adicional: fotorreceptor → celular bipolar → célula amacrina → célula ganglionar (STERLING, 2003).

percibimos. En la fóvea, cada célula bipolar recibe conexión de un solo cono y cada cono tiene un diámetro de una micra. Por lo tanto, dos puntos separados por una micra en la fóvea están representados por dos células bipolares diferentes. La extraordinaria resolución espacial que esto supone se puede comprender mejor con un ejemplo. La impresión de esta página contiene entre 1.600-2.400 puntos por línea. Cuantos más puntos de impresión y más pequeños sean, mejores serán la calidad de impresión y la resolución espacial de la imagen. Si esta página tuviera la resolución de la fóvea humana (un punto por cada micra), la página tendría más de 20.000 puntos de impresión por línea.

Debido a que los conos necesitan mucha luz para funcionar, las imágenes que vemos a través de los conos no sólo son de punto finísimo, sino que son además brillantes (la vista de un paisaje a plena luz del día). Por el contrario, las imágenes que vemos a través de los bastones son oscuras y de baja resolución o punto grueso (un bosque por la noche). Los bastones necesitan todo su almacén de fotopigmento para funcionar a pleno rendimiento. En entornos con luz intensa, este almacén está sólo medio lleno porque el fotopigmento está reaccionando continuamente con los millones de fotones que entran en el ojo. Cuando pasamos de un entorno luminoso a una habitación oscura, los bastones necesitan cierto tiempo para reponer el almacén de fotopigmento y llevarlo a un nuevo equilibrio con la nueva intensidad de luz. Ésa es la razón por la cual cuando llegamos tarde a una sala de cine y miramos hacia los asientos no podemos ver prácticamente nada. Sin embargo, unos pocos segundos después, nuestra visión mejora porque la proporción de reposición/gasto de fotopigmento aumenta. En condiciones de oscuridad extrema, el almacén de fotopigmento aumenta todavía más y los bastones pueden alcanzar su máxima sensibilidad en un período de tan sólo 20 minutos (GOLDSTEIN, 1999).

En el mundo moderno, la mayor parte de nuestra experiencia visual tiene lugar en condiciones fotópicas (alta intensidad de luz). Es impresionante pensar en la cantidad de fotopigmento que se gasta por segundo en las condiciones de luz que nos rodean. Y es todavía más impresionante pensar en la velocidad a la que el fotopigmento tiene que ser repuesto para que nuestra visión nunca se desvanezca. La regeneración del fotopigmento es algo parecido al cambio de carrete en una cámara de fotos no digital. Nuestra retina está tomando entre 25-100 fotos por segundo y aparentemente la retina nunca agota el carrete (estimación basada en la frecuencia de respuesta de una célula ganglionar de la retina).

La necesidad de regenerar fotopigmento continuamente quizá explique por qué las retinas de muchas especies son invertidas. La retina está formada por varios estratos celulares. Lo lógico sería pensar que el primer estrato en el paso de la luz fuera el de los fotorreceptores. Paradójicamente, los fotorreceptores están en el último estrato celular de nuestras retinas. La luz tiene que atravesar los cuerpos celulares de las múltiples células retinianas, sus axones, sus núcleos y los vasos sanguíneos antes de llegar al fotorreceptor. Obtener una imagen en una retina invertida es algo parecido a sacar una fotografía a través de una ventana sucia. Por si esto no fuera poco, la retina invertida tiene otro problema adicional. Las células que llevan la información de la retina al cerebro tienen que hacer un agujero en la capa de fotorreceptores para salir del ojo. ¿Por qué las retinas invertidas son tan comunes en el mundo animal? Es posible que los fotorreceptores tengan que estar cerca del fondo del ojo por su alta necesidad de oxígeno y nutrientes. En las retinas invertidas, la capa de los fotorreceptores es la que está más cerca de la capa coroides, la fuente de vascularización más importante del ojo.

La retina invertida crea un problema importante en visión. Es imposible tener una visión de alta calidad si los fotorreceptores reciben la luz a través de una superficie celular que no es perfectamente transparente. La solución a este problema es la fóvea. En el centro de la retina hay una zona pequeña de apenas 0.5 milímetros de diámetro en la que todas las células que no son conos se hacen literalmente a un lado (figura 10.1). En esta zona, llamada fóvea, la luz incide directamente en el fotorreceptor. Cada vez que fijamos nuestra vista en un objeto, proyectamos el objeto justo en el centro de la fóvea. La fóvea cubre un área diminuta en nuestro campo visual equivalente a dos dedos pulgares vistos con los brazos completamente estirados. Esta área se corresponde aproximadamente con dos milímetros cuadrados de nuestra retina (~1% de toda la retina), probablemente los dos milímetros cuadrados más importantes de todo nuestro cuerpo. Sin la fóvea, una persona es considerada legalmente ciega.

> «Es interesante saber qué animales poseen foseta central[4]. Entre los mamíferos, sólo el hombre y los primates gozan de este privilegio; el gato, el perro, el conejo, presentan en su fondo retiniano un área al nivel de la cual los conos son más finos pero carecen de una verdadera foseta. En cambio, las aves (excepto las gallináceas) la ostentan

[4] La foseta central es la fóvea.

A

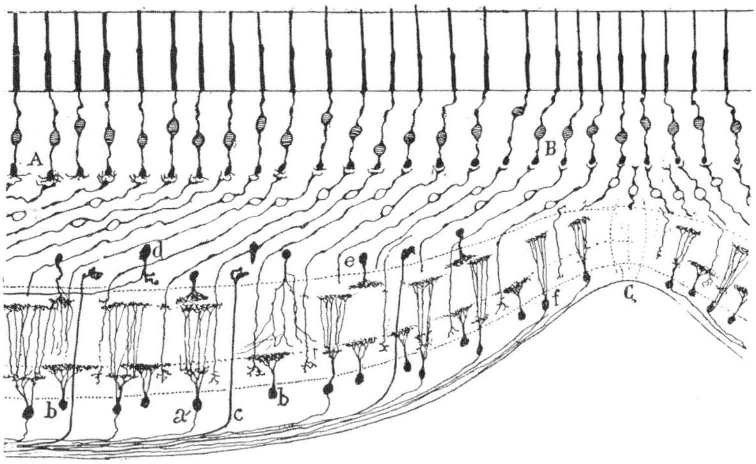

Fig. 554. — Corte de la retina de un pájaro (verderón). Aspecto de la foseta central. —B, cuerpos de los conos ; C, fondo de la foseta ; *a*, célula gangliónica bi estratificada ; *b*, amacrina dislocada *c*, fibra centrífuga ; *d*, amacrina de asociación.

B

Figura 10.1. Nuestra visión de detalles tiene lugar en una zona diminuta de la retina llamada fóvea. A: Ilustración de la fóvea de un pájaro por Cajal (en el humano el número de fotorreceptores en la fóvea es mucho mayor). B: Fotografía de Cajal y simulación de la imagen a la que tiene acceso nuestra corteza visual.

muy desarrollada, así como muchos reptiles, entre los cuales es digno de mención, por su bien organizada fóvea, el camaleón. Según han probado recientes estudios, en ciertas aves (golondrina, halcón, etcétera), existen dos fosetas, una nasal correspondiente a la del hombre y otra temporal, es decir, colocada en la porción externa de la retina. La primera parece servir para la visión lateral y la segunda para la visión de frente» (RAMÓN Y CAJAL, 1899, p. 629).

Lo que generalmente entendemos como visión es lo que vemos a través de la fóvea. Aunque tenemos la sensación de que las imágenes que percibimos son parecidas a las de una cámara fotográfica, en realidad son muy diferentes. En la fóvea la resolución de la imagen es altísima (diez veces mejor que la impresión de esta página). Sin embargo, en el resto de la retina la calidad es peor que una imagen vista a través de un vaso. La sensación de que vemos todo lo que nos rodea con la misma resolución es una ilusión provocada por continuos movimientos de nuestros ojos. Cuando leemos esta página tenemos la impresión de que todas las letras son perfectamente visibles. Sin embargo, si fijamos nuestra vista en una letra, nos daremos cuenta de que no podemos distinguir prácticamente más que dos o tres palabras adyacentes al punto de fijación (el número de palabras que podemos ver depende de la distancia de fijación).

La fóvea es una zona muy especial de la retina; no tiene bastones, los conos son finísimos (~1 micra de diámetro) y la luz accede directamente al fotorreceptor sin tener que pasar a través de otros estratos celulares. Además, aunque en la retina hay tres tipos de conos (azul, verde y rojo), en la fóvea sólo hay conos verdes y rojos. Curiosamente, los rayos de luz que sufren menos distorsión óptica en el ojo son también verdes y rojos[5].

Una lente de 40-60 dioptrías es lo suficientemente poderosa como para quemar un papel si se alinea de forma correcta con el sol. Los rayos de luz que inciden a través de la córnea y el cristalino en el ojo podrían tener también un efecto dañino en la zona central de la retina. Además de la protección proporcionada por la pupila y los párpados, la fóvea quizá tenga un mecanismo químico de protección.

> «En el espesor de las paredes y alrededor de la foseta humana, muéstrase un anillo amarillento: la macula lútea de W. Muller, debida a la presencia de un pigmento amorfo de color amarillo intenso, esparcido por todas las zonas retinianas menos las correspondientes a las células visuales (granos externos y conos). Este pigmento tiene por misión probable atenuar la intensidad química de los rayos de escasa

[5] La luz visible es una radiación electromagnética con una longitud de onda de 370 nm (luz azul) a 730 nm (luz roja). La terminología actual clasifica los conos en S (longitud de onda corta), M (longitud de onda media) y L (longitud de onda larga). Esta terminología es preferible porque cada cono puede ser estimulado por un amplio rango de longitudes de onda (Dacey *et al.*, 2005); sin embargo, por razones didácticas, utilizó los términos más intuitivos: azul, verde y rojo. Las radiaciones electromagnéticas con longitudes menores que la luz visible penetran la piel con facilidad y son altamente dañinas para nuestras células (rayos ultravioleta: ~10 nm, rayos X: ~1 nm, rayos gamma: < 0.1 nm). Las radiaciones electromagnéticas con longitudes de onda mayores que la luz visible no penetran la piel (rayos infrarrojos: ~100.000 nm, ondas de radio: 10 millones de nm).

> longitud de onda, que, como se sabe, son los más fotogénicos» (RAMÓN Y CAJAL, 1899, p. 630).

Recientes investigaciones han puesto nombre a los pigmentos amarillos de Cajal. La luteína y zeaxantina son pigmentos de la familia de los carotenos que se depositan alrededor de la fóvea. Estos pigmentos son especialmente abundantes en la espinaca, el maíz y la yema del huevo. Cien años después de que Cajal diera una explicación «probable» da la función de estos pigmentos, la clínica Mayo en Estados Unidos ha lanzado una campaña de prevención contra la degeneración de mácula,[6] recomendando dietas ricas en vegetales, particularmente los de hoja verde, y otros alimentos ricos en carotenos (www.mayoclinic.com). Por otro lado, el Instituto Nacional del Ojo en Estados Unidos está subvencionando un estudio para valorar el uso de luteína y zeaxantina en el tratamiento de la degeneración de mácula (www.nei.nih.gov).

Los conos de la fóvea miden intensidad de luz en una región de retina de una micra de diámetro. Sin embargo, nuestro sistema visual no puede depender de mediciones absolutas de luz. Una página en blanco puede reflejar mil veces más fotones a la luz del sol que en una habitación interior y, sin embargo, la página no «se vuelva negra» al entrar en la habitación. La solución a este problema se encuentra en la segunda célula de la vía visual: la célula bipolar.

La segunda neurona de la vía visual: la célula bipolar

La célula bipolar de la retina no mide intensidad de luz como los fotorreceptores, mide contraste. En la fóvea, esta medición se realiza en un área tres veces más pequeña que una letra «o» de esta página (considerando que la página está a un brazo de distancia del ojo). Esta área es el campo receptor de la célula.

El campo receptor de una célula bipolar es aproximadamente circular y está formado por dos círculos concéntricos. El círculo exterior (periferia del campo receptor) es de un diámetro tres veces mayor que el círculo interior (centro del campo receptor). El centro y la periferia del campo receptor son mutuamente antagonistas. Si la intensidad de luz es idéntica en ambos, las corrientes generadas por el centro y periferia se cancelan mutuamente y la

---

[6] La mácula es una región de 5.5 mm de diámetro que incluye la fóvea y está situada en el área central de la retina.

célula bipolar no responde. Pero si la intensidad de luz es diferente, la célula bipolar genera corrientes eléctricas que pasan a la siguiente neurona de la vía visual. Un punto negro como éste: «.» genera corrientes eléctricas en una célula bipolar que tiene el campo receptor centrado en el punto. En una habitación interior, el punto negro puede reflejar 0.1 cd/m^2, y el blanco que lo rodea, cien cd/m^2; sin embargo, en el exterior ambos pueden reflejar 100 veces más luz. Debido a que la proporción de luz entre el centro y la periferia del campo receptor es la misma (~100/0.1 = 10000/10 cd/m^2), la célula bipolar responderá de forma parecida en las dos condiciones de luz.

Hay dos tipos básicos de células bipolares que reciben conexión de conos y están presentes en una gran variedad de especies: las células centro-claro/periferia-oscuro y las células centro-oscuro/periferia-claro[7]. Las células centro-claro se estimulan con objetos luminosos en fondo oscuro, por ejemplo una estrella en la noche. Las células centro-oscuro se estimulan con un objeto oscuro en un fondo claro, por ejemplo una mosca en un cielo azul. En los primates, hay otras células bipolares que responden a combinaciones de colores como centro-rojo/periferia-verde, centro-verde/periferia-rojo. Las diferentes células bipolares son el origen de canales de información de la vía visual que son procesados en diferentes partes del cerebro (LENNIE, 2000).

La organización de campos receptores en centro-periferia no sólo sirve para ajustar la percepción visual a entornos con diferentes intensidades de luz, sino también para ahorrar energía neuronal. En vez de procesar cada imagen punto por punto, el cerebro ahorra energía y tiempo midiendo sólo zonas de la imagen en las que hay cambios (por ejemplo transiciones claro/oscuro). En una página blanca, las únicas células bipolares que responden son aquellas que tienen sus campos receptores en los bordes de la página. Si el cerebro detecta una transición de oscuro a claro sólo en los bordes, asume que no hay ningún cambio en el medio de la página, y por lo tanto la página se ve blanca.

El tamaño del campo receptor de la célula bipolar depende de su posición en la retina. Los campos receptores son por lo menos diez veces más pequeños en las células bipolares de la fóvea que en las células de la retina periférica. En esta etapa de la vía visual, hay una clara relación entre el tamaño del campo receptor y la densidad celular. Una alta densidad celular se correlaciona con

---

[7] Muchos libros en español utilizan el término inglés: centro ON / periferia OFF, centro OFF / periferia ON.

pequeños campos receptores y mejor calidad de imagen. De la misma manera, la calidad de impresión de esta página mejora si aumentamos el número de puntos de impresión y reducimos el tamaño de cada punto. El tamaño del campo receptor está directamente relacionado con la agudeza visual en diferentes especies. Por ejemplo, los campos receptores de las células bipolares son más pequeños en el mono que en el gato, y más pequeños en el gato que en el ratón. Consecuentemente, el ratón tiene la peor agudeza visual de los tres y el primate, la mejor.

Tercera neurona de la vía visual: la célula ganglionar de la retina

Las corrientes eléctricas generadas por las células bipolares sólo se pueden transmitir por unos cientos de micras, y nunca llegarían a regiones del cerebro que están situadas a varios centímetros de distancia. La siguiente neurona de la vía visual soluciona este problema. La célula ganglionar tiene campos receptores centro-periferia como las células bipolares y también mide contraste de luz. Pero, a diferencia de las células bipolares, las células ganglionares son capaces de generar potenciales de acción.

Los potenciales de acción son descargas eléctricas breves (~ 1 milisegundo) e intensas (~ 70 mV) que se propagan a través del axón neuronal por distancias de centímetros, o incluso un metro en las vías motoras de personas altas. A diferencia de las células bipolares, los axones de las células ganglionares están cubiertos de mielina, un tipo de grasa aislante que permite una transmisión más rápida del potencial de acción. Hay aproximadamente un millón y medio de células ganglionares en el ojo humano. Los axones de estas células salen del ojo a través de una zona de retina de aproximadamente 2 mm de diámetro para formar el nervio óptico. Esta zona de retina no tiene fotorreceptores, y por esa razón es un área ciega. El área ciega de la retina cubre aproximadamente un círculo de tres dedos de diámetro visto con el brazo extendido, pero no parece representar un serio problema para nuestra visión. Nuestros ojos frontales permiten que el área ciega de un ojo pueda verse con el otro. Además, nuestra percepción visual está tan dominada por la fóvea que áreas ciegas en la retina periférica pasan fácilmente desapercibidas. Esto es cierto para áreas que son ciegas por causas naturales (por ejemplo nervio óptico, vasos sanguíneos en el fondo de ojo) o patológicas (por ejemplo tumor cerebral que comprime la vía visual). Las personas con grandes áreas ciegas en la retina periférica suelen tropezar con objetos frecuentemente, pero no siempre relacionan estos tropiezos con un problema de visión.

El nervio óptico y las vías extrageniculadas

A la salida del ojo, las células ganglionares de la retina se dirigen a varios destinos diferentes. En los primates, la mayoría (90%) van al centro del cerebro, a una porción del tálamo llamada núcleo geniculado lateral. Otras células (10%) van al tronco cerebral en la base del cerebro, a una estructura llamada colículo superior. La proporción de células que van al colículo superior es de 50% en el gato y de 100% en el conejo. En el gato y el conejo una gran proporción de fibras proyecta a las dos estructuras (ORBAN, 1984).

En los mamíferos, el colículo superior recibe información visual de la retina y de la corteza visual primaria. Es posible que, a medida que un animal avanza en la escala evolutiva, la vía que llega al colículo superior a través de la corteza predomine sobre la que llega directamente desde la retina. El colículo superior es uno de los generadores principales de movimientos oculares y una de las estructuras efectoras principales del procesamiento visual.

Las células ganglionares que no van al núcleo geniculado lateral (vía extrageniculada) están implicadas en funciones reflejas básicas como el reflejo pupilar (el cambio del diámetro de la pupila con la luz) y el reflejo palpebral (el cierre del párpado cuando un objeto se aproxima rápidamente o toca los ojos). Estas respuestas reflejas son involuntarias e inconscientes y sus vías fueron estudiadas por un gran número de anatómicos en la época de Cajal.

> «... el tubérculo cuadrigémino anterior[8] es el foco coordinador de los reflejos visuales [...] Las investigaciones de Edinger y de mi hermano en los vertebrados inferiores, y las de Held, nuestras y de Pavlow en los mamíferos han demostrado la existencia de este importante sistema de fibras reflejas, revelándonos los detalles de su origen, trayecto y conexiones» (RAMÓN Y CAJAL, 1899, p. 481).

Estudios recientes sugieren la existencia de otras vías reflejas que en vez de producir movimientos oculares producen emociones. Un ejemplo de este tipo de «reflejo emocional» es lo que se ha llamado estimulación subliminal. Los estímulos subliminales son imágenes presentadas por un período de tiempo lo suficien-

[8] El tubérculo cuadrigémino anterior es el colículo superior.

temente breve como para activar las células de la retina pero no ser percibidas conscientemente. Estos estímulos subliminales son capaces de influir en nuestras emociones y conducta, aunque no los veamos. En 1957, un cine de New Jersey en Estados Unidos utilizó imágenes subliminales con las frases *Drink Coke, Eat Popcorn* (bebe coca-cola, come palomitas de maíz). Los propietarios del cine dijeron que las ventas de coca-cola y palomitas aumentaron dramáticamente gracias a estos estímulos. Aunque esto es una leyenda urbana que no ha sido verificada experimentalmente, recientes estudios demuestran que los mensajes subliminales tienen un efecto significativo en nuestra conducta y son en parte reflejos (LEDOUX, 1998). Estos estímulos siguen de actualidad. En la campaña electoral a la presidencia de los Estados Unidos del año 2000, el partido demócrata acusó al partido republicano de usar un anuncio televisivo criticando a Gore en el que se había intercalado una imagen rápida con la palabra *rat* (rata). Esa imagen era subliminal y sólo se podía ver grabando el anuncio en vídeo y pasándolo a cámara lenta. El partido republicano retiró el anuncio después de que los demócratas lo denunciaran.

El quiasma óptico y el cruzamiento de la vía visual

La mayor parte de las células ganglionares de la retina en los primates van al núcleo geniculado lateral, pero el trayecto hacia ese núcleo no es recto. La mitad de las células ganglionares del ojo derecho se cruzan en el quiasma óptico para dirigirse al hemisferio izquierdo, y las del ojo izquierdo se cruzan para dirigirse al hemisferio derecho. Las células ganglionares que se cruzan están situadas en la retina nasal (la mitad de la retina del lado de la nariz), y las que no se cruzan están en la retina temporal (la mitad de la retina del lado de la oreja; «temporal» viene de tímpano). A consecuencia de este cruzamiento, el hemisferio derecho recibe una representación del campo visual izquierdo, el hemisferio izquierdo una representación del campo visual derecho, y cada hemisferio recibe información de los dos ojos.

Un cruzamiento similar sucede en otras vías sensoriales y motrices del cerebro. Lesiones del hemisferio derecho afectan al lado izquierdo del cuerpo y lesiones del hemisferio izquierdo afectan al lado derecho. Por qué estos cruzamientos se han mantenido tan bien preservados en los vertebrados sigue siendo un misterio. *The Economist*, una revista de economía ampliamente leída en los Estados Unidos, publicó recientemente un artículo sobre el tema. En este artículo se daba como razón la existencia de un posible ancestro de los vertebrados que sufrió una contorsión de la cabeza de 180 grados con respecto al cuerpo (THE ECONOMIST, 2004). En este contexto, las palabras de Cajal son sorprendentemente actuales.

> «El cruce óptico, que se inicia probablemente en los peces y cefalópodos con la visión lenticular, representa una corrección o compensación orgánica, destinada a hacer continua y congruente la imagen visual formada por cada ojo [...] En virtud de acomodaciones económicas, dicho cruzamiento motivó el de la vía motriz, tanto cerebral como cerebelosa, a fin de reaccionar preferentemente por el lado mismo de la excitación periférica [...] La teoría que acabamos de exponer ha sido en general acogida favorablemente por los sabios, y aunque algún autor como Lugaro ha presentado algún reparo al postulado fundamental de la misma, es lo cierto que hasta hoy nadie ha podido refutarla ni logrado imaginar otra explicación tan plausible» (RAMÓN Y CAJAL, 1899, pp. 654-656).

Básicamente, la idea de Cajal es que el cristalino del ojo invierte la imagen, y las fibras ópticas se cruzan para que las imágenes proyectadas en la corteza cerebral coincidan. Como consecuencia del cruzamiento de la vía óptica, las otras vías sensoriales y motrices también se cruzan (figura 10.2). Esta idea sigue siendo atractiva en nuestros días, y desde luego sigue siendo más atractiva que la idea de la cabeza rotante.

El núcleo geniculado lateral y la entrada en la corteza cerebral

Después de pasar el quiasma, las células ganglionares de la retina se dirigen al núcleo geniculado lateral del tálamo. El núcleo geniculado es del tamaño de un guisante, pero su tamaño no guarda relación con su importancia. Toda la información visual que llega a la corteza cerebral tiene que pasar por este pequeño núcleo. La función del núcleo geniculado lateral no está todavía clara a pesar del esfuerzo de investigación que se ha dedicado a esta estructura en los últimos años. Sabemos que las células ganglionares provenientes de cada ojo terminan en diferentes capas del geniculado. Sabemos que las células ganglionares con campos receptores centro-claro y centro-oscuro terminan en capas diferentes de las células que responden al color. Y también sabemos que los campos receptores de las células del geniculado tie-

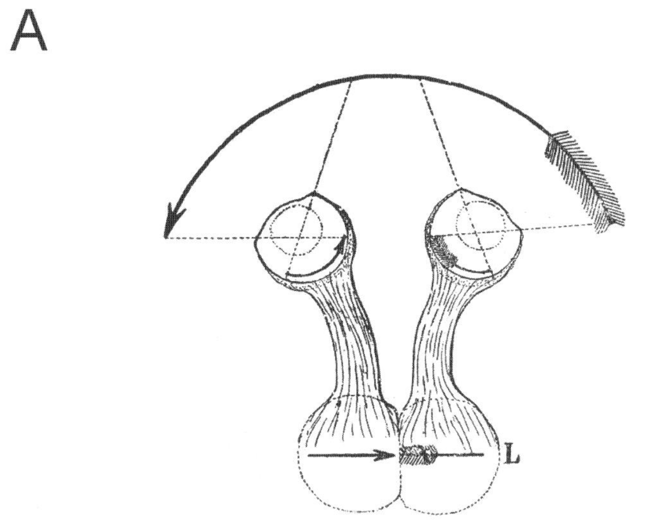

Fig. 569. — Esquema que demuestra la incongruencia de la imagen mental en los peces, en el supuesto de la falta de kiasma óptico. — L, centro visual.

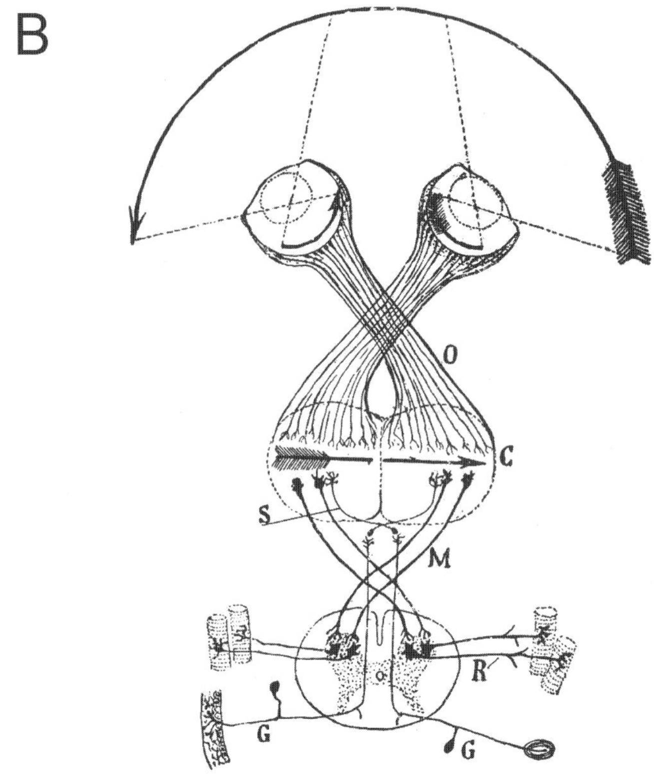

Fig. 570. — Esquema que demuestra la utilidad del kiasma y la decusación compensadora de las vías motrices y sensitivas (vertebrados inferiores).

Figura 10.2. Teoría de Cajal que explica el cruzamiento de fibras sensoriales y motrices en los vertebrados. A: Si no hubiera cruzamiento, las dos mitades de la imagen proveniente del mundo exterior no coincidirían. B: El cruzamiento de la vía visual tiene que compensarse con un cruzamiento de las vías motoras y del tacto para que nuestros movimientos se dirijan hacia el mismo lado en que detectamos un objeto.

nen una organización centro-periferia muy parecida a la de las células ganglionares de la retina.

Generalmente, se distinguen tres tipos de canales de información en el núcleo geniculado del primate. El canal magnocelular está formado por células con campos receptores centro-claro o centro-oscuro y ocupa sólo dos capas del geniculado. El canal parvocelular está formado por células que responden al color (centro-rojo/periferia-verde, centro-verde/periferia-rojo) y ocupa la mayor parte del geniculado (cuatro capas). Finalmente, el canal koniocelular contiene células con una gran variedad de campos receptores y algunas de ellas responden a estímulos azules. Las células del canal magnocelular tienen campos receptores grandes, responden con rapidez a estímulos visuales y se han asociado con el procesamiento visual de movimiento. Las células del canal parvocelular tienen campos receptores más pequeños, sus respuestas son más lentas y se han asociado con el procesamiento del color y la forma. Esta división de funciones no es aceptada por toda la comunidad científica, y es muy posible que en los próximos años se descubran más canales de información y más interacciones entre canales que ayuden a aunar las diferentes ideas y teorías funcionales.

De todas formas, una función indiscutible del núcleo geniculado lateral es la de controlar la entrada de información sensorial desde la retina hasta la corteza. En cierto modo, el geniculado funciona como una puerta. Cuando estamos despiertos y atentos, la puerta está abierta y la mayor parte de la información proveniente de la retina se transmite a la célula geniculada[9]. Cuando estamos dormidos, la puerta se cierra y las células del geniculado no transmiten información (aunque los párpados estén abiertos). En situaciones intermedias, cuando estamos despiertos pero distraídos, la puerta está entreabierta y la transmisión está reducida. En este caso intermedio, el movimiento rápido de una mano delante de los ojos es suficiente para que la puerta geniculada vuelva a abrirse de nuevo.

Estos cambios en transmisión de la retina al geniculado son controlados por la formación reticular, una estructura neuronal difusa que está localizada en la base del cerebro (tronco cerebral). La actividad de la formación reticular controla los ciclos

---

[9] A partir de la célula ganglionar de la retina, todas las células de la vía visual generan potenciales de acción. El número y patrón temporal de los potenciales de acción constituyen la información visual que se transfiere de una célula a otra.

de vigilia-sueño y el nivel de actividad cerebral. Cuando estamos despiertos, la formación reticular activa las células del geniculado facilitando la transmisión sensorial. En traumatismos craneales serios, la formación reticular puede lesionarse y provocar un coma cerebral, una condición en la que la persona afectada mantiene reflejos básicos pero no es consciente de nada de lo que le rodea.

La actividad del geniculado está también controlada por una vía descendente que se origina en la corteza visual primaria (V1). El circuito recíproco entre estas dos estructuras (geniculado fl → V1) se repite a partir de aquí en casi todas las áreas de corteza (por ejemplo V1 fl → V2, V2 fl → V3, V1 fl → V3, etc.). La función de los circuitos recíprocos es desconocida, y aunque no faltan teorías que pretendan explicarla, ninguna de ellas ha ganado suficiente aceptación todavía. Los circuitos recíprocos entre el geniculado y la corteza visual fueron descubiertos por Cajal.

«... de nuestras observaciones resulta que la radiación óptica contiene dos clases de fibras: ascendentes y descendentes» (Ramón y Cajal, 1899, p. 883).

La corteza visual primaria

Las neuronas del núcleo geniculado lateral forman la vía principal de entrada a la corteza visual primaria (V1). La corteza visual está organizada en capas de células que fueron descritas en gran detalle por Cajal. El nombre de las capas ha cambiado, pero las ilustraciones y descripciones de Cajal siguen siendo enormemente informativas (figura 10.3). En comparación con las etapas anteriores de la vía visual, la variedad de campos receptores que se encuentran en V1 es impresionante. Las células de la capa 4C (la capa que recibe la proyección más densa del geniculado) tienen campos receptores con organización centro-periferia. Pero los campos receptores del resto de la corteza son muy diferentes. En un cilindro cortical de 50 micras de diámetro hay aproximadamente 200 células corticales en el gato. Los campos receptores de estas células difieren en tamaño, forma, estructura y preferencia a estímulos.

La mayoría de las células de la corteza visual muestran una curiosa predilección por la orientación de líneas (Hubel y Wiesel, 1979, 2005). Hay células que responden a líneas horizontales, otras a verticales y otras a oblicuas. Hay células que responden prácticamente sólo a una orientación (por ejemplo líneas

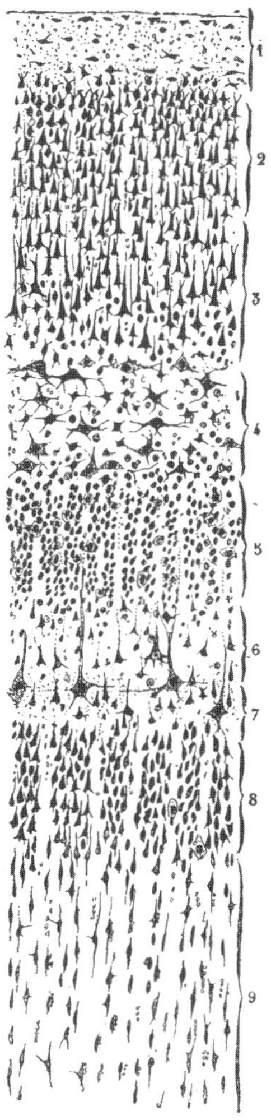

Fig. 699.—Corte de la corteza cerebral visual (bordes de la fisura calcarina) de un hombre de treinta años. Método de Nissl. — 1, zona plexiforme ; 2, zona de las pequeñas pirámides ; 3, zona de las medianas pirámides ; 4, zona de las células estrelladas grandes ; 5, zona de las células estrelladas pequeñas ; 6, zona plexiforme ó de las pirámides pequeñas de axon ascendente ; 7, zona de pirámides gigantes ; 8, zona de las pirámides de axon arqueado ascendente ; 9, células fusiformes.

Figura 10.3. Corteza visual del hombre ilustrada por Cajal.

verticales) y otras que son menos específicas y responden a varias orientaciones. Por razones que todavía desconocemos, hay más células corticales que responden a líneas verticales u horizontales que a líneas oblicuas.

Muchas células corticales no sólo son selectivas a la orientación, sino también a la dirección del movimiento. Por ejemplo, hay células que responden a una línea vertical, pero sólo si se mueve hacia la derecha; si se mueve hacia la izquierda no hay respuesta. Otras células son extraordinariamente sensibles a la velocidad del estímulo. Otras muestran preferencia por el ojo que percibe el estimulo; algunas responden cuando el estímulo visual entra por el ojo derecho, otras «prefieren» el ojo izquierdo y otras «prefieren» ser estimuladas por los dos ojos a la vez. La lista de preferencias de las células de V1 podría llenar un listín telefónico. Pero aunque la lista es cada vez más completa, todavía no sabemos exactamente cómo encajar todas las piezas del puzle. La situación es parecida a tener los 3.000 símbolos del alfabeto chino esparcidos sobre una mesa e intentar adivinar cómo se construyen frases en ese idioma.

Afortunadamente, las preferencias de las células de la corteza visual no están distribuidas de forma aleatoria. células con propiedades similares tienden a estar juntas. Esta tendencia a formar grupos ha permitido el desarrollo de la cartografía cortical. La corteza visual primaria cubre una extensión de 24 cm^2, aproximadamente el tamaño de una tarjeta de crédito. En esta superficie están representados por lo menos tres tipos diferentes de mapas. Un primer mapa contiene la representación espacial de la retina con una clara predilección por la fóvea (mapa retinotópico). La mitad de este mapa representa un 2% de la retina (un área central de 3 milímetros de diámetro incluyendo la fóvea) y la otra mitad representa el 98% restante. Aunque parezca mentira, la mitad de nuestra corteza visual primaria se encarga de procesar un área visual del tamaño de la palma de la mano, vista con el brazo estirado.

Un segundo mapa es el de dominancia ocular. En este mapa, franjas de corteza que representan el ojo derecho se entrelazan con franjas que representan el ojo izquierdo, de forma parecida a las franjas blancas y negras de la piel de una cebra. Un tercer mapa es el de la orientación de líneas. Este mapa se parece a un grupo de pequeños molinillos de viento esparcidos en una mesa. Cada centro de un molinillo contiene una representación completa de todas las orientaciones posibles. Las aspas de los molinillos contienen representaciones de una sola orientación y el conjunto de aspas de cada molinillo contiene todas las orientaciones al igual que su centro. Las investigaciones actuales intentan comprender por qué estos mapas están organizados de esta manera y cómo se superponen todos los mapas conocidos para proporcionar una representación completa del mundo visual.

Hay muchos detalles de la corteza visual primaria que conocemos y que no voy a mencionar. Conocemos cada vez con más precisión las conexiones entre las diferentes capas y cómo se forman ciertos tipos de campos receptores. También se han trazado con bastante éxito los canales magnocelular, parvocelular y koniocelular a través de diferentes capas y áreas corticales. Sin embargo, las preguntas siguen siendo mucho más numerosas que las respuestas. La corteza visual primaria es una de las áreas corticales mejor estudiada de todo el cerebro, pero, hasta nuestros días, sus secretos continúan siendo impenetrables.

Más allá de la corteza visual primaria

La corteza visual primaria proyecta a otras áreas corticales que se encuentran en los lóbulos occipitales, parietales y temporales del cerebro. Se calcula que hay aproximadamente 30 áreas visuales diferentes en el primate y cada una tiene su propio mapa retinotópico. Por lo tanto, nuestro campo visual está copiado por lo menos 30 veces en la corteza, aunque ninguna de esas copias es idéntica. La copia más detallada es la de V1 y la menos detallada es la de la corteza temporal inferior, cuya representación incluye solo la fóvea y la retina central.

Se suelen distinguir dos grandes vías visuales dentro de la corteza: la vía dorsal que va al lóbulo parietal y la vía ventral que va al lóbulo temporal. La vía dorsal, V1→ V2→ V3→ MT→ Corteza parietal, está relacionada con la detección de movimiento y atención espacial. Lesiones bilaterales en MT (corteza mediotemporal) dan lugar a un raro síndrome conocido como akinetopsia. Las personas que tienen este síndrome pueden reconocer objetos y colores pero no pueden ver movimiento. Estas personas no pueden cruzar la calle porque no pueden predecir la velocidad de un coche que se acerca. No pueden servir agua en un vaso sin derramarla porque no ven el nivel del agua subiendo. Su visión se parece a una serie de fotografías tomadas a intervalos de tiempo impredecibles. Personas con lesiones en la corteza parietal ven perfectamente pero se olvidan de lo que pasa en la mitad de su campo visual. Por ejemplo, personas con lesiones que afectan al campo visual derecho se olvidan de vestir la mitad derecha del cuerpo, maquillarse la mitad derecha de la cara o comer el contenido de la mitad derecha del plato. Otro síndrome que puede suceder a consecuencia de una lesión parietal es la simultagnosia, que es la imposibilidad de ver varios objetos a la vez. A la pregunta ¿cuántos coches están pasando por la M-30 de Madrid?, una persona con simultagnosia siempre responde «uno».

La vía visual ventral, V1→ V2→ V4→ IT, está relacionada con la visión de color y forma. Algunos científicos creen que el área V4 está especializada en la visión del color (ZEKI, 1993), pero esta idea es todavía controvertida. El área IT (corteza inferotemporal) contiene células que responden predominantemente a caras, y lesiones bilaterales de esta área producen un síndrome conocido como prosopagnosia. Las personas con este síndrome ven movimiento, color, tienen una agudeza visual normal, pero no son capaces de reconocer caras. Una cara se confunde fácilmente con un sombrero o con un buzón de correos, como en el caso elocuentemente descrito por Oliver Sacks en uno de sus libros de divulgación más leídos (SACKS, 1985).

Las áreas corticales superiores son mucho menos conocidas que la corteza visual primaria, y el número de preguntas a este nivel es abrumador. Pero una línea de investigación prometedora intenta comprender cómo el cerebro almacena representaciones de objetos. No es posible tener una neurona para cada objeto conocido ya que hay infinitos objetos y cada uno puede aparecer en infinitas formas distintas (una moneda es un círculo vista de frente y un rectángulo vista de canto). Una posibilidad es que las representaciones de objetos estén cambiando continuamente y sólo los objetos más relevantes sean almacenados de forma duradera. Por ejemplo, los objetos más relevantes podrían estar representados por más neuronas y conexiones más fuertes. Si al terminar este capítulo el libro se convirtiera en un cocodrilo de 5 metros, el lector probablemente nunca olvidaría ni el cocodrilo ni el libro. Sin embargo, es posible que no recuerde el color exacto de la mesa que tiene enfrente, a pesar de que su retina haya sido estimulada por la misma mesa durante muchos años.

El cerebro es uno de los sistemas más complejos conocidos. Cien mil millones de neuronas (10^{11}) y 60 billones de sinapsis ($6*10^{13}$) forman una maraña de circuitos que no es fácil de estudiar. Hay más sinapsis en el cerebro que estrellas en nuestra galaxia, un nivel de complejidad que sólo puede ser resuelta combinando disciplinas científicas. En 1957, el marcapasos cardíaco se convirtió en una realidad gracias a una combinación revolucionaria entre la ingeniería y la fisiología. En un futuro cercano, quizá podamos ser testigos de un éxito parecido en el uso de prótesis corticales para dar visión a personas ciegas. Una microcámara podría ser implantada en el ojo (o en unas gafas) y conectada, a través de un descodificador y estimulador eléctrico, a la corteza visual primaria. Aunque esta idea se ha probado ya en algunas personas (DOBELLE *et al.*, 1974), hay todavía grandes obstáculos que necesitan superarse. Por el momento, quizá sería conveniente concluir este capítulo con unas palabras antiguas que sirven a la perfección para las predicciones de los tiempos modernos:

> «En realidad, en el estado actual de la ciencia no es posible formular una teoría definitiva del plan arquitectónico y dinámico del cerebro [...] Cabe, no obstante, aprovechar los materiales positivos, aunque incompletos, que actualmente poseemos, forjando con ellos una síntesis anatomo-dinámica provisoria [...] Ocioso es decir que no pretendemos dar a nuestras conjeturas el menor carácter dogmático; en la ciencia, las síntesis varían con el incesante acarreo de hechos que no pudieron preverse; y la nuestra sería muy afortunada si, al ser contrastada con las futuras adquisiciones, lograra salvar algunos de los principios que estriba» (RAMÓN Y CAJAL, 1899, p. 1127).

Bibliografía

DACEY, D. M. *et al.* (2005): Melanopsin-expressing ganglion cells in primate retina signal colour and irradiance and project to the LGN. *Nature*, 433: 749-754.

DOBELLE, W. H. *et al.* (1974): Artifical vision for the blind: electrical stimulation of visual cortex offers hope for a functional prosthesis. *Science*, 183: 440-444.

GOLDSTEIN, E. B. (1999): *Sensation and Perception*. Brooks/Cole Publishing, Pacific Grove, CA.

HUBEL, D. H. y WIESEL, T. N. (1979): Brain mechanisms of vision. *Scientific American*, 241: 150-162.

HUBEL, D. H. y WIESEL, T. N. (2005): *Brain and visual perception. The story of a 25-year collaboration*. Oxford University Press, Nueva York.

LEDOUX, J. (1998): *The emotinal Brain. The mysterious underpinnings of emotional life*. Touchstone, Nueva York.

LENNIE, P. (2000): Color Vision. En E. R. Kandel, J. H. Schwartz y T. M. Jessell (eds.), *Principles of Neural Science* (fourth edition), pp. 572-589. McGraw-Hill, Nueva York.

ORBAN, G. A. (1984): *Neuronal operations in the visual cortex*. Springer-Verlag, Berlín.

RAMÓN Y CAJAL, S. (1899): *Textura del sistema nervioso del hombre y los vertebrados*. Gráficas Vidal Leuka, Madrid.

SACKS, O. (1985): *The man he mistook his wife for a hat and other clinical tales*. Touchstone, Nueva York.

SCHNAPF, J. L. y BAYLOR, D. A. (1987): How photoreceptor cells respond to light. *Scientific American*, 256: 40-47.

STERLING, P. (2003): *How retinal circuits optimiz the transfer of visual information*. En L. M. Chalupa y J. S. Wenwer (eds.), *The Visual Neurosciences*. MIT Press, Cambridge, M.A.

THE ECONOMIST (2004): The evolution of the right/left brain division. *The Economist*, vol. 11, december.

WANDELL, B. A. (1995): *Foundations of Vision*. Sinauer Associates, Inc., Stanford University.

ZEKI, S. (1993): *A vision of the brain*. Blackwell scientific publications, Oxford.

http://www.mayoclinic.com/health/macular-degeneration/DS00284/DSECTION=1.

http://www.nei.nih.gov/news/statements/lutein.asp.

11. CAJAL Y LA PLASTICIDAD CEREBRAL

JAVIER DEFELIPE
Instituto de Neurobiología Ramón y Cajal
Consejo Superior de Investigaciones Científicas
Madrid

Introducción

Santiago Ramón y Cajal (1852-1934) realizó numerosos e importantes descubrimientos y formuló teorías fundamentales con respecto a la estructura, desarrollo y función del sistema nervioso en condiciones normales y patológicas (DEFELIPE, 2002). Una parte importante de sus contribuciones e ideas científicas fueron recogidas en dos obras maestras ilustradas con espléndidos dibujos: *Textura del Sistema Nervioso del Hombre y de los Vertebrados* (RAMÓN Y CAJAL, 1899, 1904, 1909, 1911) y *Estudios sobre la degeneración y regeneración del sistema nervioso* (RAMÓN Y CAJAL, 1913, 1914). Estas dos obras tuvieron una profunda influencia en los científicos de su época y contienen las raíces de los descubrimientos actuales en algunas de las áreas más apasionantes de la microorganización y función del sistema nervioso normal y en diversas patologías y condiciones experimentales. Además, Cajal fue famoso por la vivacidad de sus discusiones en apoyo de la teoría neuronal y por ser el científico que más datos aportó para su demostración. De hecho, tan sólo un año más tarde de que Cajal conociera y aplicara el método de Golgi al estudio del sistema nervioso, publicó su primer artículo de gran importancia, titulado *Estructura de los centros nerviosos de las aves* (RAMÓN Y CAJAL, 1888). Fue en esta publicación donde Cajal hizo la observación trascendental de que todas las prolongaciones de las células nerviosas terminan libremente y se comunican entre sí por contacto (teoría neuronal), no por continuidad. También en este artículo Cajal describió la existencia de espinas dendríticas, las cuales, desde entonces hasta nuestros días, han sido objeto de una intensa investigación por representar elementos clave en la fisiología de la célula piramidal (el tipo neuronal más abundante de la corteza cerebral) y por estar relacionadas con diversos fenómenos de plasticidad cerebral. Como veremos, la teoría neuronal fue fundamental para el desarrollo de las primeras hipótesis sobre la plasticidad del sistema nervioso.

En este capítulo se ha seleccionado, de una larga lista de descubrimientos y teorías de Cajal, el tema de la plasticidad del cerebro, por ser de gran actualidad y, especialmente, por la confusión que existe sobre el origen de este término. Además, han aparecido en la literatura algunas interpretaciones erróneas sobre los estudios de Cajal que hemos considerado que deberían ser aclaradas. El objetivo del presente estudio no es revisar la definición y uso actual del término «plasticidad neuronal», sino tratar de esclarecer el origen de su aplicación al estudio del sistema nervioso y, especialmente, exponer los principales estudios pioneros sobre el dinamismo cerebral y los procesos psíquicos, un campo de la neurociencia poco conocido por la comunidad científica. Parte de este capítulo se basa en dos artículos previamente publicados por el autor de este capítulo (DEFELIPE, 2006a, b).

Plasticidad

La palabra «plasticidad» (del latín *plasticus,* y éste del griego *plastikos*) se refiere principalmente a algo capaz de ser modelado. La aplicación de este término al sistema nervioso ha sido ampliamente discutida sin que exista una definición unánimemente aceptada por la comunidad científica. Así, para algunos autores, el término «plasticidad neuronal» debería utilizarse para referirse únicamente a procesos relacionados con el aprendizaje y la memoria, mientras que para otros la palabra «plasticidad» evoca la naturaleza cambiante o dinámica del sistema nervioso en cualquiera de los ángulos posibles de su estudio: morfológico, molecular, fisiológico y genético. De hecho, este término se utiliza para referirse prácticamente a cualquier cambio más o menos duradero que ocurre en el sistema nervioso como consecuencia de un cambio en el ambiente interno o externo. Por lo tanto, el término «plasticidad» tiene diversos significados y es actualmente uno de los vocablos más utilizados en neurociencia. La búsqueda en Internet de la palabra clave *neuronal plasticity* en el archivo digital de artículos de biomedicina y ciencias de la vida de la *National Library of Medicine* (PubMed, USA) publicados, por ejemplo, en el año 2004 da como resultado 1.146 artículos.

Como veremos a continuación, la autoría de la introducción del término «plasticidad» en la neurociencia ha sido recientemente debatida. La dificultad en identificar su origen se debe principalmente a dos factores: primero, muchos de los artículos que aparecieron durante el comienzo del estudio detallado del sistema nervioso, iniciado a mediados del siglo XIX y, principalmente, a lo largo de las década de 1890, fueron publicados en revistas prácticamente desconocidas y de difícil acceso para la comunidad científica, por lo que es realmente difícil seguir el curso de una idea retrospectivamente hasta aquella época; segundo, que yo sepa, ningún autor reivindicó para sí mismo la introducción del término «plasticidad» o atribuyó a otro científico su autoría. Así, su introdución fue primeramente atribuida a Ioan Minea en 1909 (JONES, 2000), posteriormente a Ernesto Lugaro en 1906 (BERLUCCHI, 2002) y más recientemente a Jean Demoor en 1896 (JONES, 2004; véanse también STAHNISCH y NITSCH, 2002; STAHNISCH, 2003). Sin embargo, como comenta JONES (2004), puesto que Demoor no reivindicó la novedad de este término, es probable que hubiera sido utilizado anteriormente. En la sección *Cajal y los mecanismos de plasticidad cerebral* veremos que Cajal utilizó este vocablo en un artículo publicado en 1894 y, por tanto, fue él quien probablemente lo introdujo en la neurociencia. Cajal no dio importancia a su utilización para describir esta capacidad del sistema nervioso, quizá por el uso común de este término para la descripción de las propiedades mecánicas de ciertos materiales como, por ejemplo, las arcillas ampliamente utilizadas en la alfarería.

Actividad neuronal y cambios morfológicos en las prolongaciones y conexiones neuronales: ameboidismo de las prolongaciones nerviosas

A mediados de la década de 1880 surgió un considerable interés por el estudio de las células nerviosas desde el punto de vista dinámico. Uno de los temas más discutidos era en torno a la siguiente pregunta: ¿Tienen las neuronas una estructura fija a lo largo de la historia del individuo, permaneciendo inmutables todas sus complejas prolongaciones y conexiones con otras neuronas, o las neuronas son elementos dinámicos, capaces de moverse constantemente y de cambiar sus conexiones? Entre los estudios pioneros más importantes se encuentran los realizados por Wiedersheim y Rabl-Rückhard en 1890. WIEDERSHEIM (1890) observó que a lo largo de la vida de la pulga marina (*Leptodora hyalina*; un crustáceo transparente) una parte del ganglio cerebral *(Pars mobilis)* cambiaba sin cesar de volumen y aspecto, y sugirió que esto era debido en parte a que ciertas células nerviosas no eran inmóviles, sino que cambiaban de forma por los movimientos ameboideos. RABL-RÜCKHARD (1890) propuso la hipótesis sobre «el ameboidismo y la mecánica de los procesos psíquicos» basándose en la idea de que la variabilidad morfológica de las células nerviosas podría ser debida a un movimiento ameboideo continuo, y puesto que las prolongaciones de las células nerviosas podían ser consideradas elementos de asociación entre células nerviosas, el movimiento ameboideo indicaría cambios en las conexiones. De esta forma, los cambios que ocurrían durante ciertos procesos psíquicos, los inducidos por el hipnotismo, podrían ser explicados por los cambios en las conexiones gracias a la capacidad de movimientos ameboideos que poseían las células nerviosas. Puesto que en aquel tiempo la idea general era que los circuitos nerviosos eran sólidos y estables, la hipótesis de Rabl-Rückhard pasó prácticamente desapercibida.

LÉPINE (1894) y DUVAL (1895), basándose principalmente en la observación de WIEDERSHEIM (1890) de que las neuronas eran capaces de tener movimientos ameboideos, desarrollaron la hipótesis del ameboidismo y la mecánica de los procesos psíquicos expuesta por RABL-RÜCKHARD (1890). Lépine propuso que la inactividad producida por la anestesia, la parálisis histérica, diversas variedades de sonambulismo o el sueño natural podría explicarse mecánicamente por un fallo o retracción de las prolongaciones nerviosas, mientras que durante la actividad habría un restablecimiento de los contactos por *eretismo* de las prolongaciones neuronales. Lépine pensaba que la constatación de esta hipótesis era el hecho de que en la parálisis histérica se pasaba, de una manera casi instantánea, de una sordera completa a un estado normal. Duval expuso una teoría muy semejante a la de Lépine. Según Duval, las conexiones entre las neuronas podían ser más o menos estrechas según las circunstancias, de tal forma que la imaginación, la memoria, la facilitación de la asociación de ideas mediante ciertos agentes como el té o el café podrían actuar estimulando el ameboidismo de las arborizaciones nerviosas, que terminaban libremente, para aproximarse y facilitar el paso de la corriente nerviosa. Duval aplicó esta idea para explicar el fenómeno del sueño en el hombre *(hipótesis histológica del sueño):* durante este período, las prolongaciones de las células cerebrales se retraerían, «como los seudópodos de un leucocito anestesiado», mientras que al despertarse se alargarían, reestableciéndose las conexiones interrumpidas por la retracción. Esta misma explicación la propuso para la anestesia y las parálisis histéricas.

Cajal estaba convencido de que la arquitectura cortical no era una estructura fija y que existía un factor histológico variable relacionado con los procesos mentales, aunque no descartaba la posibilidad de que pudieran deberse, en parte, a mecanismos físico-químicos:

> «No ignoro que semejantes variaciones podrían referirse, hasta cierto punto, a inhibiciones de ciertas zonas cerebrales, a interferencias de corriente, a aumentos en la resistencia de los conductores con ocasión de cambios en la composición química de las fibras nerviosas o del cemento intersticio, en fin, a meros desórdenes físico-químicos sin modificación anatómica o histológica de la trama cerebral; pero estas hipótesis no descansan en base alguna, y ni aun aceptadas estas hipótesis no podrían explicar todos los numerosos hechos de variación dinámica de que es teatro la corteza cerebral» (Ramón y Cajal, 1895).

Cajal descartó la hipótesis de Duval, pues sea cual fuera la causa de la muerte del animal de experimentación (cloroformo, hemorragia, envenenamiento, etc.), no observaba ningún cambio notable en la separación entre las prolongaciones neuronales. Sin embargo, dentro de un mismo cerebro, Cajal observaba que ciertas células de neuroglía en la corteza cerebral mostraban prolongaciones cortas y gruesas (estado retraído), mientras que otras células de neuroglía presentaban numerosas prolongaciones largas y ramificadas (estado relajado), y que entre estos dos extremos existían multitud de formas transitorias. Esto hizo pensar a Cajal que durante el trabajo mental variaba la morfología de la neuroglía y propuso la hipótesis del ameboidismo glial (Ramón y Cajal, 1895):

> «Durante el estado de relajación, los apéndices neuróglicos, que representan en realidad una materia aisladora de las corrientes, penetrarían entre las arborizaciones nerviosas y las células o sus apéndices protoplásmicos, por consecuencia de lo cual el paso de las corrientes quedaría suspendido o gravemente dificultado. De esta

manera se explica el reposo mental y el sueño, ya natural, ya provocado (narcóticos, hipnotismo). Durante el estado de contracción, los pseudópodos se encogerían absorbiendo, digámoslo así, el protoplasma de los apéndices secundarios, poniéndose en contacto células y arborizaciones nerviosas antes separadas».

Es decir, mientras que para Duval habría una retracción de las prolongaciones neuronales durante el reposo mental, para Cajal habría una extensión de las prolongaciones neuroglíales.

Cajal y los mecanismos de plasticidad cerebral

Cajal, tras conocer y comenzar a aplicar el método de Golgi en 1887, después de cuatro años de intensas investigaciones sobre la estructura del sistema nervioso —publicó más de 30 artículos—, se sintió preparado para realizar su primera revisión sobre la organización del sistema nervioso (RAMÓN Y CAJAL, 1892). En esta revisión expuso su hipótesis sobre la *gimnasia cerebral* como un mecanismo para multiplicar las conexiones nerviosas y así mejorar la capacidad del cerebro. Cajal desarrolló esta idea basándose en su observación sobre el incremento de la complejidad de las prolongaciones de las células piramidales (o *células psíquicas,* según Cajal) a lo largo del desarrollo ontogénico y de la escala filogenética, de tal forma que habría una relación entre «la dignidad funcional de las células y su juego de colaterales». Cajal creó esta hipótesis para explicar dos hechos:

> «El notable acrecentamiento intelectual que se observa en los hombres consagrados a un ejercicio mental profundo y continuado; y la coexistencia de un talento notable y aun del verdadero genio con cerebros de tamaño medio o inferiores a la dimensión y pesos normales. En el primer caso, podría suponerse que la gimnasia cerebral, ya que no puede producir células nuevas (las células nerviosas no se multiplican como las musculares), lleva un poco más allá de lo corriente el desenvolvimiento de las expansiones protoplasmáticas y colaterales nerviosas, forzando el establecimiento de nuevas y más extensas conexiones intercorticales [...]. En el segundo caso, no existe nada que nos impida aceptar que ciertos cerebros, bien por herencia de adaptaciones anteriores, bien por otras causas, ofrecen en compensación de un menor número de células, un desenvolvimiento notable de toda suerte de colaterales [...]. Es preciso suponer que cada elemento psíquico en estado de actividad encierra, en alguna forma vibratoria o química actualmente indeterminable, una imagen simple de cada una de las impresiones recibidas ora del mundo exterior, ora de la trama de nuestros órganos (sentido muscular)» (RAMÓN Y CAJAL, 1892).

Una hipótesis similar a la de Cajal fue propuesta por TANZI (1893), pero basada en el reforzamiento de las conexiones ya existentes (es decir, sin incrementar el número de contactos) para mejorar la eficacia de los circuitos neuronales. Tanzi era partidario de la teoría neuronal que brillantemente había sido expuesta por Wilhelm von Waldeyer-Hartz en su clásico e influyente artículo de revisión publicado en 1891, en el que este científico introdujo el término *neurona* para denominar a la célula nerviosa (WALDEYER, 1891). Por lo tanto, Tanzi creía que la separación física de los puntos de contacto entre dos neuronas debería suponer una dificultad para el paso de la corriente nerviosa de una célula a la otra. Tanzi, para explicar cómo se podía producir el aprendizaje y las habilidades motoras adquiridas por la práctica, teorizó que el paso frecuente del impulso nervioso a través de una conexión produciría una hipernutrición e hipertrofia de esa vía y que, del mismo modo que ocurre en los músculos, esto daría lugar a un alargamiento de las prolongaciones nerviosas. Este alargamiento haría que la distancia que hay entre los contactos se acortase, incrementándose la capacidad funcional de las células nerviosas de la vía hipertrofiada.

En 1894, Cajal continuó desarrollando su hipótesis sobre la gimnasia cerebral exponiendo sus ideas en la *Croonian Lecture* (RAMÓN Y CAJAL, 1894a) y, especialmente, en el resumen titulado *Consideraciones generales sobre la morfología de la célula nerviosa,* publicado en las actas del Congreso Internacional Médico celebrado en Roma en 1894. Este resumen, que representa la primera publicación de Cajal de carácter fundamentalmente teórico, fue publicado también en la revista *La Veterinaria Española* (RAMÓN Y CAJAL, 1894b) y posteriormente reproducido de forma íntegra, pero añadiendo una serie de comentarios en forma de notas (RAMÓN Y CAJAL, 1894c). En estas dos últimas publicaciones Cajal utiliza en varios párrafos la palabra «plasticidad»:

> «Semejante plasticidad de las expansiones celulares, varía, probablemente, en las diversas edades: grande en el joven, disminuye en el adulto y desaparece, casi del todo, en el anciano. Esto da razón de lo frecuente que es ver al joven reaccionar sobre el sistema inoculado por la autoridad de padres y maestros, y lo raro que en los viejos es un cambio de opinión. Del mismo modo podría explicarse el misoneísmo, tan excepcional en el joven, como general en el viejo. Esta lentitud en la atrofia de las comunicaciones intracorticales, cuando han sido cimentadas por la rutina y por multitud de sugestiones convergentes, da cuenta de un fenómeno bien conocido, a saber: que cuando, a fuerza de razones contrarias y de solicitaciones de nuestra

voluntad, abandonamos una convinción arraigada, transcurre algún tiempo sin que adoptemos otra; diríase que es necesario esperar la atrofia de ciertos enlaces y la creación de otros que sirvan de carril a las nuevas combinaciones ideales [...] La corteza cerebral ha conservado su plasticidad de crecimiento, su fuerza de diferenciación interna para acomodarse a las crecientes, y de cada día más complicadas necesidades de la lucha por la vida, el deber de la sociedad en función educativa, es acortar el tiempo que en su camino hacia la perfección recorren las células cerebrales, fijando las causas de esta trascendental evolución y evitando sus aberraciones y desvíos» (RAMÓN Y CAJAL, 1894c).

En la publicación de la revista *La Veterinaria Española*, RAMÓN Y CAJAL (1894b) vuelve a enunciar su teoría de la gimnasia cerebral, dejando clara la posibilidad del aumento de conexiones neuronales, como un mecanismo plástico en respuesta a un estímulo continuado:

> «[...] puede admitirse como cosa muy verosímil que el ejercicio mental suscita en las regiones cerebrales más solicitadas un mayor desarrollo del aparato protoplásmico [dendrítico] y del sistema de colaterales nerviosas. De esta suerte las asociaciones ya establecidas entre ciertos grupos de células se vigorizarían notablemente por medio de la multiplicación de las ramitas terminales de los apéndices protoplasmáticos y de las colaterales nerviosas; pero, además, gracias a la neoformación de colaterales y de expansiones protoplásmicas, podrían establecerse conexiones intercelulares completamente nuevas».

Esta hipótesis se basaba en la convicción que Cajal tenía sobre la teoría neuronal, es decir, en su certeza sobre las terminaciones libres de las prolongaciones nerviosas:

> «En frente de la teoría reticular, la de arborización libre de las expansiones celulares susceptibles de desarrollarse, parece no solamente más probable, sino también más animadora. Una red continua preestablecida —especie de enrejado de hilos telegráficos en el cual no pueden crearse nuevas estaciones ni nuevas líneas— tiene algo de rígido, de inmutable, de inmodificable, que choca con el sentimiento que todos tenemos de que el órgano del pensamiento es, dentro de ciertos límites, maleable y susceptible de perfección, sobre todo durante la época de su desarrollo, por medio de una gimnasia mental bien dirigida. Si no temiéramos abusar de las comparaciones, defenderíamos nuestra concepción diciendo que la corteza cerebral semeja un jardín poblado de innumerables árboles, las células piramidales, que gracias a un cultivo inteligente pueden multiplicar sus ramas, hundir más lejos sus raíces y producir flores y frutos cada día más exquisitos» (RAMÓN Y CAJAL, 1894b).

Finalmente, en la reedición del artículo publicado en la revista *La Veterinaria Española*, RAMÓN Y CAJAL (1894c) expone, además, la idea de la gran importancia que tiene el medio ambiente en el desarrollo y función del cerebro, hipótesis ampliamente aceptada actualmente:

> «El dinamismo cerebral depende verosímilmente (a parte de otras condiciones que hoy por hoy no cabe puntualizar), de dos factores: 1º. de la herencia, en cuya virtud recibimos un cierto número de células cerebrales con determinada propensión a asociarse y constituir lo que podríamos llamar la *personalidad natural*; 2º. de la influencia del medio (padres, maestros, libros, consejos, ambiente físico, etc.) por cuya virtud reforzamos en ciertos puntos y contrariamos en otros las asociaciones naturales hereditarias, y establecemos, a menudo, conexiones enteramente nuevas; de este modo se produce *la personalidad de adaptación*, que puede mejorar notablemente la organización encefálica, si las sugestiones del ambiente están fundadas en la ciencia positiva, pero que la desvían y deforman cuando son debidas a la ignorancia, la rutina, el fanatismo, o el odio de razas, clases y personas».

Plasticidad neuronal y motilidad de las espinas

Las hipótesis sobre el ameboidismo neuronal motivaron que diversos autores, entre los que destacan DEMOOR (1896) y STEFANOWSKA (1897, 1901), volvieran a estudiar experimentalmente la plasticidad de las neuronas de la corteza cerebral. Demoor realizó tres tipos de experimentos, utilizando como animal de experimentación el perro: 1) estudió el efecto de la privación de luz; 2) analizó los efectos de la morfina, el hidrato de cloral y el cloroformo, y 3) estudió el efecto de la estimulación eléctrica prolongada en la corteza motora. Este autor observó que los perros a los que se les había tapado un ojo durante seis horas no mostraban cambios en las prolongaciones de las neuronas teñidas con el método de Golgi, mientras que en los animales tratados con morfina, hidrato de cloral, cloroformo o estimulación eléctrica, las prolongaciones de las neuronas se transformaban transitoriamente en filamentos moniliformes (producidos por la aparición de varicosidades o *perlas*). Como consecuencia de esto, las prolongaciones se retraían dando lugar a una disminución considerable del número de contactos, y esto, a su vez, reduciría «la asociación de las actividades celulares individuales». Demoor propuso que los cambios plásticos que él había encontrado en la corteza cerebral tras el sueño inducido por cloroformo o morfina, o tras la estimulación eléctrica, podrían también explicar el sueño fisiológico, así como la inactividad que sigue tras el trabajo excesivo de un grupo de neuronas.

STEFANOWSKA (1897, 1901) estudió el fenómeno de la plasticidad neuronal propuesta por Demoor en la corteza cerebral de conejos de Indias y de ratones, pero haciendo énfasis en las investigaciones de Cajal sobre la importancia de las espinas dendríticas en el establecimiento de las conexiones neuronales. Stefanowska investigó los efectos de diversos factores, como la estimulación eléctrica, el tratamiento con éter sulfúrico, etc., y observó que en ciertos casos las dendritas mostraban un estado moniliforme, es decir, presentaban una morfología varicosa o perlada, pero hizo hincapié en los *apéndices piriformes*, que era como ella llamaba a las espinas. Stefanowska propuso que los apéndices piriformes podían cambiar de forma y desaparecer total o parcialmente de forma transitoria, ya que luego volvían a aparecer. En el cerebro normal observó que la superficie de ciertas dendritas estaba cubierta de espinas mientras que otras dendritas presentaban el estado moniliforme y propuso que durante el sueño habría los mismos cambios que los observados durante la manipulación experimental. Además, insistió en el hecho de que la retracción de las espinas no estaba relacionada con la aparición de las varicosidades y que las alteraciones no afectaban a toda la corteza cerebral por igual. Cajal, en el volumen 1 de *Textura* (RAMÓN Y CAJAL, 1899), explicó cuál podía ser el significado de los estudios realizados por Demoor y Stefanowska:

> «Como parece muy verosímil que las citadas espinas representen puntas de carga o de recepción de corrientes, la retracción de las mismas (que de este modo se apartarán de las fibrillas nerviosas terminales, con las cuales se hallan en contacto) daría origen a la individualización o desasociación de las neuronas. El estado de actividad correspondería, pues, a la turgencia y alargamiento de las espinas, y el reposo (sueño e inacción) a la retracción de estos apéndices».

Según Cajal, para aceptar esta hipótesis sin reservas sería necesario realizar nuevos experimentos y probar primero que estos cambios no eran producidos por lesiones patológicas inducidas por la manipulación experimental. Además, sería también fundamental descartar los artefactos técnicos, una conclusión compartida por otros autores. Cajal comentó, acertadamente, que independientemente de la causa de la muerte del animal, el retraso en la fijación de las muestras de tejido nervioso podría explicar que apareciera el estado varicoso y que las espinas se transformaran o desaparecieran completamente. Según Cajal, estos artefactos ocurrían en el centro de las piezas relativamente grandes de tejido, debido a la lenta penetración del fijador o de los reactivos utilizados para la impregnación de las neuronas. Sin embargo, cuando las piezas de tejido nervioso teñidas con método de Golgi eran relativamente pequeñas, las espinas se visualizaban en todas las regiones de la corteza cerebral, tanto en animales sacrificados por hemorragia como por cloroformo. Cajal no era contrario al movimiento de las prolongaciones, pero era consciente de las limitaciones técnicas para realizar tales estudios.

En el volumen 2 de *Textura* (Ramón y Cajal, 1904), vuelve a exponer su hipótesis histológica del trabajo mental, basándose en las publicaciones de 1894 (Ramón y Cajal, 1894b, c), esgrimiendo siete argumentos en apoyo de su hipótesis. Entre estos argumentos son particularmente relevantes, con respecto a la movilidad de las prolongaciones neuronales, el primero, segundo, cuarto y quinto:

> «1.º Durante el desarrollo embrionario, las dendritas y ramificaciones nerviosas se extienden y ramifican progresivamente, poniéndose en contacto con un número cada vez mayor de neuronas; 2.º Es un hecho también que el ajuste definitivo de estas relaciones no se verifica sino después de algunos tanteos, advirtiéndose que antes de que las expansiones lleguen a su destino y creen articulaciones estables, desaparecen numerosas ramas accesorias, especie de asociaciones de ensayo cuya existencia prueba la gran movilidad inicial de las arborizaciones celulares; [...] 4.º Este movimiento de crecimiento de las expansiones se continúa después del nacimiento, existiendo una gran diferencia en punto a longitud y caudal de ramificaciones neuronales secundarias y terciarias, entre el niño recién nacido y el hombre adulto. 5.º Es también verosímil que semejante desarrollo se perfeccione en ciertos centros a impulsos del ejercicio, y, al contrario, se suspenda y aminore en las esferas cerebrales no cultivadas».

Finalmente, Cajal concluye:

> «[...] no somos adversarios de la concepción de Duval; antes bien, sentimos por ella una gran simpatía, bien excusable si se considera que el ameboidismo nervioso, no sólo encaja bien en la teoría neuronal, sino que resulta casi una consecuencia de ella [...]. Y con todo eso, un espíritu escrupuloso hallaría todavía reparos difícilmente refutables, porque es casi imposible efectuar experiencias que se acerquen en sus condiciones a las del estado fisiológico normal, durante el cual los cambios de posición y forma de las ramificaciones neuronales, podrían ser fugitivas y borrarse, cual acontece con los leucocitos en actividad antes de la muerte».

Después de estos estudios, las teorías e investigaciones sobre la motilidad de las espinas fueron gradualmente perdiendo interés hasta que prácticamente se olvidaron, debido a la falta de métodos adecuados para su estudio. El descubrimiento realizado varias décadas después de la presencia de la proteína fibrilar contráctil activa en las espinas, que sugería que éstas se podían mover, tanto durante el desarrollo (formación y estabilización de las espinas) como en el adulto en respuesta a la estimulación sináptica, reavivó notablemente el estudio de la motilidad de las espinas (BLOMBERG *et al.*, 1977; FIFKOVÁ y DELAY, 1982; MATUS *et al.*, 1982; MARKHAM y FIFKOVÁ, 1986; revisado en CALVERLEY Y JONES, 1990; MATUS, 2000; KASAI *et al.*, 2003; MATUS, 2005; LIPPMAN y DUNAEVSKY, 2005; HAYASHI y MAJEWSKA, 2005; ETHELL y PASQUALE, 2005). Gracias a la introducción de técnicas sofisticadas de imagen, como la microscopía láser de dos fotones, imagen de calcio y los métodos de transferencia genética biolística de proteínas fluorescentes, etc. (DENK *et al.*, 1990; LO *et al.*, 1994; YUSTE y DENK, 1995; MURPHY *et al.*, 1994; SABATINI y SVOBODA, 2000; revisado en DENK *et al.*, 1994; PORTERA-CAILLIAU y YUSTE, 2001, 2004; SCOUT y LUO, 2001; NIMCHINSKY *et al.*, 2002; YUSTE y BONHOEFFER, 2004; SEGAL, 1995, 2002, 2005; HAYASHI y MAJEWSKA, 2005), fue posible marcar y observar el comportamiento de las neuronas *in vivo*, tanto aisladas o como parte de un circuito en rodajas de corteza o incluso en el animal entero. Así, en 1998 Fischer y colaboradores grabaron por primera vez el movimiento de las espinas en cultivos de neuronas disociadas que expresaban la proteína verde fluorescente (GFP, abreviatura anglosajona para *green fluorescent protein*), mostrando que las espinas podían cambiar de forma en cuestión de segundos (FISCHER *et al.*, 1998). Este movimiento tan sorprendentemente rápido de las espinas podría ser explicado, al menos en parte, porque en los cultivos de neuronas disociadas no existen los impedimentos físicos que ocurren en el cerebro intacto, en el que el neuropilo está formado por una trama extraordinariamente tupida de axones, dendritas y prolongaciones neuroglíales. El siguiente avance fundamental en esta área fue gracias a los estudios de DUNAEVSKY *et al.* (1999), que revelaron que el movimiento de las espinas también ocurría en rodajas de cerebro, es decir, en neuronas que forman parte de un circuito complejo. Finalmente, un año más tarde se demostró este movimiento en el cerebro intacto de animales anestesiados (LENDVAI *et al.*, 2000).

Otro de los aspectos interesantes sobre el movimiento de las espinas es que los estudios realizados tanto en rodajas (DUNAEVS-

KY *et al.*, 1999; PORTERA-CAILLIAU *et al.*, 2003; PORTERA-CAILLIAU y YUSTE, 2004) como en el cerebro intacto (LENDVAI *et al.*, 2000; TRACHTENBERG *et al.*, 2002; GRUTZENDLER *et al.*, 2002) indican una disminución significativa en la motilidad de las espinas durante el desarrollo postnatal. Volviendo a la idea expuesta por Cajal sobre la disminución del movimiento de las prolongaciones neuronales durante el desarrollo postnatal, es realmente asombroso que fuera capaz de interpretar e intuir estos cambios en la motilidad, simplemente observando las imágenes estáticas microscópicas de sus preparaciones como fotogramas de un proceso dinámico.

Para terminar, Cajal no solamente hizo popular y probablemente introdujo el vocablo «plasticidad» en el campo de la neurociencia, sino que divisó con claridad ciertos mecanismos sobre la plasticidad cerebral que representan los cimientos de algunas de nuestras ideas modernas sobre este apasionante tema.

Agradecimientos

Quiero expresar mi gratitud a Inmaculada Ballesteros-Yánez y Ruth Benavides-Piccione por los comentarios sobre el manuscrito. También quiero expresar mi agradecimiento a María de los Ángeles Langa, de la Biblioteca del Instituto, por su ayuda con la búsqueda bibliográfica.

Bibliografía

BERLUCCHI, G. (2002): The origin of the term plasticity in the neurosciences: Ernesto Lugaro and chemical synaptic transmission. *J. Hist. Neurosci.*, 11: 305-309.

BLOMBERG, F., COHEN, R. y SIEKEVITZ, P. (1977): The structure of postsynaptic densities isolated from dog cerebral cortex. II. Characterization and arrangement of some of the major proteins within the structure. *J. Cell Biol.*, 86: 831-845.

CALVERLEY, R. K. S. y JONES, D. G. (1990): Contributions of dendritic spines and perforated synapses to synaptic plasticity. *Brain Res. Rev.*, 15: 215-249.

DEFELIPE, J. (2002): Sesquicentennial of the birthday of Santiago Ramón y Cajal (1852-2002), the father of modern neuroscience. *Trends Neurosci.*, 25: 481-484.

DEFELIPE, J. (2006a): Historia de la neurona: influencia de los estudios de Santiago Ramón y Cajal en la neurociencia moderna. En *Histología del sistema nervioso del hombre y de los vertebrados. Santiago Ramón y Cajal*. Ministerio de Sanidad y Consumo, Consejo Supe-

rior de Investigaciones Científicas y Boletín Oficial del Estado (en prensa).
DeFelipe, J. (2006b): Brain plasticity and mental processes, Cajal again! *Nature Neuroscience Rev.,* 7 (10): 811-817.
Demoor, J. (1896): La plasticité morphologique des neurones cérébraux. *Arch. Biol. Bruxelles,* 14: 723-752.
Denk, W., Strickler, J. H. y Webb, W. W. (1990): Two-photon laser scanning fluorescence microscopy. *Science,* 248: 73-76.
Denk, W., Delaney, K. R., Gelperin, A., Kleinfeld, D., Strowbridge, B. W., Tank, D. W. y Yuste, R. (1994): Anatomical and functional imaging of neurons using 2-photon laser scanning microscopy. *J. Neurosci. Meth.,* 54: 151-162.
Dunaevsky, A., Tashiro, A., Majewska, A., Mason, C. A. y Yuste, R. (1999): Developmental regulation of spine motility in mammalian CNS. *Proc. Natl. Acad. Sci. USA,* 96: 13438-13443.
Duval, M. (1895): Hypothèses sur la physiologie des centres nerveux; théorie histologique du sommeil. *Compt. Rend. Soc. Biol.,* 47: 74-77.
Ethell, I. M. y Pasquale E. B. (2005): Molecular mechanisms of dendritic spine development and remodelling. *Prog. Neurobiol.,* 75: 161-205.
Fifková, E. y Delay, R. J. (1982): Cytoplasmic actin in neuronal processes as a possible mediator of synaptic plasticity. *J. Cell Biol.,* 95: 345-350.
Fischer, M., Kaech, S., Knutti, D. y Matus, A. (1998): Rapid actin-based plasticity in dendritic spine. *Neuron,* 20: 847-854.
Grutzendler, J., Kasthuri, N. y Gan, W. B. (2002): Long-term dendritic spine stability in the adult cortex. *Nature,* 420: 812-816.
Hayashi, Y. y Majewska, A. K. (2005): Dendritic spine geometry: functional implication and regulation. *Neuron,* 19: 529-532.
Jones, E. G. (2000): Plasticity and neuroplasticity. *J. Hist. Neurosci.,* 9: 37-39.
Jones, E. G. (2004): Plasticity and neuroplasticity. *J. Hist. Neurosci.,* 13: 293.
Kasai, H., Matsuzaki, M., Noguchi, J., Yasumatsu, N. y Nakahara, H. (2003): Structure-stability-function relationships of dendritic spines. *Trends Neurosci.,* 26: 360-368.
Lendvai, B., Stern, E., Chen, B. y Svoboda, K. (2000): Experience-dependent plasticity of dendritic spines in the developing rat barrel cortex in vivo. *Nature,* 404: 876-881.
Lépine, R. (1894): Sur un cas d'hystérie à form particulière. *Rev. Méd.,* 14: 713-728.
Lippman, J. y Dunaevsky, A. (2005): Dendritic spine morphogenesis and plasticity. *J. Neurobiol.,* 64: 47-57.
Lo, D. C.; McAllister, A. K. y Katz, L. C. (1994): Neuronal transfection in brain slices using particle-mediated gene transfer. *Neuron,* 13: 1263-1268.
Markham, J. A., Fifková, E. (1986): Actin filament organization within dendrites and dendritic spines during development. *Dev. Brain Res.,* 27: 263-269.
Matus, A. (2000): Actin-based plasticity in dendritic spines. *Science,* 290: 754-758.

MATUS, A. (2005): Growth of dendritic spines: a continuing story. *Curr. Opin. Neurobiol.,* 15: 67-72.

MATUS, A., ACKERMANN, M., PEHLING, G., BYERS, H. R. y FUJIWARA, K. (1982): High actin concentrations in brain dendritic spines and postsynaptic densities. *Proc. Natl. Acad. Sci. USA,* 79: 7590-7594.

MURPHY, T. H., BARABAN, J. M., GIL WIER, W. y BLATTER, L. A. (1994): Visualization of quantal synaptic transmission by dendritic calcium imaging. *Nature,* 263: 529-532.

NIMCHINSKY, E., SABATINI, B. L. y SVOBODA, K. (2002): Structure and function of dendritic spines. *Annu. Rev. Physiol.,* 64: 313-353.

PORTERA-CAILLIAU, C. y YUSTE, R. (2001): Sobre la función de los filopodios dendríticos. *Rev. Neurol.,* 33: 1158-1166.

PORTERA-CAILLIAU, C., PAN, D. T. y YUSTE, R. (2003): Activity-regulated dynamic behavior of early dendritic protrusions: evidence for different types of dendritic filopodia. *J. Neurosci.,* 23: 7129-7142.

PORTERA-CAILLIAU, C. y YUSTE, R. (2004): Espinas y filopodios en el cerebro. *Mente y Cerebro,* 9: 10-21.

RABL-RÜCKHARD, H. (1890): Sind die Ganglienzellen amöboid? Eine Hypothese zur Mechanik psychischer Vorgänge. *Neurol. Centralbl.,* 9: 199-200.

RAMÓN Y CAJAL, S. (1888): Estructura de los centros nerviosos de las aves. *Rev. Trim. Histol. Norm. Patol.,* 1: 1-10.

RAMÓN Y CAJAL, S. (1892): El nuevo concepto de la histología de los centros nerviosos. *Rev. Ciencias Méd. Barcelona,* 18 (números 16, 20, 22 y 28): 361-376, 457-476, 505-520, 529-541.

RAMÓN Y CAJAL, S. (1894a): The Croonian Lecture: La fine structure des centres nerveux. *Proc. Royal Soc. London,* 55: 444-468.

RAMÓN Y CAJAL, S. (1894b): Consideraciones generales sobre la morfología de la célula nerviosa. *La Veterinaria Española,* 37 (números 1320-1322): 257-260, 273-275, 289-291.

RAMÓN Y CAJAL, S. (1894c): *Consideraciones generales sobre la morfología de la célula nerviosa,* pp.1-15. Moya, Madrid.

RAMÓN Y CAJAL, S. (1895): Algunas conjeturas sobre el mecanismo anatómico de la ideación, asociación y atención. *Rev. Med. Cirug. Prác.,* 36: 497-508.

RAMÓN Y CAJAL, S. (1899, 1904): *Textura del sistema nervioso del hombre y de los vertebrados.* Moya, Madrid.

RAMÓN Y CAJAL, S. (1906): Mecanismo de la regeneración de los nervios. *Trab. Lab. Invest. Biol. Univ. Madrid,* 4: 119-210.

RAMÓN Y CAJAL, S. (1909, 1911): *Histologie du système nerveux de l'homme et des vertébrés (Translated by L. Azoulay).* Maloine, París.

RAMÓN Y CAJAL, S. (1913-1914): *Estudios sobre la degeneración y regeneración del sistema nervioso.* Moya, Madrid.

SABATINI, B. L. y SVOBODA, K. (2000): Analysis of calcium channels in single spines using optical fluctuation analysis. *Nature,* 408: 589-593.

SCOUT, E. K. y LUO, L. (2001): How dendrites take their shape? *Nat. Neurosci.,* 4: 359-365.

SEGAL, M. (1995): Imaging of calcium variations in dendritic spines of cultured hippocampal neurons. *J. Physiol.,* 486: 285-296.

SEGAL, M. (2002): Changing views of Cajal's neuron: the case of the dendritic spine. En E. Azmitia, J. DeFelipe, E. G. Jones, P. Rakic y C. Ribak (eds.), *Changing Views of Cajal's Neuron. Prog. Brain Res.,* 136: 101-107. Elsevier, Amsterdam.

SEGAL, M. (2005): Dendritic spines and long-term plasticity. *Nat. Rev. Neurosci.,* 6: 277-284.

STAHNISCH, F. W. (2003): Making the brain plastic: Early neuroanatomical staining techniques and the pursuit of structural plasticity. *J. Hist. Neurosci.,* 12: 413-435.

STAHNISCH, F. W. y NITSCH, R. (2002): Santiago Ramón y Cajal's concept of neuronal plasticity: the ambiguity lives on. *Trends Neurosci.,* 25: 589-591.

STEFANOWSKA, M. (1897): Les appendices terminaux des dendrites cérébraux et leur différents états physiologiques. *Ann. Soc. Roy. Sc. Méd. Nat. Bruxelles,* 6: 351-407.

STEFANOWSKA, M. (1901): Les appendices terminaux des dendrites cérébraux et leur différents états physiologiques, pp. 1-25. Eggimann, Ginebra. Reimpresión del artículo publicado en los *Archives des Sciences Physiques et Naturelles,* vol. 11.

TANZI, E. (1893): I fatti e le induzione nell'odierna istologia del sistema nervoso. *Riv. Sper. Freniat. Med. Leg,* 19: 419-472.

TRACHTENBERG, J. T., CHEN, B. E., KNOTT, G. W., FENG, G., SANES, J. R., WELKER, E. y SVOBODA, K. (2002): Long-term in vivo imaging of experience-dependent synaptic plasticity in adult cortex. *Nature,* 420: 788-794.

WALDEYER-HARTZ, W. VON (1891): Über einige neuere Forschungen im Gebiete der Anatomie des Centralnervensystems. *Dtsch. Med. Wschr.,* 17: 1213-1218, 1244-1246, 1267-1269, 1287-1289, 1331-1332, 1352-1356.

WIEDERSHEIM, R. (1890): Bewegungserscheinungen im Gehirn von Leptodora hyalina. *Anat. Anz.,* 5: 673-679.

YUSTE, R. y DENK, W. (1995): Dendritic spines as basic units of synaptic integration. *Nature,* 375: 682-684.

YUSTE, R. y BONHOEFFER, T. (2004): Genesis of dendritic spines: insights from ultrastructural and imaging studies. *Nat. Neurosci., Rev.,* 5: 24-34.

12. LOS CAJAL Y LA NEUROBIOLOGÍA COMPARADA

CARLOS LÓPEZ GARCÍA
Departamento de Parasitología y Biología Celular
Universitat de València
València

Preámbulo: Cajal y la Neuroanatomía Comparada

En un artículo sobre Santiago Ramón y Cajal y la Neuroanatomía comparada, decir algo original y certero resulta difícil. Tal es la abundante literatura y mitología sobre su persona y sobre sus aportaciones científicas que resulta obligado incluir a su hermano como primer colaborador en tal tarea. Teniendo en cuenta el inconfundible y peculiar estilo, antiguo, directo y preciso, de los escritos de Cajal, que en muchas ocasiones han sido un verdadero regalo para el lector, he decidido transcribir abundantes fragmentos de sus propios textos autobiográficos.

Durante la segunda mitad del siglo XIX, la Anatomía Microscópica y la Histología tienen su época dorada y son la base sobre la cual se construye el edificio conceptual de la Neurobiología actual; siempre sobre elementos/estructuras y hechos indiscutibles, observables y comprobables. Es la época en la que los hermanos Cajal viven y son educados. No en vano, su padre don Justo Ramón les enseña y ejercita en la disección y les provee de un profundo conocimiento anatómico, característica destacada en la obra de los Cajal y que desgraciadamente escasea en la literatura científica actual.

La compleja estructura del cerebro de animales superiores aparece más comprensible si la comparamos con la de cerebros más sencillos, con patrones más simples a partir de los cuales se han desarrollado y complicado. Esta simple regla fue aplicada sistemáticamente por los hermanos Cajal al inicio de sus respectivas carreras científica-profesional-universitaria.

La anatomía comparada se muestra como una ayuda para sus necesidades docentes, y, por otra parte, su estudio es una actividad relativamente barata y asequible. Además, si se cuenta con una nueva herramienta de análisis (el método de impregnación con cromato de plata ideado por Golgi), entonces se dan las circunstancias para que una personalidad curiosa, testaruda e inteligente recoja una gran cosecha científica; es la que los hermanos Cajal nos han dejado.

Abundando en el tema, lo mismo que el estudio del cerebro y los centros nerviosos de vertebrados inferiores ayuda a comprender el plan de organización del cerebro humano, el estudio de embriones de dichos vertebrados ayuda aun más en dicha comprensión. La huella de Haeckel, precedente y casi contemporáneo de los Cajal, también se nota en los inicios de su ingente obra científica. El método de Golgi en embriones de pollo proporciona las mejores imágenes para configurar la Teoría Neuronal; por cierto, son imágenes que aún siguen siendo de las más reproducidas en los libros de texto en Neurobiología.

Pues bien, ésta es la actividad inicial y más fructífera de la carrera científica de Santiago Ramón y Cajal, actividad compartida en la distancia con su hermano Pedro durante un corto período de tiempo: la época en que uno es catedrático en Barcelona y el otro se prepara para serlo en Cádiz. Luego, cuando ambos se trasladan a Madrid y Zaragoza, sus actividades divergen. Santiago, en Madrid, continúa con la Neurohistología y aborda una obra ingente que culmina en su libro *Histología del sistema nervioso del hombre y los vertebrados*. Pedro, ya en Zaragoza, cambia la Neurobiología por la medicina clínica; ejerce la medicina clínica con notable dedicación, es pionero en el uso del radium para el tratamiento del cáncer y en la sistematización de la biopsia preoperatoria y diagnóstico anatomo-patológico; también realiza interesantes aportaciones en el campo de la bacteriología. En 1902, junto con otros colegas, funda la revista *La Clínica Moderna*. Se jubila en 1924.

Juventud aventurera y romántica de los hermanos Cajal

Los hermanos Cajal nacen en el seno de una familia trabajadora y humilde. Su padre, que desde un ambiente campesino consigue hacerse médico a base de sacrificio y esfuerzo personal, marca la impronta de su carácter. Los hijos son vivos, rebeldes e inteligentes. Santiago (1952-1934), dos años mayor que Pedro (1954-1950), es el líder en anécdotas y aventuras infantiles/juveniles, espléndidamente narradas por él mismo en *Mi infancia y juventud* y seguramente bien conocidas por el lector. Pedro, en cambio, parece el hermano dócil pero acaba sorprendiendo a todos y principalmente a su hermano mayor; he aquí un comentario de Santiago: «En esta ansia romántica —muy vieja en mí, como sabe el lector— acompañábanme también algunos condiscípulos y, por descontado, mi hermano Pedro, dos años más joven que yo; el cual, dicho sea entre paréntesis, se lanzó a una aventura verdaderamente épica. Mostrando resolución increíble en un muchacho de diecisiete a dieciocho años, ahorcó sus hábitos de estudiante y se fugó de casa, en compañía de cierto aventurero seductor. Después de embarcarse en Burdeos, dio con sus huesos en el Uruguay, donde le ocurrieron las más sorprendentes peripecias y peligrosos lances. Contra todas las previsiones de mi padre, el hijo formal, el impecable, sumiso y obediente, ¡sobrepujó de un salto todas las decantadas audacias del primogénito!... Yo quedé como humillado por no haber sabido hacer otro tanto» (*Mi infancia y juventud*, pp. 202-203).

A continuación va una descripción más detallada de esta aventura: «En efecto, Pedro termina sus estudios de bachillerato en el Instituto de Huesca con 17 años. Sin embargo, suspende una asignatura en su último curso y no se atreve a presentarse ante su padre con dicho suspenso. Se pone entonces de acuerdo con un amigo y ambos se fugan de casa. No podemos considerar esta fuga como una liviana travesura más, pues sale de España y llega a Burdeos. Allí se embarca con destino a Sudamérica, en un barco de vela llamado "Queen". La fuga duraría 7 años, los cuales transcurrieron en Uruguay y en Argentina, pasando innumerables peripecias. Los primeros inconvenientes acontecieron en el barco, pues Pedro y su amigo, encontrándose sin dinero, se embarcaron de polizones. Sorprendidos a bordo durante la travesía, son apresados y en castigo se les pasa por la quilla del barco, atados a una cuerda. Superada la prueba se les permite continuar el viaje. La travesía duró tres meses, mucho más de lo que se había calculado, por lo que escaseó el agua y la comida. Este inconveniente hizo a los hombres muy irritables y reñían con gran facilidad. Pedro tuvo una pelea con un italiano al que hirió con una cuchara y sus compañeros quisieron tirarlo por la borda, pero un marinero intercedió por él y logró salvar la vida. Sin embargo, no se libró del castigo y estuvo varios días en el cepo. [...] llega Pedro Ramón y Cajal a Uruguay y se enrola en las filas revolucionarias. Pedro actúa de soldado en luchas civiles y recorre las praderas orientales en diversas campañas; en alguna de estas escaramuzas es herido. Sin embargo, parece ser que Pedro ama la pampa y un día se encuentra de secretario de un bravo cabecilla nativo, Timoteo Aparicio. Semejante posición fue alcanzada dado que Pedro sabía leer y escribir, pormenores que no dominaba el indio, aunque en su lugar no le faltaba arrojo y valor. Después de 7 años de aventuras, Pedro y un compañero suyo de nacionalidad italiana deciden largarse. No se les ocurre otra cosa que hacerlo llevándose el caballo y la pistola del coronel Aparicio. Son apresados y juzgados por semejante felonía, y se les condena a muerte. Mientras tanto, don Justo no sabía que su hijo Pedro tenía serios problemas. Afortunadamente, no ocurrió así con la familia de su compañero italiano que, enterándose de los apuros de su hijo, pudieron interceder por él, poco tiempo antes del fusilamiento, por medio del consulado italiano. Alertado el consulado español por el cónsul italiano que también había un español en trance de ser fusilado, se intercede por él y logra salvarse de una muerte cierta. Así, mediante intervención consular, es sacado del país y puede regresar a España» (*Pedro Ramón y Cajal, médico, histólogo y docente,* pp. 466-467).

Tras esta larga aventura Pedro Ramón y Cajal regresa a España en 1878, estudia medicina en Zaragoza y se licencia en 1881. Es médico rural durante otros siete años hasta volver a Zaragoza. Escribe su primer trabajo histológico en 1888 sobre el sistema nervioso de pequeños animales. En 1890 presenta su tesis *Investigación de histología comparada de la visión en diversos vertebrados* y entra en la Facultad de Medicina de Zaragoza como director de trabajos anatómicos. En dicha época, Santiago ya ha cogido notable ventaja; es catedrático de Histología Normal y Patológica en Barcelona y ha publicado sus primeros estudios sobre la estructura del lóbulo óptico de aves.

Santiago también tiene una adolescencia y juventud ricas en experiencias y enseñanzas (magníficamente relatadas por él mismo en su libro autobiográfico *Mi infancia y juventud*), que aquí omito. Santiago estudia y acaba la carrera de Medicina en Zaragoza. Al poco de acabarla, prolonga su período de servicio militar y se enrola como médico militar en una expedición a Cuba. Enferma de paludismo y vuelve. Tras nuevos períodos de enfermedad y convalecencia, inicia su «carrera» universitaria como «opositor», primero con resultados adversos hasta finalmente obtener la cátedra de Anatomía de Valencia, ciudad donde reside durante unos cinco años.

Los inicios: viviendo en Zaragoza, Valencia y Barcelona

En Valencia, Santiago logra montar un pequeño laboratorio e inicia su actividad docente con una búsqueda intensa de material didáctico original mediante la experimentación. Según sus palabras, se entrega con pasión al estudio de tejidos vivos diversos; en dichos estudios de Histología Comparada cuenta con la inestimable ayuda de colegas naturalistas valencianos. Es al final de su período en Valencia cuando tropieza con el método del cromato de plata de Golgi transmitido por el doctor Simarro.

Pero será en Barcelona, después de conseguir la cátedra de Histología y Anatomía Patológica, donde mejorará y aplicará febrilmente este método hasta desvelar los secretos de la organización del tejido nervioso y confirmar su percepción de la «transmisión de los impulsos nerviosos por contacto»; en otras palabras, demostrando la individualidad anatómica/celular de los elementos nerviosos.

En Barcelona, mejora y aplica sistemáticamente el método de Golgi y efectúa las aportaciones más sobresalientes de su carrera científica. Son especialmente notables sus descripciones del desarrollo temprano de la médula espinal del embrión de pollo. Describe infinidad de tipos neuronales en cerebelo, retina y en lóbulo óptico de aves y los compara con los observados en anfibios y reptiles (muy probablemente en preparados obtenidos por su hermano Pedro, a la sazón médico rural en Zaragoza). Pone «nombres» a tipos celulares y «fibras» que los conectan con una imaginación y «estilo» muy personales: fibras «trepadoras», «musgosas», «paralelas», etc., con que las conocemos actualmente.

Las evidencias morfológicas obtenidas en sus preparaciones histológicas del cerebelo, retina, médula espinal y lóbulo óptico de diversos animales y embriones son la base para la «Teoría Neuronal» por él concebida en esas fechas; en sus propias palabras: «[...] tal supuesto será la indeterminación de los cauces de la vibración nerviosa, y, en el fondo, la reedición, bajo nueva forma, de la teoría reticular, de esa especie de panteísmo protoplásmico, tan grato a los desdeñosos de la observación como contrario a los postulados de la neurogenia, de la fisiología y de la anatomía patológica. Afirmar que todo se comunica con todo, vale tanto como declarar la absoluta incognoscibilidad del órgano del alma. [...] . Nuestra obra consistió precisamente en prestar base objetiva a los geniales pero vagos atisbos de His y Forel. Con el encuentro afortunado de las cestas terminales y de las fibras trepadoras, demostramos que el contacto no se verifica entre dendritas solas, ni entre arborizaciones nerviosas, sino entre éstas, de una parte, y el soma y prolongaciones protoplásmicas neuronales, de otra; que, en fin, una célula contrae a menudo conexiones con arborizaciones nerviosas de diversa procedencia, y que, recíprocamente, cada axón admite contacto, mediante colaterales y ramas terminales, con diferentes tipos de neuronas; no obstante lo cual, quedan reservadas en la sustancia gris vías bien deslindadas de conducción, de acuerdo con las exigencias de la fisiología y la patología nerviosas» (*Historia de mi labor científica,* p. 78).

Tan fecundos son su actividad y su necesidad y deseo de comunicación con la comunidad científica de la época que edita una revista *(Revista Trimestral de Histología y Anatomía Patológica)* cuyos principales autores son él y su hermano Pedro. Seguramente es la revista con mayor «impacto» que haya podido existir en el ámbito de la Neurobiología Comparada.

La época dorada de los estudios comparados

A continuación se enuncian los principales «hallazgos» de esa época, según comentarios literales de Santiago Ramón y Cajal en su obra autobiográfica (*Historia de mi labor científica*, capítulo IV):

Médula espinal

Las confusas descripciones de la organización de la médula espinal son desveladas por Cajal utilizando el método de Golgi y, por supuesto, los embriones de pollo y mamífero; según sus propias palabras: «[...] la fórmula estructural variaba bajo la pluma de cada escritor. De mí sé decir que allá por el decenio de 1877 a 1887, produjome muchos quebraderos de cabeza el esfuerzo por sacar algo en limpio de las descripciones de los sabios, en punto a la composición e itinerario de las raíces sensitivas. Conservo todavía un cuaderno de apuntes, datado del año 1877, en donde tengo registrados y dibujados en variedad de colores (para alivio del trance de mis oposiciones a cátedras) tres esquemas perfectamente inconciliables, tomados de los textos neurológicos en boga. Desconcertado y perdido en aquel mare magnum de fibras y de células, desesperé a menudo de mis modestas entendederas... ¡Caprichos de la suerte! ¡Quién me dijera entonces que, andando el tiempo, había yo de contribuir a desenmarañar un poco la madeja médular! [...] Ello se debió simplemente —déjolo ya consignado— a la feliz ocurrencia de aplicar el método de Golgi al estudio de la médula espinal de los embriones de ave y de mamífero» (*Historia de mi labor científica*, pp. 83-84).

Pues bien, con dichos «modelos experimentales», como les llamaríamos ahora, Cajal consiguió clasificar de forma racional los tipos neuronales medulares atendiendo a su axón: «a saber: células motrices o radiculares, células funiculares o cordonales y células comisurales, según que su respectiva expansión funcional salga de la médula, ingrese en los cordones de su lado o cruce la línea media para incorporarse a los cordones del opuesto», aclara la organización de las comisuras, las fibras colaterales de sustancia blanca y los por él llamados «cilindros-ejes pluri-cordonales, quiero decir progenitores de varios tubos ascendentes y descendentes incorporados a cordones diversos».

Describe la heterogénea población de neuronas de la sustancia de Rolando: «la sustancia de Rolando consta, además de fibras nerviosas y de células de neuroglía, de numerosísimas y diminutas neuronas, cuyo axón sutilísimo dirígese al cordón posterior y singularmente a la región limítrofe del lateral, para regenerar vías cortas ascendentes y descendentes».

Resuelve el problema de organización de las confusas raíces sensitivas: «tanto en las aves como en los mamíferos, la verdadera disposición terminal de las tan discutidas raíces sensitivas [...] cada fibra llegada del ganglio raquídeo correspondiente se bifurca en rama ascendente y descendente. La primera constituye de ordinario la vía central, prolongándose hasta el bulbo; la segunda acaba a distancias variables, arqueándose y ramificándose en la sustancia gris» (*Historia de mi labor científica*, p. 84).

Los principales circuitos medulares: «las referidas ramas forman dos grandes corrientes: una de fibras cortas, arborizadas en torno del soma de las neuronas cordonales y comisurales (asta posterior, anterior, sustancia de Rolando, columna de Clarke, etcétera); otra de fibras largas que, disponiéndose en haz postero-anterior, cruza casi toda la sustancia gris para terminar al fin en los nidos envolventes de las células motrices. [...] estas colaterales sensitivas largas tienen por misión propagar el impulso centrípeto, llegado de la piel y otros órganos sensibles, a las neuronas motoras; representan, pues, una vía refleja sensitivomotriz (reflejo-motriz de Kolliker). De ella hizo después Lenhossek en los mamíferos un estudio magistral».

Describe las células neuróglicas como derivados de las células ependimarias: «las células en araña (corpúsculos neuróglicos adultos) no son otra cosa que elementos epiteliales emigrados de su yacimiento originario, el muro ependimal, y los cuales, por atrofia de sus apéndices polares, se han hecho estrellados».

Finalmente describe la evolución morfológica durante la ontogénesis de los neuroblastos medulares y de los precursores ganglionares: «acerca de los ganglios raquídeos o sensitivos, origen de las raíces posteriores, se comprueba en las aves y mamíferos una suposición muy discutida de His, el celebre embriólogo de Leipzig, según la cual, las células monopolares sensitivas afectan, durante las fases más tempranas de su evolución, la figura bipolar con una expansión gruesa dirigida hacia la periferia (superficies sensibles del organismo) y otra continuada con las raíces posteriores. [...] Conforme mostramos [...] el paso de la forma en huso a la piriforme o monopolar resulta de la sucesiva aproximación de los polos anterior y posterior del soma neuronal, hasta modelarse un tallo común. [...] hecho interesante, en cuya virtud repítense en la ontogenia de aves y mamíferos fases adultas de los corpúsculos sensitivos de invertebrados y vertebrados inferiores» (*Historia de mi labor científica,* pp. 84-85).

Cerebelo

Sobre el cerebelo y más concretamente sobre la corteza cerebelosa, los trabajos de Cajal son clásicos y actuales; simplemente lo dejaron todo claro como lo tenemos en la actualidad. Cualquier comentario sobre sus aportaciones resulta obvio.

Mejor es leer su propio informe autobiografico: «Mis estudios sobre la estructura de este centro nervioso iniciáronse en las aves jóvenes y adultas; siguieron luego los referentes al cerebelo de los mamíferos», en el que relata sus cruciales observaciones de las células de la capa molecular de la corteza cerebelosa: «con ocasión del análisis del axón de las células estrelladas pequeñas de la capa molecular del cerebelo, se describe por primera vez el modo real de terminación de las fibras nerviosas en la sustancia gris, problema sobre el cual sólo poseíamos soluciones hipotéticas [...] el cilindro-eje de las referidas células estrelladas pequeñas marcha desde luego en dirección transversal a la circunvolución cerebelosa, describiendo un curso arciforme, y emitiendo numerosas ramas colaterales, caracterizadas por la propiedad de espesarse progresivamente. En fin, tanto el remate de la expansión funcional como sus numerosas proyecciones descendentes se resuelven en ciertos flecos o borlas terminales, íntimamente aplicadas al cuerpo de las células de Purkinje, en torno de las cuales generan a modo de nido o cesta complicados» (*Historia de mi labor científica,* p. 74).

Especial mérito tienen sus descripciones de las fibras musgosas y sus contactos con las terminaciones dendríticas de las neuronas de los granos: «Digno de mención es también, por su valor teórico, el encuentro en la capa de los granos de un tipo especial de fibra centrípeta, bautizada con el nombre de fibra musgosa, la cual exhibe, tanto en su cabo final como en sus ramas colaterales, ciertas eflorescencias o rosáceas, de apéndices cortos, tuberosos, libremente terminados. Ulteriores observaciones nuestras pusieron de manifiesto que semejantes excrecencias entran en estrecha articulación con las arborizaciones digitiformes de los granos, arborizaciones descritas también por primera vez, dicho sea de pasada, en la comunicación aludida» (*Historia de mi labor científica,* p. 74).

Mérito similar tienen sus descripciones de las «fibras paralelas» o siguiente relevo de esta «corriente» de entrada o aferencia a la corteza cerebelosa: «descubrimiento del axón delicadísimo de los granos (células pequeñísimas de la zona segunda de la corteza cerebelosa) el cual [...] asciende a la capa molecular, donde, a diversas alturas para cada célula, se divide en ángulo recto, produciendo dos sutilísimas ramas orientadas en opuesto sentido. Estas larguísimas proyecciones, que designé fibras paralelas, a causa de marchar paralelamente en el sentido de la circunvolución cerebelosa y, por tanto, en dirección normal al ramaje de las células de Purkinje. [...] Tan general es su existencia y uniforme su disposición, que se las encuentra casi con los mismos caracteres en toda la serie de los vertebrados, desde el pez pasta el hombre» (*Historia de mi labor científica,* p. 75).

Lo mismo puede decirse de las fibras trepadoras, la otra vía de entrada de información a la corteza cerebelosa: «El otro afortunado encuentro es el de las fibras trepadoras. Estos robustos conductores emanan de los ganglios de la protuberancia; [...] asaltan después el plano de las células de Purkinje, y costean, en fin, el soma y tallo principal de estos elementos, a los cuales se adaptan estrechamente. Arribadas al nivel de los primeros brazos del citado tronco dendrítico, descompónense en plexos paralelos serpenteantes que ascienden a lo largo de las ramas protoplásmicas, a cuyo contorno se aplican, al modo de la hiedra o de las lianas, al tallo de los árboles. [...] Tan afortunado hallazgo, uno de los más bellos que me dispensó el azar en aquella época fecunda, significaba la prueba terminante de la transmisión de los impulsos nerviosos por contacto. Así lo reconocieron sabios insignes al comprobar, años después, mi descripción de las fibras musgosas y trepadoras» (*Historia de mi labor científica,* p. 75).

Las observaciones de Santiago Ramón y Cajal sobre la corteza cerebelosa acabaron de consolidar sus presupuestos de la Teoría Neuronal, posiblemente concebidos con ocasión de observaciones sobre la estructura de la retina y de las terminaciones de los axones retinianos en el lóbulo óptico de vertebrados inferiores (¿en preparados proporcionados por su hermano Pedro?). De cualquier modo fueron determinantes y causaron un enorme impacto en la comunidad científica de la época; sus propias palabras lo explican: «Las conclusiones de mis investigaciones acerca del cerebelo contradecían rudamente las ideas, a la sazón reinantes, sobre la fina anatomía de la sustancia gris. Claro es que mis puntos de vista eran harto revolucionarios para ser fácilmente admitidos. Más por esta vez abrigaba la certidumbre de no haberme equivocado; porque, en realidad, las leyes enunciadas venían a ser la expresión ingenua de los hechos, sin mezcla alguna de subjetivismo. No se trataba ahora de una hipótesis más, sino de una inducción legítima con todas las garantías de certeza apetecibles, según reconocieron más tarde insignes histólogos y neurólogos. Estaba yo demasiado escarmentado, por el error cometido al interpretar temerariamente la estructura del tejido muscular, para proceder de ligero o dejarme seducir por una mera concepción teórica, propia o ajena» *(Historia de mi labor científica).*

La retina

La línea de pesquisa sobre retina y techos ópticos la inicia Santiago muy pronto y rápidamente involucra a su hermano (seguramente induciéndole a presentar su Tesis Doctoral sobre este tema). No en vano son centros nerviosos con una notable diversidad de tipos neuronales y que, por tanto, muestran un alto rendimiento con la técnica del cromato de plata de Golgi y por otra parte pueden aportar pruebas inequívocas sobre la individualidad celular. A finales de 1892 sale a la palestra internacional un resumen sobre el estudio comparado de la retina en vertebrados (*La retine des vertébrés,* publicado en la revista *La Cellule*). Se trata de una obra genial, que es reimpresa en 1933 con motivo del XIV Congreso Oftalmológico; las siete láminas o ilustraciones principales del final son simplemente obras maestras tanto por su estética, su simplicidad y su valor didáctico como por su rigor y precisión. Es una obra de referencia obligada en todo estudio actual sobre la histología de la retina.

Las aportaciones que el estudio de la retina de vertebrados hizo a la Teoría Neuronal de Cajal son obvias, y son muy explicadas por él mismo: «las concepciones legítimas se reconocen en que, en vez de perder, ganan y se robustecen ante las nuevas observaciones. Tal le ocurrió a la ley de la transmisión por contacto, sometida al contraste del análisis estructural de la retina y centros ópticos» (*Historia de mi labor científica,* p. 78).

Las aportaciones más sobresalientes, inicialmente hechas en el primer estudio sobre la retina de aves, son, en palabras de Cajal: «a) Demostración de que los conos y bastones se terminan libremente al nivel de la capa plexiforme externa, articulándose con el penacho exterior de las células bipolares [...] b) Descubrimiento, debajo de la capa plexiforme externa, de unos elementos especiales en forma de brocha y provistos de dendritas ascendentes repartidas en dicha zona [...] c) Hallazgo de las fibras centrífugas de la retina, es decir, de una categoría especial de fibras del nervio óptico que, después de cruzar la zona plexiforme interna, acaban por una arborización varicosa y libre entre los espongioblastos [...] d) Descubrimiento, simultáneamente con Dogiel (Anatomischen Anzeiger, mayo de 1888), de la maza de Landolt, en las células bipolares de las aves y de las colaterales de las expansiones descendentes de éstas [...] e) Descripción de muchos tipos morfológicos nuevos de espongioblastos (células nerviosas exentas de axón) [...] f) Demostración de varios pisos de arborización nerviosa en la zona plexiforme interna, revelando que, a estos niveles, las dendritas de las células ganglionares se relacionan, por contacto, con la ramificación descendente y ramas colaterales de las bipolares, y no mediante red difusa, [...] g) Exposición de muchos detalles morfológicos de las fibras de Muller de las aves» (*Historia de mi labor científica,* p. 79).

Mucho más tarde, después de obtener Santiago el Premio Nobel, éste inicia el estudio de la retina y centros visuales de animales no vertebrados, primero en cefalópodos y después en insectos. Durante los años 1915-1917 publica estos estudios y señala los paralelismos entre la retina de vertebrados e invertebrados: tres neuronas, cruzamientos (quiasmas) y durante la transmisión de «corrientes» hacia el cerebro. Al igual que la monografía sobre la retina de los vertebrados, la de insectos (en colaboración con Diego Sánchez) es una obra maestra ampliamente citada; sus dos láminas finales son dos obras de arte que aúnan didáctica y rigor científico con un indudable sentido estético (están coloreadas).

Techos ópticos

Los techos ópticos, cuyo estudio inicial también parece que es iniciado por Santiago en aves, son objeto de intensa colaboración entre ambos hermanos. De hecho, es Pedro quien describe la estructura de lóbulos ópticos en vertebrados inferiores y también quien recoge los más encendidos elogios de Santiago: «Mi hermano Pedro Ramón y Cajal confirmó el modo de terminación de las fibras ópticas en las aves, reptiles, batracios y peces, aportando importantísimos hechos nuevos peculiares de los vertebrados inferiores. En este punto su obra no ha sido igualada por nadie» (*Historia de mi labor científica*, p. 87).

En principio, son los lóbulos ópticos el «modelo experimental» en el que observan las terminaciones de los axones retinianos y sus contactos con las dendritas («penachos protoplásmicos») de las neuronas del lóbulo óptico, prueba que confirma la Teoría Neuronal.

«[...] Compórtanse de igual manera las fibras centrípetas sensoriales, es decir, las llegadas de la retina, bulbo olfatorio, nervio acústico, etcétera. La cuestión entrañaba interés teórico de primer orden. Se imponía, pues, la exploración de los centros ópticos, a fin de ver si también en ellos se cumple la ley del contacto mediante arborizaciones libres pericelulares. [...] De todos los centros sensoriales el más adecuado para esta investigación, por ser singularmente propicio a las revelaciones de la reacción cromoargéntica, es el lóbulo óptico de los embriones de ave y de aves de pocos días (embrión de pollo desde el dieciséis día en adelante, pájaros recién nacidos, etc.). [...] Tales fibras constituyen una zona superficial, por debajo de la cual generan un plexo concéntrico, en cuyas mallas aparecen las neuronas receptoras» (*Historia de mi labor científica*, p. 86).

Los hermanos Cajal describen la infinidad de tipos neuronales presentes en los techos ópticos de diferentes especies de aves, reptiles y peces. Son los centros nerviosos que exhiben mayor diversidad neuronal (véase el capítulo XXIV de *Textura del sistema nervioso del hombre y los vertebrados*). Tales heterogéneas poblaciones neuronales se agrupan junto con las aferencias retinianas formando estructuras muy laminadas: distinguen y describen 15 capas en aves, 14 capas en reptiles y anfibios y 10 capas en peces. Hay una mayor heterogeneidad neuronal en las capas externas (de proyección retiniana) de aves y reptiles; en cambio, descendiendo en la escala filogenética hacia peces, hay tendencia a un mayor desarrollo de las capas profundas en las que habitan las neuronas ganglionares.

También, resumiendo a grandes rasgos: «exigidas por la ley de economía de espacio y por el estado evolutivo de las neuronas, es dable reconocer, según ha probado mi hermano en el lóbulo óptico de todos los vertebrados, varios tipos celulares constantes, que son, prescindiendo de los menos frecuentes: (i), célula gangliónica gigante o profunda; b), célula piramidal de axón largo; c), célula fusiforme de axón en forma de cayado; d), célula de axón periférico o retiniano; e), célula de axón largo descendente y ansiforme; f), elemento de axón corto ascendente o terminado en la formación retiniana; g), elemento de axón corto descendente arborizado en las zonas plexiformes inferiores; h), en fin, elementos horizontales, acaso de axón corto tangencial. [...] Todos estos tipos, puesto que poseen conexiones constantes, deben representar unidades funcionales diversas, pero necesarias al mecanismo de la percepción y reflejismo visual en los vertebrados inferiores» (*Textura del sistema nervioso del hombre y de los vertebrados*, p. 516).

Es sorprendente la capacidad de síntesis o comprensión de la funcionalidad del sistema. Cajal expresa y dibuja (véase figura 488, en *Textura del sistema nervioso del hombre y de los vertebrados*) los circuitos por donde han de circular las «corrientes» aferentes (visual por capas externas y procedente del istmo por vía interna), las neuronas encargadas de su «recepción» y finalmente señala las corrientes «eferentes» o de proyección y las neuronas implicadas en ellas (ganglionares, en cayado y de axón largo, con axones orientados hacia capas inferiores y las que llama centrífugas con axón orientado a capas externas-retinianas). Con sus propias palabras: «En el orden de las conexiones y del paso y dirección de las corrientes poco diremos aquí, toda vez que hemos aludido ya a este asunto en otros capítulos. Recordaremos solamente algunos hechos probados. [...] 1.° Que las arborizaciones ópticas contraen relación de contacto con los tallos y penachos dendríticos de las células del techo óptico. [...] 2.° Que esta conexión no es individual, es decir, de célula a célula, sino de una fibra a varias células (ley de la avalancha de conducción). [...] 3.° Que el establecimiento de pisos separados de arborizaciones ópticas responde al propósito de establecer conexiones especiales con grupos isodinámicos de neuronas tectales. [...] 4.° Que conforme ha probado mi hermano, el grado de dispersión de la corriente aferente es variable, habiendo células que se conexionan exclusivamente con una arborización óptica (¿de la foseta central?); y células que parecen entrar en contacto con varios pisos de arborizaciones (¿vienen éstas de la región retiniana periférica o de la visión indirecta?). [...] 5.° Que la corriente óptica llega a las células gangliónicas, a las de cayado, etc., ya directamente, ya por intermedio de una infinidad de corpúsculos de axón corto. [...] 6.° Que cada célula de axón largo posee, según ha revelado mi hermano, tres órganos de absorción de corrientes: a) el penacho terminal por donde entra la excitación óptica; b) las dendritas intermedias o colaterales del tallo, que son el punto de afluencia de las corrientes ópticas indirectas (pues se conexionan con la arborización terminal descendente de las células de axón corto); c) y las dendritas basilares que entran en contacto con las ramillas nerviosas colaterales de los axones descendentes o de la vía óptica refleja. [...] 7.° Que, además de las conexiones ópticas, cada plano de arborización o de contacto entre dendritas y fibras nerviosas, posee como en el bulbo olfatorio y retina, ramificaciones terminales de fibras centrífugas llegadas de otros centros nerviosos, fibras mediante las cuales, corrientes de origen interno pueden actuar sobre las citadas articulaciones, intensificando o inhibiendo acaso la carga nerviosa de la articulación dendrítico-nerviosa (¿son, quizás, las fibras de la atención?)» (*Textura del sistema nervioso del hombre y de los vertebrados,* pp. 516-517).

Finalmente, citaré una anécdota curiosa e inexplicable para el estudiante primerizo de los techos ópticos de vertebrados: ¿por qué Pedro numera las 14 capas de techos ópticos de reptiles y anfibios desde el epéndimo (capa 1) hasta la más superficial (capa 14) y en cambio Santiago numera las capas al revés en el techo óptico de aves, es decir, la capa 1 más superficial y capa 15 el epéndimo más interno? ¿Fue el excesivo trabajo/costo de rehacer las planchas gráficas el motivo del desacuerdo entre ambos hermanos o simplemente el considerar la nomenclatura un asunto banal? El caso es que el libro de Cajal, *Textura del sistema nervioso del hombre y los vertebrados,* aparece con tales nomenclaturas no coherentes. Posiblemente, esta falta de coincidencia fuera el inicio de una heterogénea nomenclatura de capas por parte de autores posteriores (véase el libro *Comparative neurology of the optic tectum*, editado por H. Vanegas, 1984, Plenum Press).

La madurez: Santiago en Madrid y Pedro en Cádiz

Confirmada la Teoría Neuronal, la segunda etapa de análisis es estudiar y comprender el cerebro y sistema nervioso como un todo. Ésta es una obra titánica para la cual se elige una buena estrategia: empezar por el estudio del cerebro reptiliano.

En palabras de Cajal: «la corteza cerebral de los reptiles recuerda ya bastante bien la de los mamíferos, aunque, conforme es de presumir, posee una arquitectura notablemente simplificada. Este parecido, que se extiende, como las investigaciones de mi hermano han puesto fuera de duda, hasta los finos detalles de textura, presta al estudio del cerebro de los reptiles una importancia capital para el esclarecimiento del plan fundamental del órgano del alma en los vertebrados superiores. [...] No está desgraciadamente ultimado este análisis» (*Textura del sistema nervioso del hombre y de los vertebrados,* p. 1099).

El telencéfalo y el cerebro de reptiles

Efectivamente, Pedro, en 1891, publica *El encéfalo de los reptiles* y comienza con el siguiente comentario: «el cerebro anterior de los reptiles representa ya el de los mamíferos pero notablemente simplificado; por lo cual se entrevé la posibilidad de resolver en los minúsculos hemisferios de la lagartija, lagarto, etc., problemas de textura y conexión de las fibras, dificilísimos en los vertebrados superiores» (*El encéfalo de los reptiles,* p. 1).

Es ésta la primera monografía en la que se describen las poblaciones neuronales de corteza cerebral, techo óptico, bulbo olfativo y cerebelo reptilianos, según aparecen con el método de Golgi: «Si la vesícula anterior ofrece ventajas reales para la averiguación de la estructura fundamental de la corteza gris, no así los lóbulos ópticos que representan el órgano nervioso más complicado de los vertebrados inferiores. La abundancia de capas, la diversidad de la morfología celular, lo intrincado y fino de los cilindros-ejes hacen pensar que el aparato óptico central, al revés del cerebro y cerebelo, en vez de complicarse conforme se asciende en la serie animal, parece más bien simplificarse. Los tubérculos cuadrigéminos y cuerpos geniculados de los mamíferos representan estructuras más simples, a nuestro modo de ver, que el lóbulo óptico de los reptiles y aves. En los batracios y reptiles, si bien se conserva la disposición fundamental, el arreglo de las capas parece mucho más sencillo» (*El encéfalo de los reptiles.* p. 2).

Efectivamente, Pedro constata que, en reptiles, los axones retinianos se dirigen hacia el lóbulo óptico y no hacia ningún núcleo que pudiera ser comparable al geniculado lateral de mamíferos.

A propósito del bulbo olfativo, señala las diferencias morfológicas de las neuronas granulares de reptiles (con un solo penacho) con las de mamíferos (bipenachadas), pero manteniendo la misma característica esencial: son neuronas amacrinas sin axón.

En el cerebelo, tan simplificado en reptiles, observa la presencia de neuronas granulares bipolares, que juzga similares a las inmaduras (migrantes) de mamíferos.

A propósito de la corteza cerebral, llama la atención su comentario sobre las células de ependimoglía radial: «La expansión radial es gruesa, marcha derechamente hacia fuera y exhibe en su trayecto hasta la capa de las pirámides o granos superiores numerosas excrecencias a manera de borra o vello áspero y rizado; pero al llegar a esta zona, se adelgaza y alisa, para suministrar en el confín de la molecular superficial 3 o 4 ramas divergentes y vellosas. [...] No existen en la corteza cerebral de los reptiles células en araña. [...] Todo el armazón conjuntivo está representado por los elementos epiteliales supradichos [...] El armazón neuróglico de la corteza de los reptiles, se reduce no más al entrelazamiento de las expansiones externas, más o menos vellosas, de los elementos epiteliales. La circunstancia de que sólo existen espinas o expansiones vellosas de los tallos epiteliales al pasar éstos por las zonas fibrilares, nos sugirió una conjetura aceptada por mi hermano acerca del papel fisiológico de la neuroglía. En nuestro sentir, la neuroglía sirve no sólo de soporte, sino también de medio aislador de las corrientes que circulan por las fibras. Por eso, se observa que las fibras neuróglicas y expansiones epiteliales, son tanto más numerosas cuanto más abundantes las fibras nerviosas de un territorio cerebral» (*El éncefalo de los reptiles,* pp. 9-11). Más adelante volverá a dedicar amplios comentarios a este tema: «Forman estos elementos ependimales en los reptiles una capa continua en la pared ventricular. Su cuerpo cilíndrico o piramidal, rematado en un pie, armado de una o más pestañas intracavitarias. Este detalle estructural, así como la situación parietal del soma, demuestra que en los reptiles, batracios y peces estos corpúsculos neuróglicos no han perdido en absoluto su carácter de epitelio de revestimiento a pesar de la profunda diferenciación de su tallo radial. El citado tallo atraviesa en sentido perpendicular o ligeramente oblicuo la corteza, emitiendo unos apéndices vellosos, cortos, muy escasos en el territorio de los granos, para terminar arborizándose en el seno de la capa plexiforme superficial.

Estas ramas terminales, erizadas también de los citados apéndices, llegan hasta la región submeníngea, donde rematan en unos engrosamientos en forma de maza» (*Nuevo estudio del encéfalo de los reptiles,* pp. 93-94).

Tras conseguir Pedro la cátedra de Histología en Cádiz y disponer de material biológico apropiado, en 1896 publica una monografía sobre el cerebro del camaleón; se trata de un trabajo clásico ampliamente referido por la comunidad científica de la época.

Mucho más tarde, en 1917, ya en la cátedra de Obstetricia en Zaragoza, Pedro publica dos entregas en la nueva revista de su hermano: la *Revista Trimestral Micrográfica*, que aparecen como *Nuevo estudio del encéfalo de los reptiles*; la primera es una actualización de su estudio preliminar sobre corteza y hemisferios cerebrales, incluyendo observaciones en nuevas especies, por ejemplo la iguana y la segunda entrega lo es de los tractos de fibras y vías de conexión entre áreas y centros; en esta época el método de nitrato de plata reducido ya es una muy buena herramienta; desgraciadamente, esa segunda parte acaba con un «continuará» que no llega a hacerse realidad.

En estos estudios tenemos un resumen del plan de organización del cerebro reptiliano al que generaciones posteriores han ido añadiendo pequeñas contribuciones. Describe y distingue la cuarta región cortical de la corteza reptiliana: la «región piramidal curvilínea» adyacente al córtex medial (posteriormente identificada como córtex dorsomedial), ocupada por grandes neuronas bipiramidales: «por estas particularidades comprobadas en todos los saurios, la hemos llamado "región piramidal curvilínea". [...] Pero esta diferenciación en diversos focos grises corticales no es bien manifiesta más que en los saurios. En la tortuga y el camaleón no se advierten más que meros indicios [...] La corteza dorso-medialis y la región curva de hecho representan las zonas psico-motrices del manto cerebral; pero hasta la fecha nuestras pesquisas no nos han permitido encontrar una zona visual cortical» (*Nuevo estudio del encéfalo de los reptiles,* pp. 85 y 98).

La textura del sistema nervioso del hombre y de los vertebrados

Mientras Pedro publica su monografía sobre el cerebro del camaleón, Santiago ha abordado el estudio del cerebro humano y de los mamíferos y la recopilación de trabajos suyos y de su hermano hasta conseguir su obra cumbre: *Textura del sistema nervioso del hombre y de los vertebrados,* que, apareciendo primero en fascículos, es publicado como un libro en tres volúmenes (1899-1904). Tal es el impacto de esa obra que es revisada, ampliada y traducida a la lengua francesa por L. Azoulay (RAMÓN Y CAJAL [1909-1911]: *Histologie du système nerveux de l'homme et des vertébrés,* 2 volúmenes).

En dicha obra, cada capítulo/centro nervioso merece una lectura pormenorizada y comentario individualizado. Hay acertados capítulos monográficos dedicados al estudio comparado de cada centro nervioso.

Destacan los dedicados a la histogénesis de cerebelo y corteza cerebral y los que versan sobre la organización de bulbo olfativo, corteza cerebral y áreas corticales, tipos neuronales y patrones de distribución en estratos.

Es clásico el estudio de Santiago sobre el hipocampo o «asta de Ammon» del cerebro de mamífero. Describe y «nombra» con acierto vías y tractos de fibras, capas y estratos. Es famoso su dibujo-esquema que muestra la organización del córtex hipocámpico y la fascia dentada y describe la «vía perforante» conectando sobre neuronas de los granos, sus axones (fibras musgosas) conectando sobre piramidales de proyección y las colaterales axónicas (colaterales de Schaffer) conectando sobre pirámides de la región superior. Es lo que posteriormente denominaremos «circuito trisináptico», paradigma de la investigación Neurobiológica.

En referencia a la corteza cerebral de reptiles, encontramos algo momentáneamente criticable en su obra. En letra pequeña, al final del capítulo sobre el estudio comparado de la corteza cerebral en los vertebrados, escribe Cajal a propósito de la corteza medial de reptiles: «En fin, recuérdese que en los reptiles y aves, a pesar de las suposiciones de Meyer, Smith, Brill, etc., nadie ha probado la existencia de una verdadera fascia dentata. Mi hermano, que es quien con mayor atención ha analizado la textura de la región cortical fisural, no ha podido hallar ninguna diferencia esencial en orden a morfología celular y comportamiento del axón entre las pirámides de la porción superior y las de la inferior de la corteza supero-interna. Jamás se consigue ver, por ejemplo, que el axón de las células inferiores se continúe con fibras musgosas, terminadas por arborizaciones libres, sobre las pirámides de la porción cortical superior; propiedad esta, por cierto, esencial y característica, como se sabe, de los granos de la fascia dentata, y sobre la cual no me parece que hayan fijado la atención Edinger, Meyer, Brill y Smith» (*Textura del sistema nervioso del hombre y de los vertebrados,* pp. 1104-1105).

Pero este comentario es «corregido» por Pedro, quien, alrededor de 15 años después, en su *Nuevo estudio...*, comenta: «A nuestro entender, debe considerarse como terminada la discusión entablada sobre la verdadera significación anatomodinámica de la región cortical interna en los reptiles...», y tras una larga discusión concluye de forma ecléctica: «De estos hechos puede inferirse que el asta de Ammon y la fascia dentada comprendiendo también la región piramidal curvilínea, no están separadas en los reptiles, puesto que los corpúsculos peculiares a estos centros en los mamíferos existen aquí, formando un centro único» (*Nuevo estudio del encéfalo de los reptiles*, pp. 85-87).

Realmente, éste es el único sitio de su obra enciclopédica en que encontramos una interpretación no afortunada. En tal época no se habían desarrollado las técnicas de trazado de conexiones. Casi un siglo después, con auxilio de la autorradiografía, se comprueba que la fascia dentada es una de las pocas regiones cerebrales con neurogénesis postnatal, es decir, que muchas de sus neuronas granulares se producen después del nacimiento, y que sus fibras «musgosas» se marcan con tremenda precisión por su alto contenido en cinc iónico (detectable con técnicas histoquímicas sencillas). Pues bien, en lagartijas hemos demostrado, primero, que efectivamente hay «fibras musgosas reptilianas» (ricas en cinc, glutamato inmunorreactivas, etc.) emitidas por las neuronas del córtex medial, aunque sin la particular morfología «musgosa»[1] exhibida en el hipocampo de mamíferos, y, segundo, que dicha población tiene «crecimiento postnatal», así como sus neuronas originarias ubicadas en el «córtex medial». La homología de esta zona con la fascia dentada hipocámpica es innegable (LUIS DE LA IGLESIA y LÓPEZ-GARCÍA, 1997). Insisto, ésta es una de las pocas (¿única?) ocasiones en las que la opinión de los Cajal no ha sido inicialmente afortunada.

---

[1] La primera vez que pude observar una fibra musgosa hipocámpica impregnada con cromato de plata, adherida al grueso tronco dendrítico apical de una neurona piramidal del hipocampo, me recordó las imágenes de líquenes adheridos a los troncos de árboles, y entendí por qué Cajal las llamó «musgosas» y no «liquenosas». En ciertas partes de Aragón y Castilla, popularmente se han llamado «musgos» a este tipo de líquenes. Es gracioso que una confusión de este tipo haya quedado grabada en la literatura científica. El termino *mossy*, traducción del «musgoso/a» utilizado por Cajal, es inamovible en la neurobiología actual.

Bibliografia

De Carlos Segovia, J. A. y Ramón y Cajal Agueras, S. (2002): Pedro Ramón y Cajal médico, histólogo y docente. *Revista Española de Patología,* 35: 465-474.

Luis de la Iglesia, J. A. y López-García, C. (1997): A Golgi study of the principal projection neurons of the medial cortex of the lizard *Podarcis hispanica. The Journal of Comparative Neurology,* 385: 528-564.

Ramón y Cajal, P. (1891): *El encéfalo de los reptiles.* Trabajo del Laboratorio de Histología de la Facultad de Zaragoza. Tipografía de la Casa Provincial de Caridad, Barcelona.

Ramón y Cajal, P. (1896): Estructura del encéfalo del camaleón. *Revista Trimestral Micrográfica,* 1: 131-167.

Ramón y Cajal, P. (1917): Nuevo estudio del encéfalo de los reptiles. *Trab. Lab. Inv. Biol. Univ. Madrid* 15: 83-99.

Ramón y Cajal, P. (1917): Nuevo estudio del encéfalo de los reptiles (continuación). *Trab. Lab. Inv. Biol. Univ. Madrid,* 15: 309-333.

Ramón y Cajal, S. (1892): *La retine des vertébrés.* (Nouvelle édition du travail paru dans *La Cellule*, vol. IX, 1892 ; avec quelques additions empruntées à des recherches postérieures) (XIV Concilium Ophtalmologicum 1933. Hispania). Madrid, 1933.

Ramón y Cajal, S. (1897-1904): *Textura del sistema nervioso del hombre y los vertebrados.* Imprenta y Librería de Nicolás Moya. Madrid, 1899. Tomo I (567 pp.) (1897-1899). Tomos II y III (1904). Reimpresión: Gráficas Vidal Leuka S.L., Alicante, 1992.

Ramón y Cajal, S. (1909-1911): *Histologie du systeme nerveux de l'homme et des vertébrés* (2 volúmenes, traducción por L. Azoulay, aumentada y corregida). Ed. A. Maloine, París, 1911. Reimpresión, Consejo Superior de Investigaciones Científicas. Instituto Ramón y Cajal, Madrid, 1952.

Ramón y Cajal, S. y Sánchez, D. (1915): *Contribución al conocimiento de los centros nerviosos de los insectos.* Imprenta de hijos de Nicolás Moya, Madrid.

Ramón y Cajal, S. (1981): *Historia de mi labor científica*, 2.ª edición. Alianza Editorial, Madrid.

Ramón y Cajal, S. (1924): *Trabajos escogidos 1880-1890.* Tomo I. Publicaciones de la Junta para el Homenaje a Cajal, Madrid.

Ramón y Cajal, S. (1983): *Mi infancia y juventud*, 11.ª edición. Colección Austral. Espasa-Calpe, Madrid.

Tello, J. F. (1935): *Santiago Ramón y Cajal (1852-1934). Sa formation et son œuvre. Résumé de son autobiographie, relation des publications commentées par lui-même. Charges, Titres et Honneurs.* Madrid.

Vanegas, H. (1984): *Comparative neurology of the optic tectum.* Plenum Press, Nueva York.

13. CAJAL Y LA FISIOLOGÍA: UNA ENTREVISTA APÓCRIFA

JUAN VICENTE SÁNCHEZ ANDRÉS
Departamento de Fisiología
Universidad de La Laguna
Tenerife

Santiago Ramón y Cajal es reconocido como histólogo; sin embargo, sus aportaciones son consideradas de un gran valor fisiológico; más aún, algunas de sus ilustraciones, particularmente aquellas en las que dibujó flechas indicando el sentido de los flujos en las neuronas, tuvieron un remarcable significado anticipatorio y son calificables como visiones funcionales, no puramente estáticas. Es pertinente preguntarse por el valor de la fisiología para Cajal o, en otras palabras, si miró sus preparaciones con ojo de fisiólogo tratando de ver en la organización nerviosa no sólo su estructura sino también su funcionalidad. No son preguntas fáciles de contestar a partir de sus escritos, en los que sus alusiones a la Fisiología son más bien fragmentarias; por esta razón hemos recurrido a la fórmula, más directa, de preguntarle en una entrevista apócrifa en la que señalaremos en bastardilla los fragmentos extraídos de sus escritos. Así que más que el método historiográfico, aplicaremos el arqueológico de tratar de reconstruir los huecos faltantes usando como guía sus apreciaciones. Don Santiago, obviamente, no nos ha podido corregir las pruebas. Esperamos que la reconstrucción refleje aunque sólo sea discretamente lo que tal entrevista en la realidad habría podido ser.

JVSA. Buenas tardes, don Santiago. Le comenté que el motivo de esta entrevista iba a ser que nos comentara el papel que la Fisiología jugó en el desarrollo de sus trabajos. Pero tal vez deberíamos remontarnos a su formación, al concepto que usted tenía de la Fisiología y que probablemente determinó su punto de vista.

SRyC. Pues puede ser una buena forma de empezar porque tengo que decir que a lo largo de mi vida hubo varios momentos diferenciados en los que la Fisiología jugó su papel.

JVSA. Empiece usted.

SRyC. No le voy a entretener y empezaré con mis estudios de Medicina, en los que *sólo estudié con esmero Anatomía y Fisiología; a las demás asignaturas consagré la atención estrictamente necesaria para obtener el aprobado*. Siendo cierto este interés mío por la Fisiología, también lo es que había hecho mella en mí la testarudez de mi padre. *Tres años nos pasamos padre e hijo en aquella humilde sala de disección perdida en la huerta del viejo Hospital de Santa Engracia. Trabajábamos en presencia de libros. Crecía el ardor al compás de las dificultades y consagrábamos a la tarea todo el vagar que nos dejaban, a mi progenitor la clientela y a mí los estudios en otras asignaturas. Incansable él, no consentía fatiga en torno suyo*. Mucho he escrito del papel de forja que en mi carácter jugó mi padre. Nada hay que añadir. Tampoco se hará raro que en cualquier caso la Anatomía para mí tuviera un lugar predominante.

JVSA. Corría el 1870 por aquel tiempo. ¿Fue para usted, pues, una disyuntiva que ganó la Anatomía?

SRyC. No exactamente. Más bien la Anatomía fue terreno de trabajo y la Fisiología terreno de reflexión, incluso de fantasía. Varias veces en mi vida viví el brote de la ilusión por profundizar en los arcanos de la función, pero las armas no eran robustas y sin ellas no podía construir verdad. No sé si usted sabe que a mis veinte años escribí una novela en la que un viajero a Júpiter encuentra unos seres similares a los humanos pero mucho más grandes tales que penetra en su interior y, *arribado al cerebro, sorprende el secreto del pensamiento y del impulso voluntario*. Ésa era mi fantasía de juventud, pero tuve la fortuna de vivir un momento en que se había consolidado la forma de progresar en el conocimiento con el método experimental. Magendie y Bernard fueron claves, usted ya sabe. No había sitio para la especulación. El vitalismo estaba desprestigiado, lógicamente. Debería usted leer el capítulo sobre las teorías y los hechos de mi libro *Recuerdos de mi vida: Historia de mi labor científica*...

JVSA. Sí, sí, don Santiago, ya lo he leído, siga, siga…

SRyC. Pues la disyuntiva real era que, como afirmé en mis oposiciones a la cátedra de Valencia, la biología se encontraba en situación de inmadurez científica y no ofrecía *sino algunas leyes generales de algún valor, especialmente en la historia del desarrollo, que es la rama más adelantada del tronco de la biología…*

JVSA. Perdone que le interrumpa pero al parecer en esa oposición no dio usted todo el crédito al evolucionismo de Darwin.

(Parece ofuscarse don Santiago como si le hubiera lanzado una impertinencia.)

SRyC. ¡Pues no me interrumpa! ¿No se creerá usted tener mejor memoria que yo de esa oposición? Mire, allí puse todo el hincapié en la anatomía comparada de Gegenbaur, el máximo representante de la morfología darwinista, que es lo que tenía que hacer. ¡A lo que usted dice ya llegaremos si llegamos si no me interrumpe!

JVSA. Siga, siga...

SRyC. Pues el asunto es que la Fisiología estaba en mantillas. Los métodos al uso no permitían grandes avances, lo cual no deja de ser lógico por estar los argumentos sustentados en la continuidad del tejido nervioso. *Nuestras afirmaciones no pueden ir más allá de lo que nos revelan los métodos disponibles en el momento.* Y entonces aconteció algo significativo en mi carrera, que fue que, mientras cursaba las asignaturas del doctorado en Medicina en Madrid, conocí a Maestre de San Juan, que me hizo contemplar algunas preparaciones histológicas y comprendí que era la puerta para entrar en ese mundo que durante años de disecciones estaba sólo abierto a mis ojos mientras me perdía sus detalles recónditos, sus fundamentos organizativos, su lógica interna. Y aquella *ventana del ocular* era la que me iba a permitir conocer ese mundo hasta entonces oculto por las limitaciones de mis sentidos. E inmediatamente, con mis ahorros de Cuba me compré a plazos un microscopio Verick que instalé en la Escuela de Medicina de Zaragoza.

JVSA. Entonces, en ese momento, en 1877, usted se decanta por la histología y se olvida de la Fisiología.

SRyC. Pues no. Entonces comienzo una etapa larga y accidentada en la que aprendo los métodos y entre avatares personales y laborales entre 1885 y 1888 *le llegó el turno al sistema nervioso...*

Lo examiné febrilmente en animales, pero esa intensa dedicación no me permitió publicar ni un solo trabajo científico hasta que Simarro me enseñó el método de Golgi. En todo ese tiempo la Fisiología fue motivo de reflexión, pero no me dediqué a ella, sin que eso signifique que renunciara a que mis observaciones fueran de utilidad funcional. Pero no fue tiempo estéril. Tenga usted en cuenta que para llegar a comprender la realidad que observaba tuve que madurar muchas ideas. Mi preocupación era la organización del tejido nervioso, la posibilidad de descubrir reglas que gobernaran su estructura. Es bien sabido que utilicé el análisis comparado entre especies y el del desarrollo embriológico con la hipótesis de que podría descubrir las regularidades y leyes de la organización del tejido por la vía de encontrar preparaciones en las que estas verdades fueran más evidentes. Fue fundamental el conocimiento que adquirí, es verdad que tardíamente, de las enseñanzas evolutivas. Hasta declaré, en 1878, arrepentirme de haber sentido *desdén hacia normas interpretativas sacadas de la anatomía comparada, la ontogenia y la filogenia.* Verá usted que hemos llegado a lo que me afeaba de mi oposición en Valencia, pero tengo que decirle que ese arrepentimiento lo hice con anterioridad en la oposición de Granada, en 1878.

JVSA. Oposición que le robaron por la acción de don Julián Calleja, que a cambio obtuvo que su cuñado sacara la de Zaragoza, ¿no fue así?

(Levanta el tono don Santiago.)

SRyC. Mire, ¡aquí estamos hablando de Fisiología!

(Es obvio que algunos temas siguen ofuscando a nuestro Nobel, a pesar del tiempo transcurrido.)

JVSA. Sin duda, don Santiago, siga, siga, por favor...

SRyC. Pues la cuestión es que tendría que ser usted un Fisiólogo muy estrecho para no entender que el razonamiento Fisiológico para mí era crucial. Mire, adopté exhaustivamente la perspectiva y el método ontogenéticos aplicados a distintas especies, fundamentalmente aves y embriones de mamífero. Esta perspectiva me permitía superar la dimensión estática de la preparación fijada para ofrecerme una visión dinámica. De esta forma, *yo tuve la fortuna de contemplar por primera vez ese fantástico cabo del axón en crecimiento.* Cuando afirmo esto, ¿algún cretino pensará que yo sufría alucinaciones viendo crecer el axón en mi preparación fijada? ¿Usted piensa que lo que yo hacía era Histología o Fisiología? ¿Usted piensa que la naturaleza encasilla las verdades según los métodos de laboratorio? Mire usted, lo que yo hacía era aplicar los métodos disponibles más robustos para comprender la naturaleza, aunque estaba empleado como Anatómico y enseñaba Anatomía.

JVSA. No fue, pues, bien entendido usted por todo el mundo. Luego iremos a ello, pero ahora puede ser interesante mencionar la opinión de Bergson según la cual sus hallazgos no fueron más que comprobaciones objetivas de hechos que su cerebro había previsto como verdaderas realidades. Que es como decir que usted anticipaba con su imaginación lo que luego comprobaría con el microscopio.

SRyC. Eso es una estupidez. Usted sabe lo que era Bergson, un filósofo. Bien informado si usted quiere, pero un filósofo. ¿Cree que Bergson miró alguna vez a través del microscopio? No. Lo que sucede es que Bergson fue el principal exponente del intuicionismo puro y a la fundamentación de sus ideas le venía muy bien que alguien como yo anticipara con la intuición lo que comprobaría con el tubo. Pero yo no anticipé nada, me limité a constatar hechos y a trabajar mucho para tener esa visión ontogenética, que le comentaba, empleando el mejor microscopio que me pude permitir y depurando las técnicas para llevarlas a su perfección posible. Eso es todo.

JVSA. Pero es una crítica que han repetido colegas suyos en todo el tiempo aludiendo a que usted decía ver cosas que no siempre otros veían o al menos reportaban excepciones que cuestionaban la generalizabilidad de sus conclusiones.

SRyC. Otra estupidez. *La discontinuidad neuronal, evidentísima en innumerables ejemplos, pudiera padecer excepciones. Nosotros hemos referido algunas... Pero no tememos que al embate de los reticularistas la vieja y genial concepción de Virchow sufra graves quebrantos. El organismo normal, en tanto que asociación de células relativamente autónomas, contiene siempre, al modo de una ciudad populosa, al lado de elementos sanos, otros tarados, deformes, monstruosos y aun gravemente enfermos. Por esto... en lo tocante a la morfología y conexiones neuronales, debemos atenernos a la ley de los grandes números, es decir, a un criterio rigurosamente estadístico.* Todo ello sin contar con los artefactos y las chapuzas experimentales.

JVSA. Bien, éste es un debate que se aleja de nuestro tema. En todo caso he de decirle que yo le entiendo muy bien. Ha pasado el tiempo y algunas de las barreras del conocimiento a las que usted aludía antes se han caído. De hecho ahora ya no somos ni histólogos ni fisiólogos, ahora somos todos neurocientíficos. Fíjese, qué adelanto.

SRyC. Y, entonces, si ahora esta claro, ¿por qué viene a hacerme una entrevista sobre Fisiología?

JVSA. Pues no es mala pregunta, no. Si le parece hablamos de eso luego, no acabemos yendo mal de tiempo.

SRyC. No es precisamente el tiempo mi problema ahora.

JVSA. Don Santiago, a los lectores les puede interesar su opinión sobre la Fisiología pero en absoluto la mía sobre la Neurociencia. Sigamos, por favor.

SRyC. Pues, en ese proceso las cosas cuadraron en el 1888, *mi año cumbre, mi año de fortuna.* Fue una actividad febril. Fíjese que publiqué en mi período de Barcelona, hasta el 1892, cincuenta artículos.

JVSA. Sí, y en ese período y en el tiempo que le sucedió se dedicó a aplicar técnicas morfológicas con resultados extremadamente fructíferos. Sin embargo, saltando en el tiempo, cuando se reconoce su labor con la concesión del Premio Nobel en 1906, usted da un discurso que comienza haciendo referencia al impacto de sus resultados en el ámbito de la histología pero también de la Fisiología del sistema nervioso. Estructura usted el discurso en forma de proposiciones y deriva de la primera tres postulados fisiológicos, según sus palabras. Sin entrar en detalles, parece que trata usted de sintetizar sus hallazgos con la concepción eléctrica del sistema nervioso utilizando conceptos como que «corrientes nerviosas son transmitidas de un elemento a otro como una consecuencia de alguna clase de inducción...» o que «las expansiones protoplásmicas juegan un papel conductor...». Se diría que estaba usted tratando de congraciar sus hallazgos con la teoría fisiológica al uso.

SRyC. Yo no congraciaba nada. Es evidente que las perspectivas histológica y fisiológica deberían ser consistentes y yo intenté ponerlas juntas hasta donde los conocimientos lo permitían. Eso es todo.

JVSA. De todos modos no parece que sus trabajos fueran fácilmente asimilados en toda su dimensión por los fisiólogos. Le voy a poner un ejemplo: en la edición nada menos que de 1924 del *Tratado de Fisiología* de Gley, en la página 847, afirma que no va a entrar en los detalles de la teoría de la neurona, que son de orden histológico, y sigue diciendo que después de los trabajos de Bethe y de Apathy quedó claro que las fibrillas que constituyen los axones se prolongan en el interior de las células pasando de unas a otras. Y no es que Gley no conociera sus trabajos, don Santiago, porque un párrafo más arriba le reconoce la teoría de la polarización dinámica de las neuronas y que las neuronas «se articulan» por contigüidad entre sus contactos. Pero, le digo, esa discontinuidad le parece una discusión anatómica que se sustancia en fisiología por la continuidad de las fibrillas.

SRyC. Muchos fisiólogos fueron muy tozudos y se aferraron a sus prejuicios. Tiene usted que tener en cuenta que a los fisiólogos de mi época la demostración de la discontinuidad entre las neuronas les perturbaba y confundía más que otra cosa. Se lo voy a explicar: se había desarrollado una tradición experimental desde los descubrimientos de Galvani que tuvieron consecuencias revolucionarias en la visión del sistema nervioso. Muchos de sus antiguos colegas trabajaron con electricidad. Uno de los recuerdos más conocidos de Claude Bernard es el cuadro de *L'Hermitte* que le representa en la mesa de laboratorio dispuesto a excitar eléctricamente los nervios vasomotores de un conejo. El terreno estaba abonado porque se entendía que el sistema nervioso estaba constituido por fibras en continuidad muy a la guisa de una red eléctrica en consonancia con el reticularismo. El problema es que el reticularismo estaba errado, como yo demostré. Fue desarrollándose un cuerpo de doctrina que requería de la continuidad; incluso se creó una nomenclatura acorde, que le recordará a usted la actual. Sin ir más lejos, ya en los textos de primeros del siglo XIX se hablaba de que los estímulos procedentes de la mente producen un efecto, una «impresión» que es «transmitida» o «propagada» por los nervios y «excita» a los músculos hasta su contracción. Fíjese en que la nomenclatura actual está arraigada en ese momento cuando los métodos para el estudio de la electricidad en la biología eran torpes. Con frecuencia se sustanciaban contradicciones con argumentos no probados. Por ejemplo, era bien conocido que los nervios saliendo de un ganglio eran, generalmente, más grandes que los entrantes, mientras que se argumentaba que los ganglios tenían la única función de establecer meras conexiones mecánicas entre filamentos. Para hacer justicia a los fisiólogos tengo que decir que Taylor, un fisiólogo, propuso que los ganglios deberían tener alguna función adicional. Pero, al final, la teoría neuronal estorbaba porque a los fisiólogos se les rompía su querida red eléctrica. Muchos prefirieron asentarse cómodamente en una teoría que no era correcta porque les salían las cuentas. Ahí entenderá usted ese malabarismo de Gley que no podía negar mis evidencias, ya a esas fechas, pero necesitaba tener dónde agarrarse para explicar su Fisiología. De todas formas yo no sé por qué le explico esto. Entreviste usted a Gley y pregúntele la razón de que al cabo de veinte años siguiera difundiendo una versión equivocada. Con la misma falta de argumentos le fastidiaron a His su vejez. Y a mí lo intentaron y no lo consiguieron. Así que no me fastidie usted ahora, que ya me viene molestando con lo que se me antojan sus impertinencias.

JVSA. Para nada, don Santiago. Lo que pasa es que no tengo todos los días la oportunidad de entrevistarle. De hecho, no creo que lo de hoy se repita. Así que no se moleste porque le saque algún tema que es casi lógico que despierte curiosidad.

SRyC. Prosigamos... pero me parece usted muy poco serio.

JVSA. Me gustaría parar un poco en este momento. Estamos en 1906 y usted lee su conferencia del Nobel. Describiendo la estructura de conexiones del cerebelo, hace referencia a la forma en la que terminan las colaterales recurrentes de los axones de las células de Purkinje en los troncos dendríticos de neuronas del mismo tipo. No puedo evitar citar textualmente la frase en inglés que siguió: *This fact showed therefore that the recurrent collaterals serve to associate in a dynamic ensemble the neurons of the same kind from the same area of the grey matter.* Si usted me lo permite, esta afirmación produce perplejidad por al menos dos razones: la primera porque no hay forma de entender en base a qué hace usted esa afirmación basándose únicamente en estudios histológicos. La verdad es que hace buena la afirmación de Bergson, y no me lo tome a mal. La segunda es que aceptando en usted una sagacidad fuera de lo normal, y también cierto atrevimiento, introduce unos conceptos de una vigencia rabiosa un siglo después en el terreno estrictamente funcional. Me refiero en concreto al uso de los términos «asociación en un grupo dinámico». No es el sitio pero no puedo evitar hacer referencia a una serie de conceptos de valor fundamental ahora, como el de los grupos neuronales actuando conjuntamente, se habla exactamente de *dynamic ensambles* como hizo usted, y también de la asociatividad como mecanismo de refuerzo de interacciones entre neuronas y como base de procesos como la memoria; desde luego se ha hablado extensivamente del papel de las colaterales recurrentes en distintos sistemas como mecanismo de sincronización. Para resumir, le diría que su afirmación tiene «resonancias hebbianas» con el problema de que Hebb enunció su regla 43 años después, no antes. Mire, don Santiago, no se entiende. Por lo menos yo no entiendo cómo hace usted una afirmación que ha costado lustros poner de manifiesto con la ayuda de un desarrollo tecnológico tremendo y que, así y todo, sigue dando lugar a discusiones.

SRyC. Pues que usted no lo vea puede, simplemente, querer decir que usted tiene mala vista. También puede querer decir que están ustedes deslumbrados por el aparataje y esperando que ese aparataje piense por ustedes. Y eso no va a suceder. Usted sabe que a mí me interesó mucho el desarrollo de técnicas y métodos y de sacarles el máximo rendimiento perfeccionándolos y utilizándolos con rigor. Yo no tenía forma de medir qué clase de energía se movía por las neuronas, ni de qué naturaleza eran los influjos entre ellas; tal vez lo único razonablemente asentado es que se debía tratar de fenómenos eléctricos. Pero cualquiera que fuera su naturaleza, debería ser, si no idéntica, sí al menos similar entre neuronas. Si mira usted la figura a la que hace referencia verá cómo las colaterales recurrentes salen de los axones de las células de Purkinje y se proyectan atrás a otras de esas neuronas, a sus troncos dendríticos. Ésta no es una imagen circunstancial sino el resultado de la observación sistemática. No había ninguna duda sobre la polarización dinámica de las neuronas; por tanto, cualquiera que fuera la naturaleza de los influjos, discurrirán desde las dendritas a los axones y al llegar a éstos las colaterales recurrentes los devuelven a las dendritas de otras neuronas constituyendo un círculo en el que muchas de esas neuronas se ven envueltas. Por tanto, esas neuronas funcionarán como grupos, lo llamé *dynamic ensembles,* que es, según me dice, como lo siguen llamando ahora, y hacen bien. Así que esta pregunta no se la voy a tomar como impertinencia sino como derivada de que no lo entiende. Debería usted mirar más por el tubo.

JVSA. No somos los fisiólogos muy buenos mirando por el tubo, don Santiago, dedicamos el tiempo a estudiar fenómenos eléctricos y para nosotros el tubo tiene carácter instrumental. Ha habido en estos años un proceso de especialización técnica bastante importante.

SRyC. Pues no se quejen de que no entienden las cosas. A mí no me extraña que si no entiende lo que se sigue de mirar por el microscopio entienda menos lo que resulta del funcionamiento neuronal careciendo de un conocimiento robusto de la organización. Como lo pienso se lo digo.

JVSA. Según usted, usted siempre tiene razón, así que no le voy a discutir. Vámonos a otro momento que le adelanto que no le va a gustar.

SRyC. A ver.

JVSA. Me refiero al período de entre 1894 y 1897 cuyo comienzo viene marcado por la invitación a pronunciar la *Croonian Lecture* de la Royal Society de Londres.

(Su mirada penetrante trata de ser fulminante. Me desintegraría si pudiera. Se acentúa su aire severo, guarda silencio unos segundos, se recompone.)

SRyC. ¿Qué quiere que le diga?

JVSA. No, nada, que me cuente su versión. Hay muchas cosas que, aparte de las anteriores, tampoco he llegado a entender. La ley del «alud nervioso» en la percepción, el papel de la neuroglía en los mecanismos de asociación psicológica y en la atención. Son cosas que usted defendió y que probablemente yo no termino de entender porque soy fisiólogo y no miro por el tubo, ¿no?

SRyC. Mire, como siga por ahí le voy a explicar primero lo que tiene que hacer con la guasa. De todo eso mejor correr un tupido velo. Estábamos en el año 1906. Lo que usted me refiere es anterior.

JVSA. Disculpe, pero no estoy intentando seguir un orden cronológico sino de discutir con usted su visión de la Fisiología, y la realidad es que el período que le menciono existió, aunque reiteradamente usted ha manifestado a posteriori cierta disconformidad. Pero fueron argumentos que usted construyó en su momento cumbre, no los puedo borrar. Siento decirle que usted también podía equivocarse. Lo que me resulta menos grato es que esa página que a usted le gustaría pasar tiene que ver precisamente con la Fisiología.

SRyC. La culpa fue de Kölliker, que me aconsejó que le diera a la lección *un giro esencialmente fisiológico*. Y por desgracia le hice caso, como no podía ser de otra manera —parece parar a reflexionar Don Santiago, pausa unos segundos y continúa—, y en realidad todo fue algo más complicado. Kölliker fue uno de los sabios que tuvo más fe en mí. Se vanagloriaba de haberme descubierto. Ciertamente, sin su comprensión y apoyo todo hubiera sido mucho más difícil. Él creía que el fin del reticularismo cerraba una etapa en la comprensión del sistema nervioso y abría una nueva, y Kölliker pensaba que yo estaba destinado a llegar más lejos que otros dada la profundidad con la que había estudiado el problema. Quiso que me aventurara a decir lo que tal vez de mío propio no me atreviera. En lo que a mí concierne, era un momento de entusiasmo en el que veía cómo una tras otra caían las dianas sobre las que apuntaba y todo cuadraba. Nos potenciamos recíprocamente en una espiral en la que veía renacer y adquirir sentido mis veleidades filosóficas de juventud, de la época en que *adopté el idealismo absoluto... El gallardo idealismo de Berkeley y Fichte*, que me cautivaron. También que podía considerar abordar mis inquietudes sobre el alma humana que me apasionaron cuando, en Valencia, me dediqué a la práctica hipnótica persiguiendo aquellas *épicas pesquisas sobre la psicología morbosa*. Todas aquellas fuerzas convergían y me ilusionó intentar abrir una brecha que podía ser si cabe de mayor importancia que la desarrollada con la micrografía y que me permitiría arrumbar unas concepciones que venían perpetuándose desde Galeno sin gran base experimental. Tal vez tenía razón Kölliker en que nadie mejor que yo conocía los entresijos del sistema nervioso y pudiera ser mi disparo especialmente certero. Juntáronse el hambre y la gana de comer para dar lugar a una serie de conjeturas escasamente sustentadas y que no resistieron el paso del tiempo, incluso comprometiendo mi reputación del apego a los hechos. Siendo esto así, me molesta que venga usted precisamente a mencionar las conjeturas más débiles y no se haya documentado sobre otras un tanto más consistentes.

JVSA. Sí que me he documentado sobre otras cosas, pero éstas me han llamado más la atención.

SRyC. Pues entonces no sé si viene usted a saber de mi relación con la Fisiología o a tratar de pillarme en falta. Si se ha creído que yo soy un muñeco de feria, anda errado y debemos terminar con esta fantochada.

JVSA. Hable usted de esas ideas más robustas, pues.

SRyC. Dejaré a un lado la idea de alud nervioso, así como las especulaciones sobre la atención, y le comentaré dos aspectos sobre los que tuve convicción de andar con buen tino. Me refiero a la ley del progreso morfológico y a las normas reguladoras de la disposición del soma. En el primer caso, la ley del progreso morfológico, postulaba la adaptación funcional en el desarrollo neuronal tal que se produciría una multiplicación de las conexiones intercelulares en respuesta a las demandas a que fueran sometidas las células. En el segundo de los casos propuse las restricciones a las que debía estar sujeta la forma neuronal: ahorro de materia, de tiempo y de espacio. Me influyó poderosamente la termodinámica de Helmholtz y la potencia de sus conocimientos en la refutación del vitalismo. Adquirí la certeza sobre la aplicación de la termodinámica a la conformación de los constituyentes del tejido nervioso. No dispuse de métodos que me permitieran confirmar estas hipótesis, pero no me negará que eran de buen sentido.

JVSA. No se lo niego; al contrario, me parece que volvió usted a anticiparse a su tiempo mirando donde otros no veían. Con respecto a la ley del progreso morfológico, hay en la actualidad evidencias de que es así y se ha acuñado el término «plasticidad» para aludir a este tipo de fenómenos. Tampoco hay dudas de la aplicabilidad de los principios de la termodinámica al tejido nervioso...

SRyC. Es decir, que me da la razón.

JVSA. No creo que sirviera para nada a estas alturas, máxime considerando que usted mismo se encargó de descalificar estas ocurrencias, fue usted quien describió como «lucubraciones» fisiológicas algunas de estas ideas y llegó a decir que muchas de ellas le parecían «francamente inverosímiles, temerarias e inaceptables». «En toda esta venturadísima lucubración —en alusión a su trabajo sobre el mecanismo de la asociación, la ideación y la atención— campea, muy a su sabor y talante, la loca de la casa», dijo Usted.

SRyC. Lo dicho dicho está. Pase página.

JVSA. Pero antes me gustaría remarcar que trató usted, infructuosamente, de interpretar sus datos de forma netamente fisiológica. Disculpe que insista, pero este aspecto es crucial en orden de tener una perspectiva sobre sus puntos de vista en el contexto en que vivió, contexto constituido por una compleja dialéctica entre la madurez de las ideas, de los métodos y las aspiraciones de los investigadores. Le digo esto porque hemos de pasar a su último escrito, lo que algunos han considerado su testamento científico, el texto primero editado con el título *¿Neuronismo o reticularismo?* y un año después de que nos dejara publicado en versión alemana en el Handbuch de Bumke y Foerster. Tengo que hacer alguna reflexión previa. Por un lado, desde una aproximación ingenua, se entiende mal que a esas alturas de los tiempos siga usted hablando de la disyuntiva, como si hubiera dudas. treinta años atrás, en su discurso del Nobel, esas dudas no existían y entre medias desarrolló un trabajo ingente aportando pruebas que remachaban el clavo. Es cierto que el reticularismo no estaba muerto y que los reticularistas, capitaneados por Bethe, habían seguido tratando de contrarrestar sus aportaciones con evidencias experimentales cuya escasa calidad comprobó usted personalmente. Con la misma visión ingenua es genuino preguntarse sobre los resquicios que aún presentaba el neuronismo que posibilitaban esa resistencia a su aceptación, al extremo de que usted se viera obligado, ya mermado de fuerzas y acosado por la arteriosclerosis, a plantear tal disyunción y no una defensa cerrada del mismo. ¿Dudaba usted mismo, don Santiago? Ésa es la pregunta. Si es así, ¿por qué?

SRyC. No es usted muy compasivo con un viejo achacoso.

JVSA. No le veo así, ni es mi pretensión. Lo único que queremos es tratar de comprenderle a usted y al estado de las ideas en aquel momento. Muchas cosas se han esclarecido después. Terminaremos hablando de eso si a usted no le importa.

SRyC. Bien. Expresé en aquel escrito que *la unidad fisiológica de la neurona se extingue o se dispersa en el segundo eslabón de la cadena sensible y se pierde en las de tercer orden, las centrales; en las neuronas centrípetas aparece esta individualidad fisiológica menos clara.* Le explicaré brevemente la base del problema. Contábamos con el precedente de la mayoría de otros tejidos en los que el establecimiento de la teoría celular había sido extraordinariamente iluminador de los principios del funcionamiento tisular. Una vez identificadas las células nobles de un tejido, el salto a la comprensión de su función era factible. Pensábamos, en el origen, que la extensión de la teoría celular al sistema nervioso acarrearía las mismas consecuencias sobre la clarificación de la función cerebral y que podríamos llegar hasta los dominios de la psique, que sería una función más. Pero nos estrellamos sistemáticamente y en cada embate infructuoso dábamos alas a los reticularistas argumentando ora que disponían de pruebas, ora que dispondrían de las mismas con el perfeccionamiento de técnicas. Yo tenía todas las evidencias de la autonomía de las neuronas, todas. Pero no me servían ni para rematar el problema ni para acallar a quienes se aprovechaban de ese defecto para construir espuriamente sus carreras. No tenía ninguna duda de que las neuronas eran una unidad trófica, morfológica, pero sin que ello explicara la función del sistema. No tuve más remedio que reconocer que *la idea de una unidad fisiológica de la neurona carecía todavía de suficiente precisión y ofrecía puntos de vista que no se dejaban ordenar bajo un principio común.* Bajo este prisma, reconocí que *el esclarecimiento de la cuestión pertenecía antes a la Fisiología que a la Histología* en tanto yo tenía la certeza de haber llegado con la Histología hasta donde ésta podía informar. Con algunos años menos y otra salud hubiera estado listo para iniciar una nueva singladura fisiológica, pero, comprenderá que en aquellas circunstancias para lo que estaba preparado era para hacer el petate.

JVSA. Entiendo lo que me quiere decir. Me va a permitir que le comente varias cosas de alguna relevancia. Primero. Los argumentos de los reticularistas cayeron como un castillo de naipes a los pocos años, cuando se empezó a conocer el funcionamiento de las articulaciones entre neuronas, lo que se daría en llamar las sinapsis, y jugó un papel primordial un discípulo suyo, Lorente. No obstante, buena parte del conflicto que menciona subsiste al extremo de que se han delimitados dos campos bien dibujados. Uno es el de la Fisiología Celular de la neurona, que es heredera directa de sus trabajos en tanto se fundamenta y requiere de la individualidad neuronal y que tiene la característica de estar exquisitamente fundamentada científicamente. El otro, el de la Fisiología de Sistemas, sigue mostrando grandes lagunas; de hecho seguimos sin ser capaces de dar buenas explicaciones a las funciones superiores a las que a usted le hubiera gustado enfrentarse. Segundo. Está vigente una tendencia que podría denominarse «neorreticularismo», y que no es heredera del reticularismo de Golgi, que acepta que las neuronas se estructuran en redes tales que las articulaciones o sinapsis constituyen una continuidad sin correlato morfológico, por el contrario su base es química o eléctrica multiplicando la capacidad funcional del sistema.

SRyC. Si se encuentra por aquí a Golgi o a Bethe y les cuenta esto se pondrán muy contentos y le dirán que ellos tenían razón. Y no la tenían. Dígales claramente que no hay continuidad morfológica. Ya estuvimos más de treinta años dando vueltas a esa noria. Mire, se lo voy a explicar para que usted lo entienda. Ya le decía antes que en la mayoría de los tejidos la demostración de la teoría de Virchow fue crucial para comprender la función, pero es que en todos esos casos la célula individual era representativa de la función tisular, así en las epiteliales, en las musculares y un largo etcétera. Estas células se comportan como las hormigas o las abejas. Si se observa una con detenimiento, puede concluirse el funcionamiento de un hormiguero o de un panal. No es así en el sistema nervioso, el funcionamiento neuronal no es representativo del funcionamiento cerebral, y no lo es por una idea que me transmitió precozmente el maestro Maestre de San Juan: organización. La función cerebral, por el contrario, no es el resultado de la aditividad de las células constituyentes. Debe haber niveles intermedios de organización en los que nos perdemos cuando partimos de la neurona simple. Algo parecido a lo que sucede cuando las células hepáticas se organizan en lobulillos pero con un grado mucho mayor de complejidad, suficiente como para impedirnos penetrar en su lógica. Por eso, por mucho que hubiera seguido profundizando en el conocimiento de las neuronas, no habría avanzado significativamente. Esa reflexión me llevó a cuestionar, usted lo sabrá, al fin de mi vida la capacidad del proceso evolutivo de proporcionar tal grado de organización. Le decía que hubiera necesitado otra singladura para abordar enigmas de tamaña envergadura, pero el tiempo se me acababa y no pude más que constatar mis dudas a las futuras generaciones.

JVSA. No tengo nada que añadir, don Santiago. El tiempo siempre es finito, para todos. Usted le sacó buen partido. Me quedo con la idea, que me gusta, de que si usted hubiera vivido otra vez hubiera sido fisiólogo.

SRyC. Eso no lo he dicho yo, que conste. Yo he dicho que si hubiera tenido tiempo hubiera abordado otra singladura que habría sido la que me despertara pasión. Y habría hecho falta que estuviera mi padre, y un Maestre y un Simarro y un Kölliker y mucha otra buena gente y seguramente toda una recua de mala gente que me forjaron a no dejarme avasallar. No me mitifiquen, yo fui un *obrero de la ciencia,* con el mismo sentido que dijo serlo su colega Magendie, que tuvo la fortuna de encontrar una selva virgen y la actitud de espíritu de dedicar todas mis fuerzas a desenmarañarla. Si lo que quiere usted es un titular de prensa, búsquese a otro.

Nota resumen de JVSA. En este punto doy por finalizada la entrevista. Mediaron algunas cortesías de despedida que no tiene sentido transcribir. Si hubiera que resumir, se diría que coexistieron en Cajal un morfólogo (coyunturalmente anatómico o histólogo) y un fisiólogo. Su dedicación formal a la estructura fue consecuencia de las destrezas adquiridas en la juventud, habiendo jugado un papel no insignificante la voluntad de su padre, y de su descubrimiento del microscopio como instrumento revelador. Pero en toda su trayectoria subyació la visión del fisiólogo para la búsqueda del significado de sus hallazgos. Hombre aferrado al método, escasas veces permitió aflorar públicamente las veleidades fisiológicas por considerarlas especulativas. Pero del valor que les concedía da prueba que hasta el final de sus días la inconsistencia explicativa de sus hallazgos sobre la función cerebral fue la principal causa de duda sobre el alcance de la teoría neuronal.

SRyC. Nada, nada. Venga usted por aquí cuando quiera.

Bibliografía

Barona, J. L. (1999): Images of the nervous system in Cajal's scientific thought. *Physis XXXVI*, 2: 473-485.

Calvo Roy, A. (1999): *Cajal. Triunfar a toda costa.* Alianza Editorial, Ciencia y Tecnología, Madrid.

Gley, E. (1924): *Traité Élémentaire de Physiologie*, 6.ª edición. Librairie J.-B. Baillière et fils, París.

Laín Entralgo, P. (1949): *Dos biólogos: Claudio Bernard y Ramón y Cajal.* Espasa-Calpe Argentina, Buenos Aires.

López Piñero, J. M. (2000): *Cajal.* Debate, Madrid.

Ramón y Cajal, S. (1967): Nobel Lectures: The structure and connexions of neurons. En: *Nobel Lectures, Physiology or Medicine 1901-1921*, Elsevier Pub. Comp., Amsterdam.

Ramón y Cajal, S. (1976): *Mi infancia y juventud*, 9.ª edición. Espasa-Calpe. Colección Austral, Madrid.

Ramón y Cajal, S. (1981): *Recuerdos de mi vida: Historia de mi labor científica*, 3.ª edición. Alianza Universidad, Madrid.

Roget, P. M. (1839): *Outlines of Physiology with an appendix on Phrenology.* Lea and Blanchard, eds, Filadelfia.

Solsona, F. (2002): S. Ramón y Cajal y Zaragoza. *Rev. Esp. Patol.*, 35 (4): 385-394.

14. VALORACIÓN DEL IMPACTO DE LA OBRA CIENTÍFICA DE SANTIAGO RAMÓN Y CAJAL DURANTE EL PERÍODO 1945-2004

ANTONI GAMUNDÍ
Área de Fisiología
Universitat de les Illes Balears
Palma de Mallorca

GABRIEL TIMONER
Conselleria d'Educació i Cultura
Govern de les Illes Balears
Palma de Mallorca

M.ª CRISTINA NICOLAU
Área de Fisiología
Universitat de les Illes Balears
Palma de Mallorca

M.ª ÁNGELES LANGA
Instituto de Neurobiología Ramón y Cajal
Consejo Superior de Investigaciones Científicas
Madrid

> «No importa que nuestra labor sea prematura e incompleta; de pasada y en tanto alborea el ansiado ideal, el mundo se dulcificará gradualmente para el hombre.»
>
> Santiago Ramón y Cajal

La importancia que los indicadores bibliométricos tienen en la evaluación de la investigación es considerable si se trata de estimar una actividad científica, sobre todo si es de carácter fundamentalmente experimental. Los indicadores bibliométricos más habituales y desarrollados corresponden a las características de comunicación de las llamadas *hard sciences* (LÓPEZ PIÑERO y TERRADA, 1992).

Con el objetivo de poder cuantificar en qué medida la obra de Santiago Ramón y Cajal ha influido y sigue influyendo sobre el avance de las neurociencias, se ha realizado una evaluación del impacto de su obra durante el período 1945-2004. Dicha evaluación se ha basado en la cuantificación del número de citas bibliográficas que han recibido las publicaciones de Santiago Ramón y Cajal.

El estudio bibliométrico se ha realizado en dos partes. La primera corresponde al período 1945-1994, y la segunda parte al período 1995-2004. La metodología utilizada en el estudio de los dos períodos ha sido diferente. En la primera parte del estudio, la cuantificación del número de citas se hizo de forma manual sobre los resúmenes impresos de *Science Citation Index* (SCI), editado por Institute for Scientific Information (ISI) de Estados Unidos, ya que en el momento en el que se realizó dicho estudio (1991-1999) no se disponía de la versión informatizada de las citas bibliográficas. En cambio, el estudio del período 1994-2004 (llevado a cabo en 2005) se ha realizado en base a la versión informatizada de SCI en *Web of Science* a través de *Web of Knowledge*. De las revistas que sirven de fuentes al *Science Citation Index*, un 43,4% corresponde a los Estados Unidos, el 16,7% a Gran Bretaña y el resto a Rusia, Japón, Francia, Italia, España y otros.

Por otra parte, en el momento de exponer los resultados correspondientes a la evolución del número de citas bibliográficas obtenidas en un período de tiempo determinado, no se trabaja con valores de citas bibliográficas absolutos, ya que ello conduciría a la confusión. Ello es debido a que el SCI varía cada año el número de revistas de las que extrae los datos bibliográficos. Así, para los citados estudios se representará el cociente entre las citas bibliográficas y el número de publicaciones que cada año utiliza el SCI, obteniéndose así un índice que indica la evolución real.

Con la finalidad de poder comparar objetivamente los datos obtenidos del estudio de las citas bibliográficas de la obra de Santiago Ramón y Cajal, se han realizado de forma paralela la cuantificación y el estudio del número de citas bibliográficas de las publicaciones de Camilo Golgi y de Charles Scott Sherrington durante el mismo período. Para la elección de estos dos científicos como referencia, se han tenido en cuenta varios aspectos de similitud con Cajal: primero, el hecho de que los tres científicos fuesen contemporáneos: Santiago Ramón y Cajal (1852-1934), Camilo Golgi (1843-1926) y Charles Scott Sherrington (1861-1952); segundo, que los tres científicos se dedicasen al estudio del sistema nervioso: Santiago Ramón y Cajal (la individualidad de las neuronas), Camilo Golgi (defensor de la hipótesis reticularista) y Charles Scott Sherrington (descubrimientos relacionados con la función de la neurona y la sinapsis), y tercero, que los tres fuesen galardonados por su trabajo con el Premio Nobel de Fisiología y Medicina, Ramón y Cajal y Golgi en 1906 y Sherrington en 1932.

Evaluación de la obra científica de Santiago Ramón y Cajal

Importante fue su obra e importante fue también cómo fue hecha

Algunas veces la historia de la ciencia nos enseña cómo algunos científicos son capaces de adelantarse a su tiempo creando teorías que permiten acelerar el conocimiento científico. Santiago Ramón y Cajal cambió el curso de la historia de la neurociencia; pero no hizo un único y gran descubrimiento, sino que realizó numerosas e importantes contribuciones al conocimiento de la estructura y función del tejido nervioso. Los estudios de Ramón y Cajal sobre la histología del sistema nervioso, sus observaciones sobre la degeneración y regeneración, junto con sus teorías sobre la función, desarrollo y plasticidad, causaron un profundo impacto sobre los científicos de su época (DeFelipe, 2003). Numerosos investigadores siguieron su ejemplo, comprobando y ampliando sus hipótesis en prácticamente todos los campos de la neurociencia. Estos estudios representan las raíces de los descubrimientos actuales en algunas de las áreas más apasionantes sobre la estructura y función nerviosa en condiciones normales y patológicas.

En la actualidad, Santiago Ramón y Cajal está considerado como el neurocientífico que con mayor esfuerzo, brillantez y sacrificio ha hecho avanzar más la neurociencia. Importante fue su obra e importante fue también cómo fue hecha (Ramón y Cajal Junquera, 2002). Su teoría neuronal, que demostró la independencia morfológica y funcional de las células nerviosas, es la base sobre la que se han construido los conocimientos actuales sobre el funcionamiento de los centros nerviosos.

Del análisis de las publicaciones de Ramón y Cajal, tomando como fuente la obra *Publicaciones del Prof. doctor Santiago Ramón y Cajal existentes en los fondos de la biblioteca del «Instituto de Neurobiología Santiago Ramón y Cajal»* (Pérez de Tudela, 1983) y la *Historia de mi labor científica* (Ramón y Cajal, 1984), se desprende la magnitud de su obra.

Han sido contabilizadas 357 publicaciones en total, entre las cuales 61 son manuales de histología, anatomía patológica, reglas y consejos para la investigación biológica, narraciones pseudocientíficas, autobiografías; 284 corresponden a trabajos monográficos (de los cuales muchos, por su extensión y contenidos, deberían ser catalogados de libros) y 12 a prólogos de libros, distribuidas todas ellas en 58 años (figura 14.1), de lo que resulta una media de seis publicaciones anuales.

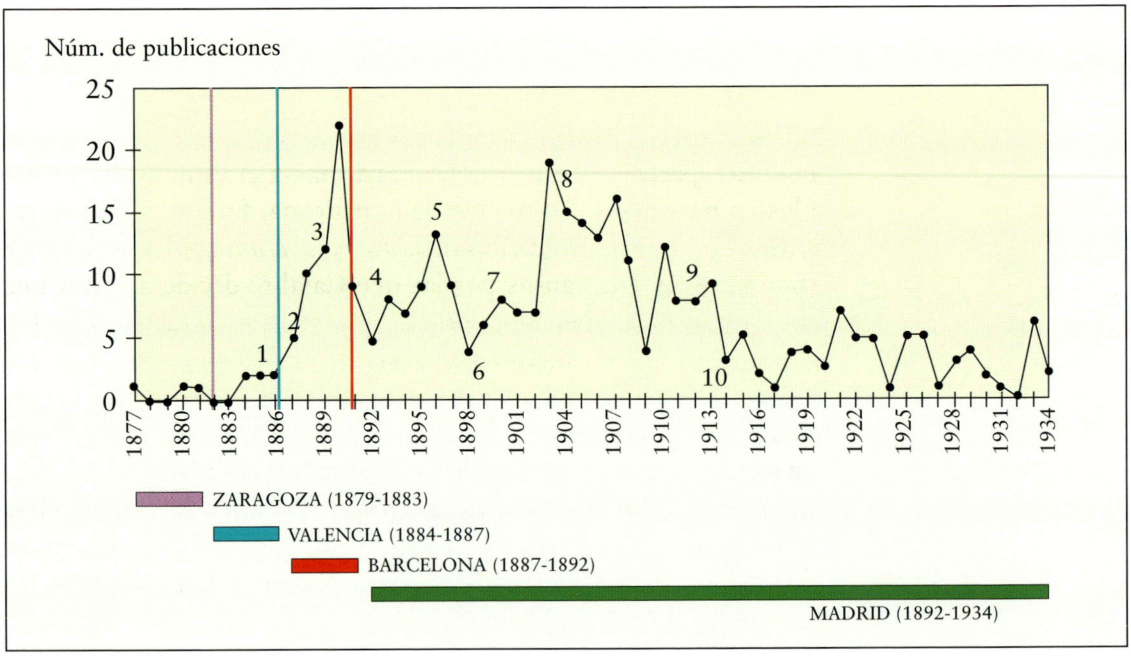

Figura 14.1. Número de publicaciones anuales de Santiago Ramón y Cajal según la obra *Publicaciones del prof. doctor Santiago Ramón y Cajal existentes en los fondos de la biblioteca del Instituto de Neurobiología Santiago Ramón y Cajal* (PÉREZ DE TUDELA, 1983).

Estudiando la evolución del número de publicaciones de Cajal, se observa que a partir de 1886 se produce un aumento significativo del número de trabajos publicados, época en la que empieza a forjarse la doctrina de la neurona; son los años de trabajo en Barcelona (1888-1892). Después del viaje de Ramón y Cajal a Alemania (Congreso de la Sociedad Anatómica Alemana en octubre de 1889), empiezan a ser conocidos internacionalmente sus descubrimientos. Este hecho queda reflejado en el citado gráfico, en el que observamos con toda notoriedad el máximo alcanzado en el número de publicaciones.

Entre los años 1891 y 1892 se produce un descenso en el número de trabajos publicados: durante estos meses Ramón y Cajal declinó parte de su labor investigadora en favor de la preparación de las oposiciones a la cátedra de Histología y Anatomía Patológica de la Universidad de Madrid.

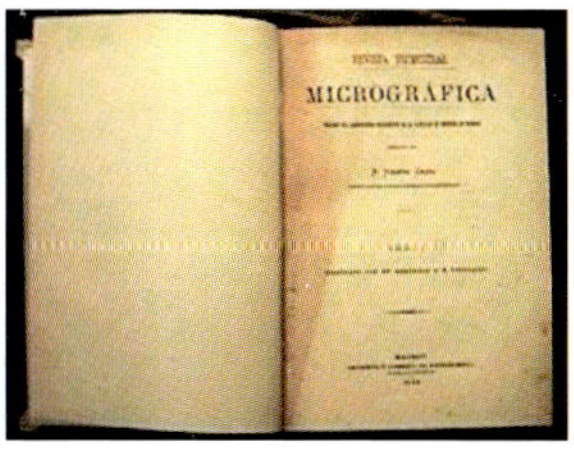

Figura 14.2. Portada de la *Revista Trimestral Micrográfica.*

Posteriormente destaca una segunda época, en lo que se ha llamado «el período culminante» (López Piñero, 1988), que correspondería al primer cuarto del siglo XX, en el que Ramón y Cajal ya trabaja en Madrid (1892-1914). En 1896, el trabajo de Ramón y Cajal alcanzó otro máximo. Se trata de un momento en que surgen nuevas publicaciones que intentan resucitar la teoría de las conexiones interneuronales. Cajal responde con la contundencia científica que le caracterizaba: dedicó una buena parte de sus esfuerzos a estudiar a fondo y aplicar la técnica de Ehrlich (utilización del azul de metileno para la impregnación de tejidos). Por otra parte, ese mismo año Cajal inicia el estudio del protoplasma nervioso y del núcleo de la neurona. En este afán investigador Cajal inicia la edición de la *Revista Trimestral Micrográfica* (figura 14.2). Las causas por las que Cajal se decide a editar una nueva revista las debemos buscar en dos puntos fundamentales: primero, en la necesidad que tenía por publicar rápidamente, por dar a conocer, sin la demora de espera necesaria en cualquier otra revista, sus nuevas investigaciones; y segundo, como una fuente de estimulación de la labor de sus discípulos (Castro, 1981).

Desde el inicio de la publicación, la *Revista* se convirtió en el principal medio en el que Ramón y Cajal fue dando a conocer su labor de investigación personal y la de su escuela (Gamundí *et al*, 2005).

En 1898, la obra del autor sufre un nuevo descenso. Coincide este hecho con el desastre colonial de España: la guerra con los Estados Unidos. Como veremos más adelante, el inicio de la Primera Guerra Mundial también afectó al trabajo de Ramón y Cajal. En *Historia de mi labor científica* deja patente la importancia que para su persona tiene la inestabilidad internacional. En referencia a la citada guerra colonial, Cajal en su *Historia de mi labor científica* describe de forma tajante cuáles fueron las causas: «guerra preparada por codicia de nuestros industriales explotadores..., rapacidad de nuestros empleados ultramarinos..., orgullo y egoísmo de nuestros políticos...».

Recobrado el equilibrio, Ramón y Cajal reanuda su trabajo con el antiguo fervor y recupera el hilo de la investigación sobre la significación del quiasma óptico de los vertebrados (en ese momento algunas investigaciones proclamaban que el quiasma óptico del hombre y los vertebrados constaba exclusivamente de fibras ópticas cruzadas, es decir, que carecían del cordón óptico que conectaría cada ojo con el hemisferio cerebral de su lado). Confirmando estos hechos, observamos la ligera recuperación que se representa en la figura 14.1. Poco después, observamos una pequeña inflexión (1900-1901) que coincide con el nombramiento de Cajal como director del Instituto Nacional de Higiene, con lo cual el tiempo dedicado a la investigación merma en favor de la puesta en marcha y organización del recién fundado instituto.

En 1903, nos encontramos con otro de los máximos de actividad de Ramón y Cajal; el propio Cajal compara la actividad realizada durante este año con la efectuada en 1890 (etapa catalana). Las causas de ese nuevo incremento de su actividad las encontraremos en dos hechos fundamentales: el Congreso Internacional de Medicina, celebrado ese año en Madrid, y la puesta a punto de una nueva fórmula de impregnación de las células y fibras nerviosas, con la cual se obtuvieron los nuevos descubrimientos que se sucedieron durante los años 1904 y 1905: se trataba de aplicar la nueva técnica de impregnación argéntica sobre los problemas antes inaccesibles o insuficientemente resueltos. En concreto, durante estos años se discutía sobre la morfología y fisiología del esqueleto citoplasmático: se preguntaban los científicos de la época si el citado esqueleto constituía una red intracelular, o bien se trataban de filamentos individuales; también se cuestionaba su función en la conducción del impulso nervioso. Recordemos, además, que durante los años 1905 y 1906, Ramón y Cajal recibe la medalla de oro de *Helmholtz* de la Real Academia de Ciencias de Berlín y el Premio Nobel de Fisiología y Medicina.

Los años 1912 y 1913 se dedican preferentemente a las investigaciones metodológicas. Por ello, tal como se aprecia en la figura 14.1, y así nos lo confirma el propio Ramón y Cajal en *Historia de mi labor científica*, el número de sus trabajos publicados disminuye; se refiere Ramón y Cajal así a las citadas investigaciones: «lo más grave de estos trabajos es que se pueden consumir en ellos años enteros sin tropezar con nada que valga la pena». A partir de 1914, comienzo de la Primera Guerra Mundial, se inicia su declive, a pesar de lo cual mantiene el número de sus publicaciones sobre la media.

De este modo destacamos que durante los años en que Ramón y Cajal mantiene su plenitud como investigador, aproximadamente entre 1888 y 1914, publica 267 obras (entre artículos y manuales), es decir, que durante este período de trabajo en plenitud surge el 76,7% de su obra, con una media de 9,8 publicaciones anuales, teniendo en cuenta que al hablar de publicación no nos referimos tan sólo a artículos resultado de la investigación, sino también a obras amplias, como manuales de histología, de anatomía patológica...

Como conclusión se detallan a continuación algunos hechos considerados fundamentales en el desarrollo de la obra de Ramón y Cajal, hechos que aparecen referenciados numéricamente en la figura 14.1:

1. Se empieza a forjar la doctrina de la neurona (1886).
2. Luis Simarro llama la atención de Cajal sobre el método de Golgi (1887).
3. Viaje a Alemania. Conocimiento internacional de sus trabajos (1889).
4. Preparación de las oposiciones a la cátedra de Madrid (1891-1892).
5. Resurgimientos de la teoría reticular. Inicio de las investigaciones sobre el protoplasma nervioso e inicio de la edición de la *Revista Trimestral Micrográfica* (1896).
6. Guerra colonial (1898).
7. Nombramiento de director del Instituto Nacional de Higiene (1900).
8. Congreso Internacional de Medicina de Madrid (Luis Simarro le enseña un nuevo método de tinción de las neurofibrillas). Nuevo método de tinción de las células y fibras nerviosas (1903).
9. Período de dedicación a investigaciones metodológicas (1912).
10. Primera Guerra Mundial (1914).

Estudio bibliométrico de la obra de Santiago Ramón y Cajal durante el período 1945-2004

Las publicaciones de Ramón y Cajal reciben un total de 17.259 citas durante el período comprendido entre 1945 y 2004, de lo que resulta una media de 287,6 citas anuales.

En la figura 14.3 se representa la relación entre el número de citas de la obra de Santiago Ramón y Cajal y el número de publicaciones utilizadas por el *Science Citation Index*. Se puede observar que el número de citas varía anualmente y, a partir de finales del siglo XX (1995), el número de citas anuales se ha reducido, aunque se mantiene en los primeros años del siglo XXI en unos valores anuales constantes. Estos datos amplían los resultados de FERREIRO-ALÁEZ y FERREIRO-VILLANUEVA (1984) según los cuales la utilización real de los trabajos de Ramón y Cajal (1961 a 1982) se mantuvo a un mismo nivel en relación con el volumen de la literatura biomédica circulante en cada momento.

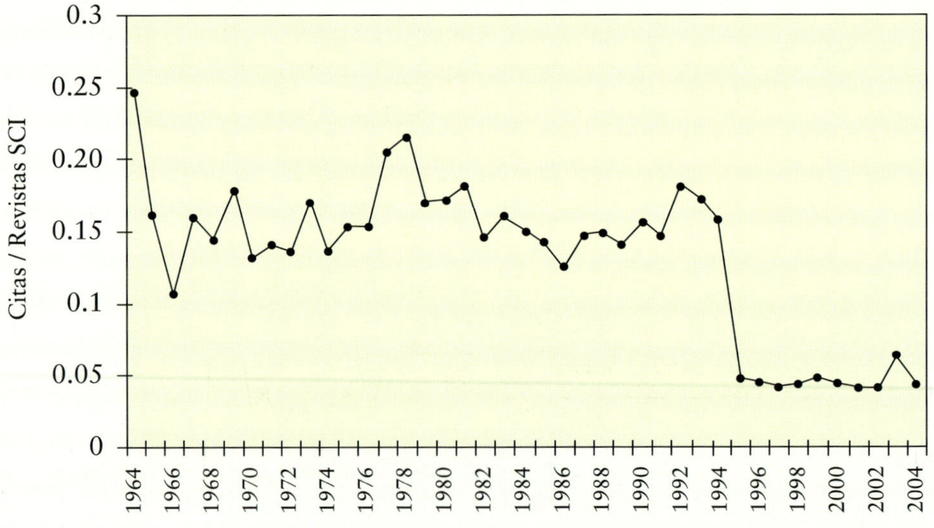

Figura 14.3. Relación entre el número de citas que ha recibido la obra de S. Ramón y Cajal y el número de publicaciones utilizadas para la confección del *Science Citation Index* durante los años 1964 y 2004.

Del conjunto de obras de Cajal citadas destaca el hecho (tabla 14.1) de que dos obras (incluyendo traducciones, ampliaciones y reediciones) acaparan el 58,9% de las citas bibliográficas.

Denominación de la publicación C.S.I.	Año de publicación	Total de citas bibliográficas	%
-*Textura sistema nervioso del hombre y de los vertebrados* -*Histologie du système nerveux de l'homme et des vertébrés*	1899 1909, 1911, 1952 y 1955	7651	44,4
Degeneration and Regeneration of the Nervous System	1928, 1959	2509	14,5

Tabla 14.1. Relación de publicaciones más citadas de Santiago Ramón y Cajal.

De entre estas obras, *Textura del sistema nervioso del hombre y los vertebrados* (cuya edición se inició en 1899) y sus traducciones corregidas y ampliadas, *Histologie du système nerveux de l'homme et des vertébrés* (1909, 1911, 1952 y 1955), reciben el 44,4% de las citas bibliográficas, convirtiéndose en la publicación de Ramón y Cajal más referenciada en la segunda mitad del siglo XX y principios del siglo XXI. En segundo lugar, figura *Degeneration and Regeneration of the Nervous System*, la cual, entre sus ediciones de 1928 y 1959, recibe un 14,5% de las citas. Si comparamos el número de citas bibliográficas de Ramón y Cajal con la media de citas por autor del *Science Citation Index* (figura 14.4) resulta que las publicaciones de Cajal superan de forma extraordinaria y durante todos los años que se han estudiado los valores medios del SCI hasta llegar, en algunos casos, a multiplicar por 60 los citados valores medios (obsérvese la doble escala utilizada).

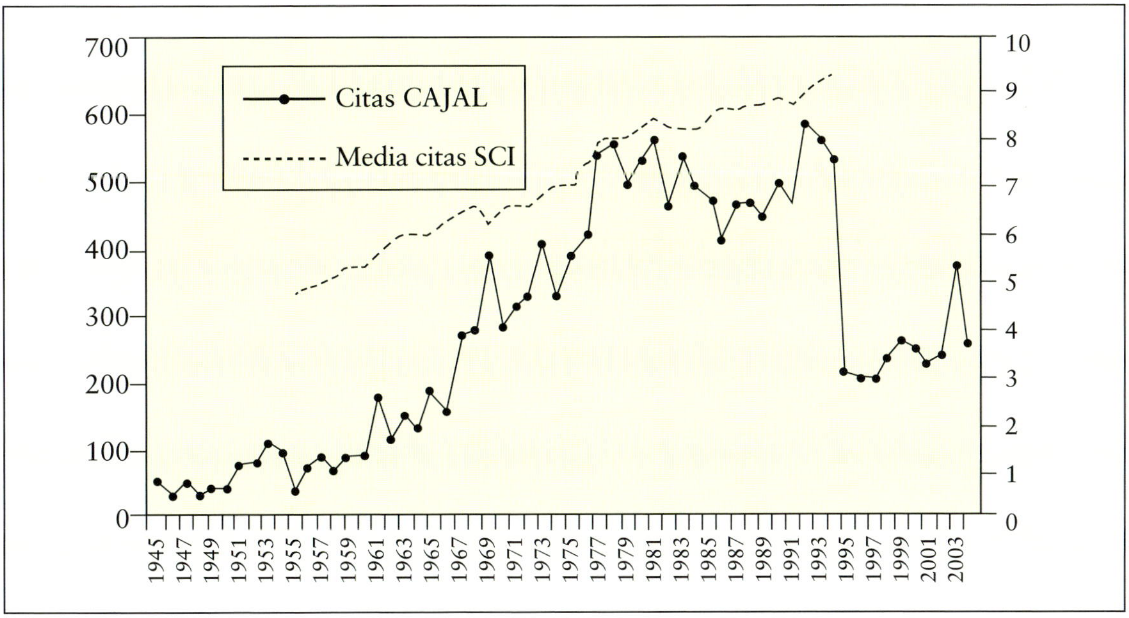

Figura 14.4. Comparación entre el número de citas bibliográficas de Santiago Ramón y Cajal y los valores medios de citas por autor del *Science Citation Index*.

Evaluación de la obra de Camilo Golgi y su estudio bibliométrico durante el período 1945-2004

Camilo Golgi nació en Córtero (Brescia, Italia). Su padre Alexander fue médico practicante. Fijó su residencia en Cava-Manara, cerca de Pavía. Tuvo una gran influencia en la decisión de su hijo de estudiar medicina. En la universidad sintió inclinación hacia la anatomía y la patología, que se convirtieron en sus principales áreas de interés hasta el final de su vida.

Entre 1865 y 1871 dirige en Pavía uno de los primeros hospitales italianos especializados en el tratamiento de lesiones del sistema nervioso. También trabajó en varias instituciones universitarias, en particular en la clínica psiquiátrica, donde estuvo colaborando en el laboratorio de Lambroso. Fue precisamente en dicho laboratorio donde Golgi se apasionó con el misterio de la estructura y funcionamiento del sistema nervioso central (FANO, 1926).

Un hecho importantísimo para los acontecimientos científicos que sobre la histología del sistema nervioso sucedieron fue el descubrimiento de Golgi del método del cromato de plata

Su nombre fue pronto conocido en los círculos universitarios. En 1875 fue llamado por la Universidad de Pavía para ejercer de profesor extraordinario de histología. Al final del mismo año, fue profesor de anatomía de la Universidad de Siena, aunque algunos meses más tarde regresó a Pavía, esta vez como profesor ordinario de histología y posteriormente también de patología general. Sus primeros trabajos trataron sobre estudios histológicos e histopatológicos:

— *Sulla sostanza connectiva del cervello* (1870).
— *Contribuzione alla fina anatomia degli organi centrali del Sistema Nervoso* (1871).
— *Annotazioni sitologiche sulla retina del cavallo* (1872).
— *Storia di Pellagra non maniaca* (1868).
— *Sull'eziologia delle alienazioni mentali* (1869).
— *Sulla structura e sullo suiluppo degli psammomi* (1869).
— *Sulle alterazioni dei vasi linfaciti del cervello* (1870).

Estas primeras publicaciones contienen discusiones detalladas de lo que conocemos como el tejido estructural y de soporte del sistema nervioso central, y la demostración de la estructura de la neuroglía.

Un hecho importantísimo para los acontecimientos científicos que sobre la histología del sistema nervioso sucedieron fue el descubrimiento de Golgi del método del cromato de plata. El bicromato potásico, el ácido ósmico y el nitrato de plata eran agentes muy utilizados en la época para propósitos histológicos. La idea de introducir los tejidos en un baño de nitrato de plata después de una fijación con una solución de bicromato fue consecuencia de un error involuntario. El nuevo método fue verdaderamente revolucionario, ya que con él la observación de las células nerviosas y sus ramificaciones era mucho mejor que la conseguida hasta el momento.

A partir de este descubrimiento, las investigaciones sobre la histología del sistema nervioso se avivaron. Entre 1882 y 1885 Golgi publicó su monumental trabajo *Sulla fina anatomia degli organi centrali del Sistema Nervoso*. Dicha obra se divide en ocho partes que constituyen sus observaciones e hipótesis fundamentales:

a. La estructura, morfología y relaciones mutuas de las células nerviosas.
b. El origen central de los nervios.

c. La morfología y la organización de las células nerviosas en las circunvoluciones frontales ascendentes y occipitales superiores del hombre.
d. La anatomía de la corteza del cerebelo.
e. La estructura de la región hipocampal del hombre y otros mamíferos.
f. La superficie superior del cuerpo calloso.
g. La morfología y conexiones con los vasos sanguíneos y la histogénesis de la neuroglía.
h. Los métodos de investigación.

Todos los trabajos publicados por Golgi entre 1868 y 1902 fueron editados en 1903 como una sola obra de tres volúmenes, bajo el título de *Opera Omnia* (GOLGI, 1903).

Golgi fue el máximo exponente del reticularismo. Defendió su hipótesis de la *reticola nervosa diffusa* promulgando la existencia de anastomosis entre los cilindroejes, atribuyendo a las dendritas una función nutritiva. De todos modos, sirvan estas palabras del propio Golgi como un ejemplo de cuál era su pensamiento en relación a la histología del sistema nervioso: «la relación existente entre los filamentos de la red es tan compleja e íntima que sus anastomosis no son el único camino necesario para explicar la interdependencia fundamental de los diferentes grupos de células y regiones del sistema nervioso central. La continuidad directa de los filamentos no es una condición sine qua non para la transmisión de los impulsos nerviosos de uno a otro» (FANO, 1926).

Durante el período estudiado, la obra de Camilo Golgi ha recibido un total de 965 citas bibliográficas, de lo que resulta una media de 16,1 citas anuales. En la figura 14.5 se representa la relación entre el número de citas bibliográficas que han recibido las obras de Camilo Golgi y el número de publicaciones que cada año se utilizan para la confección del *Science Citation Index* durante los años estudiados. Como se puede observar, el número de citas de la obra científica de Golgi sufre algunas variaciones importantes cada año, y se insinúa una ligera tendencia a disminuir, observación por otra parte lógica, dada la antigüedad de estos trabajos.

De las publicaciones citadas de Golgi, tres obras reciben el 35% del total de las citas bibliográficas. En la tabla 14.2 se indica la denominación de estas publicaciones tal como figura en los archivos del SCI, así como el número de citas recibidas, el porcentaje que representan y el año de su publicación.

Tal como se ha comentado en el resumen biográfico de Golgi, todos sus trabajos publicados entre 1868 y 1902 fueron reeditados en *Opera Omnia* (1903). Esta obra recibe el 12,5% de las citas bibliográficas.

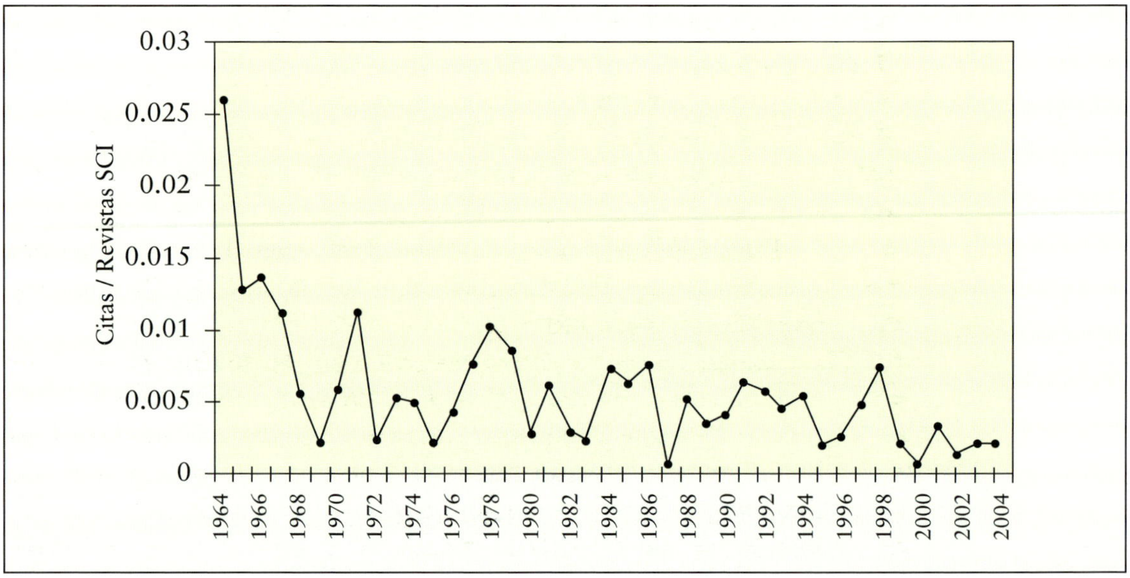

Figura 14.5. Relación entre el número de citas que ha recibido la obra de Camilo Golgi y el número de publicaciones utilizadas para la confección del *Science Citation Index* durante los años 1964 y 2004.

También destaca *Sulla fina anatomia degli organi centrali del Sistema Nervoso* (1886), la cual recibe un 8,5% de las citas bibliográficas y que es la obra monumental de Golgi (Fano, 1926).

La obra que recibe un mayor número de citas bibliográficas (14%) es *Sur la structure des cellules nerveuses* (1898), en la cual Golgi describe el *apparato reticolare interno* (especie de retícula que aparecería en el citoplasma de las células nerviosas), actualmente conocido como el aparato de Golgi. En este artículo, Golgi se inclina tímidamente hacia una hipótesis según la cual el aparato reticular desempeñaría un papel nutritivo en la célula nerviosa (Bentivoglio, 1998); en 1914, Cajal estableció que el aparato reticular de Golgi es un hecho anatómico constante en el protoplasma de las células vivas (Ramón y Cajal, 1914). La arquitectura única de este orgánulo no se reveló hasta la invención del microscopio electrónico en los años cincuenta (Farquhar y Palade, 1998).

Denominación de la publicación (SCI)	Año de publicación	Total de citas bibliográficas	%
Sur la structure des cellules nerveuses. *Arch. Ital. Biol.*, 30	1898	238	14
Opera Ommia	1903	213	12,5
Sulla Fina Anatomia	1886	142	8,5

Tabla 14.2. Relación de las publicaciones más citadas de Camilo Golgi.

Estas publicaciones constituyen el referente principal de la obra de Camilo Golgi para la ciencia de la segunda mitad del siglo XX y principios del siglo XXI.

Por otra parte, si comparamos el número de citas anuales que las obras de Golgi han recibido con la media de citas bibliográficas por autor del SCI (figura 14.6), se observa que en la gran mayoría de los años estudiados el número de citas bibliográficas de Golgi se mantiene por encima de la media de citas por autor del SCI. Así, podemos afirmar que, a pesar de los años transcurridos desde la publicación de las obras de Golgi, éstas siguen siendo citadas, ya que Golgi sigue recibiendo un número de citas anuales que, en muchos casos, duplica y triplica la media del SCI.

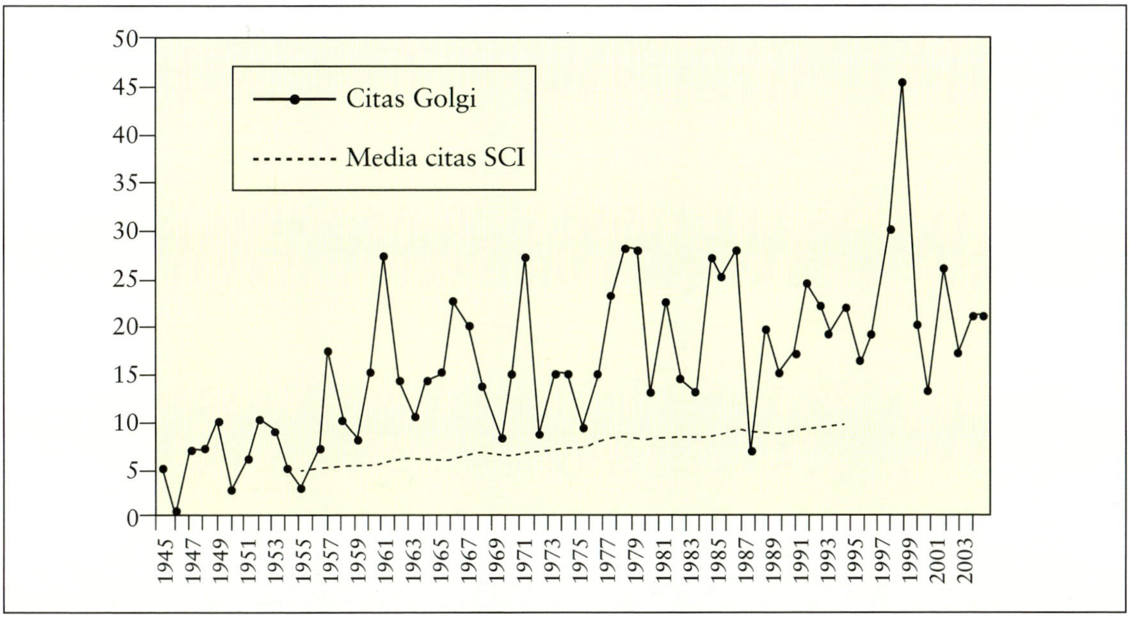

Figura 14.6. Comparación entre el número de citas bibliográficas de Camilo Golgi y los valores medios de citas por autor del *Science Citation Index*.

Por lo tanto, podemos afirmar que la obra de Camilo Golgi ha desempeñado un papel importante en la ciencia de la segunda mitad del siglo XX y principios del siglo XXI, ya que el número de citas bibliográficas que recibe anualmente únicamente insinúa una tendencia a disminuir, hecho que sería del todo lógico en cualquier obra científica, dada su antigüedad. Esa importancia parece concentrarse principalmente en tres publicaciones que, como hemos descrito, reciben el porcentaje más alto de citas: *Opera Omnia* (1903), *Sulla fina anatomia degli organi centrali del Sistema Nervoso* (1886) y *Sur la structure des cellules nerveuses* (1898).

Finalmente, después de comparar el número de citas recibidas anualmente con la media de citas por autor del SCI, se pone de manifiesto la importancia de la figura científica de Golgi en el período estudiado.

Evaluación de la obra de Charles Scott Sherrington y su estudio bibliométrico durante el período 1945-2004

Nació en Islington (Londres). Su padre, James Norton Sherrington de Caister, murió cuando aún era niño. Su madre se volvió a casar, con el doctor Caleb Rose de Ipswich, quien influyó en Sherrington en su interés por el arte.

En 1876 empezó sus estudios de medicina en el hospital St. Thomas. En 1878 aprobó el examen primario del Real Colegio de Cirujanos. En 1879 acudió a Cambridge como estudiante no colegiado y allí estudió fisiología con Michael Foster. En 1881 acudió al congreso médico de Londres en el que Foster discutió el trabajo de Charles Bell y otros sobre el estudio experimental de las funciones de los nervios. Como consecuencia, Sherrington empezó a interesarse por estas cuestiones, introduciéndose en los trabajos neurológicos, a los que dedicaría toda su vida (JOKL, 1980).

En 1885, como miembro del comité de la asociación para la investigación médica, viaja a España para estudiar el brote de cólera. Durante su estancia, tiene ocasión de reunirse con Ramón y Cajal, quien influirá en su trabajo.

En 1891 sus investigaciones giran en torno a cuestiones referentes a los reflejos espinales. Entre los años 1892 y 1894 trabajó sobre las conexiones de las vías nerviosas eferentes sobre los músculos. Durante su estancia en Liverpool, volvió a sus primeros trabajos sobre los problemas de la inervación de los músculos antagónicos señalando el proceso de inhibición refleja. Además,

Sherrington define la existencia de la sinapsis, acuña el término y sugiere algunas características físico-químicas de las superficies de separación

estudió la conexión entre el encéfalo y la médula espinal a través de la vía del tracto piramidal.

En 1906 publicó *The integrative action of the Nervous System*. En ella se recoge su *Silliman Lecture* que dio en la Universidad de Yale dos años antes. En 1919 escribió y publicó su obra clásica *Mammalian Physiology: a course of practical exercices.*

Sus rasgos poéticos y sus habilidades filosóficas y biológicas se pusieron de manifiesto en su *Rede Lecture* que dio en Cambridge en 1833, publicada con el título *The brain and his mechanism*. En este ensayo niega el derecho científico a juntar las experiencias mentales con las fisiológicas. Escribió Sherrington al respecto: «la mente no es examinable como una forma de energía...». El filósofo encuentra finalmente en él su expresión en la obra *Man on his Nature*, que contiene sus *Gifford Lectures* de 1937 y 1938. Este libro, publicado en 1940, presenta la vida y experiencias del físico francés del siglo XVI Jean Fernel, y también las propias experiencias de Sherrington. En 1947, se publica otro volumen con el título *The endeavour of Jean Fernel.*

La distinción de Sherrington deriva de dos clases diferentes de contribuciones:

— Su análisis experimental de la morfología funcional del sistema nervioso. Sherrington define la existencia de la sinapsis, acuña el término y sugiere algunas características físico-químicas de las superficies de separación (SMITH, 1996).
— La interpretación filosófica que dio a sus resultados.

Durante el período 1945-2004, la obra de C. S. Sherrington ha recibido 5.743 citas bibliográficas, lo que equivale a una media anual de 95,7 citas. En la figura 14.7 aparece representada la relación entre el número de citas bibliográficas recibidas por Sherrington y el número de publicaciones que se incluyen en el SCI para cada año estudiado.

El número de citas bibliográficas de la obra de Sherrington sufre pequeñas variaciones anuales, con una ligera tendencia a disminuir. De las obras de Sherrington citadas, dos publicaciones reciben el 35% de las citas (tabla 14.3).

De estas publicaciones destaca *Integrative action of the Nervous System* (1906). Este libro marcó un punto y aparte en la historia de la fisiología. No sólo por la introducción de nuevos términos como *propioceptores* o *nociceptores*, sino por el establecimiento de un nuevo concepto de la función del sistema nervioso implica-

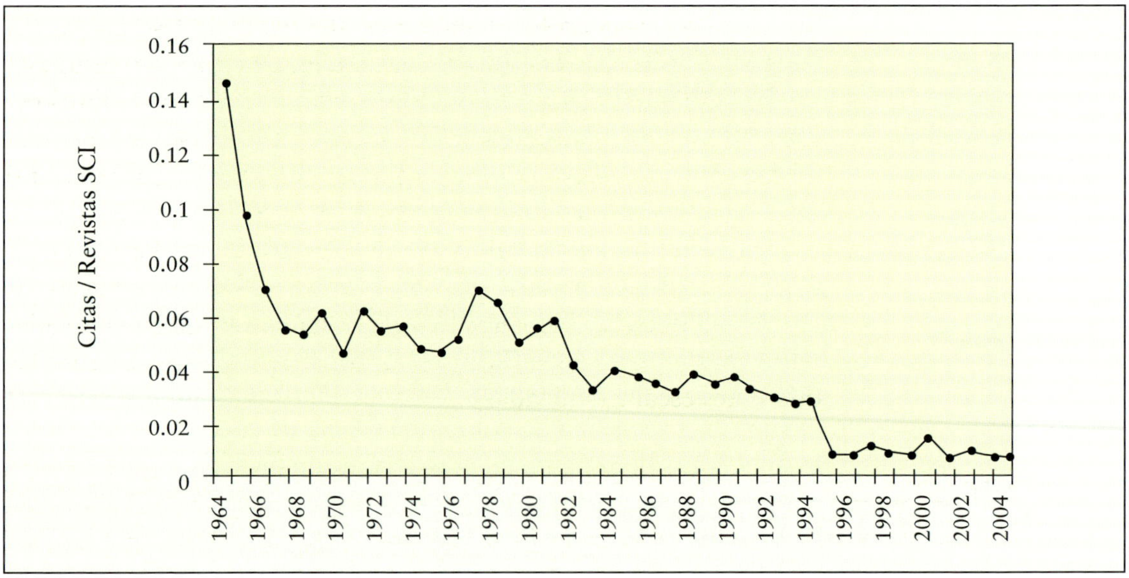

Figura 14.7. Relación entre el número de citas que ha recibido la obra de Charles Scott Sherrington y el número de publicaciones utilizadas para la confección del *Science Citation Index* durante los años 1964 y 2004.

Denominación de la publicación (SCI)	Año de publicación	Total de citas bibliográficas	%
Integrative Action of the nervous system	1906	1604	27,9
Flexion-reflex of the limb, crossed extension-reflex, and reflex stepping and standing. *J. Physiol. London,* 40	1910	410	7,1

Tabla 14.3. Relación de publicaciones más citadas de Charles Scott Sherrington.

da en el término «acción integrativa», acompañado de pruebas experimentales. Su importancia ha sido confirmada por el número de citas bibliográficas que ha recibido; por sí sola recibe el 27,9 % de las citas. Otra publicación que recibe un número significativo de citas bibliográficas es el artículo publicado en 1910: *Flexion-reflex of the limb, crossed extension-reflex, and reflex stepping and standing*, en el que Sherrington pone de manifiesto la importancia de las vías de la médula espinal en el control de la locomoción (QUINTERN *et al.*, 2004). Concretamente, en este trabajo se describe que los reflejos de extensión y flexión de los músculos de las articulaciones podrían estar relacionados con la generación alternada y recíproca de estímulos en la musculatura de las articulaciones en los procesos de locomoción (QUINTERN, 2000). Durante el siglo XX, los mecanismos neurofisiológicos del reflejo se han descrito paralelamente a otras funciones neuronales y a las descripciones histológicas y anatómicas de los tejidos y las estructuras nerviosas. En el desarrollo de las neurociencias muchos científicos piensan que Sherrington (neurofisiólogo) y Ramón y Cajal (neuroanatomista) iniciaron un extraordinario período de progreso en este campo.

Por otra parte, en la figura 14.8 se compara el número total de citas de Sherrington con la media de citas del SCI. En este caso se observa que C. S. Sherrington recibe una media de citas anuales siempre muy superior a la media general del SCI (obsérvense las diferentes escalas utilizadas).

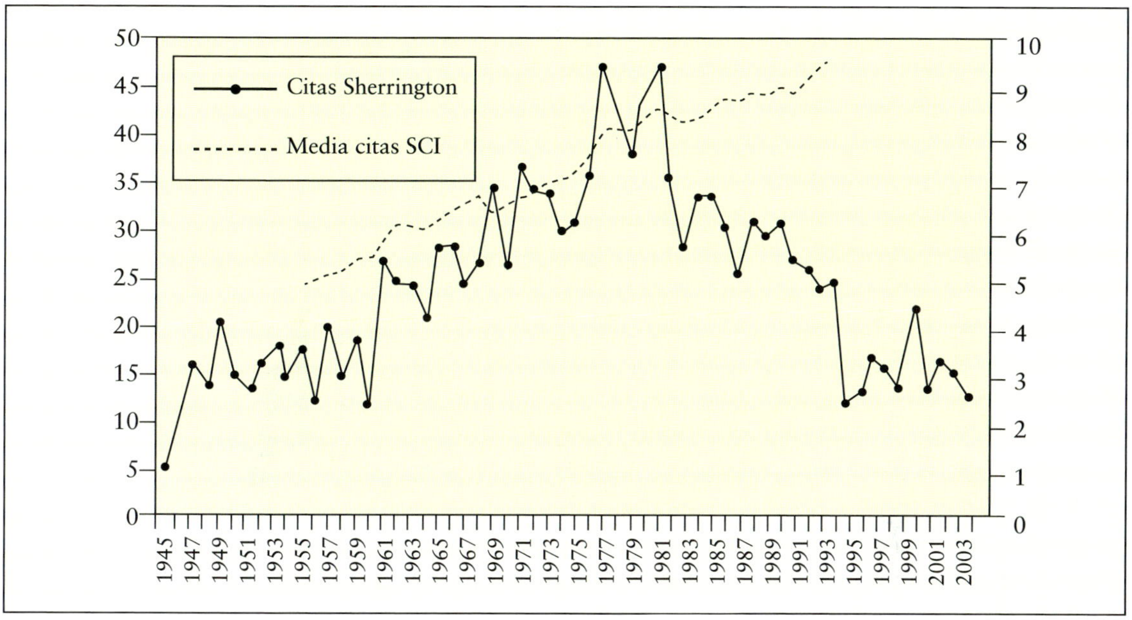

Figura 14.8. Comparación entre el número de citas bibliográficas de Charles Scott Sherrington y los valores medios de citas por autor del *Science Citation Index*.

Por todo ello, podemos afirmar que la obra de C. S. Sherrington también ha desempeñado un papel importante en la segunda mitad del siglo XX y principios del siglo XXI y, según nuestros resultados, un papel de mucho más impacto que la obra de Golgi, pues las cifras relativas al número de citas bibliográficas recibidas son muy superiores.

De las obras citadas, *Integrative action* (1906) es la publicación que más ha contribuido al citado impacto, puesto que contando con todas las reediciones, representa un 27,9% de las citas bibliográficas.

Valoración final del impacto de la obra de Santiago Ramón y Cajal

Si ya indicábamos líneas arriba que tanto la obra de Golgi como la de Sherrington habían causado un impacto importante sobre la ciencia entre los años 1945 y 2004 (aunque las citas bibliográficas recibidas por Sherrington multiplican por seis las de Golgi), mucho mayor ha sido el impacto de la obra de Ramón y Cajal. El número de citas bibliográficas de Cajal multiplica por 17 las citas bibliográficas que recibe la obra de Golgi y triplica las de Sherrington (tabla 14.4).

	Número total de citas bibliográficas	**Número medio anual de citas bibliográficas (1945-2004)**
Camilo Golgi	965	16,1
C. Scott Sherrington	5.743	95,7
S. Ramón y Cajal	17.259	287,6

Tabla 14.4. Número total de citas bibliográficas y número medio anual de citas de las obras de C. Golgi, C. Scott Sherrington y S. Ramón y Cajal.

En cuanto a la evolución del número de citas, se llega a la conclusión de que tanto la obra de Sherrington como la de Cajal sufren variaciones anuales del número de citas bibliográficas. Ambas han experimentado una disminución del número de citas anuales a finales del siglo XX hasta estabilizarse a principios del siglo XXI, en valores medios de 66 citas anuales en el caso de Sherrington y de 253 citas anuales en el caso de Cajal. En cambio, las citas que reciben las publicaciones de Golgi describen una tendencia a mantenerse constantes a lo largo de la segunda mitad del siglo XX y principios del siglo XXI, aunque con valores medios mucho más bajos.

Una década después de su invención, el microscopio electrónico proporcionó una impresionante confirmación de la *doctrina de la neurona*, enunciada y defendida por Ramón y Cajal

Por último, en la figura 14.9 se representan el número total de citas bibliográficas recibidas por los tres científicos, demostrándose una vez más la diferencia existente entre S. Ramón y Cajal, C. Golgi y C. S. Sherrington. Además, se observa que la diferencia empieza a ser significativa a partir de los años sesenta.

El hecho se puede explicar con el desarrollo de nuevas técnicas histológicas, principalmente la microscopia electrónica. Una década después de su invención (PALAY, 1956), el microscopio electrónico dio consistencia a la gran variedad de morfologías sinápticas descritas por muchos investigadores con el microscopio óptico, revelando una notable uniformidad en su estructura y arquitecturas internas y la ausencia de continuidad protoplasmática entre las membranas pre y postsinápticas, proporcionando una impresionante confirmación de la *doctrina de la neurona*, enunciada y defendida por Ramón y Cajal.

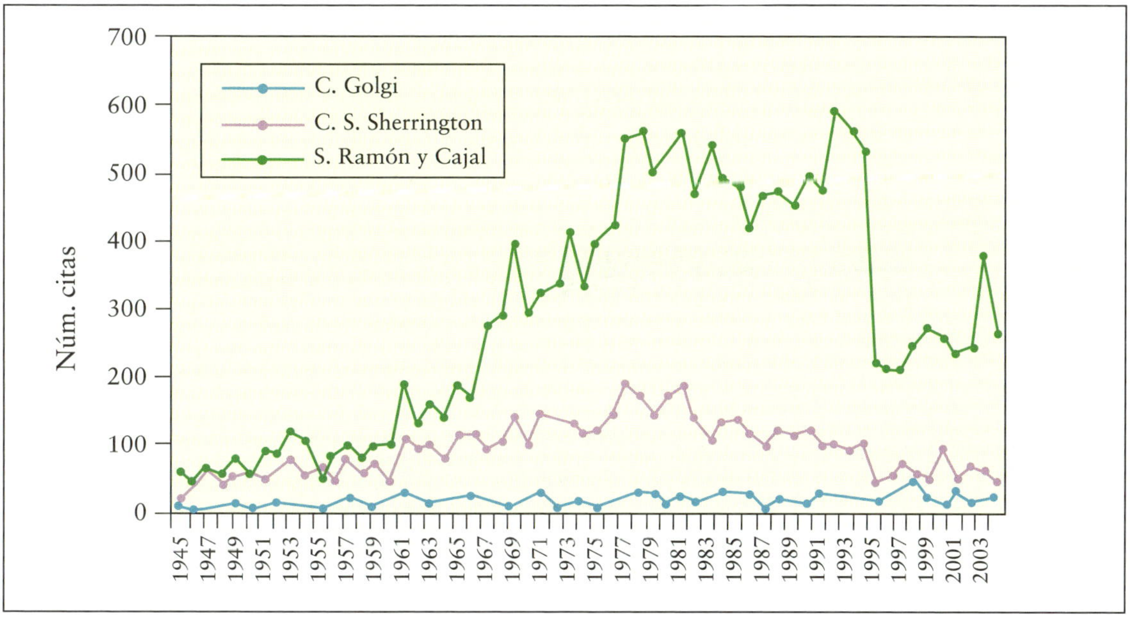

Figura 14.9. Número de citas bibliográficas obtenidas del *Science Citation Index* de las obras de Camilo Golgi, Charles Scott Sherrington y Santiago Ramón y Cajal durante el período comprendido entre los años 1945 y 2004.

Por todo ello, podemos considerar que la obra de Ramón y Cajal ha causado un impacto de gran magnitud en la ciencia de la segunda mitad del siglo XX y principios del siglo XXI, superando en dicha valoración a científicos de la indiscutible importancia de Golgi y Sherrington.

Discusión

Sin duda alguna la aplicación de las nuevas tecnologías de la información a este tipo de estudios bibliométricos permite una mayor celeridad en las investigaciones. Al combinar las dos partes del estudio bibliométrico, se ha detectado un menor número de citas bibliográficas en el segundo período estudiado (y así queda reflejado en las representaciones gráficas). Las causas de este menor número absoluto de citas bibliográficas cuantificadas en el

A pesar de que ya ha transcurrido más de un siglo desde que enunciara por primera vez las bases de la *doctrina de la neurona* (1888), algunas de sus obras se siguen citando en la misma medida desde 1945 hasta la actualidad

último período radican en el hecho de que el estudio realizado sobre la versión en papel, a pesar de ser infinitamente más laborioso, resulta más preciso, puesto que es el investigador, conocedor de la obra del autor que estudia, el que es capaz de discernir si una cita se refiere o no al autor objeto de estudio. Además, en la versión impresa, el investigador puede encontrar citas bibliográficas de un autor bajo denominaciones insólitas provocadas por los errores que se cometen al escribir las referencias bibliográficas en los trabajos de investigación. Así por ejemplo, en el caso de Santiago Ramón y Cajal se han cuantificado citas (en versión impresa) que se indexaban bajo denominaciones tan variopintas como: Ycajal, Cayal, Sramon... De todos modos, los resultados que se obtienen en el recuento de citas bibliográficas en la versión informatizada confirman los resultados obtenidos con la versión impresa, aunque con valores absolutos de citas bibliográficas menores; el *Web of Knowledge* supone un avance impresionante no sólo para la realización de estos estudios sino para cualquier tipo de consulta bibliográfica y bibliométrica.

En cuanto al impacto de la obra de Ramón y Cajal en la ciencia durante el período estudiado (1945-2004), es excepcional. Siempre teniendo en cuenta las características del *Science Citation Index*, resulta que las investigaciones y descubrimientos de Cajal ocupan un lugar muy significativo en el desarrollo de la ciencia. A pesar de que ya ha transcurrido más de un siglo desde que enunciara por primera vez las bases de la *doctrina de la neurona* (1888), algunas de sus obras se siguen citando en la misma medida desde 1945 hasta la actualidad. Los resultados del citado estudio son impresionantes: la obra de Ramón y Cajal ha recibido 17.259 citas durante los sesenta años analizados, con una media de 287,6 citas bibliográficas anuales. Pero aún más impresionantes resultan estas cifras si tomamos como referencia el análisis de las citas bibliográficas de las obras de C. Golgi y C. S. Sherrington, dos grandes científicos contemporáneos de Cajal, investigadores también del sistema nervioso. El número de citas bibliográficas de la obra de Cajal multiplica por 17 las de Camilo Golgi y triplica las de C. Scott Sherrington, que reciben 965 y 5.743 citas, respectivamente.

Por otra parte, de los resultados del estudio bibliométrico se desprende un efecto común a los tres científicos: del conjunto de la obra citada, una o dos publicaciones de cada autor son las que acaparan una mayor cantidad de citas bibliográficas. Además, estas obras son publicaciones muy extensas y generales, en las cuales los autores exponen una recopilación de sus hipótesis, descubrimientos, investigaciones, publicaciones más importantes. Es el caso de la *Opera Omnia* de C. Golgi, *Integrative action* de C. S. Sherrington e *Histologie du système nerveux de l'homme et des vertébres* de S. Ramón y Cajal. El efecto se debe a que cuando un investigador realiza trabajos relacionados con el sistema nervioso, y debe citar, dependiendo de su temática, a Golgi, Sherrington o Ramón y Cajal, no acude a encontrar en las publicaciones individuales de estos autores las razones de su cita, ya que transcurridos tantos años resulta un trabajo dificultoso; en cambio, sí es factible encontrar en las bibliotecas estas grandes obras generales, de recopilación, máxime cuando conocemos que han sufrido nuevas reediciones y, por tanto, son relativamente accesibles. En este mismo sentido, otro hecho a tener en cuenta es que la comunidad científica cita a algunos de estos grandes científicos por deferencia utilizando para ello la cita de sus obras generales.

Santiago Ramón y Cajal debe considerarse uno de los más grandes descubridores de la morfología y funciones del sistema nervioso. Aquellos que se han acercado a su obra sabrán que lo escrito en 1935 por Ernesto Lugaro en una necrología es aplicable más de setenta años después: «El caso de Santiago Ramón y Cajal es ciertamente único en la Historia... Grande, Monumental, es la obra de Cajal. Sin exageraciones apologéticas se puede decir que la Neurología moderna, debe, sobre todo a Santiago Ramón y Cajal, los enormes progresos realizados en este último medio siglo». Y todo ello porque un día Cajal escogió, como nos cuenta en su autobiografía, *la discreta senda histológica, la de los goces tranquilos.*

Bibliografía

BENTIVOGLIO, M. (1998): The Golgi apparatus emerges from nerve cells. *Trends Neurosci.*, 21: 195-200.

CASTRO, F. DE (1981): *Cajal y la escuela neurológica española*. Ed. Universidad Complutense de Madrid, Madrid.

DEFELIPE, J. (2003): Cuando Ramón y Cajal cambió el rumbo de la historia de la neurociencia. *El Diario médico.com,* 29 de mayo de 2003.

FANO, C. (1926): In memoriam. Camilo Golgi (1843-1926). *Journal of Pathology and Bacteriology*, XXIX: 500-514.

FARQUAR, M. G. y PALADE, G. E. (1998): The Golgi apparatus —100 years of progress and controversy. *Trends Cell Biol,* 8: 2-10.

FERREIRO-ALÁEZ, L. y FERREIRO-VILLANUEVA, C. (1984): Aproximación bibliométrica a la obra científica de S. Ramón y Cajal. *Trab. Inst. Cajal,* LXXV: 29-35.

GAMUNDÍ, A., TIMONER, G., NICOLAU, M. C., RIAL, R. V., ESTEBAN, S. y LANGA, M. A. (2005): La obra de Santiago Ramón y Cajal en la Revista Trimetral Micrográfica. *Revista de Neurología,* 40: 696-700.

GOLGI, C. (1898): Sur la structure des cellules nerveuses. *Arh. Ital. Biol.,* 30: 60-71.

GOLGI, C. (1903): *Opera Omnia (I, II, III, IV).* Ulrico Hoepli, Milán.

JOKL, E. (1980): Sherrington, his life and thought. Transactions and studies of the college of physicians of Philadelphia. Series V, vol. II, n.º 3, pp. 223-235. *Review from John Eccles and William C. Gibson* (1979): Berlín, N.Y.: Springer International, XV, 269 pp.

LÓPEZ PIÑERO, J. M. (1988): *Cajal.* Biblioteca Salvat de grandes bibliografías, Barcelona.

LÓPEZ PIÑERO, J. M. y TERRADA, M. L. (1992): Los indicadores bibliométricos y la evaluación de la actividad médico-científica. (I) Usos y abusos de la bibliometría. *Med. Clin. (Barc.),* 98: 64-68. (II) La comunicación científica en las distintas áreas de las ciencias médicas. *Med. Clin. (Barc.),* 98: 101-106. (III) Los indicadores de producción, circulación y dispersión, consumo de la información y repercusión. *Med. Clin. (Barc.),* 98: 142-148. (IV) La aplicación de los indicadores. *Med. Clin. (Barc.),* 98: 384-388.

PALAY, S. L. (1956): Synapses in the central nervous system. *J. Biophys. Biochem. Cytol.,* 2, Supple: 193-202.

PÉREZ DE TUDELA, M. A. (1983): *Publicaciones del prof. doctor Santiago Ramón y Cajal existentes en los fondos de la biblioteca del «Instituto de Neurobiología Santiago Ramón y Cajal»*, Trabajos del Instituto Cajal. Tomo LXXIV, Facs. 1º,3º, Madrid.

QUINTERN, J. (2000): Stimulation of flexor reflex afferents: a pathway to the spinal pattern generator for human locomotion? 6th *Internet World Congress for Biomedical Sciences*, INABIS 2000.

QUINTERN, J., KREWER, C., BISLE, G., HUSEMANN, B. y HELLER, S. (2004): Enhacement of gait retraining by electrical stimulation of flexor reflex afferents in acute stroke patients: a randomized, controlled clinical study. 9th *Annual Conference of the International FES Society*, setember 2004, Bournemouth, UK.

RAMÓN Y CAJAL, S. (1914): Algunas variaciones fisiológicas y patológicas del aparato reticular de Golgi. *Trabajos del Laboratorio de Investigaciones Biológicas de la Universidad de Madrid,* 12: 127-227.

RAMÓN Y CAJAL, S. (1984): *Recuerdos de mi vida: historia de mi labor científica.* Alianza Universidad, Madrid.

RAMÓN Y CAJAL, S. (2002): *Textura del sistema nervioso del hombre y de los vertebrados.* Edición del Gobierno de Aragón, Zaragoza.

RAMÓN Y CAJAL JUNQUERA, S. (2002): Crítica de Textura del Sistema Nervioso del Hombre y los Vertebrados. *Revista Española de Patología,* 35(4): 583-584.

SHERRINGTON, C. S. (1906): *Integrative action of the nervous system.* Yale University Press, New Haven.

SHERRINGTON, C. S. (1910): Flexion-reflex of the limb, crossed extension-reflex, and reflex stepping and standing. *J. Physiol. London,* 40: 28-12.

SMITH C. U. M. (1996): Sherrington's legacy: Evolution of the synapse concept, 1890s-1990s. *Journal of the History of Neurosciences,* 5(1): 43-55.

15. SANTIAGO RAMÓN Y CAJAL: FUENTES PARA EL ESTUDIO DE UN CIENTÍFICO

ANTONI GAMUNDÍ
Área de Fisiología
Universitat de les Illes Balears
Palma de Mallorca

CATALINA M.ª FIOL LLABRÉS
Conselleria d'Educació i Cultura
Govern de les Illes Balears
Palma de Mallorca

RUBÉN V. RIAL PLANAS
Área de Fisiología
Universitat de les Illes Balears
Palma de Mallorca

M.ª ÁNGELES LANGA
Instituto de Neurobiología Ramón y Cajal
Consejo Superior de Investigaciones Científicas
Madrid

La metodología de la investigación ha sufrido fuertes e importantes cambios en los últimos veinte años. De la necesidad y obligación de estarse horas infinitas en las bibliotecas buscando libros, artículos o documentos, hemos pasado a poder realizar gran parte de esta actividad (no toda, por suerte) desde nuestras casas o despachos mediante un ordenador y una conexión a la mayor red virtual existente en la actualidad. A través de ella disponemos de infinidad de recursos (aunque una gran mayoría de dudosa calidad), lo que ha permitido que se convierta en una fuente de conocimiento.

Partiendo de una de las acepciones del Diccionario de la Real Academia Española, el vocablo «fuente» significa «sitio u origen de donde se obtiene una noticia, conocimiento o información». Por tanto, bajo el concepto de fuentes de una ciencia entendemos el conjunto de medios que la naturaleza, la ciencia y la técnica ponen a disposición del individuo para adquirir con su estudio y análisis un conocimiento y una formación teóricas y prácticas sobre esa ciencia y su método y, también, para comprobar y afianzar estos conocimientos por la vía experimental.

Dado que las fuentes para obtener conocimiento son muy amplias y pueden encontrarse tanto en formato electrónico como en el clásico, pero eficiente, formato de negro sobre blanco, la búsqueda y localización de información puede ser un proceso complicado, laborioso e, incluso, excesivamente difícil.

Esa excesiva dificultad, anteriormente indicada, es la que aparece cuando un investigador pretende profundizar en el estudio de la vida y obra de Santiago Ramón y Cajal. Un largo peregrinar le espera para poder localizar y estudiar la masa ingente de trabajos publicados sobre sus diferentes facetas.

Cuando a principios de la década de los noventa, los autores del presente trabajo se plantearon, a nivel personal, buscar bibliografía sobre Cajal, tanto en su vertiente humana como científica, se encontraron con serios problemas: ésta era más bien escasa para la figura de un científico de primera línea, estaba muy dispersa en las diferentes bibliotecas tanto nacionales como del extranjero y, de manera especial, en muchos casos estaba mal referenciada. Ante esta realidad, se plantearon el reto de emprender un exhaustivo trabajo y confeccionar una bibliografía crítica válida y fehaciente. A medida que se hacía posible recopilar el material, se dieron cuenta de que el volumen de información era de todo menos escaso, sus archivos personales se iban llenando y el planteamiento inicial de que esta información sólo les sirviera a ellos se convertía en absurdo; había que compartir, intercambiar y poner todo este material a disposición de quien lo demandara y depositarlo en sus centros de trabajo, donde se puede acudir para su consulta.

Ha sido un camino largo (de más de quince años) para llegar hoy aquí. El rigor científico ha sido la principal herramienta a lo largo de todo este tiempo. La premisa de que sólo aquella cita de la que se dispusiera de copia era la que se incluía en nuestro trabajo, ha sido en algunas ocasiones la gran losa que pesaba sobre ellos; no obstante, hoy podemos asegurar que es signo de calidad.

A pesar del esfuerzo y de la precisión, son concientes de que existen algunas carencias. En el presente trabajo (cerrado en diciembre de 2005) aparecen algo más de dos mil referencias, pero, por supuesto, no está todo lo que ha sido publicado. Esta omisión se debe a varias causas: dificultad en el acceso a determinadas bases de datos y repertorios, no disponer de la publicación y, por último, la imposibilidad de encontrar (después de interminables rastreos) los datos correctos en algunas de las citas mal referenciadas. Tal vez, con el tiempo y las nuevas tecnologías de la información, dispongamos de un abanico más amplio de referencias.

También han querido ser rigurosos en cuanto a la clasificación y formato de citación. Se han separado los grandes volúmenes (libros, catálogos, tesis, etc.) de los artículos y trabajos de más corta extensión, así como el material audiovisual (películas, series televisivas o información en formato digital), con el fin de facilitar al usuario la búsqueda. Paralelamente, el formato de citación de cada una de las entradas se ha adaptado para que resulte fácil su búsqueda por todos campos que la componen, basándose en las reglas y consejos más modernos en biblioteconomía.

Mención especial quisieran hacer a la infinidad de recursos que se pueden encontrar a través de Internet. Utilizando cualquier buscador en redes virtuales, a día de hoy aparecen casi un millón de entradas vinculadas a los vocablos «Ramón y Cajal» y más de cien mil a las palabras «Santiago Ramón y Cajal». A pesar de esta cantidad ingente de información, consideran que ésta debe ponerse en cuarentena, en el sentido amplio de la palabra. En primer lugar, por lo inestable y fugaz que puede resultar esa información, ya que hoy existe el vínculo informático a ella, pero mañana tal vez no. Por otro lado, gran parte de esa información es anónima, muy similar de una a otra, o de dudosa calidad. Por todo ello, en el presente trabajo sólo se han incluido aquellas referencias electrónicas con unas ciertas garantías de crédito y duración.

En definitiva, con este trabajo se ofrece un conjunto de fuentes bibliográficas para aquel que esté interesado en profundizar en la vida y obra de Santiago Ramón y Cajal. Han transcurrido cien años desde que le fue otorgada la mayor distinción científica existente hasta el momento, pero sus enseñanzas, su figura y su obra siguen vigentes. Algo importante y valioso nos ha transmitido, pues, seamos científicos, historiadores, estudiosos o meros curiosos, a todos nos sugestiona, nos apasiona, nos atrae y nos «engancha» este trabajador de la ciencia y de la vida.

> «... toda obra grande es el fruto de la paciencia y de la perseverancia, combinadas con una atención orientada tenazmente, durante meses y aun años, hacia un objetivo particular.»
>
> S. Ramón y Cajal, *Reglas y consejos sobre investigación científica (Los tónicos de la voluntad),* 6.ª ed., Madrid, 1923.

CRÉDITOS DE LAS ILUSTRACIONES

Las figuras que corresponden a dibujos científicos originales de Santiago Ramón y Cajal han sido reproducidas en múltiples textos. La mayoría fueron publicados por primera vez en su libro *Textura del sistema nervioso del hombre y los vertebrados*. Los originales se encuentran depositados en el Instituto Cajal del Consejo Superior de Investigaciones Científicas, del que Cajal fue su primer director. Aunque el derecho de propiedad ha sido reclamado por sus herederos, el asunto no ha sido nunca resuelto judicialmente. Con independencia de una eventual resolución legal, y como quiera que los autores y editores de este libro no perciben compensación económica alguna por esta publicación, se entiende ajustado a la vigente Ley de Propiedad Intelectual el libre derecho a la reproducción de este material. Por otro lado, debe hacerse constar que se trata de ilustraciones fieles de las preparaciones histológicas cuya ejecución fue sufragada con fondos públicos. Es, por tanto, material científico. En ningún caso pueden considerarse creaciones artísticas inventadas por el autor, por lo que nunca han sido publicadas o tratadas como objetos de arte.

Capítulo 5: *Santiago Ramón y Cajal y la histología.* Mercè Durfort

Figura 5.1: Ramón y Cajal, S., *Textura del sistema nervioso del hombre y los vertebrados*, figura 151, página 369, cuarta edición, 1905.
Figura 5.2: Ramón y Cajal, S., *Textura del sistema nervioso del hombre y los vertebrados*, figura 423, página 570, duodécima edición, 1944.
Figura 5.3: Ramón y Cajal, S., *Textura del sistema nervioso del hombre y los vertebrados*, figura 304, página 451, duodécima edición, 1944.
Figura 5.4: Ramón y Cajal, S., *Textura del sistema nervioso del hombre y los vertebrados*, figura 100, página 157, duodécima edición, 1944.
Figura 5.5: Ramón y Cajal, S., *Textura del sistema nervioso del hombre y los vertebrados*, figura 198, página 429, cuarta edición, 1905.

Capítulo 6: *Los dibujos histológicos de Santiago Ramón y Cajal.* Juan A. de Carlos

Figura 6.1.A: De Carlos, J. A., *Los Ramón y Cajal: Una familia aragonesa*, página 55, 2001.
Figura 6.1.B: Ramón y Cajal, S., *Texture of the nervous system of man and the vertebrates* (Pedro and Tauba Pasik eds.), volume II, figure 1.
Figura 6.1.C: Legado Cajal (esquema).
Figura 6.1.D: Ramón y Cajal, S., *Trabajos del Laboratorio de Investigaciones Biológicas*, figura 3, 1920.
Figura 6.2.A: Legado Cajal (esquema).
Figura 6.2.B: Legado Cajal (esquema).
Figura 6.2.C: Ramón y Cajal, S., *Texture of the nervous system of man and the vertebrates* (Pedro and Tauba Pasik eds.), volume II, figure 172.
Figura 6.2.D: Ramón y Cajal, S., *Texture of the nervous system of man and the vertebrates* (Pedro and Tauba Pasik eds.), volume II, figure 274.
Figura 6.3.A: Ramón y Cajal, S., *Texture of the nervous system of man and the vertebrates* (Pedro and Tauba Pasik eds.), volume II, figure 136.

Figura 6.3.B: Legado Cajal.
Figura 6.4.A: Legado Cajal.
Figura 6.4.B: Legado Cajal.
Figura 6.4.A+B: *Manual de anatomía patológica general*, figura 55, quinta edición, 1913.
Figura 6.5.A, B y B': Legado Cajal.
Figura 6.5.A+B: Ramón y Cajal, S., *Manual de anatomía patológica general*, figura 53, quinta edición, 1913.
Figura 6.6.A: Ramón y Cajal, S., *Manual de anatomía patológica general*, figura 6, quinta edición, 1913.
Figura 6.6.B: Ramón y Cajal, S., *Manual de anatomía patológica general*, quinta edición, 1913.
Figura 6.6.C: Ramón y Cajal, S., *Manual de anatomía patológica general*, quinta edición, figura 17, 1913.
Figura 6.7.A: De Carlos, J. A., *Los Ramón y Cajal: Una familia aragonesa*, página 101, 2001.
Figura 6.7.B: De Carlos, J. A., *Los Ramón y Cajal: Una familia aragonesa*, página 125, 2001.
Figura 6.7.C: De Carlos, J. A., *Los Ramón y Cajal: Una familia aragonesa*, página 120, 2001.
Figura 6.8.A, B: De Carlos, J. A., *Los Ramón y Cajal: Una familia aragonesa*, página 111, 2001.
Figura 6.9.A: De Carlos, J. A., *Los Ramón y Cajal: Una familia aragonesa*, página 101, 2001.
Figura 6.9.B: De Carlos, J. A., *Los Ramón y Cajal: Una familia aragonesa*, página 120, 2001.
Figura 6.10.A: Ramón y Cajal, S. (1891). Significación fisiológica de las expansiones protoplásmicas y nerviosas de las células de la sustancia gris. Memoria leída en el Congreso Médico de Valencia, sesión del 24 de junio. *Revista de Ciencias Medicas de Barcelona*, tomo XVII, número 22 y 23.
Figura 6.10.B: Ramón y Cajal, S., *Estudios sobre la degeneración y regeneración del sistema nervioso*, volumen 2, 1914.

Capítulo 7: *La sinapsis, una unión necesaria entre Cajal y Sherrington.* Alberto Ferrús

Figura 7.4: Preparación original de Santiago Ramón y Cajal, propiedad del Instituto Cajal.
Figura 7.5: Diagrama utilizado por Santiago Ramón y Cajal en la *Croonian Lecture* en 1904.

Capítulo 8: *Cajal y la ciencia de los débiles principios.*
José M.ª Delgado García

Figura 8.1.A: Ramón y Cajal, S., *Textura del sistema nervioso del hombre y los vertebrados*, volumen II, figura 447, 1904.
Figura 8.1.B: Ramón y Cajal, S., *Textura del sistema nervioso del hombre y los vertebrados*, volumen II, figura 448, 1904.
Figura 8.3: Ramón y Cajal, S., *Textura del sistema nervioso del hombre y los vertebrados*, volumen I, figura 3, 1899.
Figura 8.4: Ramón y Cajal, S., *Textura del sistema nervioso del hombre y los vertebrados*, volumen I, figura 23, 1899.
Figura 8.5: Ramón y Cajal, S., *Textura del sistema nervioso del hombre y los vertebrados*, volumen II, figura 698, 1904.
Figura 8.6: Ramón y Cajal, S., *Textura del sistema nervioso del hombre y los vertebrados*, volumen II, figura 861, 1904.

Capítulo 9: *La vía olfatoria: El error de Cajal.*
Laura López-Mascaraque

Figura 9.1: Publicado por Ramón y Cajal en 1891 (figuras 1 y 2) y en 1892 (figuras 17 y 20). Reproducido del dibujo M1646 conservado en los fondos del Legado Cajal, Instituto Cajal, CSIC, Madrid.
Figura 9.2: Publicado por Ramón y Cajal en 1894 (figura 3). Reproducido del dibujo M495 conservado en los fondos del Legado Cajal, Instituto Cajal, CSIC, Madrid.
Figura 9.3: Publicado por Ramón y Cajal en 1901 (figura 2), 1904 (figura 728) y 1911 (figura 412). Reproducido del dibujo M1783 conservado en los fondos del Legado Cajal, Instituto Cajal, CSIC, Madrid.
Figura 9.4: Publicado por Ramón y Cajal en 1890 (figura 3) 1892 (figura 16) y 1895 (figura 24). Reproducido del dibujo M703 conservado en los fondos del Legado Cajal, del Instituto Cajal, CSIC, Madrid.
Figura 9.5: Publicado por Ramón y Cajal en 1904 (figura 734) y 1911 (figura 418). Reproducido del dibujo M2220 conservado en los fondos del Legado Cajal, Instituto Cajal, CSIC, Madrid.
Figura 9.6: Publicado por Ramón y Cajal en 1901 (figura 4), 1904 (figura 738) y 1911 (figura 423). Reproducido del dibujo M701 conservado en los fondos del Legado Cajal, Instituto Cajal, CSIC, Madrid.

Capítulo 10: *La vía visual cien años después de Ramón y Cajal.* José Manuel Alonso López

Figura 10.1: Ramón y Cajal, S., *Textura del sistema nervioso del hombre y los vertebrados*, 1904.
Figura 10.2: Ramón y Cajal, S., *Textura del sistema nervioso del hombre y los vertebrados*, 1904.
Figura 10.3: Ramón y Cajal, S., *Textura del sistema nervioso del hombre y los vertebrados*, 1904.

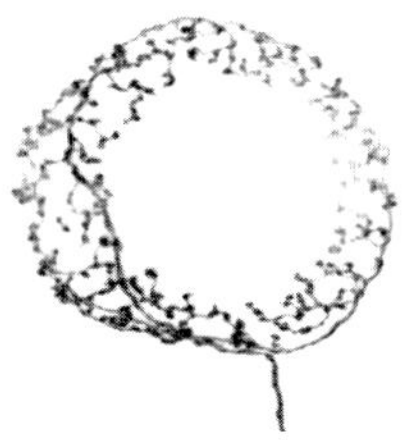